绿色化学前沿丛书

绿色溶剂

王键吉　卓克垒 等　编著

科学出版社

北京

内 容 简 介

开发和使用绿色溶剂是从源头上解决环境污染、气候变暖的重要途径之一。本书在绿色化学框架下从绿色溶剂的概念出发，系统阐述了水、超临界流体、离子液体、低共熔溶剂、生物质基溶剂等典型绿色溶剂的结构、物理化学性质以及在化学、化工、环境等领域中的应用，形成了绿色溶剂概念—结构—性质—应用这一从基础到应用的知识体系。在强调基础知识的同时，集中展示了绿色溶剂的最新研究成果，展望了其广阔的应用前景和前沿趋势。

本书可作为高等院校化学、化工、制药、环境、材料等专业本科生、研究生的教材或教学参考书，也可供从事绿色化学、清洁化工等相关领域研究、开发和设计的科技工作者参考。

图书在版编目（CIP）数据

绿色溶剂 / 王键吉等编著. —北京：科学出版社，2018.6

（绿色化学前沿丛书 / 韩布兴总主编）

ISBN 978-7-03-057857-0

Ⅰ. ①绿…　Ⅱ. ①王…　Ⅲ. 溶剂-化工生产-无污染技术　Ⅳ. ①TQ413

中国版本图书馆 CIP 数据核字（2018）第 127317 号

责任编辑：翁靖一 / 责任校对：樊雅琼
责任印制：赵　博 / 封面设计：东方人华

科学出版社出版
北京东黄城根北街 16 号
邮政编码：100717
http://www.sciencep.com
北京虎彩文化传播有限公司印刷
科学出版社发行　各地新华书店经销
*
2018 年 6 月第　一　版　开本：720 × 1000　1/16
2024 年 4 月第三次印刷　印张：21 1/4
字数：408 000

定价：138.00 元

（如有印装质量问题，我社负责调换）

绿色化学前沿丛书

编　委　会

顾　　问： 何鸣元院士　朱清时院士

总 主 编： 韩布兴院士

副总主编： 丁奎岭院士　张锁江院士

丛书编委（按姓氏汉语拼音排序）：

邓友全　丁奎岭院士　韩布兴院士　何良年

何鸣元院士　胡常伟　李小年　刘海超

刘志敏　任其龙　佘远斌　王键吉

闫立峰　张锁江院士　朱清时院士

总 序

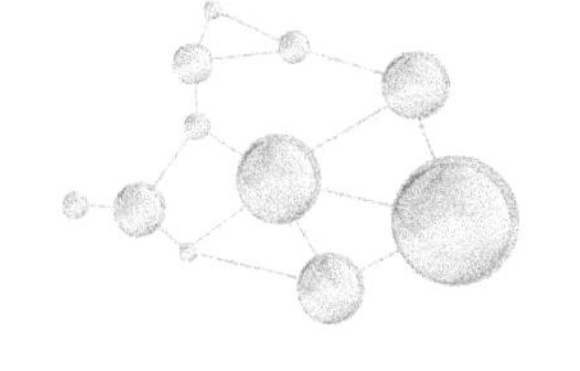

化学工业生产人类所需的各种能源产品、化学品和材料，为人类社会进步作出了巨大贡献。无论是现在还是将来，化学工业都具有不可替代的作用。然而，许多传统的化学工业造成严重的资源浪费和环境污染，甚至存在安全隐患。资源与环境是人类生存和发展的基础，目前资源短缺和环境问题日趋严重。如何使化学工业在创造物质财富的同时，不破坏人类赖以生存的环境，并充分节省资源和能源，实现可持续发展，是人类面临的重大挑战。

绿色化学是在保护生态环境、实现可持续发展的背景下发展起来的重要前沿领域，其核心是在生产和使用化工产品的过程中，从源头上防止污染，节约能源和资源。主体思想是采用无毒无害和可再生的原料、采用原子利用率高的反应，通过高效绿色的生产过程，制备对环境友好的产品，并且经济合理。绿色化学旨在实现原料绿色化、生产过程绿色化和产品绿色化，以提高经济效益和社会效益。它是对传统化学思维方式的更新和发展，是与生态环境协调发展、符合经济可持续发展要求的化学。绿色化学仅有二十多年的历史，其内涵、原理、内容和目标在不断充实和完善。它不仅涉及对现有化学化工过程的改进，更要求发展新原理、新理论、新方法、新工艺、新技术和新产业。绿色化学涉及化学、化工和相关产业的融合，并与生态环境、物理、材料、生物、信息等领域交叉渗透。

绿色化学是未来最重要的领域之一，是化学工业可持续发展的科学和技术基础，是提高效益、节约资源和能源、保护环境的有效途径。绿色化学的发展将带来化学及相关学科的发展和生产方式的变革。在解决经济、资源、环境三者矛盾的过程中，绿色化学具有举足轻重的地位和作用。由于来自社会需求和学科自身发展需求两方面的巨大推动力，学术界、工业界和政府部门对绿色化学都十分重视。发展绿色化学必须解决一系列重大科学和技术问题，需要不断创造和创新，这是一项长期而艰巨的任务。通过化学工作者与社会各界的共同努力，未来的化学工业一定是无污染、可持续、与生态环境协调的产业。

为了推动绿色化学的学科发展和优秀科研成果的总结与传播，科学出版社邀请我组织编写了“绿色化学前沿丛书”，包括《绿色化学与可持续发展》、《绿色化学基本原理》、《绿色溶剂》、《绿色催化》、《二氧化碳化学转化》、《生物质转化利用》、《绿色化学产品》、《绿色精细化工》、《绿色分离科学与技术》、《绿色介质与过程工程》十册。丛书具有综合系统性强、学术水平高、引领性强等特点，对相关领域的广大科技工作者、企业家、教师、学生、政府管理部门都有参考价值。相信本套丛书的出版对绿色化学和相关产业的发展具有积极的推动作用。

最后，衷心感谢丛书编委会成员、作者、出版社领导和编辑等对此丛书出版所作出的贡献。

中国科学院院士

2018 年 3 月于北京

前　　言

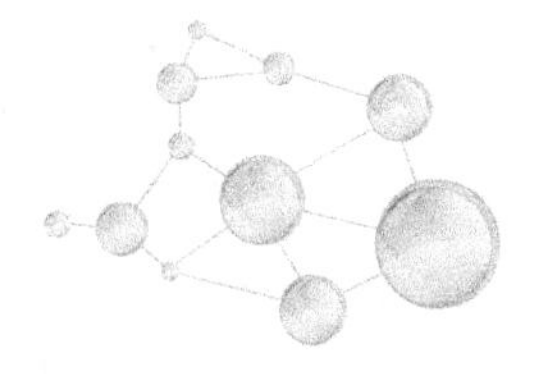

化学的发展，特别是20世纪以来近现代化学、化学工业的发展，为人们创造了大量的新物质。这为人类的生活提供了丰富多彩的化学用品、药物和材料。例如，农药和化肥的使用极大地提高了农产品的产量，医药的创制提高了人类对抗疾病的能力并大幅度延长了人类的寿命。然而，我们在享受化学化工带来的福祉的同时，也深刻地体会到化学污染给人类带来了前所未有的生存危机。溶剂是整个人类社会和化学工业中应用最普遍的化学品，因此溶剂尤其是传统有机溶剂的广泛使用所引发的环境和生态问题也是化学化工过程危害人类健康和环境污染的主要组成部分。例如，全球每年约有2×10^7t的挥发性有机溶剂被排放到大气中，不仅引起大气污染，严重危害人类健康，还对整个生态系统的良性循环造成了严重的破坏。

这些威胁人类生存的环境问题，呼唤着绿色化学的诞生。绿色化学是从源头上减少或消除污染的化学，与之相适应的溶剂就是绿色溶剂。也就是说，绿色溶剂是指对人类健康和环境具有最低限度的毒性，且不会因处理方式的不同而对环境造成污染的溶剂。在过去的二十多年里，绿色溶剂的研发得到快速发展，不同类型的绿色溶剂不断涌现。这些溶剂本身具有无毒、无害、便宜易得、可循环利用等特性，同时在提高反应的原子利用率、提升反应速率、促进目标产物的分离等方面表现优异，彰显了从源头上减少或消除化学污染的绿色特征，展示了广阔的工业应用前景。

本书从绿色化学的理念出发，介绍绿色溶剂的概念及其评估标准，系统阐述水、超临界流体、离子液体、低共熔溶剂、生物质基溶剂等典型绿色溶剂以及其他重要的绿色溶剂的结构、性质及在化学、化工、环境等领域中的应用，从而形成绿色溶剂概念—结构—性质—应用这一从基础到应用的知识体系。在强调基础理论的同时，集中展示绿色溶剂的最新研究成果，展望其广阔的应用前景和前沿趋势。在本书编著中力求做到概念明确、思路清晰、内容全面、深入浅出，集科学性、实用性、先进性于一体。

本书由河南师范大学化学化工学院绿色化学介质与反应省部共建教育部重点实验室王键吉、卓克垒等编著。具体内容与分工是：第1章，绪论（卓克垒）；

第 2 章，水和亚临界水（张虎成）；第 3 章，超临界流体（赵扬）；第 4 章，离子液体（王慧勇）；第 5 章，低共熔溶剂（熊大珍）；第 6 章，生物质基绿色溶剂（赵玉灵）；第 7 章，其他绿色溶剂（陈玉娟）；第 8 章，重要混合绿色溶剂体系（裴渊超）；第 9 章，展望（王键吉）。王键吉教授和卓克垒教授负责提纲的制定以及全书的统稿、定稿。

韩布兴院士对本书提纲的编写进行了精心的指导，提出了许多指导性意见，在此对韩院士表示诚挚的感谢！感谢科学出版社翁靖一编辑对本书的关心和支持以及在本书的编辑出版过程中付出的辛勤劳动！

由于笔者水平有限，经验不足，且该领域发展日新月异，书中难免会有不全面之处，恳切希望广大读者批评指正！

编著者

2018 年 4 月

目　　录

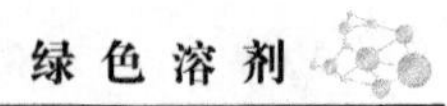

第1章 绪 论

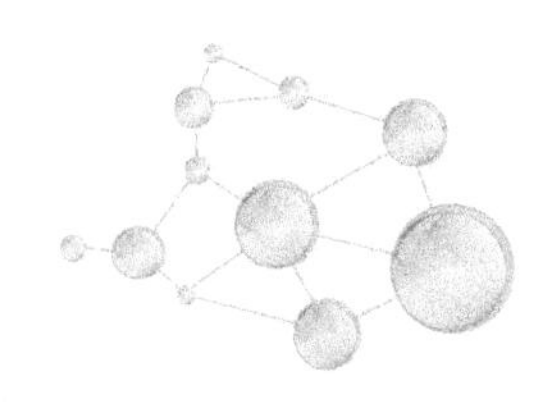

人类对溶剂及溶液认知的变化在某种程度上反映了化学自身的发展进程[1]。溶剂与我们的日常生活和工业生产密切相关。在已知的众多物质中，水最先被作为溶剂。人类生活和工业生产对溶剂的需求，迫使人们去发现和合成了大量的新溶剂，如许多液态有机物。这些溶剂的使用给人们的生活和工业生产的方方面面带来了便利，为人类社会的发展做出了巨大贡献。然而，溶剂的广泛而无序的使用所引发的生态和人类健康问题也愈演愈烈。伴随公众对生态环境问题的敏锐认知和绿色化学的发展，关于溶剂和溶液的研究再一次成为热点。为了规避由于溶剂的使用而造成的环境污染和生态失衡的严重危害，发展和使用环境友好的溶剂即绿色溶剂（如超临界流体、低共熔混合物、离子液体、水等）去替代传统的有机溶剂、创建清洁技术逐渐成为学术界、工业界乃至整个社会重点关注的问题。

1.1 化学中的溶剂

1.1.1 溶剂及其分类

任何能溶解另一种物质并形成均一、透明、稳定的溶液体系的液体即为溶剂，广义的溶剂还可以是气体、固体[2]。溶剂是人类生活和化学工业中最普遍的一类化学品。日常生活当中应用最多的溶剂是水，除水外工业用溶剂一般是指能够溶解油脂、蜡、树脂（这些物质多数在水中不溶解）而形成均匀溶液的单一化合物或者两种及以上组分组成的混合物，通常以有机化合物为主。

传统溶剂的优化改良和新型溶剂的研发，对于与化学及其相关的工业生产以及生态环境都有着重大的意义：一方面通过对溶剂或反应介质的优化升级，尽可能减少或降低由于溶剂自身缺陷（易挥发、毒性、难降解等）而导致的安全防护、污染处理等所需的资金投入，进而提升产业的经济效益；另一方面能够降低溶剂使用的特殊性（使用量大、易挥发、难回收、毒性等）给人居及生态环境带来的不可逆污染，以及由此引发的人类健康问题、社区安全风险，切实从源头和途径上实现化学工业绿色友好的可持续发展。

目前已探知的溶剂数量和种类繁多，对溶剂进行分类的方法也形式多样，较普遍的分类方法有以下几种[2]：

1）按照溶剂的化学组成可分为：无机溶剂和有机溶剂。常见的无机溶剂有水、液氨、浓硫酸、熔融氢氧化钠和氢氧化钾、无机气体等，脂肪烃、环烷烃、芳烃、卤代烃、醇类化合物等为有机溶剂。其中有机溶剂按官能团又可进一步划分为烃类（如煤油、苯、甲苯）、卤代烃类（如四氯化碳和氯仿）、醇类、醚类、酮类（如丙酮、环己酮）、酯类（如磷酸三丁酯）、含氮溶剂（如二甲基甲酰胺、硝基甲烷）等。

2）按照溶剂的结构和物理性质分类：①根据偶极矩和介电常数分为极性溶剂和非极性溶剂。极性溶剂是指分子中具有永久偶极的溶剂，该类溶剂具有介电常数高、溶剂化倾向大等特点，如二氯甲烷、二甲基亚砜、丙酮、乙酸乙酯等。反之则为非极性溶剂，如环己烷、苯、四氯化碳。极性溶剂易于发生溶剂化作用。溶剂化作用是指每一个被溶解的分子或离子被一层或几层溶剂分子或松或紧地包围的现象，它包括溶剂与溶质之间所有专一性和非专一性相互作用的总和，是溶剂效应的一种表现，在水溶液中，其称为水合作用或水化作用。溶剂化作用对化学反应速率、化学平衡、反应活化能和反应产物等都有不同程度的影响[1]。②按照沸点可分为低沸点溶剂、中沸点溶剂和高沸点溶剂。低沸点溶剂指常压下沸点低于 100℃的溶剂，如乙醚；高沸点溶剂指常压下沸点高于 150℃的溶剂，如二甲基亚砜；常压下沸点介于两者的溶剂称为中沸点溶剂，如甲苯。

3）按照酸碱理论可分为：电子对受体溶剂和电子对供体溶剂及质子给体溶剂、质子受体溶剂和两性溶剂。电子对受体溶剂和电子对供体溶剂是根据 Lewis 酸碱理论划分的，前者是指缺少电子，具有接受电子对能力的溶剂，常见于有机反应中的亲电试剂，如水、酚、羧酸等。电子对供体溶剂是指存在未共用电子对，具有提供电子对能力的溶剂，常见于有机反应中的亲核试剂，如醚、酮、醇等。质子给体溶剂、质子受体溶剂和两性溶剂是根据 Brønsted 酸碱理论划分的。质子给体溶剂是指能够提供质子的溶剂，主要是酸，如乙酸、硫酸等；质子受体溶剂是指能够接受质子的溶剂，主要是碱，如氨、*N*, *N*-二甲基乙酸铵等；既能给出质子又能接受质子的溶剂称为两性溶剂，如水、碳酸氢钠等。

4）按照化学键或能够自由移动的结构单元的不同可分为：分子溶剂、离子溶剂和原子溶剂。分子溶剂指分子熔融体，其分子内有共价键，分子间有范德华力（或有氢键），如水、乙醇等。离子溶剂中阴、阳离子能够自由移动，离子间形成离子键，如熔融盐、离子液体。原子溶剂中原子能够自由移动，原子间涉及金属键，如低熔点金属液态汞和液态钠等。

5）按照溶剂与溶质间相互作用的不同可分为：质子溶剂和非质子溶剂。质子溶剂是指分子中含有氢键供体的溶剂，也称 HBD（hydrogen-bond donors）溶剂，如分子中含有 O—H 键、N—H 键的溶剂，乙酸除外。分子中不含氢键供体的溶剂称为非质子溶剂。根据分子的极性（偶极矩），非质子溶剂可分为极性非质子溶剂和非极性非质子溶剂。极性非质子溶剂通常具有较大的介电常数（$\varepsilon_r>15$）和相当大的偶极矩（$\mu>8.3\times10^{-30}$D）。非极性非质子溶剂介电常数低（$\varepsilon_r<15$），偶极矩较小（$\mu<8.3\times10^{-30}$D）。

在不同的应用领域中，溶剂的分类更具实际意义。以溶剂用量较大的涂料工业为例，根据溶剂对树脂的溶解能力不同，溶剂分为活性溶剂、助溶剂和稀释剂[3]。活性溶剂又称真溶剂，是指对树脂具有溶解能力的有机溶剂，该类溶剂多为极性化合物，其中的含氧官能团化合物（如脂肪酸酯、酮类化合物和乙二醇醚等）均有破坏氢键和偶极-偶极键的作用，能够阻止树脂分子的再凝聚。助溶剂（潜溶剂）是指本身不能溶解树脂，但当有活性溶剂存在时能起到增溶作用，使混合溶剂的溶解度参数与高分子化合物更接近，减少凝聚的化学物质，其大部分为醇类化合物。稀释剂则用来调节黏度、降低树脂-溶剂粒子的间隔，有时也能促进树脂溶解，该类溶剂多是芳香烃或脂肪烃化合物。

以上各种分类都是基于溶剂自身的结构和性质进行的，未考虑其对生态环境实际产生的影响。从环保角度，溶剂按照使用过程中对环境的影响又可以分为传统溶剂和绿色溶剂。传统溶剂多指有机溶剂，具有不同程度的毒性，且在使用过程中容易挥发，不易分离回收和生物降解的溶剂，如甲苯、二甲基亚砜、三氯甲烷等。绿色溶剂也称环境友好溶剂，如水、离子液体、超临界 CO_2 等。

1.1.2 溶剂在化学中的作用

溶剂是人类社会和化学工业中应用最普遍的一类化学品，因为在人类生活和生产中广泛应用的化学物质的获取和使用是与溶剂密切相关的。一般情况下，化学反应或化学过程是在溶剂中进行的。在绿色化学中，溶剂的选择更为重要。在化学化工过程中，溶剂主要作为反应介质，或用于分离/纯化和清洗。此外，在一些产品的配方中也使用了溶剂，如油漆和儿童玩具。综合溶剂在化学化工中的应用，可归纳为以下四个主要方面。

1. 萃取分离

萃取是利用目标物质在两种互不相溶（或微溶）的溶剂中溶解度或分配系数

的不同，使化合物部分地或几乎全部地从一种溶剂内转移到另外一种溶剂中的过程。广义上，萃取可分为液-液、固-液、气-液等三种过程。通常所说的萃取是指液-液萃取过程，其在很多领域都有广泛的应用。例如，在湿法冶金中，从矿石中回收铜和镍；从核燃料的裂变产物中分离铀和钚；从酒发酵液中回收柠檬酸；去除废水中的酚类化合物；有机合成中，回收产品或除杂纯化；在分析化学中，分离纯化分析物等[2]。

溶剂的选择是液-液萃取的关键，这要求综合考虑被萃取成分及两种溶剂的溶混性，同时还要参考溶剂本身的物理性质，如密度、黏度、表面张力、挥发性等，以及市场、环境安全等方面的因素，如可用性、成本、毒性、可循环性、危险性等。目前，萃取剂的数量和种类繁多，萃取体系也形式多样。在传统的萃取过程中，萃取剂选择时基本是以萃取效果为衡量标准，对环境因素考虑很少，以致频繁使用挥发性强、毒性大的有机溶剂。依照绿色化学的理念，使用绿色溶剂可从源头上消除以往萃取工艺中的缺点，对实现整个过程的绿色化及推动生态可持续发展具有重要的意义。下面以水、离子液体及超临界流体作为萃取分离剂，概述其在萃取分离中的应用。

水在混合物的萃取分离中应用已久，相应的分离技术由最初简单的水-有机相萃取发展至双水相萃取。两种技术原理相似，都是依据物质在两相间的选择性分配。在诸如炼油工业和石油化工产品的制造过程中，水蒸气中含有大量的酚类化合物，通过生物降解比较困难。相应的回收工艺中，液-液萃取能较好地去除蒸气中的酚类物质，对比苯、磷酸甲苯和乙酸丁酯，Douglas 等[4]选用甲基异丁基甲酮和二异丙醚作为萃取剂，从水相中高效萃取出酚类化合物。五氯苯酚是一种木材防腐剂，常见于木材加工厂附近受污染的土壤、地下水、河流、湖泊中，已被美国环境保护署列入污染物的优先名单。以 50%的乙醇水溶液作为萃取剂，对被污染土壤中五氯苯酚萃取 1h，其浓度即可达到最大值，优于传统索氏提取和超声提取[5]。

早在 1896 年 Beijerinck 发现，当明胶与琼脂或明胶与可溶性淀粉溶液混合时，体系会分为上下两相，上相富含水，下相富含琼脂（或淀粉），两相的主要成分都是水，由此产生了双水相体系。直到 1956 年，Albertsson 等在系统研究双水相体系基础上，将其应用于叶绿素分离，解决了蛋白质变性和沉淀问题[6]，为双水相萃取的应用奠定了理论基础。1978 年，Kula 等对双水相的应用、工艺流程、操作参数、工程设备、成本分析等进行大量研究，并将双水相萃取技术用于酶的大规模分离纯化，建成了相应的工业装置，处理能力达 $20kg \cdot h^{-1}$[7]。目前，双水相溶剂萃取已成功应用于蛋白质、核酸和病毒等生物产品的分离和纯化，以及药物成分等的分离中[8]。

近年来，离子液体基双水相体系具有黏度较低、分离快速、高效和生物相容性相对温和的特点，广泛应用于不同生物分子的萃取分离。2003年，Rogers的团队[9]首次报道了一种亲水性咪唑鎓盐离子液体[C_4mim]Cl和无机盐K_3PO_4组成的双水相体系，并绘制了不同离子液体和无机盐组成的双水相体系相图。作者课题组[10-14]在离子液体双水相构建及其在萃取蛋白质、氨基酸等方面做了系统工作：绘制了一系列咪唑鎓盐离子液体（[C_4mim]Cl，[C_6mim]Cl，[$C_n$mim]Br，$n=4$，6，8，10）与不同盐（KOH，K_2HPO_4，K_2CO_3，K_3PO_4）组成双水相体系的相图，并发现盐的相分离能力的规律；利用溴化咪唑离子液体与K_2HPO_4组成的双水相高效地萃取了牛血清白蛋白、胰蛋白酶、细胞色素C及γ-球蛋白，其中蛋白质的萃取效率在75%～100%；研究了九种氨基酸（甘氨酸、丙氨酸、2-氨基丁酸、缬氨酸、亮氨酸、苏氨酸等）在这些体系的两相间的分配系数；通过1-丁基-3-甲基咪唑二氰胺[C_4mim][$N(CN)_2$]或1-(2-丁氧基-乙烷基)-3-甲基咪唑氯酸盐[C_4OC_2mim]Cl与K_2HPO_4组成的双水相体系，以较高的选择性，高效地从糖类化合物的水溶液中分离出牛血清白蛋白，为复杂系统中生物分子的分离提供了新的途径。

另外，离子液体在有机物、金属离子萃取方面也有大量的应用研究。例如，1999年Dai等[15]首次使用冠醚二环己烷-18-冠-6大环多醚作为萃取剂，成功、高效地将Sr^{2+}从水相萃取到二取代的咪唑六氟磷酸盐和双磺酰胺所组成的多元萃取剂中。最近，Quijada-Maldonado等[16]以离子液体1-丁基-3-甲基-咪唑双三氟甲磺酰基酰亚胺盐[C_4mim][Tf_2N]、1-辛基-3-甲基咪唑双三氟甲磺酰基酰亚胺盐[C_8mim][Tf_2N]作为双-2-乙基己基-磷酸的稀释剂，从水中萃取Mo^{6+}。这种方法具有更高的萃取效率，而且溶剂用量只有煤油的1/4。

物质在超临界状态下，温度和压强的较小改变即可引起其密度发生较大的变化。超临界流体的密度是决定其溶解能力的关键因素。利用超临界流体的这一特性进行分离操作的效果非常显著，而且过程中无相变、能耗较低。实际上，1879年，Hannay和Hogarth[17]就发现了超临界流体特殊的溶解能力，并将其应用到萃取过程。但是，直到20世纪70年代超临界萃取才实现了工业化应用[18]。最著名的实例是利用超临界CO_2萃取绿咖啡豆中的咖啡因[19]。Hanif等[20]则利用超临界CO_2从活性污泥中萃取出微生物磷酸酯脂肪酸，极大地降低了萃取时间和溶剂用量，并简化了整个萃取过程。

工业用聚乙烯在生命周期（制造、加工、储存和最终使用）的每个阶段都易被氧化降解，通过抗氧化剂的添加可以极大地改变产品的性能，从而达到抗降解的目的。目前，几乎每一种聚合物产品都含有抗氧化添加剂。在聚合物的降解研究和聚烯烃（如聚乙烯）抗氧化剂剂量添加控制试验中，都需要进行萃取。但传统的回流、索氏提取方法耗时且萃取效率容易受到目标物降解过程中局部过热、溶剂体系等因素的影响。Arias等[21]以超临界流体为萃取剂从高、低密度聚乙烯中进行抗氧化剂的萃取研究，六次循环后抗氧化剂的收率仍超过 94.9%，且整个萃取耗时不到传统萃取的一半。超临界萃取涉及化学工程、机械工程、热力学等学科，作为一种新的分离技术，越来越受到人们的重视。该技术将在化工、医药、食品及其他工业中得到更加广泛的应用。

2. 层析洗脱

层析法是目前广泛应用的一种分离技术。20 世纪初俄国植物学家 Tswett 创建了这一技术，并由此证明了植物叶子中不仅含有叶绿素，还含有其他色素[22]。层析法现已成为化学、生物化学、分子生物学及其他学科领域有效的分离分析技术之一。

层析过程中溶剂的选择对组分分离影响极大。在柱层析时所用的溶剂（单一或混合溶剂）习惯上称为洗脱剂，在薄层或纸层析时常称为展开剂。在选择洗脱剂时，要根据被分离物质与所选用的吸附剂的性质综合考虑。

痕量分析在测定从生物材料尤其是生物的神经组织中提取出的卟啉类化合物方面具有优势。在纸层析分离技术发展的基础上，Chu 等[23]通过不同的双组分展开剂（氯仿和煤油、正烷烃和煤油）和二次展开技术实现对尿卟啉甲酯Ⅰ、粪卟啉甲酯异构体Ⅰ和Ⅲ、中卟啉甲酯Ⅸ、原卟啉甲酯Ⅸ的痕量分离，比移值（R_f）见表 1-1。

表 1-1　卟啉甲酯类化合物在双组分展开剂氯仿-煤油和不同正烷烃-煤油中的比移值（24℃）

卟啉甲酯类化合物	R_f				
	氯仿-煤油	正癸烷-煤油	正十二烷-煤油	正十四烷-煤油	正十六烷-煤油
尿卟啉甲酯Ⅰ	0.17	0.14	0.20	0.13	0.15
粪卟啉甲酯Ⅰ	0.47	0.42	0.52	0.45	0.47
粪卟啉甲酯Ⅲ	0.67	0.70	0.76	0.74	0.66
原卟啉甲酯Ⅸ	0.84	0.86	0.92	0.92	0.89
中卟啉甲酯Ⅸ	0.89	0.92	0.96	0.95	0.93

麻黄碱类化合物是临床上预防支气管哮喘、治疗各种原因引起的鼻黏膜充血等症的常用药物。在色谱分离中分辨率较低，常出现拖尾峰、谱带扩张等。流动相中加入洗脱剂 1-丁基-3-甲基咪唑四氟硼酸盐离子液体（$[C_4mim][BF_4]$）后，麻黄碱类物质的上述色谱行为得到明显改善，且该类物质在色谱分析中的保留时间因离子液体的浓度不同而发生变化[24]（图 1-1）。

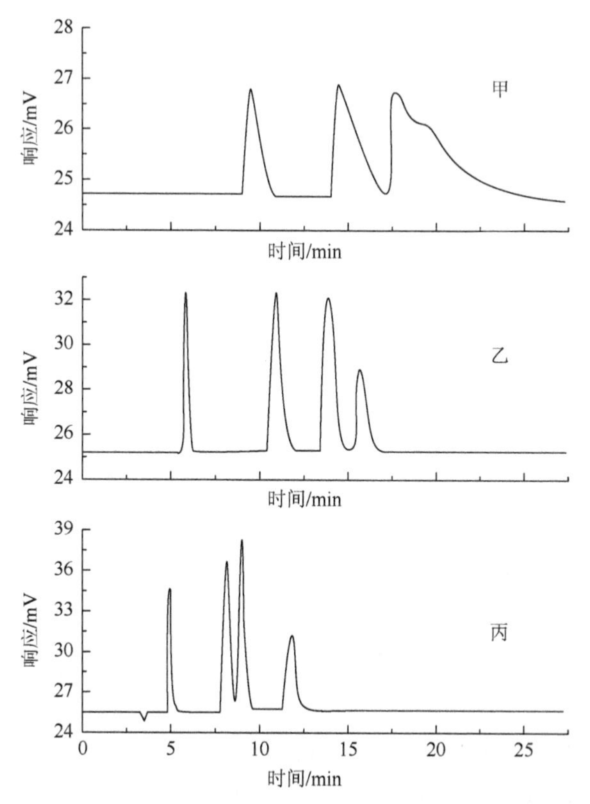

图 1-1 麻黄碱在 pH 为 3.0 的不同浓度离子液体$[C_4mim][BF_4]$流动相中的色谱图

甲，$0mmol·L^{-1}$；乙，$5.2mmol·L^{-1}$；丙，$62.4mmol·L^{-1}$

3. 清洗

清洗是人类生产生活中最司空见惯的一种行为，时刻发生在社会的各个角落。从普通的日常清洗、实验室目标物的分离洗涤到不同工业生产中的产品清洗，都频繁使用种类繁多的清洗剂。目前在溶剂使用量较大的工业清洗领域，主要采用挥发性有机化合物（VOC）和含卤素的氯氟烃（CFC）溶剂去除器件表面的油污、聚合物及电子线路板等表面的污垢。全世界每年要用几百万吨清洗剂，由此引发的臭氧层破坏和大气污染非常严重。1987 年，世界各国签署的《关于消耗臭氧层物质的蒙特利尔议定书》已对禁用溶剂做出相应的规定。基于绿色化学的理念和可持续发展的紧迫性，研发环境友好的清洗剂已成为工业清洗领域的当务之急。

超临界二氧化碳（$SC-CO_2$）对有机物有一定的溶解能力，且清洗过程中保持各种待清洗材料性能的稳定，并极易渗入其内部，能有效去除死区污垢且清洗后无须干燥，有望替代 VOC 和 CFC 型清洗剂。由于半导体技术迅速发展，集成电路和电子器件等都向着微米、纳米级方向发展，对其表面清洁、无损伤的要求也愈加严格。传统的清洗液中所含的酸性物质会造成微器件表面结构粗糙或损伤，且带来的表面张力或者毛细吸附力也会对微器件造成损伤。Korzensk 等[25]在研究微电子机械系统清洗以及硅片清洗时发现，SC-CO_2 清洗比传统清洗剂对微器件损伤小。Keagy 等[26]发现 SC-CO_2 在清洗含烃类表面活性的低介电硅氧烷膜小孔材料时具有绝对优势。Ito 等[27]对高功率空气过滤装置中玻璃纤维过滤器进行 SC-CO_2 清洗发现，在 20MPa、40℃和 120min 条件下，玻璃过滤器表面的杂质几乎完全去除，其收集率和降压功能达到新产品标准，且清洗过程对树脂黏结剂无任何影响。为了去除航天材料表面少量的微生物和有机污染物，Lin 等[28]设计了一个全新的 SC-CO_2 清洗系统，该系统能够保证在太空中样品处理设备、样品存储单元以及科学仪器保持超净表面的状态，清洁等级为 0.01～2μg·cm^{-2}，对疏水性材料能达到等级更高的清洁水平，这也为未来火星探险时现场用火星空气消毒和清洗提供了可能。

4. 化学反应

绝大多数的化学反应是在溶剂中进行的，溶剂一方面为反应提供了场地，另一方面通过自身的特性（酸碱性、介电常数、黏度等）对反应的动力学和热力学因素产生影响，调控化学反应的速率、反应历程以及产物的选择性、立体结构等。因此，选择适宜的溶剂对化学反应至关重要。尤其是复杂的有机反应，同一反应，溶剂不同，产物及副产物在收率、选择性等方面可能存在很大的差异。另外，溶剂对溶质的光谱性质、电化学反应中电解质的电导率、晶体学中的结晶形态等也存在不同程度的影响。以下四个方面是溶剂在化学反应中的主要作用。

（1）溶剂调控化学反应速率

化学反应速率的大小取决于反应物与其过渡态之间活化能的差异（ΔE），在其他因素不变时，不同溶剂对同一反应的反应物及其过渡态的溶剂化程度不同，导致 ΔE 不同。当反应物过渡态的溶剂化程度强于反应物溶剂化程度时，化学反应速率增加。

很多经典的有机化学反应，如 Aldol 缩合反应、Diels-Alder 反应、Michael 加成反应等是以水作为反应介质。在天然产物的合成中[式（1-1）]，Grieco 和 Garner[29]发现常温下以水为介质的 Diels-Alder 反应速率比以甲苯为溶剂在 100℃时快很多，见表 1-2。

CHO O H + CO_2R → CHO H H CO_2R H +

CHO H H CO_2R H

（1-1）

表 1-2 不同溶剂中 Diels-Alder 反应合成天然产物

溶剂	R 基	温度/℃	时间/h	收率/%	产物比例
水	Na	室温	4.5	90	3∶1
甲苯	乙基	100	36	97	1∶1.1

Friedel-Crafts 反应是经典的 Lewis 酸催化反应，以氯化铝型离子液体（$[C_2mim]Cl-AlCl_3$）为溶剂时，该类反应高效进行。例如，在该体系中实验室合成商用香料特拉斯麝香（5-乙酰基-1, 1, 2, 6-四甲基-3-异丙基二氢化茚），反应开始 5min，产物收率已达到 99%。相同的反应介质，萘上 1 位酰基化反应选择性最高[30]（图 1-2）。

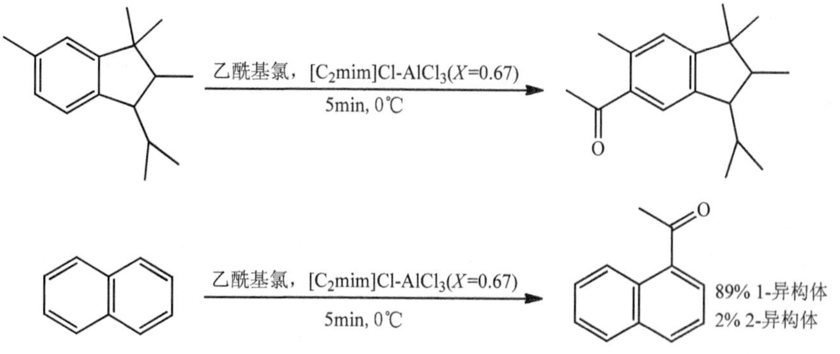

图 1-2 1, 1, 2, 6-四甲基-3-异丙基二氢化茚和萘在氯化铝型离子液体中的乙酰化反应

（2）溶剂影响化学平衡

在不同的溶剂中，同一化学反应，其平衡常数大有不同。John 和 Kevin[31]研究了不同溶剂对光还原苯甲酮反应中羰基自由基和自由基负离子之间平衡的影响（图 1-3），溶剂的介电常数越小越有利于羰基自由基生成，化学平衡常数见表 1-3。

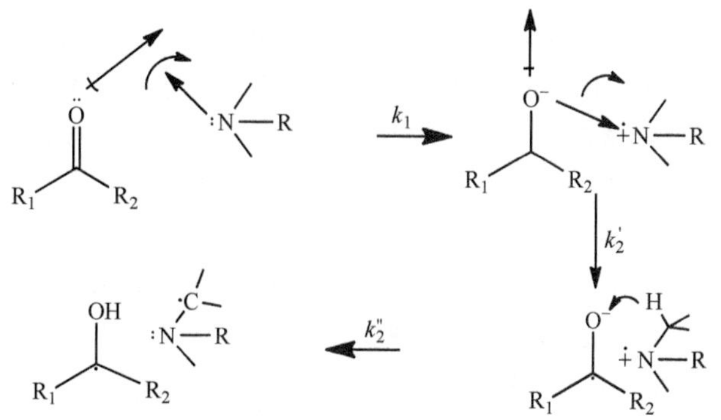

图 1-3 光还原苯甲酮反应中羰基自由基和自由基负离子平衡示意图

表 1-3　不同溶剂对化学平衡常数（K_{eq}）的影响

溶剂	浓度/($mol \cdot L^{-1}$)	K_{eq}（DMA）	K_{eq}（DEA）	ε
乙腈	1.0	2.7	0.1	34.5
丙腈	1.0	5.4	0.7	27.8
丁腈	1.0	7.3	1.7	23.2
己腈	1.0	10.8	2.7	17.5
乙腈	5.0	2.6	1.8	34.5

注：1. K_{eq} = 羰基自由基浓度/自由基负离子浓度，光解反应进行 14.2ns 后开始测定。

2. DEA 为 *N, N*-二乙基苯胺，DMA 为 *N, N*-二甲基苯胺。

甲醇溶液中安息香酸盐离子促进间硝基苯基硝基甲烷、对硝基苯基硝基甲烷及 3, 5-二硝基苯基硝基甲烷去质子化反应[式（1-2）]的化学平衡常数分别是 10.9、10.5 和 9.86。在相同的反应条件下，溶剂为乙腈时不同产物的化学平衡常数是溶剂为甲醇时的 6.3×10^4 倍（间硝基苯基硝基甲烷）、2.0×10^4 倍（对硝基苯基硝基甲烷）、2.5×10^4 倍（3, 5-二硝基苯基硝基甲烷）[32]。

$$O_2N{-}C_6H_4{-}CH_2NO_2 + ArCO_2^- \xrightleftharpoons{CH_3OH} O_2N{-}C_6H_4{-}CH{=}NO_2^- + ArCO_2H \tag{1-2}$$

不同溶剂对反应物和产物的溶剂化差异成为溶液中平衡反应的驱动力。人们曾试图在给定的溶剂中通过参与平衡的任一物质的溶剂 Gibbs 自由能来研究溶剂对化学平衡的影响，但遗憾的是，对于很简单的反应，即便只涉及一种反应物和一种产物，如酮醇互变异构或顺反异构，这种方法的应用也是相当复杂的。

（3）溶剂改变反应历程

溶剂的改变不仅能影响化学反应速率和化学平衡，还可以影响化学反应的历程，尤其是有机反应。Ingold[33]就溶剂对有机化学中亲核取代反应（双分子亲核取代 S_N2 和单分子亲核取代 S_N1）的影响做了大量的基础研究，并从离子或偶极分子在初始和过渡态时与溶剂之间的静电相互作用角度提出了溶剂对化学反应影响的溶剂化模型。

Cinzia 等[34]研究了一系列离子液体中 NaN_3、KCN 与烷基卤化物、对甲苯磺酸酯的亲核取代反应（图 1-4）。离子液体阴、阳离子的变化对不同底物的反应活性具有显著的修饰作用，整个反应由伯卤代物亲核取代的 S_N2 和 S_N1 协同作用机理转变为叔卤代物亲核取代的 S_N1 机理，不同的反应机理，生成了不同的产物（表 1-4）。

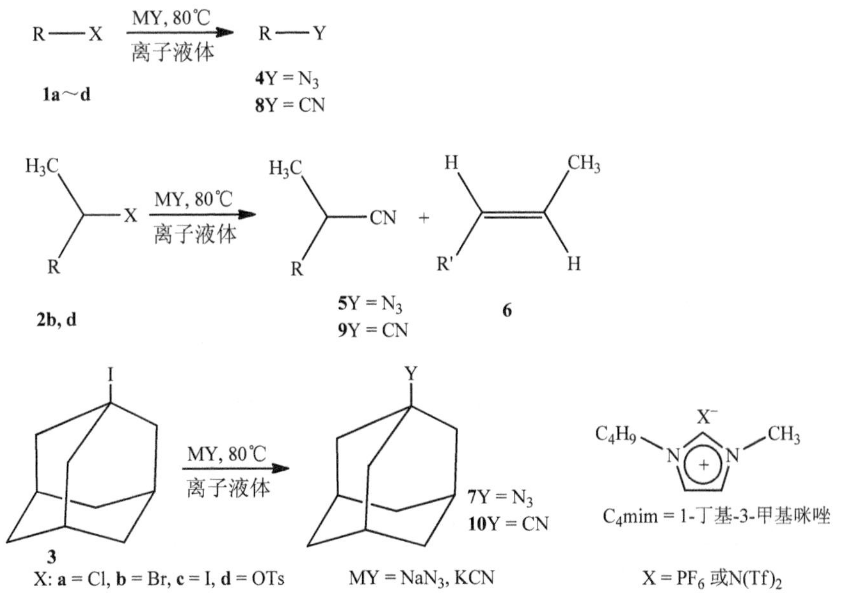

图 1-4 离子液体中 NaN_3、KCN 与烷基卤化物、对甲苯磺酸酯的亲核取代反应

表 1-4 不同底物与 NaN_3 的亲核取代反应

底物	溶剂	时间/h	转化率/%	产物	选择性/%
$C_8H_{17}Cl$	$[C_4mim][PF_6]$	7	7	4	100
	$[C_4mim][N(Tf)_2]$	7	15	4	100
sec-$C_8H_{17}OTs$	$[C_4mim][PF_6]$	3	99	5 和 6	100∶0
	$[C_4mim][N(Tf)_2]$	3	90	5 和 6	90∶10
AdI	$[C_4mim][PF_6]$	7	42	7	90
	$[C_4mim][N(Tf)_2]$	7	55	7	90

（4）溶剂控制化学反应的选择性

对于特定的反应物，溶剂的不同有时会导致反应产物的不同或产物立体选择性的不同。例如，有机合成中 β-萘酚和吲哚上杂原子 N 或 O 的区域烷基化反应对溶剂高度依赖，传统上以 *N, N*-二甲基甲酰胺（DMF）或二甲基亚砜（DMSO）为溶剂，KOH 为催化剂，可高选择性地得到产物 **2** 或 **5**（图 1-5）。Seddon 小组[35]首次以六氟磷酸咪唑离子液体$[C_4mim][PF_6]$为介质研究了 β-萘酚和吲哚选择性烷基化反应，在 KOH 的作用下以高收率得到 **2** 或 **5**（表 1-5）。

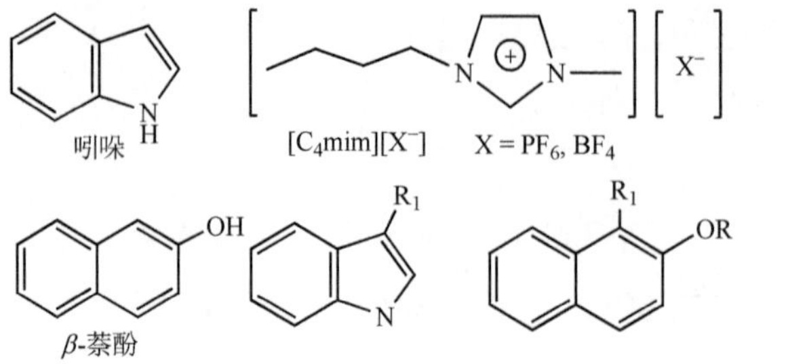

吲哚 $[C_4mim][X^-]$ X = PF_6, BF_4

β-萘酚

1 R = R_1 = H
2 R = Et, Bu, Me或$PhCH_2$, R_1 = H
3 R = R_1 = Et, Bu, Me或$PhCH_2$
4 R = R_1 = H
5 R = Et, Bu, Me或$PhCH_2$, R_1 = H
6 R = R_1 = Et, Bu, Me或$PhCH_2$

图 1-5 离子液体及β-萘酚和吲哚在离子液体介质中的选择性烷基化反应产物的结构示意图

表 1-5 β-萘酚和吲哚在离子液体介质中的选择性烷基化反应

底物	卤代烃	收率/%	产物	选择性（2∶3或5∶6）
1	EtBr	92	**2 + 3**	＞99∶1
1	BuBr	93	**2 + 3**	＞99∶1
1	MeI	91	**2 + 3**	93∶2
1	BnBr	94	**2 + 3**	95∶5
4	EtBr	94	**5 + 6**	＞99∶1
4	BuBr	98	**5 + 6**	＞99∶1
4	MeI	97	**5 + 6**	97∶3
4	BnBr	95	**5 + 6**	95∶5

醇醛缩合反应是形成 C—C 键最有效的方法之一，在化学合成领域有着巨大的应用。Ana 等[36]研究了两亲碳水化合物介质中的有机催化醇醛缩合反应[式（1-3）]，发现与水为介质相比，在碳水化合物溶液中，产物的非对映立体选择性和产物收率方面更具优势（表 1-6），整个过程中反应物的溶解度高，反应速率快，且对环境无毒无害。

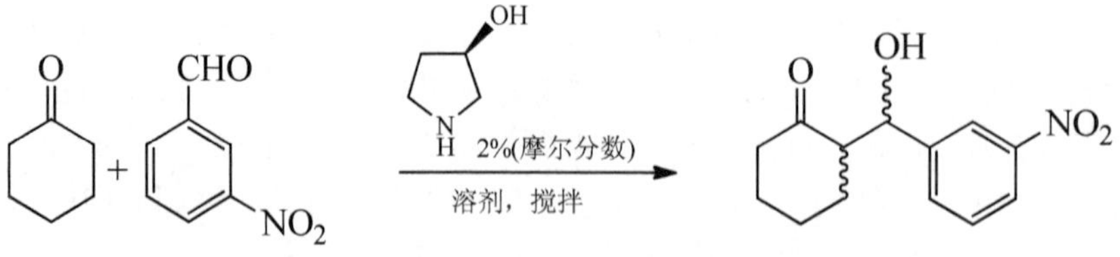

O + CHO NO_2 —— OH N H 2%(摩尔分数) 溶剂，搅拌 → O OH NO_2

（1-3）

表 1-6 不同溶剂对环己酮和 3-硝基苯甲醛醇醛缩合反应产物选择性的影响

溶剂	时间/h	产率/%	反式产物：顺式产物
水	4	90	3∶1
$1mol \cdot L^{-1}$ 碳水化合物溶液①	3	91	13.3∶1

①碳水化合物的结构式为 [structure: pyranose ring bearing OC_2H_5, OH groups] 。

另一个实例是己内酰胺，其是一种重要的有机化工原料，由环己酮肟经 Beckmann 重排反应制得。邓友全等分别以室温离子液体 1-丁基-3-甲基咪唑三氟乙酸盐（$[C_4mim][TFA]$）、1-丁基-3-甲基咪唑氟硼酸盐（$[C_4mim][BF_4]$）、正丁基吡啶氟硼酸盐为介质，含磷化合物通过 Beckmann 重排高效地合成了己内酰胺，结果见表 1-7[37]。

表 1-7 离子液体中环己酮肟的 Beckmann 重排反应

离子液体	环己酮肟转化率/%	选择性/%		催化转化数
		己内酰胺	环己酮	
$[C_4mim][BF_4]$	97.8	90.4	9.6	4.89
$[C_4mim][TFA]$	96.6	95.8	4.2	4.83
$[C_4Py][BF_4]$	100	100	痕量	5.00

以上从四个方面对溶剂作为化学反应介质的应用进行了介绍。不同的溶剂具有的物理化学性质不同，且与反应物分子（或离子）、反应的中间体（或过渡态）以及反应产物之间的相互作用也不尽相同，以致反应发生的速率和化学平衡点不同，反应的机理、产物的选择性表现出多样性。在某一化学反应中，由于溶剂更换、优化，常常会观测到反应速率和产物收率等众多因素的一系列变化，特别是在有机反应中，溶剂极性的变化就可能对反应机理带来影响，最终生成不同种类、不同比例的产物。因此，溶剂对化学反应的影响具有复杂性、多重性，可以说在化学化工过程中，如何选择和使用溶剂是极其重要的事情。但遗憾的是，由于溶剂用量大以及人们对溶剂的安全性考虑不够重视，其对生态环境和人类健康带来的安全隐患与日俱增。

1.2 化学溶剂对环境的污染

1.2.1 生态环境问题与化学

化学作为一门基础学科，古老而又时新。自人类诞生之初的钻木取火，到造纸、火药、冶金、陶瓷直至今日琳琅满目的化工产品，化学一直伴随着我们的生产与生活。特别是20世纪以来，随着近现代化学理论的建立，化学工业蓬勃发展，人们创造了大量的新物质，这为人类的生活提供了丰富多彩的化学用品、药物和材料。诸如，农药、化肥的使用极大地提高了农产品的产量；医药的创制提高了人类对抗疾病的能力并大幅度延长了人类的寿命。迄今合成的600多万种化合物中，工业生产的化学品已超过5万种，全球由化工产品带来的总产值已超过1.5万亿美元[38]。化学的存在极大地改变了人类的生活和生产方式，我们享受着它带来的福祉和便利的同时也应该看到化学污染带给人类的前所未有的生存危机和困难。

目前我国化肥和农药的使用量是发达国家的2～4倍，过量的农药残留在空气、土壤、水体中难以降解，对环境污染严重；残存在农产品上的农药，通过食物链的生物富集转移到其他生物体和人体内，危及整个生态系统。以燃煤相关工业为例，2014年由工厂废气排出的SO_2达1.6×10^7t，使我国酸雨的面积进一步扩大，遍及全国22个省区，受害耕地面积$3.66\times10^4km^2$[38]。同时燃料燃烧产生的温室气体二氧化碳打破了自然界原有的碳循环，导致温室效应。据文献报道[39]，每年人类活动向大气中排放的二氧化碳已高达257亿t，超出大自然正常循环量的3.9%。近几年，空气污染的后援军——雾霾，让整个社会谈霾色变，人类正面临着有史以来最严峻的环境问题。20世纪30年代以来，出现了世界著名的八大公害事件：1930年马斯河谷烟雾事件，1948年多诺拉烟雾事件，1952年伦敦烟雾事件，1955年洛杉矶光化学烟雾事件，1953～1979年水俣湾“猫舞蹈症”事件，1955～1965年富山骨痛病事件，1955～1972年四日市哮喘病事件，1968年米糠油事件。这一系列事件的主角无一例外都是化学物质，而其对人类社会发出的警示并未让整个生态环境问题有所改善。反应停事件、莱茵河污染事件、博帕尔事件……各种灾难的持续上演，离不开20世纪初各国在处理环境问题上“先污染后治理”的主要思路。这种思路不仅造成了自然资源和能源的极大浪费，而且耗资大、治标不治本，甚至还会造成二次污染。

我国环境保护部发布的资料令人触目惊心，2016年，全国338个地级及以上的城市中，254个城市环境空气质量超标，占全部城市数的75.1%。全国地表水中，Ⅱ类以下的水质占60.2%。近岸局部海域污染依然严重，冬季、春季、夏季、秋季劣于第四类海水水质标准的近岸海域面积分别为5.12万平方千米、4.21万平方千米、3.71万平方千米和4.28万平方千米，各占近岸海域面积的17%、14%、12%和14%。陆源入海排污口达标排放次数比率为55%。监测的河口、海湾、珊瑚礁等生态系统中76%处于亚健康和不健康状态。赤潮灾害次数和累计面积均较上年明显增加，绿潮灾害分布面积为2012年以来最大。渤海滨海平原地区海水入侵和土壤盐渍化依然严重，砂质海岸局部地区海岸侵蚀加重。海洋垃圾依然不容乐观，主要分布在旅游休闲娱乐区、农渔业区、港口航运区及邻近海域，塑料类垃圾数量最多，占84%。

面对生态问题的日益严峻，人类不得不重新审视自己的社会经济行为和工业发展历程。因此，人类急需寻求减少或消除传统化学工业对环境污染问题的措施和良策，避免以破坏生存环境和牺牲健康为代价，以消耗大量资源和能源为手段，去追求“高投入、高消耗、低产出、高污染”的经济数量增长模式。这种不合理的产业结构、落后的科学技术和管理水平将导致全球气候变暖、臭氧层破坏、森林锐减、土地资源荒漠化、生物多样性减少、酸雨成灾、海洋污染、淡水资源污染、有毒化学品和危险污染物、环境公害问题的盛行。而绿色化学的诞生，为解决上述问题提供了先进的理念，其核心和目标就是从源头上防止污染，实现废物的“零排放”。

1.2.2 化学溶剂与环境

在实验室和化工生产中，绝大多数的有机反应需要在溶剂中进行。事实上，几乎所有化学化工、生物及其他交叉学科领域都会用到辅助性物质作为溶剂、萃取剂、分散剂、反应促进剂、清洗剂等。这些传统的辅助性物质不仅毒性较高，还会生成大量的废弃物。例如，在许多化学过程中，要求有机溶剂不只是有利于反应物的溶解和反应过渡态的稳定，还需与产物易于分离。低沸点的有机溶剂通常更适合于产品分离，也易于通过低温蒸馏进行回收，一定程度上避免了热敏感产品的降解。但低沸点溶剂的使用也引发了相应的环境和安全问题，如储存、易燃和工人暴露等[40]。

目前，在大量使用的溶剂中最常见的有石油醚、芳香烃、卤代烃、苯类、醇类、酮类化合物等。这些有机溶剂中绝大多数是易挥发、有毒害性的。另外，传统的化学工业中污染防治措施主要是针对污染物的传播途径进行污染后的治理等，并未从源头上解决问题。有资料显示[41]，全球每年约有2000万t的挥发性有机溶剂被排放到大气中。经太阳光照射，这些溶剂很容易在地面附近形成光化学烟雾，通过呼吸道或皮肤进入人体。几乎所有的有机溶剂都是原发性皮肤刺激物，对皮肤、呼吸道黏膜和眼结膜具有不同程度的刺激作用。其中有些溶剂可特异性地作用于周围神经系统，对心、肺、肝、血液系统和生殖系统造成特殊的损害，有的甚至具有致癌或潜在的致癌作用，如苯可引发人的染色体畸变、白血病，可致小动物患皮肤癌和口腔癌[42]。此外，这些溶剂还会污染水体、毒害水生动物，给整个生态系统的良性循环造成严重的破坏。在我国有机溶剂职业性急性中毒事件中，沿海地区甚为突出。以广东省为例[42]，2000～2014年，每年新发职业病病例均超过400例，其中有机溶剂中毒就占了3成多，成为广东职业病中威胁最大的种类。2013 年，东莞市职业病防治中心收集该市 233 家工作场所有机溶剂 944 份，累计检验 7949 次，检出有机物中，第一名为甲苯，占 52.5%；第二名是二甲苯，占 37.5%；第三至第五名依次是乙苯、正己烷、正庚烷。与化学过程的其他材料相比，溶剂的需求量最大。对于伴随溶剂使用接踵而至的危害和安全问题，开发和筛选溶剂一直是人们需要考虑的主要因素。因此，研究开发和使用无毒、无害的溶剂以取代易挥发、有毒害的溶剂，不仅是化学工作者普遍关注的问题，而且是实现化学工业可持续发展的迫切需求。

1.3 绿色溶剂的概念

1.3.1 绿色化学

在环境污染“全球化”的窘迫形势下，绿色化学和技术已成为世界各国政府重点关注的科学技术领域之一。1995 年 3 月 16 日，美国总统克林顿宣布设立“总统绿色化学挑战奖”，其成为目前全球唯一以政府名义颁发的奖项，用于奖励那些具有基础性和创新性，在化学产品的设计、制造、使用过程中体现绿色化学的基本原则，从源头上消除化学污染，从根本上减少环境污染方面取得卓越成绩的化学家、公司或企业，从政府层面推动了绿色化学的发展。

对于绿色化学（green chemistry）的科学研究，我国政府高度重视，积极响应，紧跟国际绿色化学的研究步伐、密切关注其发展趋势，同时积极倡导清洁工艺，实行可持续发展战略。1995 年，中国科学院化学部组织了《绿色化学与技术——推进化工生产可持续发展的途径》院士咨询活动，对国内外绿色化学的现状与发展趋势进行了大量调研，并结合国内情况，提出了发展绿色化学与技术、消灭和减少环境污染源的七条建议，并建议国家科学技术委员会组织调研，将绿色化学与技术研究工作列入“九五”基础研究规划。1997 年，以“可持续发展问题对科学的挑战——绿色化学”为主题的香山科学会议的召开，有力地推动了我国绿色化学研究的进展。同年，国家自然科学基金委员会与中国石油化工总公司联合资助了“九五”重大基础研究项目“环境友好石油催化化学与化学反应工程”。国家自然科学基金委员会于 1999 年设立了“用金属有机化学研究绿色化学中的基本问题”的重点项目，2000 年将绿色化学作为“十五”优先资助领域。近年来我国举办了多届国际绿色化学研讨会，主题从绿色化学，环境友好化学品的设计、加工和利用，生物质的有效利用到绿色化学与可持续发展等。2006 年 7 月 12 日正式成立了中国化学会绿色化学专业委员会，旨在促进我国绿色化学的研究与开发，加强绿色化学的学术交流与合作[38]。

2017年党的十九大报告再一次明确宣示：实行最严格的生态环境保护制度，形成绿色发展方式和生活方式，坚定走生产发展、生活富裕、生态良好的文明发展道路，建设美丽中国，为人民创造良好生产生活环境，为全球生态安全做出贡献。

绿色化学正是实现生态良好、可持续发展的必然选择。绿色化学，又称环境无害化学（environmentally benign chemistry）或环境友好化学（environmentally friendly chemistry）、清洁化学（clean chemistry），本质上就是利用化学的技术和方法减少或消灭那些对人类健康、社区安全、生态环境有害的原料、催化剂、溶剂和助剂的使用，以及有害的产物、副产物的产生。其核心是利用化学原理从根本上减少或消除化学工业对环境的污染，因此绿色化学是一门从源头上防治污染的化学。它所研究的中心问题是使化学反应、化工工艺及其反应产物具有以下四个方面的特点：①采用无毒、无害的原料；②在无毒、无害的反应条件（溶剂、催化等）下进行；③使化学反应具有极高的选择性、极少的副产物，甚至达到“原子经济”的程度，即在获取新物质的转化过程中充分利用每个原料原子，实现“零排放”；④产品对环境无害。

绿色化学是传统化学基础上的创新和发展，考虑更多的是社会的可持续发展及如何促进人和自然关系的协调，是更高层次的化学。它不同于环境化学，绿色化学更加强调研究对环境友好的化学反应和技术，尤其是新的催化技术、生物工程技术、清洁合成技术等，而环境化学是一门研究污染分布、存在形式、运行、迁移及其对环境影响的学科[39]。

为了满足绿色化学的发展需要，1988年美国化学家Anastas和Warner[43]从源头上减少或消除化学污染的角度出发，提出了著名的“绿色化学十二条原则”（twelve principles of green chemistry），简称“前十二条”。作为开发环境无害产品和工艺的指导性原则，前十二条原则为绿色化学的进一步发展奠定了理论基础。前十二条原则的主要内容如下：

1）预防（prevention）：防止废物的产生优于其产生后进行处理或清除。

2）原子经济性（atom economy）：设计合成方法时应使工艺过程中所用材料尽可能地都进入到最终产品中去。

3）低毒害化学合成（less hazardous chemical syntheses）：设计合成路线时，要优先考虑原料与生成的产物对人类与环境都应是低毒或无害的。

4）设计较安全的化学品（designing safer chemicals）：设计的化学品不仅具有所需的功能，还应具有最小的毒性。

5）使用较安全的溶剂和助剂（safer solvents and auxiliaries）：尽量不使用辅助物质（溶剂、分离试剂等），必须使用时也要尽可能无毒。

6）有节能效益的设计（design for energy efficiency）：必须节省化工过程的能

耗，并且要考虑其对环境与经济的影响。如有可能，合成方法应在常温、常压下进行。

7）使用可再生原料（use of renewable feedstock）：当技术和经济上可行时，反应原料应可再生。

8）减少衍生物（reduce derivatives）：尽量减少或避免生成衍生物的步骤，因为这些步骤需要外加试剂，并且可能产生废弃物。

9）催化作用（catalysis）：采用具有高选择性的催化剂优于化学计量的反应试剂。

10）设计可降解产品（design for degradation）：设计的化工产品应在使用之后能分解为无毒无害的降解产物，而不是残存或滞留于环境之中。

11）实时分析以防止污染（real-time analysis for pollution prevention）：进一步开发新的分析方法，使其可进行实时的现场分析，并且能够在有害物质生成之前就予以控制。

12）采用本身安全、能防止发生意外的化学品（inherently safely chemical for accident prevention）：在化学过程中，选用的物质以及使用的形态，都必须能防止或减少隐藏的意外（包括泄漏、爆炸与火灾）事故发生。

绿色化学十二条原则是绿色化学发展史上具有里程碑意义的成果。为了满足绿色化学的发展需要，补充 Anastas 和 Warner 所提出的绿色化学十二条原则的不足，英国化学家 Neil Winterton 提出另外的绿色化学原则十二条（twelve more principles of green chemistry，简称后十二条），以帮助化学家们评估工艺过程的相对绿色性。后十二条的主要内容如下[44]：

1）鉴别与量化副产物（identify and quantify by products）。

2）报道转化率、选择性与产率（report conversions，selectivities and productivities）。

3）建立整个工艺的物料衡算（establish full mass-balance for process）。

4）测定催化剂、溶剂在空气与废水中的损失（measure catalyst and solvent losses in air and aqueous effluent）。

5）研究基础的热化学（research basic thermochemistry）。

6）估算传热与传质的极限（anticipate heat and mass transfer limitation）。

7）请化学或工艺工程师提供咨询（consult a chemical or process engineer）。

8）考虑全过程中选择化学品与工艺的效益（consider effect of overall process on choice of chemicals and technics）。

9）促进开发并应用可持续性评估（help develop and apply sustainability assessment）。

10）量化和减少辅料与其他投入（quantify and minimize use of auxiliaries and other inputs）。

11）识别安全和废弃物最小化不兼容的地方（recognize where safety and waste minimization are incompatible）。

12）监控、报道并减少实验室废物的排放（monitor，report and minimize laboratory waste emitted）。

1.3.2 绿色溶剂的定义

由于传统溶剂（主要为有机溶剂）存在效率低、功能有限、环境污染等缺陷，无法满足当代化学化工实现可持续发展的要求，因此开发环境友好的新型溶剂将成为未来溶剂发展的新方向，这些溶剂应具有无毒、无害、便宜易得、容易循环利用、具有特定功能等特性。

绿色化学要求化学工作者和化工企业更大程度上考虑新的或现有溶剂在整个化工生产、使用和处置的周期内对人体健康和环境的影响。这不仅涉及新型溶剂的设计，还包括对广泛存在的化学品、反应过程、工艺过程的二次设计。那么，什么溶剂才是符合绿色化学理念的溶剂——绿色溶剂？William M. Nelson 在 *Green Solvents for Chemistry*：*Perspectives and Practice* 中指出：绿色溶剂是指对人体健康和环境具有最低限度毒性，且不会因处理方式的不同而对环境造成污染的溶剂[2]。

使用更安全的溶剂和助剂是绿色化学的重要原则之一。然而，还没有任何一种绿色溶剂可以应用于所有类型的化学反应。在过去的二十多年，关于绿色溶剂的研究不断被报道且数量逐年攀升，如离子液体、超临界流体、低共熔溶剂、生物质基溶剂等。这些绿色溶剂的使用规避了环境问题，同时在提升反应速率、促进副产物的分离和目标产物的回收方面表现优异。在此我们仅对这些绿色溶剂作以概述，待后续章节再做具体介绍。

1. 水

水，孕育万物，是自然界中含量最为丰富的物质。不仅如此，地层、大气层及动植物体内也都含有大量的水，人体中水约占65%，在某些微生物体内水的含量甚至达到98%。正如自然界的光合作用一样，人体内时时刻刻都在发生着复杂的化学反应，而这些反应都是在介质水中进行的。

伴随着绿色化学的发展，水作为一种绿色的反应溶剂得到了广泛的研究和应用。与传统的有机溶剂相比，以水作为化学反应的溶剂具有明显优势：①来源丰富、价廉易得、无毒无害、不燃不爆、不污染环境。其在化学制品方面的廉价性和环保性使得水相中有机合成反应的研究呈现出一种快速增长的趋势[45-48]，水对化学过程的可持续发展做出了很大的贡献。②便于操作。水具有最大的比热容，便于调节反应过程中的温度。③合成便利。在很多有机合成过程中不需要保护、脱保护的步骤，缩短了合成路线，简化了工艺过程。此外，以水作为溶剂的有机反应在反应活性和选择性上明显优于以有机溶剂作为反应介质的体系，如很多经典的有机化学反应：Claisen 重排、Aldol 缩合反应、Diels-Alder 反应、Michael 加成反应、Knoevenagel 缩合反应等。然而，相对有机溶剂，水介质中的化学反应研究和应用还不是很多，主要原因是许多参与反应的有机化合物不溶于水。

2. 离子液体

离子液体（ionic liquid，IL）又称室温熔盐（room temperature molten salt），是由阴、阳离子组成的在 100℃以下的温度范围内呈液态的有机盐。熔点范围的划分是离子液体与无机盐的主要区别。离子液体一般是由体积较大的有机阳离子和无机/有机阴离子构成。形成离子液体的有机阳离子母体主要有四类：咪唑盐类、吡啶盐类、季铵盐类、季鏻盐类。无机阴离子主要为$[AlCl_4]^-$、$[BF_4]^-$、$[PF_6]^-$、$[CF_3SO_3]^-$等。离子液体最大的特性是可设计性，通过适当地选择阴、阳离子以及改变离子的结构可实现对其物理化学性质的调控。

相比传统的有机溶剂，离子液体具有许多优点[49]：①几乎无蒸气压，可彻底消除因挥发而产生的大气环境污染问题；②熔点低，液态温度范围宽，化学和热稳定性高；③能溶解大量的有机物和无机物，更重要的是可以通过改变阴、阳离子，调节其溶解性和其他性质（如酸碱性和配位能力），因此也被称为“可设计性溶剂”；④通常由弱配位的离子组成，具有高极性而非配位能力，因此可溶解过渡金属配合物，而不与之发生配合作用；⑤含 Lewis 酸的离子液体，在一定条件下表现出酸性，在作为反应介质的同时还会起到相应的催化作用；⑥后处理简单，可以循环使用。离子液体的出现为人类解决环境问题开辟了一条新的路径。

人们利用离子液体的上述优点，将其应用于萃取分离和化学反应中。近年来，离子液体作为一种良好的溶剂，在气体分离领域显示出了巨大的应用潜力[50]。离子液体具有良好的吸收和分离 CO_2 的性能，可在较低的温度下完成脱附并循环使用[51]。离子液体作为催化剂已经应用于工业生产，但作为新一代绿色的吸收剂应用于脱碳生产，还需要大量的研究工作来实现。目前应用离子液体吸收 CO_2 的报道有鏻盐、铵盐和吡啶盐[52-57]，但以咪唑型的离子液体居多。作者课题组[58-61]在运用离子液体固碳方面进行了大量的研究并取得了较为满意的结果：①利用 CO_2 实现了离子液体亲水性和疏水性的可逆转变，借由该特性在 IL 中一步合成了金多孔膜。②从实现化学可持续发展的角度，通过离子液体高效捕捉 CO_2 并将其进一步转化为 α-亚烷基碳酸酯。③以$[NH_2C_3mim]Br$ 作为吸附剂和电解液，将 CO_2 经光电化学法还原为甲酸，电化学效率高达 86.2%。这些研究和发现为通过功能化

离子液体辅助实现 CO_2 有效转化为高价值化学品提供了一种可能。④基于对预组装和协同作用的理解，设计并合成了一种酰基胺类离子液体，能高效可逆地捕捉低浓度的 CO_2，捕获能力明显高于目前已报道的物质。除此之外，离子液体的应用领域也在不断拓展，如合成化学、催化反应、过程工程、产品工程、功能材料、资源环境、生命科学等诸多领域。

3. 超临界流体

超临界流体（supercritical fluid，SCF）是指温度和压力都超过或接近临界点的非凝缩性的高密度流体。超临界是物质的一种特殊状态，当环境温度和压力达到物质的临界点时，液体的密度就等于其饱和蒸气的密度，压力进一步升高，物质就处于超临界状态。此时，流体的物理性质处于气液之间，既有与气体相当的扩散系数和较低的黏度，又有与液体相近的密度和对物质良好的溶解性能。因此，超临界流体具有两个显著的性质：①超临界流体分子的扩散系数比一般流体高 10～100 倍，有利于传质和热交换。②具有良好的可压缩性。物质在超临界状态下，由于与气体和液体的密度相同，从外观上看是一种不存在相分离的、均匀的、乳白色体系。温度和压强的较小改变可引起其密度发生较大的变化。超临界流体的密度是决定其溶解能力的关键因素。利用超临界流体的这个性质进行分离操作，其效果非常显著，而且过程中无相变、能耗较低。

目前，超临界流体技术发展迅速，已开始取代一些传统的萃取、分离、反应、材料合成、离子形成及分析方法[62-65]。由于其已突破了一般流体的范畴，随着研究的深入，超临界流体越来越有希望成为一种特殊的绿色溶剂，在各个领域的应用中大显身手。除水外，CO_2，Xe，H_2O，CH_4，C_2H_6，CH_3OH 和 CHF_3 等是常用的超临界流体。其中 CO_2 无毒、无污染、不易燃，且超临界状态（304K，74bar，$1bar = 10^5Pa$）很容易达到，所以应用最为广泛，如聚合物合成、制药、制粉工业（如蛋白质和制陶业）等。

基于反应物气体在超临界流体中的高溶解性能、溶剂的快速扩散、反应物溶剂化效应的弱化以及反应物或溶剂的局部类聚，预期超临界流体中的化学反应在反应速率和选择性方面极具优势。

4. 低共熔溶剂

低共熔溶剂（deep eutectic solvent，DES）是由两种或两种以上的化合物通过氢键形成的低共熔混合物，其主要特征是熔点比任一组分的熔点低，可以在较宽温度范围内以液态形式稳定存在。DES 按照组分的种类划分为四种类型；按照在水中的溶解度不同可分为亲水性和疏水性两种类型。由于 DES 是多组分混合物，因而可以通过选择合适的氢键受体和氢键给体，以不同的物质的量比结合，在较大的范围内调节其物理化学性质。需要指出，虽然低共熔溶剂和离子液体具有相似的物理化学性质，但两者在结构和组成上有本质的区别，离子液体全部由离子组成，而低共熔溶剂并不完全由离子组成。低共熔溶剂由于具有蒸气压低、低毒、可降解、合成过程简单、成本低、可设计、反应产物分离简单等特性，已在混合物分离、有机合成、材料制备、电化学、摩擦润滑和生物质催化转化等领域得到广泛应用。

5. 生物质基溶剂

生物质基溶剂是指由生物炼制出来的部分液体产物并被证明可用作溶剂的物质。生物质是利用大气、水、土壤等通过光合作用产生的各种有机体，即一切有生命的、可以生长的有机物质的通称。人们已经由生物柴油、碳水化合物、木质素来炼制各种生物质基溶剂。生物质基绿色溶剂的种类繁多，通常可根据官能团的不同分为醇类、酸类、糖类、酚类、酯类、醚类以及其他绿色溶剂。相比于矿物质能源，生物质能显得更为清洁；相对于太阳能、风能、水能等可再生能源，生物质资源是唯一可以转化为常规的固态、液态和气态燃料以及其他化学品的碳源。此外，生物质基溶剂还具有碳足迹轻、价格低廉、生物相容性好、原料可再生等优点。近年来，生物质基绿色溶剂已应用于化学、生物医药、食品安全等方面。

除此之外，常见的绿色溶剂还有聚乙二醇、聚丙二醇、醚类、酯类、全氟化碳类、硅氧烷类、亚砜类和萜类等。每一种溶剂各具优点，而由两种或多种溶剂构成的混合溶剂则会表现出一些特殊的性质。目前，许多混合溶剂体系已被设计和研究，并被广泛应用于催化反应、材料制备等领域中，且得到了较理想的转化率、选择性和材料性能。

1.4 溶剂的绿色度

正确评估溶剂的“绿色”程度是绿色化学化工过程评估的重要环节之一，既要考虑溶剂自身的结构和性质，还需考量溶剂在整个化工过程中的实际应用、回收、成本、环境等众多因素。这不仅涉及化学、化学工程、环境科学，还与生物、医学等学科密切相关，是实现可持续发展的、具有重要意义的理论课题之一。

1.4.1 绿色化学化工过程的评估

长期以来，对于传统的化学、化工过程，人们习惯用产率（Y）、反应速率（v）

或产物的选择性（S）来衡量一个反应过程或某一合成工艺的优劣。这种评价模式以追求最大的经济效益为着眼点，没有考虑原料是否得到充分有效的利用，同时也未考虑整个过程产生的废物对环境的影响，这并不符合绿色化学的要求。单纯沿用这种评价标准已不能适应现代化学工业的发展。基于绿色化学的理念，1991年 Trost 指出，应该用新的标准“选择性和原子经济性”来评估化学工艺过程[66]。原子经济性（atom economy，AE）考虑的是在化学反应中实际有多少原料的原子进入到了产品之中，这一标准既要求尽可能地节约不可再生资源，又要求最大限度地减少废弃物排放，避免了传统“产率”以理论产物来评价产物收率，而不考虑其他不希望得到的产物的缺陷。原子经济性可表示为

$$\mathrm{AE}=\frac{\text{目标产物的分子量}}{\text{反应物质的分子量总和}}\times 100\% \tag{1-4}$$

根据上式可知，原子的经济性越好，相应产生的废物就越少，对环境造成的污染也就越少。理想的化学反应的原子经济性为 100%，即整个反应中原料分子中的原子全部进入目标产物中，不生成任何副产物，对环境“零排放”。有机化学中常见的 Claisen 重排反应、Diels-Alder 反应、Michael 加成反应都是理想的原子经济性反应。实际的工业化生产中，布洛芬、拉扎贝胺的合成工艺，碳酸二甲酯、环氧乙烷的生产工艺都是采用原子经济性反应，在实现更高经济收益的同时对环境零负担。

原子经济性的理念已受到化学界的广泛认可，在考察和评价化工反应过程的绿色性方面是一个很有用的评价指标，但不能作为唯一标准，它缺少对整个过程中反应物过量、试剂使用、溶剂损失、产物收率、能量消耗等问题的考察。虽通过副产物的量来衡量不同的工艺路线，但缺乏对副产物的数量和性质的相应评估，显得过于简单。

基于上述原因，荷兰有机化学家 Sheldon 定义的环境因子（E 因子）[67]，从废物的角度来定量评估化工过程对环境的影响。其中 E 因子定义为：每生产 1kg 目标产物的同时产生废物的量（kg），即

$$E=\frac{\text{废物量(kg)}}{\text{目标产物的量(kg)}} \tag{1-5}$$

根据式（1-5）可知，E 越大，反应生成的废物量越大，环境的负荷越大。最理想的 E 值应该为 0。实际上，大多数的化学反应并不能彻底进行，总会存在一个化学平衡，因此整个过程无法避免废物的排放，只能把废物的排放量降至最低。另外，不同的操作过程、反应物过量、溶剂回收等问题都会使实际的 E 值大于 $E_{理}$。表 1-8 列出了不同化工行业的 E 值[68]。

表 1-8 不同化工行业的 *E* 因子

工业部门	年产量/t	*E* 因子	废物量/t
炼油	10^6～10^8	约 0.1	10^5～10^7
基本化工	10^4～10^6	<1～5	10^4～5×10^6
精细化工	10^2～10^4	5～50	5×10^2～5×10^5
制药	10～10^3	25～100	2.5×10^2～10^5

表 1-8 中的数据表明，从炼油化工到制药工业，*E* 因子逐渐增大，尤其是精细化工和制药，主要是因为后两者大多采用化学计量比反应，反应过程烦琐，整个过程的原（辅）料消耗大，每一步反应都有废物生成，最终加和的总量特别大。

E 因子强调了在整个化工过程中产生废物的量，但却忽视了废物排放到环境中对环境的污染程度，如 1kg 氯化钠和 1kg 重金属盐对环境的影响明显不同。因此，Sheldon 提出了环境系数（EQ）的概念[67]，即

$$\mathrm{EQ} = E \times Q \tag{1-6}$$

式中，Q 为某种物质对环境的不友好因子。一般定义低毒的无机物的 Q 值为 1，如氯化钠，重金属盐的 Q 值介于 100～1000。经过修正后的环境系数，在用于环境危害评估时，计算简单，结果直观，常作为衡量化学反应对环境绿色程度的重要参考指标。

对化学化工过程绿色化的评价，除了上述指标外，还涉及反应的质量强度（mass intensity，MI），即获得单位质量产物消耗的所有原料、助剂、溶剂等物质的质量[38]：

$$\mathrm{MI}=\frac{\text{反应或过程中所消耗的物质的总质量(kg)}}{\text{目标产物的质量(kg)}} \tag{1-7}$$

质量强度考虑了产率、化学计量、溶剂和反应混合物中用到的试剂，也包括反应物的过量问题，是评价一种合成工艺或化工生产过程极为有用的指标。质量强度越小，表明生产成本越低，耗能越少，对环境影响越小。实际的化学化工过程的绿色化评估实施相对复杂，不仅涉及绿色化学工艺和绿色化学工程技术，还包括成本经济关系和环境安全等因素。

1.4.2 溶剂的绿色度判据

使用安全的溶剂和助剂是绿色化学要遵循的重要原则之一，由于溶剂使用量

大和自身的特性是构成化学化工过程的绿色程度的一个重要因素，因此在整个化学化工过程的绿色性评估时需要对其进行重点考虑。

1. 绿色溶剂的十二条判断标准

基于绿色化学十二条原则，Gu 和 Jérŏme[40]提出了绿色溶剂的十二条判断标准。这些判断标准的主要内容包括以下内容：

1）可用性（availability）：绿色溶剂应具有大规模的应用，其生产能力不应大幅波动以确保市场上能稳定供给。

2）价格（price）：绿色溶剂的价格应兼具竞争性和稳定性，以确保化工过程的可持续性。

3）循环使用（recyclability）：在所有的化工过程中，绿色溶剂可充分回收，需使用环保的程序。

4）级别（grade）：为了避免使用高能耗的纯化工工艺制备的高纯度溶剂，工业级溶剂是首选。

5）合成（synthesis）：绿色溶剂应通过节能工艺制备，合成反应应具有较高的原子经济性。

6）毒性（toxicity）：绿色溶剂必须表现出可忽略的毒性，以减少其在人们操作或在用于个人和家庭护理、油漆等过程中释放到大自然后所带来的风险。

7）生物降解能力（biodegradability）：绿色溶剂应具有生物可降解性，且其代谢产物应无毒无害。

8）性能（performance）：与目前使用的溶剂相比，符合条件的绿色溶剂在性能（黏度、极性、密度等）上应当相似，甚至更好。

9）稳定性（stability）：绿色溶剂在化工过程中应有良好的热（电）、化学稳定性。

10）可燃性（flammability）：出于安全原因，在操作过程中，绿色溶剂不应易燃。

11）存储（storage）：绿色溶剂应易于储存，并拥有健全、安全的运输法规，无论是公路、火车、船舶运输还是航空运输。

12）可再生（renewability）：合成绿色溶剂的原料应可再生。

理论上，凡是满足上述十二条判断标准的溶剂可认定为绿色溶剂，但具体到实际的化学化工过程，满足全部标准的溶剂是不存在的。溶剂是否“绿色”还与所涉及的反应密切相关[69, 70]。以水为例，水由于安全廉价常常被认作绿色溶剂，但水并不适合所有的反应过程。在钯催化的 Heck 或 Suzuki 偶合制盐反应中，通过脱盐来实现水的循环利用是高能耗过程[71]，若从绿色化学的角度考虑，使用低沸点的非极性的有机溶剂较水更为适宜：①通过简单的过滤在原位实现盐的分离。

②通过蒸馏便捷地实现溶剂分离回收，更具生态效率。水作为绿色溶剂一般用于催化剂固定的均相或两相反应，如 80 万 $t\cdot a^{-1}$ 烯烃加氢甲酰化的 Ruhrchemie/Rhone-Poulenc 过程[72]，或在一些以水为介质能显著提高反应速率的化学反应中，如 Breslow 和 Rideout[73]报道的在环戊二烯与甲基乙烯酮的环加成反应中，水作为 Diels-Alder 反应的溶剂时，反应速率是异丙烷为溶剂时的 700 倍。同样的情形也适用于另一种绿色溶剂——离子液体，其由于具有独特的性能（低蒸气压、结构可调、热容量高、密度大、导电性好）而被认为是一种新型的绿色溶剂。然而在实际的工业应用中溶剂是否“绿色”，还需考虑其他参数，如溶剂的毒性和价格。因此，脱离具体的应用环境谈溶剂是否“绿色”意义不大，它应该是理论和实践的综合体，万能的绿色溶剂更是不存在的。因此，溶剂的绿色度应该是对溶剂在整个生命周期内绿色性的一个综合性评价。

2. GSK 溶剂指南

GSK（Glaxo Smith Kline）是全球最大的以研发为基础的制药企业之一，发行的 GSK 溶剂指南综合了溶剂的基本性质（熔点、沸点、可燃性、爆炸性等）和实际的工业过程应用的反馈性质（废物、环境影响、生命周期等），旨在从环境、健康和安全三个方面为人们提供简洁、实用的溶剂参考信息，用于指导新型溶剂的研发和现有溶剂的改良。表 1-9 是 2011 年 GSK 发布的部分溶剂的信息[74]。

表 1-9 GSK 溶剂信息表

类别	溶剂	CAS 编码	熔点/℃	沸点/℃	废物	环境影响	健康危害	可燃性、爆炸性	反应性、稳定性	生命周期	监管标志
最环保	水	7732-18-5	0	100	4	10	10	10	10	10	
醇类	2-乙基己醇	104-76-7	−76	185	9	5	6	9	10	6	
	丙三醇	56-81-5	18	290	6	7	8	10	9	8	
	环己醇	108-93-0	25	161	6	6	7	9	9	8	
	乙二醇	107-21-1	−13	197	5	8	7	10	9	9	
	1, 4-丁二醇	110-63-4	20	235	6	6	8	10	10	4	
	异戊醇	123-51-3	−117	131	6	6	7	9	10	6	
	1, 2-丙二醇	57-55-6	−60	188	6	6	10	10	10	3	
	1, 3-丙二醇	504-63-2	−27	214	6	6	9	10	10	3	
	苯甲醇	100-51-6	−15	205	6	6	7	10	7	6	
	2-戊醇	6032-29-7	−50	119	6	6	6	8	8	6	
	正丁醇	71-36-3	−89	118	5	7	5	8	9	5	

续表

类别	溶剂	CAS 编码	熔点/℃	沸点/℃	废物	环境影响	健康危害	可燃性、爆炸性	反应性、稳定性	生命周期	监管标志
醇类	仲丁醇	78-92-2	−115	100	4	6	8	7	9	6	
	乙醇	64-17-5	−114	78	3	8	8	6	9	9	
	叔丁醇	75-65-0	25	82	3	9	6	6	10	8	
	甲醇	67-56-1	−98	65	4	9	5	5	10	9	
	异丙醇	67-63-0	−88	82	3	9	8	6	8	4	
	丙醇	71-23-8	−127	97	4	7	5	7	10	7	
	2-甲氧基乙醇	109-86-4	−85	124	3	8	2	7	6	7	建议替换 II
酯类	乙酸叔丁酯	540-88-5	−78	95	6	9	8	6	10	8	
	乙酸正辛酯	112-14-1	−39	210	9	5	5	8	10	6	
	乙酸丁酯	123-86-4	−77	126	7	7	8	8	10	5	
	碳酸亚乙酯	96-49-1	36	248	6	7	5	10	9		
	碳酸丙烯酯	108-32-7	−55	242	6	7	5	8	9		
	乙酸异丙酯	108-21-4	−73	89	5	7	7	6	9	7	
	乳酸乙酯	97-64-3	−23	154	7	5	4	8	10		
	乙酸丙酯	109-60-4	−92	102	5	7	8	6	10	4	
	碳酸二甲酯	616-38-6	−1	91	4	8	7	6	10	8	
	乳酸甲酯	547-64-8	−66	144	5	9	4	8	9	5	
	乙酸乙酯	141-78-6	−84	77	4	8	8	4	8	6	
	丙酸乙酯	105-37-3	−74	99	5	7	4	6	6		
	乙酸甲酯	79-20-9	−98	57	3	9	7	4	9	7	
	甲酸乙酯	109-94-4	−80	54	3	9	7	4	9	7	
酮类	环己酮	108-94-1	−32	155	6	8	6	8	9	6	
	环戊酮	120-92-3	−51	131	7	6	6	8	10	6	
	2-戊酮	107-87-9	−78	102	5	6	6	7	10	4	
	3-戊酮	96-22-0	−42	102	5	6	8	7	6	4	
	4-甲基-2-戊酮	108-10-1	−84	117	6	6	6	7	8	2	
	丙酮	67-64-1	−95	56	3	9	8	4	9	7	
	2-丁酮	78-93-3	−87	80	3	7	8	4	8	3	
有机酸	丙酸	79-09-4	−21	141	4	8	6	8	8	7	
	乙酸	64-19-7	17	118	4	8	6	8	7	8	

续表

类别	溶剂	CAS 编码	熔点/℃	沸点/℃	废物	环境影响	健康危害	可燃性、爆炸性	反应性、稳定性	生命周期	监管标志
芳香类	均三甲苯	108-67-8	–45	165	8	3	7	6	10	7	
	异丙基苯	98-82-8	–96	152	7	5	6	8	5	7	
	对二甲苯	106-42-3	–13	138	7	2	6	5	10	7	
	甲苯	108-88-3	–95	111	6	3	4	4	10	7	建议替换 I
	苯	71-43-2	6	80	5	6	1	3	10	7	建议替换 II
烃	顺式＋氢化萘	493-01-6	–43	196	7	3	7	6	7	7	
	石油醚	64742-48-9	–60	163	8	2	9	6	10		建议替换 II
	异辛烷	540-84-1	–107	99	6	4	8	3	10	7	
	甲基环己烷	108-87-2	–127	101	6	5	8	3	10	7	
	环己烷	110-82-7	7	81	5	5	7	2	10	7	
	庚烷	142-82-5	–91	98	6	3	8	3	10	7	
	戊烷	109-66-0	–130	36	5	6	8	2	10	7	
	2-甲基戊烷	107-83-5	–153	60	5	4	7	2	10	7	
	己烷	110-54-3	–95	69	5	3	4	2	10	7	建议替换 I
	石油醚	8032-32-4	–73	55	6	2	2	3	10	7	建议替换 II
醚	苯乙醚	103-73-1	–29	170	8	4	7	10	10		
	环丁砜	126-33-0	28	282	5	9	6	10	10		
	二甘醇单丁醚	112-34-5	–68	231	6	7	7	9	6	7	
	苯甲醚	100-66-3	–38	154	6	6	7	7	6	5	
	二苯醚	101-84-8	27	258	8	5	4	8	6		
	二丁醚	142-96-1	–95	140	7	7	4	5	5	4	
	甲基叔戊基醚	994-05-8	–80	86	5	5	5	5	9	8	
	甲基叔丁基醚	1634-04-4	–109	55	4	5	5	3	9	8	
	环戊基甲醚	5614-37-9	–140	106	6	4	4	5	8	4	
	叔丁基乙醚	637-92-3	–74	70	5	5	4	4	9	8	
	2-甲基四氢呋喃	96-47-9	–137	78	4	5	4	3	6	4	
	乙醚	60-29-7	–116	35	4	4	5	2	4	6	

续表

类别	溶剂	CAS 编码	熔点/℃	沸点/℃	废物	环境影响	健康危害	可燃性、爆炸性	反应性、稳定性	生命周期	监管标志
醚	双(2-甲氧基乙基)醚	111-96-6	-68	162	4	5	2	8	4	6	建议替换Ⅱ
	甲醚	115-10-6	-141	-25	3	5	7	1	4	7	
	1,4-二氧六环	123-91-1	12	102	3	4	4	4	5	6	建议替换Ⅱ
	四氢呋喃	109-99-9	-108	65	3	5	6	3	4	4	
	乙二醇=甲醚	110-71-4	-58	85	4	5	2	4	4	7	建议替换Ⅱ
	二异丙醚	108-20-3	-86	68	4	3	8	1	1	9	
偶极非质子溶剂	*N*,*N*-二甲基丙烯基脲	7226-23-5	-23	247	7	7	4	9	7	3	建议替换Ⅰ
	二甲基亚砜	67-68-5	19	189	5	5	7	9	2	6	
	甲酰胺	75-12-7	3	220	4	7	2	10	8	8	建议替换Ⅱ
	二甲基甲酰胺	68-12-2	-61	153	4	6	2	9	9	7	
	N-甲基甲酰胺	123-39-7	-4	200	4	6	2	10	10	7	
	N-甲基吡咯烷酮	872-50-4	-24	202	5	6	3	9	8	4	
	丙腈	107-12-0	-93	97	3	6	4	6	9		
	N,*N*-二甲基乙酰胺	127-19-5	-20	165	5	6	2	10	8	2	建议替换Ⅱ
	乙腈	75-05-8	-45	82	2	6	6	6	10	3	
卤化物	邻二氯苯	95-50-1	-17	180	7	4	6	10	9	8	
	1,2,4-三氯苯	120-82-1	17	214	7	4	4	9	10	8	建议替换Ⅰ
	氯苯	108-90-7	-45	132	6	6	4	8	10	8	
	三氯乙腈	545-06-2	-42	83	5	6	6	7	10		
	氯乙酸	79-11-8	61	189	4	6	6	10	8	7	
	三氯乙酸	76-03-9	58	197	3	6	6	10	6	7	
	八氟甲苯	434-64-0	-66	104	5	3	4	5	10		
	四氯化碳	56-23-5	-23	77	4	5	3	4	10	7	必须替换
	二氯甲烷	75-09-2	-95	40	3	6	4	6	9	7	建议替换Ⅱ
	全氟己烷	355-42-0	-86	57	4	4	3	5	10		建议替换Ⅰ

续表

类别	溶剂	CAS 编码	熔点/℃	沸点/℃	废物	环境影响	健康危害	可燃性、爆炸性	反应性、稳定性	生命周期	监管标志
卤化物	氟代苯	462-06-6	−42	85	5	3	6	5	9	1	
	三氯甲烷	67-66-3	−64	61	3	6	3	6	9	6	建议替换Ⅱ
	全氟丁基四氢呋喃	335-36-4	−88	103	5	2	3	7	10		
	三氟乙酸	76-05-1	−15	72	2	5	6	7	8		
	三氟甲苯	98-08-8	−29	102	5	4	1	5	9		
	1, 2-二氯乙烷	107-06-2	−36	84	4	4	2	6	10	7	必须替换
	2, 2, 2-三氟乙醇	75-89-8	−43	74	3	5	2	6	9	7	
碱	*N*, *N*-二甲基苯胺	121-69-7	3	194	7	5	4	8	8	3	建议替换Ⅱ
	三乙胺	121-44-8	−115	89	4	5	3	4	8	7	
	吡啶	110-86-1	−42	115	3	4	4	7	9	2	建议替换Ⅱ
其他	硝基甲烷	75-52-5	−29	101	3	8	4	7	2		
	二硫化碳	75-15-0	−111	46	4	6	2	1	6	8	建议替换Ⅰ

注：1. 每个类别中给出每一种溶剂的得分从 1 到 10，是基于一定的行业数据或可观测的物理性质，分数越高，绿色程度越高[75]。

2. 熔沸点：沸点高于 120℃及沸点低于 40℃的溶剂应避免使用，高沸点溶剂通过蒸馏回收分离需要高能耗，熔点数据是为了突出一些溶剂在常温下是固体。

3. 废物：涵盖回收、焚化、挥发性有机化合物及生物处理等问题。

4. 环境影响：包含溶剂对环境的影响及溶剂在环境中的行为。

5. 健康风险：包含溶剂对人体急性和慢性的健康影响及溶剂在环境中潜在的暴露性。

6. 可燃性、爆炸性：溶剂储存和处理的问题。

7. 反应性和稳定性：包含影响溶剂反应性和稳定性的因素。

8. 生命周期：包含从溶剂生产到使用整个生命周期对环境的影响。

9. 监管标志：提醒用户使用某种溶剂当前或以后对环境、健康和安全的潜在影响及目前相关立法情况。

10. 建议替换Ⅰ：目前没有相应的法规限制，未来可能会申请；建议替换Ⅱ：有监管限制；必须替换：监管机构禁止使用。

1.4.3 绿色溶剂的设计

持续存在于环境中的化学品仍然可以发挥毒性作用，并可能在生物体内进行积累。因此，设计和使用绿色溶剂尤为重要。绿色溶剂的设计就是，遵循绿色化学的双十二原则，以绿色溶剂的十二条判断标准为指导，依据构效关系，使用分子改造手段，对溶剂的结构进行设计、调控，使其具有特定功能并能最大地发挥，同时将固有的危害降至最低，在两者之间寻求最适宜的平衡。影响溶剂绿色性的因素很多，这些需要综合考虑。设计绿色溶剂可以采取不同的策略，各种策略的选取都需要基于溶剂本身的特征信息：

1）认识作用机制。认识溶剂危险性质的作用机制，对设计一种对人体健康和环境更安全的化学物质有很大的帮助。为了避免或减少毒性，我们应该能够阐明化学品对生物体或环境产生毒害作用的途径。

2）确定结构活性关系。对许多化学品来说，其作用机理可能并不为人所知。对于这些情况，应该基于详细的结构与活性的相关性来选择更安全的溶剂。只要一种化学结构与其危害多次经验性相关，那么这种构效关系就可以成为设计和选择安全溶剂的有力工具。

3）避免采用毒性官能团。如果化学品的毒性作用机制尚不清楚，或通过结构修饰后化学毒性多变而不能确定时，可分析化学结构中某些官能团与毒性之间的关系，设计时尽量避免、减少或除去与毒性有关的官能团来降低毒性。

4）降低有毒物质的生物利用率。如果不能通过上述改变物质结构的方法来降低化学品的毒害性，可考虑减少这类物质的生物利用率，可通过改变分子的物理化学性质（亲水性/亲油性）使其难以或不能被生物膜（包括皮肤、肺、胃肠道）和组织吸收来减少有毒物质的生物利用率。

5）可生物降解。化学品设计时，经常要求其结构性能稳定，或是寿命足够长。这种做法导致了废物遗留，残留有毒废物堆积。当前环境问题日益凸显，人们更希望化学品被设计成小分子、无毒、非持久性物质。因此，安全化学品的设计不仅要评估制造和生产时的危害性，还要考虑使用完后如何处理及生命周期何时结束。

1.5 使用绿色溶剂的意义

绿色溶剂的研发和使用不仅有着重大的社会、环境和经济效益，而且也说明通过人的主观能动性可以减少或避免由化学发展而带来和产生的负面影响。传统溶剂的使用（量大、易挥发、难回收等）对生态环境造成的污染，需要国家和政府投入更多的人力、物力和财力，花费更长的时间去解决。同时，由生态环境污染引发的公众健康问题更是受到人们关注（雾霾、污水直排），甚至造成了整个社会的恐慌。绿色溶剂的诞生，为人类协调满足自身需要与保护生态环境的平衡提供了物质基础，为解决经济发展与环境污染之间的矛盾提供了思路与手段。

毫无疑问，绿色溶剂的使用符合当今可持续发展的主题，是人类在防止污染、保护环境道路上迈出的一大步。虽然这方面的研究已取得了重大进展，但仍有不少问题亟待解决，如使用效果好且绿色度高的溶剂往往成本很高，降低了工业上规模化生产和使用的可能性，延缓了绿色溶剂全面推广的进程。如今世界各地该领域的化学家和工程技术人员都在为解决这些难题努力钻研、刻苦攻关。让我们一起期待新的发现，让天更蓝、山更绿、水更清。

参 考 文 献

[1] Christian R. Solvents and Solvent Effects in Organic Chemistry. Weinheim：Wiley-VCH，2003.

[2] William M N. Green Solvents for Chemistry：Perspectives and Practice. New York：Oxford University Press，2003：20.

[3] 陆刚. 探析涂料配方中溶剂的功用及性能特点. 上海毛麻科技，2016，4：26-32.

[4] Douglas C G，Gary P B，Scott L，et al. Solvent extaction of phenols from water. Ind Eng Chem Process Des Dev，1982，21：51-54.

[5] Amid P K，Makram T S，Carolyn M A，et al. Solvent extraction of pentachlorophenol from contaminated soils using water-ethanol mixtures. Chemophere，1999，11（38）：2681-2693.

[6] Albertsson P A. Partitioning of Cell Particles and Macromolecules. 3rd. New York：Wiley，1986.

[7] Zijlstra G M，de Gooijer C D，Tramper J. Extractive bioconversions in aqueous two-phase systems. Current Opinion in Biotechnology，1998，9（2）：171-176.

[8] 范芳. 双水相萃取技术的应用进展. 化学与生物工程，2011，28（7）：16-19.

[9] Gutowski K E，Broker G A，Willauer H D，et al. Controlling the aqueous miscibility of ionic liquids：aqueous biphasic systems of water-miscible ionic liquids and water-structuring salts for recycle，metathesis and separations. J Am Chem Soc，2003，125：6632-6633.

[10] Pei Y C，Wang J J，Liu L，et al. Liquid-liquid equilibria of aqueous biphasic systems containing selected imidazolium ionic liquids and salts. J Chem Eng Data，2007，52：2026-2031.

[11] Pei Y C，Wang J J，Liu L，et al. Ionic liquid-based aqueous two-phase extraction of selected proteins. Separation and Purification Technology，2009，64：288-295.

[12] Pei Y C，Li Z Y，Liu L，et al. Partitioning behavior of amino acids in aqueous two-phase systems formed by imidazolium ionic liquid and dipotassium hydrogen phosphate. Journal of Chromatography A，2012，1231：2-7.

[13] Pei Y C，Li Z Y，Liu L，et al. Selective separation of protein and saccharides by ionic liquids aqueous two-phase systems. Sci China Chem，2010，53（7）：1554-1560.

[14] Wang Z J，Pei Y C，Zhao J，et al. Formation of ether-functionalized ionic-liquid-based aqueous two-phase systems and their application in separation of protein and saccharides. J Phys Chem B，2015，119：4471-4478.

[15] Dai S，Ju Y H，Barnes C E. Solvent extraction of strontium nitrate by a crown ether using room-temperature ionic liquids. J Chem Soc，Dalton Trans，1999，8（8）：1201-1202.

[16] Quijada-Maldonado E，Torres M J，Romero J. Solvent extraction of molybdenum（Ⅵ）from aqueous solution using ionic liquids as diluents. Separation and Purification Technology，2017，177：200-206.

[17] Hannay J B，Hogarth J. On the solubility of solids in gases. Proc R Soc（London），1879：29-324.

[18] McHugh M A，Krukonis V J. Supercritical Fluid Extraction：Principles and Practice. 2nd. Boston：Butterworth，1994.

[19] Zosel K. Praktische Anwendungen der Stofftrennung mit überkritischen Gasen. Angew Chem，1978，90：748-755.

[20] Hanif M，Atsuta Y，Fujie K，et al. Supercritical fluid extraction of microbial phospholipid fatty acids from activated sludge. J Chromatogr A，2010，1217：6704-6708.

[21] Arias M，Penichet I，Ysambertt F，et al. Fast supercritical fluid extraction of low-and high-density polyethylene additives：comparison with conventional reflux and automatic Soxhlet extraction. J Supercritical Fluids，2009，50：22-28.

[22] Sakodynskii K，Chmutov K M. S. Tswett and chromatography. Chromatographia，1972，5：471-476.

[23] Chu T C，Green A A，Chu E J. Paper chromatography of methyl esters of porphyrins. J Biol Chem，1951，190（2）：643-646.

[24] He L，Zhang W，Zhao L，et al. Effect of 1-alkyl-3-methylimidazolium-based ionic liquids as the eluent on the separation of ephedrines by liquid chromatography. Journal of Chromatography A，2003，1007（1-2）：39-45.

[25] Korzensk M B，Baum T H，Xu C. Removal of MEMS sacrificial layers using supercritical fluid/chemical formulations：US，7160815. 20070109[2018-02-02].

[26] Keagy J A，Li Y，Green P F，et al. CO_2 promotes penetration and removal of aqueous hydrocarbon surfactant cleaning solutions and silylation in low-k dielectrics with 3 nm pores. Journal of Supercritical Fluids，2007，42：398-409.

[27] Ito T，Otani Y，Inomata H. Performance of air filters cleaned by supercritical carbon dioxide. Separation and Purification Technology，2004，40：41-46.

[28] Lin Y，Zhong F，David A，et al. Supercritical CO_2 cleaning for planetary protection and contamination control. 2010 IEEE Aerospace Conference. Montana：AES，c2010：566-571.

[29] Grieco P A，Garner P. "Micellar" catalysis in the aqueous intermolecular Diels-Alder reaction：rate acceleration and enhanced selectivity. Tetrahedron Lett，1983，24：1897-1900.

[30] Martin A A，Luc M. Clearn Solvents：Alternative Media for Chemical Reactions and Processing. New York：Oxford University Press，2002：13.

[31] Simon J D，Peters K S. Solvent effects on the picosecond dynamics of the photoreduction of benzophenone by aromatic amines. J Am Chem Soc，1982，13（5）：6403-6406.

[32] Joseph R G，Oliver L S，Ronald B. Solvent effects on proton transfer reactions：benzoate ion promoted deprotonation reactions of arylnitromethanes in methanol solution. J Org Chem，1997，62：4677-4682.

[33] Ingold C K. Structure and Mechanism in Organic Chemistry. 2nd ed. Ithaca，New York：Cornell University Press，1969.

[34] Cinzia C，Daniela P，Paola S. Nucleophilic displacement reactions in ionic liquids：substrate and solvent effect in the reaction of NaN_3 and KCN with alkyl halides and tosylates. J Org Chem，2003，68（17）：6710-6715.

[35] Earle M J，McCormac P B，Seddon K R. Regioselective alkylation in ionic liquids. Chem Commun，1998，20（20）：2245-2246.

[36] Ana B，Richard D，Daniel P. Aqueous solutions of facial amphiphilic carbohydrates as sustainable media for organocatalyzed direct aldol reactions. Green Chem，2012，14：281-284.

[37] 彭家建，邓友全. 离子液体系中催化环己酮肟重排制己内酰胺. 石油化工，2001，30（2）：91-92.

[38] 张龙，贡长生，代斌. 绿色化学. 2版. 武汉：华中科技大学出版社，2014.

[39] 何良年. 二氧化碳化学. 北京：科学出版社，2014：9.

[40] Gu Y L，Jérôme F. Bio-based solvents：an emerging generation of fluids for the design of eco-efficient processes in catalysis and organic chemistry. Chem Soc Rev，2013，42：9550-9570.

[41] Jutz F，Andanson J M，Baiker A. Ionic liquids and dense carbon dioxide：a beneficial biphasic system for catalysis. Chem Rev，2011，111（2）：322-353.

[42] 贾晓东，金锡鹏. 我国有机溶剂危害的现状和预防. 中国劳动卫生职业病杂志，2004，18（2）：65-67.

[43] Anastas P，Warner J. Green Chemistry：Theory and Practice. New York：Oxford University Press，2000.

[44] 梁朝林，谢颖，黎广贞. 绿色化工与绿色环保. 北京：中国石化出版社，2002.

[45] Lubineau A，Augé J. Water as Solvent in Organic Synthesis. Berlin：Springer，1999.

[46] Li C J. Organic reactions in aqueous media-with a focus on carbon-carbon bond formation. Chem Rev，1999，93：2023-2035.

[47] Li C J，Chan T H. Comprehensive organic reactions in aqueous media. Hoboken：Wiley-Interscience，2007.

[48] Raj M，Singh V K. Organocatalytic reactions in water. Chem Commun，2009，44（44）：6687-6703.

[49] Holbrey J D，Seddon K R. Ionic liquids. Clean Products and Processes，1999，1（4）：223-236.

[50] Zhang S，Chen Y，Li F，et al. Fixation and conversion of CO_2 using ionic liquids. Catalysis Today，2006，115（1-4）：61-69.

[51] Quinn R，Appleby J B，Pez G P. Salt hydrates：new reversible absorbents for carbon dioxide. J Am Chem Soc，1995，117：329-335.

[52] Kilaru P K，Scaovazzo P. Correlations of low-pressure carbon dioxide and hydrocarbon solubilities in imidazolium-，phosphonium-，and ammonium-based room-temperature ionic liquids. Part 2. Using activation energy of viscosity. Ind Eng Chem Res，2008，47（3）：910-919.

[53] Kilaru P K，Condemarin R A，Scaovazzo P. Correlations of low-pressure carbon dioxide and hydrocarbon solubilities in imidazolium-，phosphonium-，and ammonium-based room-temperature ionic liquids. Part 1. Using surface tension. Ind Eng Chem Res，2007，47（3）：900-909.

[54] Ferguson L，Scaovazzo P. Solubility，diffusivity，and permeability of gases in phosphonium-based room temperature ionic liquids：data and correlations. Ind Eng Chem Res，2007，46（4）：1369-1374.

[55] Jacquemin J，Husson P，Majer V，et al. Influence of the cation on the solubility of CO_2 and H_2 in ionic liquids based on the bis（trifluoromethylsulfonyl）imide anion. J Solution Chem，2007，36（8）：967-979.

[56] Hou Y，Baltus E. Experimental measurement of the solubility and diffusivity of CO_2 in room-temperature ionic liquids using a transient thin-liquid-film method. Ind Eng Chem Res，2007，46（24）：8166-8175.

[57] Schilderman A M，Raeissi S，Peters C J. Solubility of carbon dioxide in the ionic liquid 1-ethyl-3-methylimidazolium bis（trifluoromethylsulfonyl）imide. Fluid Phase Equilibria，2007，260（1）：19-22.

[58] Xiong D，Cui G，Wang J，et al. Reversible hydrophobic-hydrophilic transition of ionic liquids driven by carbon dioxide. Angew Chem Int Ed，2015，54：1-6.

[59] Qiu J，Zhao Y，Li Z，et al. Efficient ionic-liquid-promoted chemical fixation of CO_2 into a-alkylidene cyclic carbonates. Chem Sus Chem，2016，9：1-9.

[60] Lu W，Jia B，Cui B，et al. Efficient photoelectrochemical reduction of CO_2 to formic acid with functionalized ionic liquid as absorbent and electrolyte. Angew Chem Int Ed，2017，56（39）：11851-11854.

[61] Huang Y，Cui G，Zhao Y，et al. Preorganization and cooperation for highly efficient and reversible capture of low-concentration CO_2 by ionic liquids. Angew Chem Int Ed，2017，56（43）：1-6.

[62] Señoráns F J，Ibañez E. Analysis of fatty acids in foods by supercritical fluid chroma-tography. Anal Chim Acta，2002，465：131-144.

[63] Aymonier C，Loppinet-Serani A，Reveron H，et al. Review of super-critical fluids in inorganic materials science. J Supercrit Fluid，2006，38：242-251.

[64] Ramsey E，Sun Q，Zhang Z，et al. Mini-review：green sustainable processes using supercritical fluid carbon dioxide. J Environ Sci，2009，21：720-726.

[65] Herrero M，Mendiola J A，Cifuentes A，et al. Supercritical fluid extraction：recent advances and applications. J Chromatogr A，2010，1217：2495-2511.

[66] Trost B M. The atom economy—a search for synthetic efficiency. Science，1991，254（5037）：1471-1477.

[67] Sheldon R A. Atom utilization，*E* factors and the catalytic solutions. C R Acad Sci，Série IIC，Chemistry，2000，3（7）：541-551.

[68] Sheldon R A. Organic synthesis-past present and future. Chem Ind（London），1992，7：903-906.

[69] Moity L，Durand M，Benazzouz A C，et al. Panorama of sustainable solvents using the COSMO-RS approach. Green Chem，2012，14：1132-1145.

[70] Reinhardt D，Ilgen F，Kralisch D，et al. Evaluating the greenness of alternative reaction media. Green Chem，2008，10：1170-1181.

[71] Phan N T，Sluys M V，Jones C W. On the nature of the active species in palladium catalyzed mizoroki-heck and suzuki-miyaura couplings—homogeneous or heterogeneous catalysis. A Critical Review，2006，348（6）：609-679.

[72] Cornils B. Modern Solvent Systems in Industrial Homogeneous Catalysis. Berlin Heidelberg：Springer-Verlag，1999：133-152.

[73] Rideout D C，Breslow R. Hydrophobic acceleration of Diels-Alder reactions. J Am Chem Soc，1980，102：7816-7817.

[74] Henderson R K，Jiménez-González C，David J C，et al. Expanding GSK's solvent selection guide-embedding sustainability into solvent selection starting at medicinal chemistry. Green Chem，2011，13：854-862.

[75] Alan D C，David J C，Constable D J C，et al. Expanding GSK's solvent selection guide-application of life cycle assessment to enhance solvent selections. Clean Techn Environ Policy，2004，7（1）：42-50.

第2章 水和亚临界水

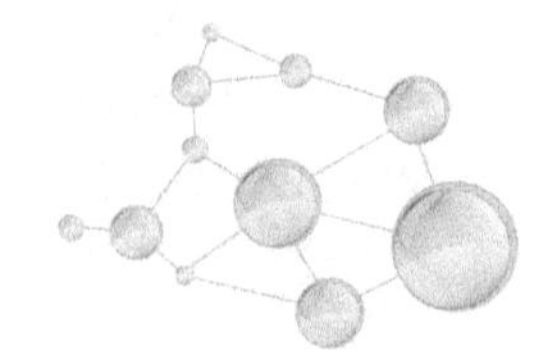

常温下水是一种无色无味的、在地球上普遍存在的、在日常生活中不可缺少的液体。水分子很小，仅由两个氢原子和一个氧原子构成，是一种化学组成非常简单的化合物。尽管如此，水是一种神奇的溶剂、溶质、反应物、催化剂、材料，无论是在生物界还是在非生物界都表现出了复杂的行为和独特的性能，对现代科学和技术的发展起到了关键作用。因此，水已被深入而广泛地研究，并逐渐发展形成一门关于水的科学和技术。鉴于水用途的广泛性，本章在介绍了水的结构和物理化学性质之后，着重介绍当前人们关注的水应用方面的热点问题，如有机化学反应、萃取分离、无机材料合成、生物质液化、能源存储与转换等。

2.1 水的结构

2.1.1 水分子的组成与结构

古希腊哲学家认为世界是由水与土、空气、火四种要素构成的，这四种要素分别对应于现代科学理论中的液体、固体、气体和热。Thales（公元前624—公元前546）认为水是产生自然的主要元素。一直到18世纪，Henry Cavendish发现氢气与氧气反应能生成水，认为水是由两份氢和一份氧组成的化合物，而不是元素。1800年，Johan Ritter通过电解水实验确认了水的组成。

水分子直径约为2.75Å，比绝大多数分子小，化学式为H_2O，是两个氢原子共价键结合在一个氧原子上，其电子式可以表示成图2-1（a），分子上两对孤电子对的斥力，使得水分子呈V形。水分子是电中性的，但氧原子的电负性远大于氢原子，导致氧原子带部分负电荷，氢原子带部分正电荷，并且正、负电荷的中心不能重合［图2-1（b）］，这样水分子具有偶极矩，呈现出极性分子的特性。

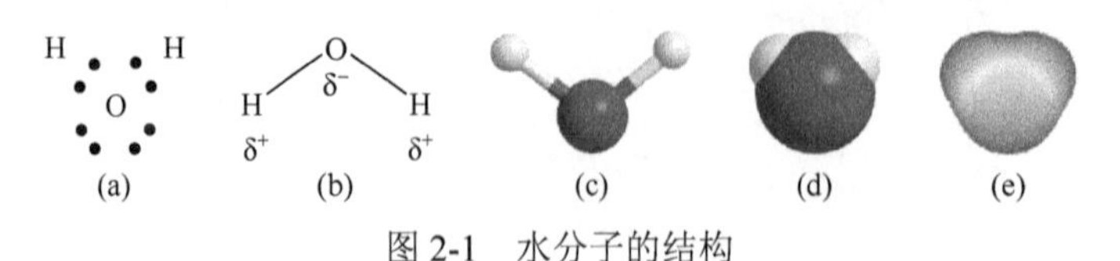

图2-1　水分子的结构

从 O—H 键角来考虑，水分子中有四个 sp^3 杂化的电子对，并呈四面体排列，其中的两个与氢原子结合，其余的两个是孤电子对，这些电子对之间的夹角应为 109.47°。研究表明，在液态水分子中 O—H 键长平均约 0.097nm，H—O—H 平均键角约 106°，共价键电子的约 70%分布在带负电荷的氧原子上，并且沿两个孤电子对连线的方向均匀分布。氢原子有平行或反平行核自旋，水分子中的氢原子连接在比其重 16 倍的氧原子上，因此氢原子核易于旋转和发生相对运动。水分子有两个对称面和二重旋转轴，属 C_{2v} 点群。水分子的结构可用球棍模型［图 2-1（c）］、比例模型［图 2-1（d）］、电荷分布模型［图 2-1（e）］来表述。

荷相反电荷的氢原子和氧原子之间具有静电引力。若一个水分子的 O—H 键与另一个水分子的 O 原子呈直线时静电引力较强；若静电引力使 O—H 和 O 结合在一起则构成氢键。室温下，液态水的本性与其强的内聚力有关，而内聚力则取决于相邻水分子间的相互作用和小分子水表现出的高密度。尽管水中 80%的电子都参与了成键，但不论在酸、碱或中性的环境中水分子间氢原子的交换使得质子化/去质子化过程持续地进行着。在一个水分子中原子滞留的平均时间约 1ms，这一持续时间内足以研究水的氢键和溶剂化性质，因此水通常被看作具有恒定的结构。

2.1.2 水分子间的氢键

在 19 世纪中叶以后，人们才开始注意到水的特异性能，并提出了液态水可能的存在状态。在 1920 年 Wendell Latimer（1893—1955）和 Worth Rodebush 提出了氢键的概念，认为水分子间的氢键是一个水分子上的孤电子对另一个水分子上的氢原子的作用力，每一水分子可以形成两个氢键，其中一个强于另一个。由于氢原子只能形成一个共价键，所以 Pauling 认为水中的氢键本质上是静电作用。氢键的发现对水结构的认识起到了关键性的作用。与VIA 族元素的氢化物相比较，水中的氢键被认为是水具有高熔点、高沸点、高临界点等异常性质的主要原因[1-3]。20 世纪 90 年代以来，计算化学的发展从理论上支持了实验的结果。在 2016 年，北京大学江颖和王恩哥院士等将实验技术与理论方法相结合，测得了单个氢键的强度，揭示了水的核量子效应，为理解水的结构提供了一幅全新的物理图像[4]。

水的许多物理化学性质依赖于水中的氢键，尤其是氢键的强度和方向。在水分子中，氧原子带部分负电荷，氢原子带部分正电荷。当一水分子的氢原子被吸引至另一水分子的氧原子即形成氢键。水中氢键由约 90%的静电作用和约 10%的共价键构成。水中的氢键是一中等强度的分子间的作用力，它大约是 O—H 共价键强度的 1/20，在室温附近升高或降低温度，氢键都能够保持。当 O—H

键中氢原子与邻近水分子中氧原子在一直线时形成的氢键最强，氢键的方向性限制了一个水分子周围所能容纳的水分子数，氢键使水分子靠近大约 15%。氢键的形成使水的基态能量降低，形成焓变得更负，熵值减小，这种焓-熵补偿对水系统有着显著的影响。业已证实，在低温下冰的结构中（图 2-2），每一个水分子能与邻近两个水分子中的氧原子和另外邻近两个水分子中的氢原子形成四个氢键，这四个氢键呈正四面体排列在每一个水分子周围，这些正四面体结构连接在一起，构成遍及整个水系统的氢键网络。一般说来，温度越低，水的结构越有序，氢键结构越类似或接近于这种五个水分子构成的正四面体排列的水簇；温度升高能引起氢键的伸张、弯曲甚至破裂，目前实验和理论尚无法定量描述液态水中的氢键。

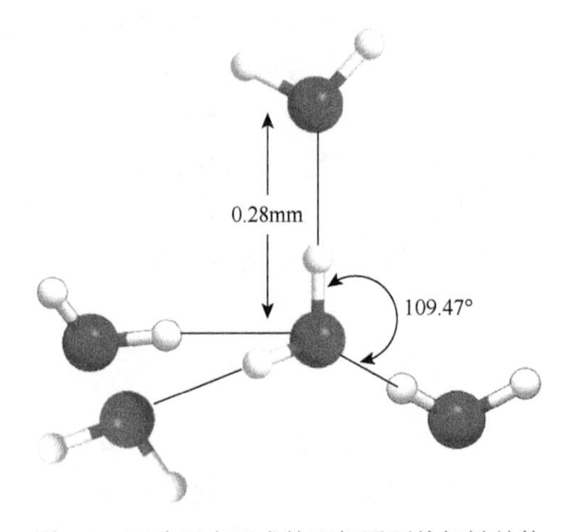

图 2-2 五分子水形成的理想四面体氢键结构

2.1.3 水分子簇

水的不同寻常的性质起因于广泛存在的氢键结构。由于水结构和水分子间相互作用的复杂性，所以尽管建立许多水模型，但没有单一的模型能全面准确解释水的性质，对其结构的认知仍存在着多种争议[5, 6]。Plato（公元前 427—公元前 347）提出水呈正二十面体。在 1957 年，Henry Frank 和 Wen-Yang Wen 提出了水是由氢键形成的簇构成的，这一观点得到众多人的认可。一般认为，室温液态水中，水分子至少与邻近的水分子形成一个氢键，没有自由的水分子存在。因此，有人认为水中形成扭曲程度不同的、连续的三维动态氢键网络；也有人认为水是由处于相互平衡状态的、氢键程度不同的水簇构成，从纳米的尺度来看，水不是均匀的液体，并依此解释了许多水的性质[7]。

在固态水中，四分子水簇［图 2-3（a）］可以结合在一起形成双环八分子水簇［图 2-3（b）］。四分子水簇排列具有更多的非键合的水分子，呈现高密度、小体积、高熵的特征；而八分子水簇排列具有更多的氢键，呈现低密度、大体积、低熵的特点；这两种排列处于动态平衡，该平衡易受到温度、压力、溶质等外界因素的影响。显然，氢键有两种相反的效应：一是使水分子内聚，二是使水分子相互分开。在高温下，液态水倾向类似于四分子水簇排列，在低温下，液态水倾向类似于八分子水簇排列。水的许多不寻常的性质在于调控这两种效应而产生出不同的水结构。除双环八分子水簇外，液态水中相对稳定的簇还有单环五分子水簇和三环十分子水簇等，这些水簇可以进一步簇集形成$(H_2O)_{280}$二十面簇。通过氢键的弯曲，$(H_2O)_{280}$二十面簇可以在低密度和高密度两种形式间转换，图 2-4 表示出了理想的$(H_2O)_{280}$二十面簇的多面体结构。这些簇遍及整个水体系，形成动态的氢键网络，水的统计平均结构可能是多种瞬时结构在大时间尺度上发生涨落的结果。当温度升高，簇尺寸、簇完整性、低密度形式的簇在水中所占比例均减小。水的这种簇结构解释了其许多特性，如温度和压力对密度和黏度的影响、径向分布类型、水簇的不同聚合度、过冷水性质的变化、溶剂化作用、水化作用、疏水作用等。

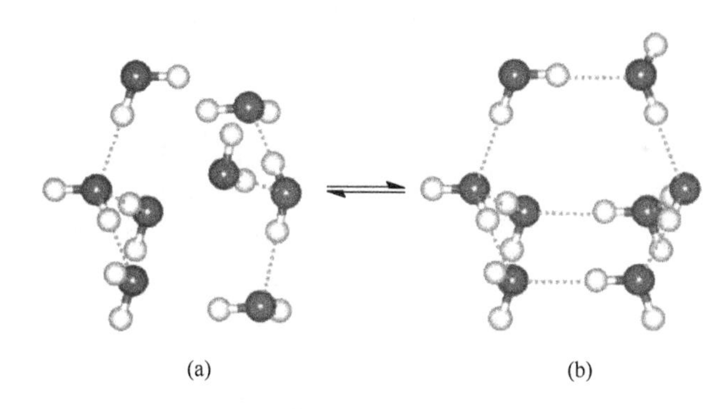

图 2-3 四分子水簇与八分子水簇之间的动态平衡

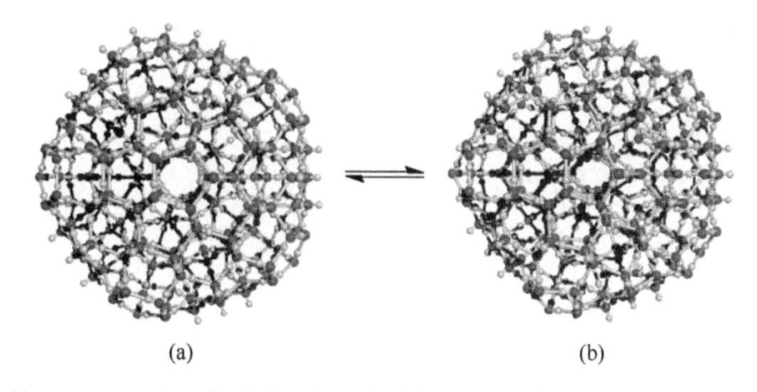

图 2-4 理想的$(H_2O)_{280}$二十面簇的敞开低密度结构（a）与密堆积结构（b）之间的动态平衡

除了不同聚合度的水簇之外，水中还有非氢键水分子、氢键结合的水分子以及水簇周围的“附着”水，这些水的不同存在形式之间均处于动态平衡，易于受到外界各种因素的影响而发生重构。在水簇周围的“附着”水是水的次级状态，它们在性质上不同于构成簇的水分子，而且是大量存在的。在某种水簇和“附着”水构成的集合中，线形的水、单环五分子水簇、双环八分子水簇、三环十分子水簇、$(H_2O)_{20}$十二面体、$(H_2O)_{100}$和$(H_2O)_{280}$簇分别约占33%，33%，36%，38%，50%，63%和70%。

2.2 水及亚临界水的物理化学性质

2.2.1 水的相图

相是系统中化学组成和物理状态完全均一的部分，相与相之间存在着明显的相界面。在一定的条件下，当一个多相系统中各相的性质和数量均不随时间变化时系统处于相平衡。相平衡状态图（简称相图）是根据实验测定结果而绘制的相平衡系统中相态、相组成与影响相平衡的因素（如温度、压强）之间关系的图形，纯水的相图见图2-5。

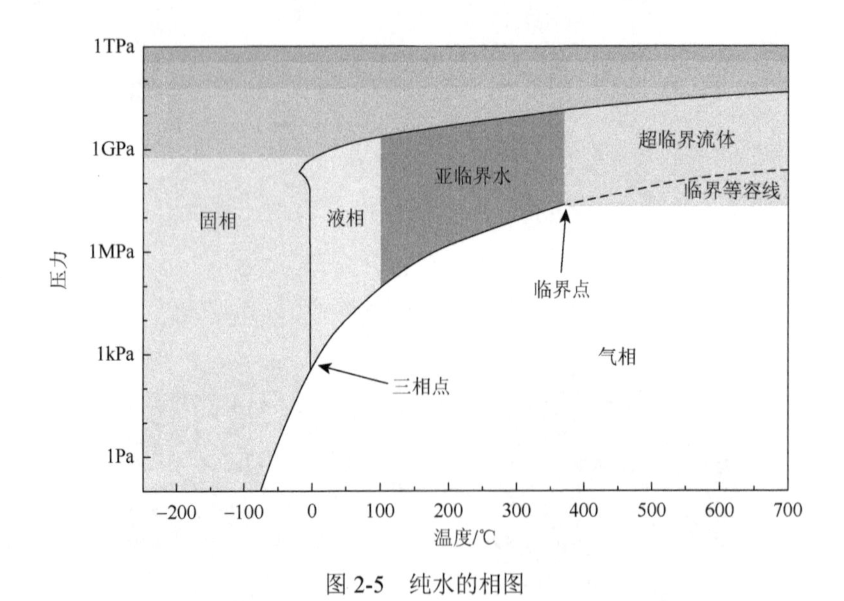

图2-5 纯水的相图

1. 相线、三相点和相区

在纯水的相图上，有三条两相线，分别是：水的蒸气压与温度的关系曲线、冰的蒸气压与温度的关系曲线、冰的熔点与压强的关系曲线。在每条线上，水处于两相共存的平衡状态，按照热力学相平衡条件，两相达平衡时 Gibbs 自由能相等，遵从 Clapeyron 方程

$$\frac{\mathrm{d}P}{\mathrm{d}T}=\frac{S_2-S_1}{V_2-V_1}=\frac{L}{T\Delta V} \tag{2-1}$$

三条两相线的交点称为水的三相点，在该点水的沸点和熔点相同，水、水蒸气和冰三相具有相同的 Gibbs 自由能，是三相平衡共存点。该点具有确定的温度（0.01℃）和压强（611.657Pa），其密度为 $0.99978\text{g}\cdot\text{cm}^{-3}$。在热力学中，水的三相点被用于热力学温标定义。

依据冰-水两相平衡线可以看出，在压强不大于 209.9MPa 的条件下，其熔点随压强的增加而降低，并且冰的体积随压强的增加而增加，这是冰的一种典型特性。例如，常压下水在 0℃时结冰，氢键作用的增强使其体积增加约 9%；在 200MPa 下水的熔点为–20℃，结冰可使体积增加达 16.8%。

三条两相线将相图分成三个单相区（分别相应于水的三种聚集状态：水蒸气、液态水、冰）和一个多相区（超临界水）。由于广泛存在的氢键，固态水可以形成至少 15 种晶态和非晶态的结构，关于冰结构的讨论可参见相关专著。对于液态水而言，温度和压强的改变对水的微观结构有着显著的影响。因此，液态水的微观结构和物理化学性质（如黏度、密度、自扩散、压缩系数等）均随温度和压强的变化而发生显著变化。

2. 临界点和超临界水

水相图中，在气液两相线的高温端有一个临界点，由于温度（373.95℃）和压强（22.064MPa）二者都足够高，该状态下的水大约由 30%的单分子水和 17%的氢键构成，导致在该点气态水无法液化，气液两相的密度相同（$322\text{kg}\cdot\text{m}^{-3}$），气液相界面开始消失。

温度和压强比临界点更高的气-液区的水称为超临界水。超临界水可以看作以氢键结合的似液体小簇分散在似气体的相中，是一种多相体系。超临界水无通常气相或液相的特征、无表面张力、增压无法使其液化，其瞬态结构变化很大，物理性质也随温度、压强和密度而变。由于在超临界水中氢键作用减弱、压缩率提高、黏度降低、介电常数显著减小，密度的急剧涨落导致超临界水呈乳白色，所以其性质与室温下液态水有很大的不同。超临界水是电解质的不良溶剂，却能与非极性有机物完全互溶。因此超临界水可为许多有机、无机反应提供良好的反应介质，在一些条件下反应甚至可以爆炸方式发生。

一条密度为 322kg·m^{-3} 的区分线称为临界等容线，也称为 Widom 线。在该线之上超临界水更似液体，在该线之下超临界水更似气体。然而，在临界等容线上，尤其是在 530℃、100MPa 以上，超临界水的等压热容、等容热容、等温压缩系数、等压热膨胀系数、比质量、摩尔内能是不相同的。依据超临界水的动态性质（如黏度、声速、热导率），人们也提出了另一条区分线，称为 Frenkel 线[8]，在该线之上超临界水类似于液体，这些性质随温度的增加而减少；在远低于该线的超临界水类似于气体，这些性质随温度的增加而增加。

3. 正常沸点和亚临界水

101.325kPa 下，水的正常沸点在 100℃。水容易产生过热现象，即在沸点之上而不发生汽化的现象，在毛细管或小液滴中水的过热温度可达 180～240℃。通常情况下，将温度介于 100℃（压强为 101.325kPa）和 373.95℃（压强为 22.064MPa）的、仍然保持凝聚态的水称为亚临界水，也称高温水、超加热水、高压热水或热液态水等。

常温水和亚临界水在性质上有较大的差别。常温水具有强的极性和大的介电常数，是极性有机化合物的良溶剂，是非极性的化合物的不良溶剂。随温度的升高，水中的氢键被减弱，改变了离子水合和离子缔合的状态以及簇状结构，其极性和介电常数变小。在适度压强下，亚临界水虽然仍保持液态，但其弱极性的化合物的溶解度显著提高。因此，通过调控亚临界水的温度和压强可以控制水的极性、表面张力和黏度等，实现在常温水中无法完成的合成与分离。

4. 冰点、过冷水和第二临界点

在 101.325kPa 下，水的冰点为 0℃。过冷水是在正常冰点下仍保持液态的水，若纯水经仔细地快速冷却，其冰点可低至−42℃，在高压下可以获得更低温度的过冷水。过冷水包含大量的四面体氢键结合的水分子和五分子水簇，并且这些水的结构数据随温度的降低而增加，导致液态的水不易形成固态的冰而产生过冷现象。过冷水是水的介稳态，摇动或静置过冷水即可形成六角形冰（hexagonal ice）。过冷水与室温水有许多不同的性质[9]。

当水被冷却至更低的温度而没有结冰，这种深度冷却的过冷水中存在着大的密度涨落，可以达到低密度水和高密度水的液-液转变，这两种不同密度的水融合而产生不同于纯水的热力学性质，在相图上可以出现第二个临界点。虽然这一临界点已有许多实验事实的支持，但没有普遍接受的临界点出现的温度和压强[10]。

2.2.2 水和亚临界水的物理化学参数

除了在相图中讨论的一些水的物理化学行为外，温度和压力对水的其他物理化学性质影响也已经被系统研究和报道。表 2-1 和表 2-2 分别列举了 25℃下的水、常温水和亚临界水的一些常用物理化学数据，图 2-6 和图 2-7 表示出了温度和压强对水密度和黏度的影响[11, 12]。

表 2-1 101.325kPa、25℃（特别注明的除外）下水的常用物理化学参数

汽化焓	$40.657kJ\cdot mol^{-1}$（100℃）	介电常数	78.4
熔化焓	$6.00678kJ\cdot mol^{-1}$（0℃）	电导率	$0.055\ 01\mu S\cdot cm^{-1}$
恒压热容	$75.338J\cdot mol^{-1}\cdot ℃^{-1}$	电阻率	$18.18M\Omega\cdot cm$
恒容热容	$74.539J\cdot mol^{-1}\cdot ℃^{-1}$	扩散系数	$0.2299Å^{2}\cdot ps^{-1}$
热导率	$0.6072W\cdot m^{-1}\cdot ℃^{-1}$	表面张力	$0.07198N\cdot m^{-1}$
蒸气压	3.165kPa	磁化率	$-1.64\times10^{-10}m^{3}\cdot mol^{-1}$
密度	$997.05kg\cdot m^{-3}$	折光率	1.332 86（$\lambda=589.26nm$）
黏度	$0.8909mPa\cdot s$	偶极矩	（2.95±0.2）D（27℃）
膨胀系数	$0.000253℃^{-1}$	声速	$1496.7m\cdot s^{-1}$

表 2-2 常温水和亚临界水的常用物理化学参数

温度/℃	饱和蒸气压/MPa	热导率/($W\cdot m^{-1}\cdot ℃^{-1}$)	表面张力/($N\cdot m^{-1}$)	介电常数
0.01	0.0006	0.5610	0.07565	87.90
25	0.0032	0.6072	0.07198	78.40
50	0.0124	0.6436	0.06794	69.91
75	0.0386	0.6668	0.06358	62.32
100	0.1014	0.6791	0.05891	55.53
125	0.2322	0.6836	0.05396	49.46
150	0.4761	0.6820	0.04874	44.03
175	0.8924	0.6753	0.04330	39.15
200	1.5547	0.6633	0.03767	34.74
225	2.5494	0.6456	0.03190	30.72
250	3.9760	0.6212	0.02604	27.00
275	5.9463	0.5887	0.02016	23.50
300	8.5877	0.5474	0.01436	20.14
325	12.0505	0.4992	0.00877	16.75
350	16.5292	0.4474	0.00367	13.04
373	21.8132	0.5479	0.00006	7.22

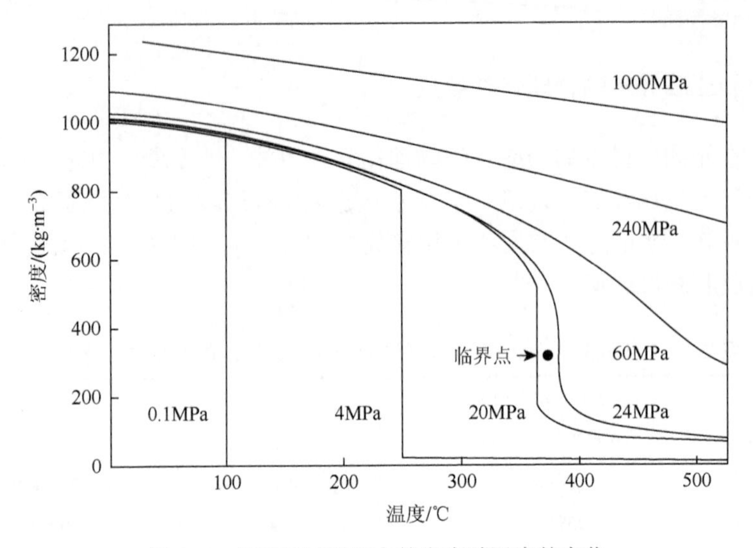

图 2-6　在不同压强下水的密度随温度的变化

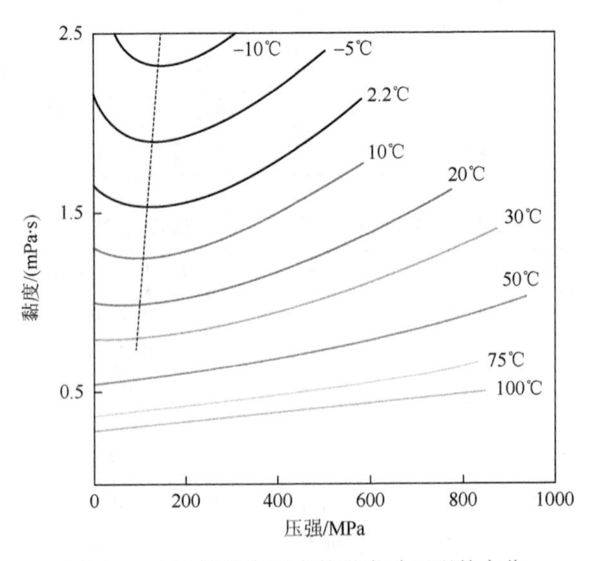

图 2-7　在不同温度下水的黏度随压强的变化

2.2.3　水的自解离

1. 水的离子积

水可以电离成 H^+和 OH^-。由于邻近分子间电场的波动和 O—H 伸缩倍频振动，水的解离度很小，在 37℃时，$[H^+]/[H_2O] = 2.8\times10^{-9}$。水分子一旦解离，产生的离子可以通过 Grotthuss 机理分隔开，但绝大多数（>99.9%）以太赫兹的频率（约 20ps）重新结合。

H^+作为一个质子具有极高的电荷密度，比 Na^+的电荷密度高约 2×10^{10}倍，在溶液中极易水化而不能自由存在。水中的氢离子都是以 H_3O^+的形式作为核而存在于水簇中，簇中的水分子在不断地通过氢键与其他水分子发生着交换。水合氢离子的最基本的单元是具有平面三角形结构的 H_3O^+，这三个氢原子是等同的，均与氧形成强的共价键，具有 C_{3v}对称性，O—H 键长为 1.002Å，H—O—H 键角为 106.7°，离子半径为 0.100nm（小于水分子的半径 0.138nm），电致伸缩使 H^+的摩尔体积在 25℃下为$-5.4cm^3\cdot mol^{-1}$。

OH^-的有效半径（0.110nm）也小于水分子的半径，同样由于电致伸缩，OH^-的摩尔体积在 25℃下为 $1.2cm^3\cdot mol^{-1}$。在水溶液中，OH^-一定被水分子环绕，其取向依赖于局部的极性和反离子，因此了解 OH^-的水化作用非常重要。然而，由于实验技术的缘故，OH^-的水化作用尚不明确。

目前关于水的解离方程式和水的离子积通常写成：

$$2H_2O(aq) \rightleftharpoons H_3O^+(aq) + OH^-(aq)$$

$$K_w = [H_3O^+][OH^-]$$

H_3O^+和 OH^-的浓度是所有包含它们的荷电小簇的总和，等于 $K_w^{1/2}$。水化作用有利于水解离，但每一个水化的离子没有固定的结构，它们处于一种动态平衡，如

$$4H_2O \rightleftharpoons H_5O_2^+ + H_3O_2^-$$

$$10H_2O \rightleftharpoons H_{13}O_6^+ + H_7O_4^-$$

水解离是吸热过程，在 25℃和 0.1MPa 下热力学性质为：$\Delta U^\ominus = 59.5kJ\cdot mol^{-1}$，$\Delta H^\ominus = 55.8kJ\cdot mol^{-1}$，$\Delta G^\ominus = 79.9kJ\cdot mol^{-1}$，$\Delta S^\ominus = -80.8J\cdot K^{-1}\cdot mol^{-1}$。电离产生的离子与水分子间的氢键比水自身的氢键要强，外加电致伸缩，所以 25℃下水解离的体积变化：$\Delta V = -22.3cm^3\cdot mol^{-1}$，该值大体相当于 1mol 水分子的体积（$18.1cm^3\cdot mol^{-1}$），即一个水分子电离后其体积几乎消失。

pK_w的定义为：$pK_w = -\lg K_w$，其值随温度的增加而减小（图 2-8），相应地 K_w随温度的增加而明显增加，−35℃，$K_w\ 0.001\times10^{-14}mol^2\cdot L^{-2}$（pH 8.5）；0℃，$K_w\ 0.112\times10^{-14}\ mol^2\cdot L^{-2}$（pH 7.5）；25℃，$K_w\ 0.991\times10^{-14}\cdot mol^2\cdot L^{-2}$（pH 7.0）；60℃，$K_w\ 9.311\times10^{-14}mol^2\cdot L^{-2}$（pH 6.5）；300℃，$K_w\ 10^{-12}mol^2\cdot L^{-2}$（pH 6.0），并在 249℃时出现一极小值。另外，K_w 的数值也与温度、溶质浓度、离子强度等因素有关。

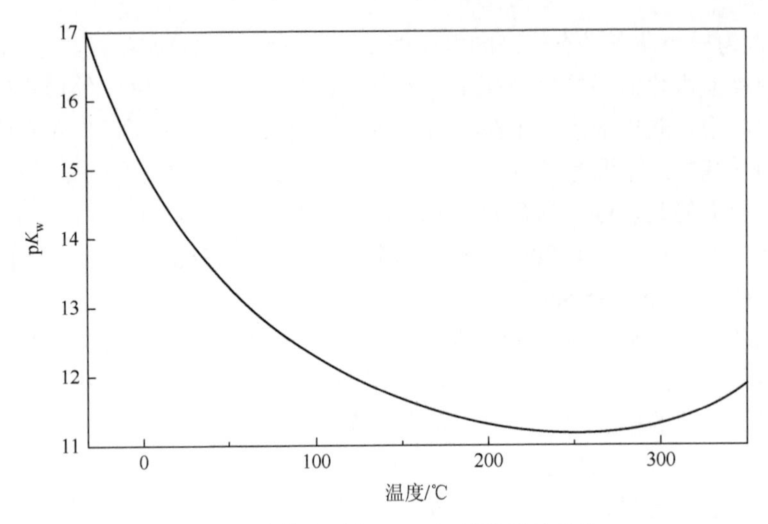

图 2-8 水的离子积（pK_w）随温度的变化

2. 水的酸碱性

pH 的定义为：$pH = -lg[H_3O^+]$，$[H_3O^+]$的单位是 $mol·L^{-1}$。热力学上，pH 定义为：$pH = -lga_H = -lg(m_H\gamma_H/m^\ominus)$，这里 a_H，m_H，γ_H 和 $m^\ominus$ 分别是氢离子的活度、质量摩尔浓度、摩尔活度系数和标准质量摩尔浓度（$1mol·kg^{-1}$）。在大多数情况下，氢离子的浓度与活度近似相等。但电解质、非电解质或其他溶质的加入以及温度的变化都可以影响氢离子的活度。

弱酸 HA 的电离可以写成：$HA(aq) + H_2O(l) \rightleftharpoons A^-(aq) + H_3O^+(aq)$

其酸解离常数（K_a）定义为：$K_a = [H_3O^+][A^-]/[HA]$，相应地，该解离平衡的标准 Gibbs 自由能可表示成：$\Delta G_a^\ominus = -RT\ln K_a$

弱酸 HA 的共轭碱为 A^-，$A^-(aq) + H_2O(l) \rightleftharpoons HA(aq) + OH^-(aq)$，$\Delta G_b^\ominus = -RT\ln K_b$

所以

$$H_2O(l) + H_2O(l) \rightleftharpoons H_3O^+(aq) + OH^-(aq) \quad \Delta G_w^\ominus = -RT\ln K_w = 79.89kJ·mol^{-1}$$

据此可得

$$\Delta G_w^\ominus = \Delta G_a^\ominus + \Delta G_b^\ominus，\ln K_w = \ln K_a + \ln K_b，K_w = K_a \times K_b$$

若定义：$pK_a = -lgK_a$、$pK_b = -lgK_b$，则：$pK_a + pK_b = pK_w$

水是非常弱的酸，若水溶剂的活度看作 1，则 25℃下：

$$K_a(H_2O) = [H_3O^+][OH^-] = K_w = 10^{-13.995}$$

$$pK_a = pK_w = 13.995$$

可见，相对于 pK_a，$pK_b = pK_w - pK_a = 0.00$。

然而，水也可看作一种非常弱的碱，按照相同的推导：$pK_b = pK_w = 13.995$，$pK_a = pK_w - pK_b = 0.00$。

$K_a(H_3O^+)$等于 1，则是一强酸，相应地 $pK_a(H_3O^+) = 0$。基于平衡：

$$H_3O^+(aq) + H_2O(l) \rightleftharpoons H_2O(l) + H_3O^+(aq) \quad \Delta G^\ominus = -RT\ln K_a(H_3O^+) = 0.00\text{kJ}\cdot\text{mol}^{-1}$$

显然，选择 $pK_b = 13.995$ 适合已知酸碱性的水与其他体系相比较。

3. Grotthuss 迁移机制

在水中，H^+和 OH^-扩散很快，在 298K、$100V\cdot m^{-1}$下，H^+和 OH^-的迁移速率分别 $36.23\mu m\cdot s^{-1}$和 $20.64\mu m\cdot s^{-1}$，可见 H^+的扩散速率是 Na^+的扩散速率的 7 倍。依照 Grotthuss 迁移机制，H^+的迁移是通过氢键从一水分子传递至另一水分子［图 2-9（a）］，该过程依赖于受体水分子中氢键的缩短，给体水分子中氢键的伸长，类似水分子的自解离，这种传递机制比离子的平动扩散要快得多。H_3O^+迁移必须与水簇发生缔合［图 2-9（b）］，水簇中氢键越强，H···O 间距就越短，离子迁移就越快。

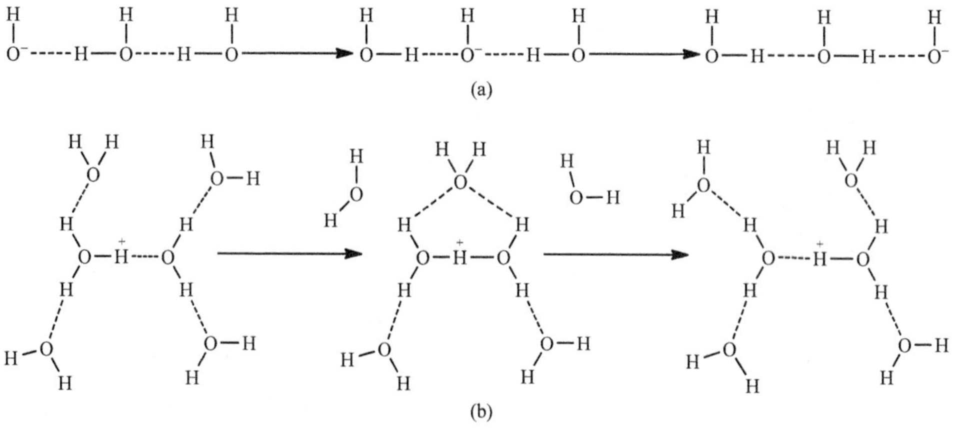

(a)

(b)

图 2-9　H_3O^+迁移机制

过去曾认为 OH^-在水中的扩散类似于 H^+扩散的机制［图 2-10（a）］。现在一般认为 OH^-在电场作用下的扩散机制不同于 H^+的扩散机制。一个 OH^-与四个受体水分子配位，当一给电子的水分子与其形成氢键时，原氢键中的一个键断裂，这时 H^+转移形成四面体配位的$(H_2O)_4$［图 2-10（b）］。OH^-的这种扩散机制涉及氢键的重排和再取向，这也就是 OH^-的迁移速率低于 H^+的迁移速率的原因。

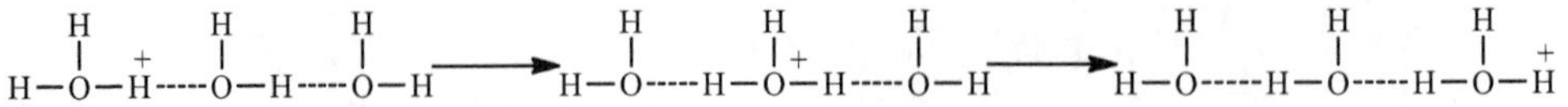

(a)

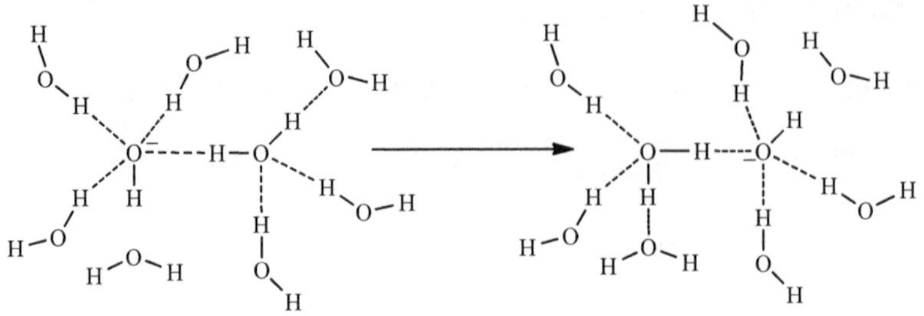

(b)

图 2-10　OH^-迁移机制

2.3　水在有机化学反应中的应用

虽然水是进行各种合成的首选溶剂，但一开始人类制造复杂有机分子时远离了水的合成环境，甚至认为大多实验室和工业中常用的有机化学反应在水或氧的存在下都会失败。利用水相来合成有机反应可以追溯到维勒利用氰酸铵合成尿素。而从一个真实的有机合成的角度来看，最早的例子是 1882 年贝耶尔和德鲁森在丙酮水溶液中悬浮邻硝基苯甲醛，并用氢氧化钠溶液处理，从而得到具有显著颜色特征的靛蓝。实际上，水有许多独特的物理化学性质，液态下温度窗口大、氢键作用强、温度承载能力高、解离常数大、溶解度适宜。水的这些独特性质及其特殊结构使其能够参与多种类型有机合成反应，不仅使有机反应过程更加绿色，还能加快反应速率、提高反应的选择性等。水在有机反应中的作用主要概括为三种[13]：①疏水的促进作用；②氢键对反应物、过渡态的效应；③水的极性效应。

对于液相中的反应，参加反应物质的溶解度是反应进行的先决条件。由于大部分有机物不溶于水，因此水在有机合成中并不是常见的单一溶剂，而是选择利用有机溶剂增加有机物在水中的溶解度，或者利用反应物的亲水性来引入极性基团试剂使其在水中可溶或分散。在水相中的有机合成反应大量兴起是因为人们受到酶中物质的缔合作用和表面活性剂的原理的启发，发现当带有非极性基团的物质溶于水时，它们更倾向于互相结合以减少有机物与水相间的界面面积，这种疏水作用可以成为两个有机分子结合进而发生反应的驱动力。研究表明，许多动力学的反应，包括一些有机金属反应，均可将水或水溶液作为溶剂，并且由于这种疏水作用，有机反应的活化能降低，反应速率、收率等均较使用有机溶剂有显著提高。

除了疏水作用外，水的氢键效应也对有机反应产生很重要的影响。在有机反应的初始状态和反应过渡态中，若具有氢键受体部位时，水分子会与它们形成氢键，就像由吸电子取代基形成的氢键，其前线轨道的能量可通过降低电子密度和轨道斥力来降低。在有机化学反应中，参与化学键的断裂和形成的是具有最高能量的已被电子占据的分子轨道（HOMO）和具有最低能量的空着的分子轨道（LUMO）。HOMO 中的电子是这个分子的“价”电子，其能量最高，被束缚得最不牢固，所以在反应时最容易失去。LUMO 在化学反应中最容易接受电子。在反应物 A 与 B 参与的 Diels-Alder 反应中，若 A 具有 4π HOMO 而 B 没有氢键受体位点，A 的氢键键合会降低 HOMO-LUMO 带隙，从而加快反应的进程。当反应物 A 和 B 都包含氢键受体位点时，水的氢键对反应速率影响取决于前线轨道的带隙是增加还是降低，以及由此而引起的过渡态能量的变化。以丙烯腈和甲基乙烯基酮、环戊二烯之间的 Diels-Alder 反应为例，将其由气相转入水中，吉布斯自由能降低值ΔG^{act}值分别降低了 1.5kcal·mol^{-1} 和 2.8kcal·mol^{-1}。在 Baylis-Hillman 反应中，在水中环己烯酮与苯甲醛反应的速率通过盐析和盐溶试剂均能得到提高，说明反应速率只与氢键有关，疏水作用对反应没有明显的影响。

水是高极性的溶剂，其 Reichardt E_T（30）可高达 61.3。一般说来，当反应过渡态的极性大于其始态时，在水中的反应速率会加快，反之则会减慢。关于水的极性对化学反应影响的关键问题是：当反应物形成的过渡态呈非极性或弱极性时，水是否能诱导该过渡态极性的变化。虽然许多化学家认为这是可能的，但仍存在着争议。反应过渡态中电荷分离的程度可用 Hammett 方程衡量，若 k_0 表示不含取代基反应物的反应速率常数，k 是含有取代基的反应物的速率常数，将反应的 $\lg(k/k_0)$对取代基常数（σ）作图，其斜率（ρ）提供了速率控制步骤中反应中心的电荷变化的信息。在 5-取代基-1, 4-萘醌与环戊二烯发生的 Diels-Alder 反应中，相对高的 ρ 表明反应在有机溶剂中的过渡态具有极性。虽然在水中这一反应的 Hammett 方程是非线性的，但将 5-硝基与 5-甲氧基相比较，水溶剂不能增加该反应的过渡状态的电荷分离。

水是一种价廉、安全、无污染的绿色溶剂，它完全克服了大多数有机溶剂带来的易燃、易爆、易挥发、容易污染环境的缺点。随着人们对环境的日益重视，越来越多的科学家将有机合成的研究重点放在对环境无污染的绿色合成上，探索更加环境友好的方式进行有机合成反应，尤其是在水介质中的有机合成方法越来越受到人们的重视。

2.3.1 水中的还原反应

水中的还原反应已有很多报道。在水中硼氢化钠和六水合氯化钴组成的催化体系可将叠氮化合物还原为相应的伯胺，产率很高；而且如果叠氮化合物本身有

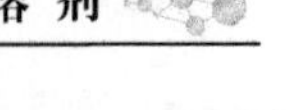

手性，对反应底物中的原有手性不产生影响，这就为合成手性胺提供了一种有效的方法[14]。

$$R—N_3 \xrightarrow[H_2O]{NaBH_4/CoCl_2} R—NH_2 \tag{2-2}$$

以 ACCN 为引发剂和二巯基乙醇作催化剂，在水中用三（三甲硅基）硅烷可以高产率地还原多种有机卤代物（75%～100%），且催化剂本身与水不会发生任何副反应。

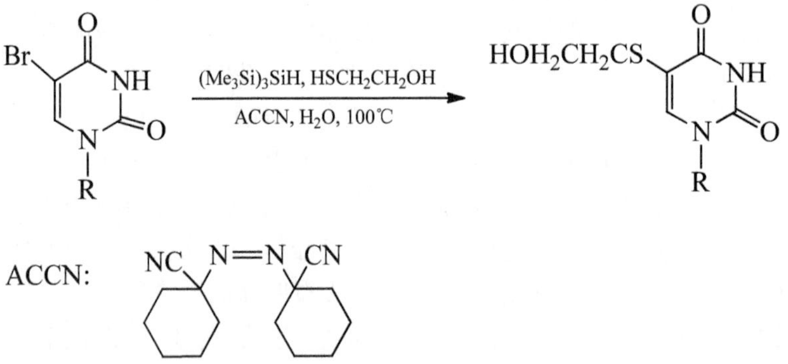

Br, O, NH, N, O, R $\xrightarrow[ACCN,\ H_2O,\ 100℃]{(Me_3Si)_3SiH,\ HSCH_2CH_2OH}$ HOH_2CH_2CS, O, NH, N, O, R

ACCN: NC, N=N, CN

（2-3）

以二氧化硅为载体的 Ru-TsDPEN 催化体系，在水相中把芳香酮还原为相应的醇时显示了优越的手性选择性，且产率极高（>99%）。

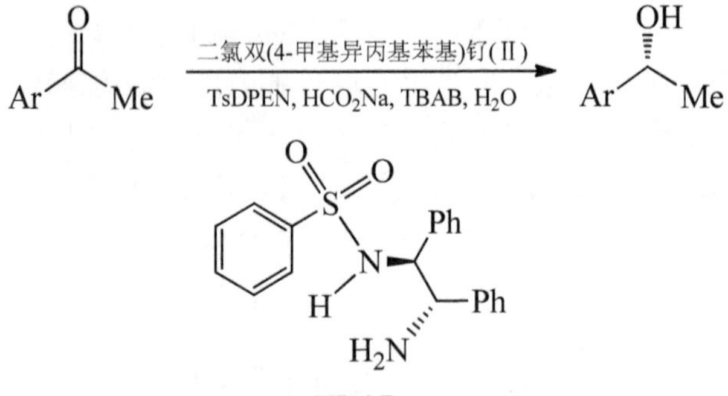

O, Ar, Me $\xrightarrow[TsDPEN,\ HCO_2Na,\ TBAB,\ H_2O]{二氯双(4-甲基异丙基苯基)钌(Ⅱ)}$ OH, Ar, Me

O, S, O, N, H, Ph, Ph, H_2N

TBAB

（2-4）

有机化合物在不同溶剂中还原会得到不同的产物，从而在水中可以实现选择性还原反应。在锌-六水合氯化镍体系中还原 2-甲基-5-异丙烯基-2-环己烯-1-酮，用不同溶剂或不同方法会得到不同结果：在 $1mol·L^{-1}$ 氯化铵和氨水缓冲溶液中 30℃下超声 1.5h，得到的是环中碳碳双键还原产物（95%）；而在水-醇溶液中 30℃下超声 3h，得到的是环内外碳碳双键全部还原的产物（96%）；在水-醇溶液中 40℃和 0.1MPa 下加氢气 6h，得到 88%的环外碳碳双键和 12%的全部还原产物。

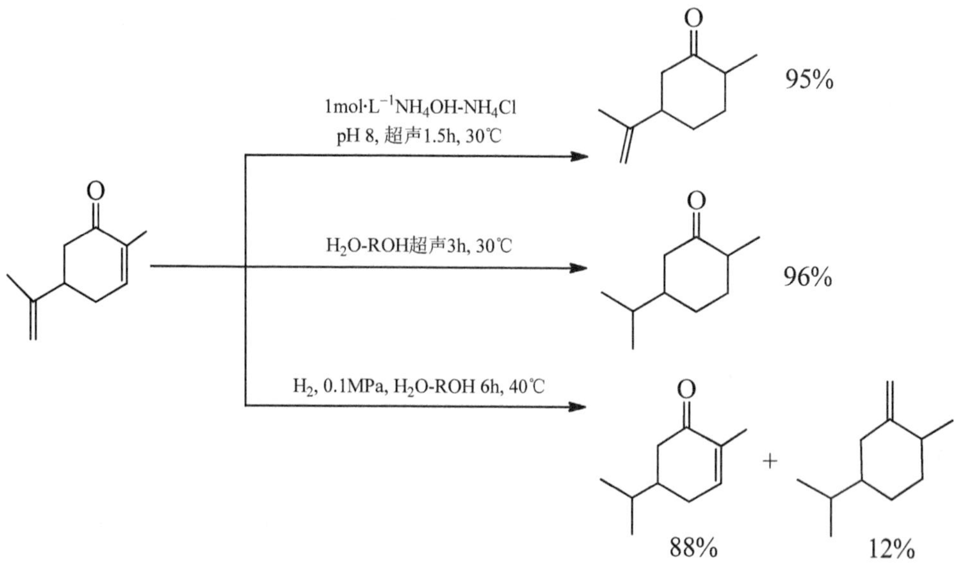

$1mol \cdot L^{-1} NH_4OH\text{-}NH_4Cl$, pH 8, 超声1.5h, 30℃ → 95%

H_2O-ROH超声3h, 30℃ → 96%

H_2, 0.1MPa, H_2O-ROH 6h, 40℃ → 88% + 12%

(2-5)

在水–乙醇溶液中，铟催化亚胺还原偶联得到邻二胺，反应过程没有发现单分子还原产物。氯化铵的加入加快了此反应的进行，若使用 CH_3CN 或 DMF 为溶剂，此反应不能进行，而且使用非芳香底物将导致此反应失败。

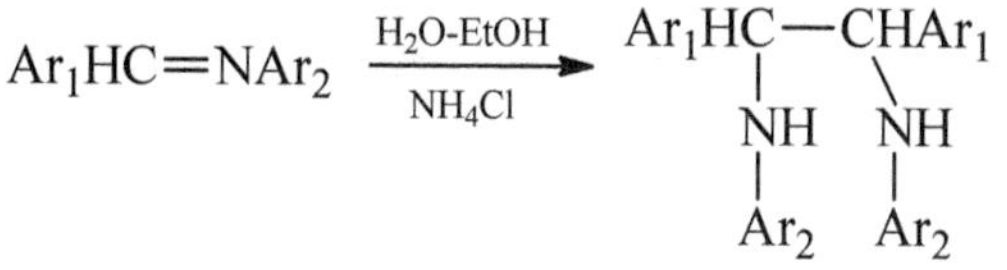

$$Ar_1HC{=}NAr_2 \xrightarrow[NH_4Cl]{H_2O\text{-}EtOH} Ar_1HC(NHAr_2){-}CH(NHAr_2)Ar_1 \qquad (2\text{-}6)$$

2.3.2 水中的氧化反应

氧化反应有很多种类型，如环氧化反应、磺化氧化反应、氨羟化反应、双羟基化反应等。通常用生态可持续性和选择性来评价氧化反应途径的优劣，在氧化反应中尽可能减少使用有机溶剂和尽量使用原子效能高的氧化剂是人们探索氧化反应的方向。在普遍提倡绿色生产、环境保护、原子经济性的时代，使用绿色氧化剂，如臭氧、氧气、生物氧化酶、固定化的氧化物、过氧化氢等[14]，代替传统氧化剂，是清洁生产的关键。其中，过氧化氢因为其价廉、副产物为水、反应的后处理简单，作为绿色氧化剂得到化学工作者广泛关注。然而，过氧化氢是一种中等氧化能力的氧化物，因此过氧化氢为氧化剂实现绿色氧化的主要问题是建立高选择性、高效的催化体系。室温下过氧化氢选择性氧化硫醚，通过改变过氧化氢的用量，用硼酸催化过氧化氢，短时间内可以将硫醚选择性、高产率地氧化为亚砜（85%～95%）或砜（87%～95%）[15]，并且底物中的羟基、酯基和醛基等活性基团在反应中不受影响。与其他催化氧化体系不同的是：利用此体系位阻大的二苯基硫醚的反应活性高于其他硫醚。有趣的是，3-甲硫基丙醛和 3-甲硫基丙酸乙酯迅速反应得到亚砜，但当过氧化氢量增加时，却检测不到砜。

$$R_1-S-R_2 \xrightarrow[\text{室温}]{\text{硼酸催化剂，}H_2O_2} R_1-S(=O)-R_2 + R_1-S(=O)_2-R_2$$

R_1, R_2=芳烃，苄基，线形基团，环状基团 （2-7）

以二氧化硅为载体，合成了一种新型的双层离子液体刷固载过氧磷钨酸盐催化剂，在催化 30%过氧化氢溶液选择性氧化硫醚为亚砜或砜的反应中，表现出了很高的催化活性和选择性[16]。采用 1.1 倍 H_2O_2 时，反应选择性地生成亚砜（产率 83%～96%），仅有微量砜形成；采用 2.5 倍 H_2O_2 时，反应选择地生成砜（产率 87%～99%）。重要的是，催化氧化体系对于含有烯键的硫醚也具有很好的化学选择性，即使当 H_2O_2 的用量为底物的 2.5 倍时，也没有环氧化产物产生。催化剂循环使用 8 次后，甲基苯基亚砜的产率为 92%。

$$R-S-R' \xrightarrow[\text{室温，催化剂}]{CH_2Cl_2,\ CH_3OH,\ 30\%H_2O_2} R-S(=O)-R' \ \text{或}\ R-S(=O)_2-R' \quad (2\text{-}8)$$

在催化剂 SBA-15/Im/ WO_4^{2-} 存在下，使用过氧化氢作为绿色氧化剂，在温和条件下将烷基或芳基硫化物氧化成为亚砜[17]。

$$R_1-S-R_2 \xrightarrow[\text{SBA-15/Im/}WO_4^{2-}\text{(摩尔分数0.08\%)}]{\text{1.5倍当量，}30\%H_2O_2\text{/室温}} R_1-S(=O)-R_2 \quad (2\text{-}9)$$

环境友好的烯烃环氧化方法受到学术界和产业界的高度关注。过氧化氢作为氧源，反应后仅生成水，并且使用方便，从环境友好和经济效益方面考虑具有明显的优势，是最为适宜的氧化剂，在烯烃环氧化技术中受到越来越多的重视，在工业生产上常常被采用。以过氧化氢为氧源，在相转移催化剂和溶剂存在下，不同杂多酸催化双环戊二烯环氧化的结果表明，50℃下磷钨酸具有较好的催化效果，双环戊二烯转化率接近 100%，收率为 94.3%。

双环戊二烯 $\xrightarrow[H_2O_2]{\text{催化剂}}$ 单环氧化物（OH）+ 单环氧化物（O） $\xrightarrow[H_2O_2]{\text{催化剂}}$ 双环氧化物（O, O）

（2-10）

以磷钨杂多酸为催化剂、过氧化氢为氧源，滴加乙二胺四乙酸（EDTA）相转移催化剂，合成了二氧化双环戊二烯，有效避免有机溶剂引起的环境污染。

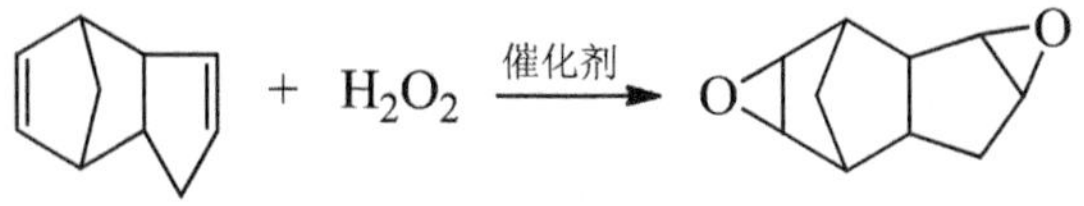

$$+ \ H_2O_2 \xrightarrow{\text{催化剂}} \tag{2-11}$$

邻二醇是重要的有机合成中间体及化工原料，用于制备聚酯纤维、表面活性剂、乳化剂及制药等。常用 OsO_4 催化过氧化氢进行烯烃二羟基化反应来制备邻二醇，但金属锇的毒性较大，将催化活性中心金属锇固载到固体表面的非均相催化剂在一定程度上克服了重金属污染的问题。此外，以往的二羟基化反应氧化过程均需在有机溶剂中进行，有机溶剂的使用不但提高了成本，也给环境造成了严重污染。因此，寻求在水中实现高效活化 H_2O_2 的催化剂便成为研究的关键。以二氧化硅为载体，以纯水作溶剂，离子液体/锇酸钾为催化剂，45℃下催化氧化烯烃为顺式邻二醇，结果表明该催化剂具有很好的催化活性、选择性和使用寿命。

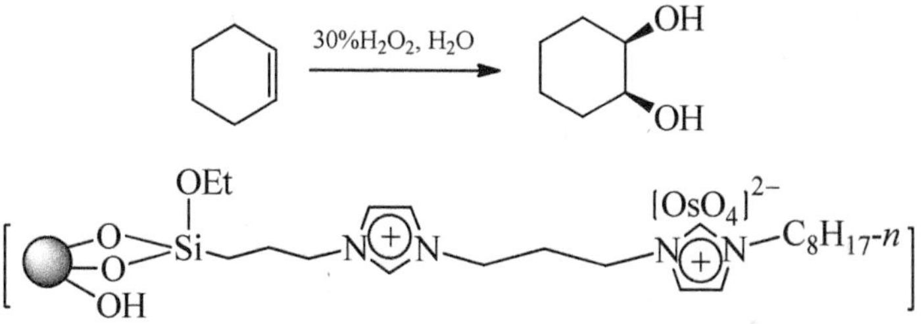

$$\xrightarrow{30\%H_2O_2,\ H_2O}$$

催化剂：$[OEt, Si, N^{+}, [OsO_4]^{2-}, C_8H_{17}\text{-}n]$ (2-12)

此外，在水介质中，以 Pt（Ⅱ）/Pt（Ⅳ）为催化体系，可以成功地将对甲苯磺酸氧化成对应的醇，并进一步氧化为醛。

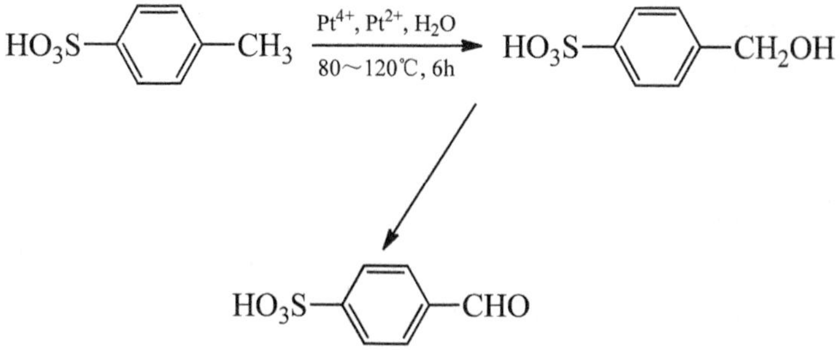

$$HO_3S-C_6H_4-CH_3 \xrightarrow[80\sim120℃,\ 6h]{Pt^{4+},\ Pt^{2+},\ H_2O} HO_3S-C_6H_4-CH_2OH \longrightarrow HO_3S-C_6H_4-CHO \tag{2-13}$$

2.3.3　水促进的有机反应

水具有在生活中常见、对环境友好的特点，所以人们研究各类有机反应时常常将其作为首选的溶剂。一些反应只有在水存在条件下，才会达到很高的产率，可见水作为合适溶剂，对于达到反应目的、获得理想产率很重要。由于水促进的有机反应众多，下面以几个具体实例说明水溶剂对有机反应的促进作用。

1. 环加成反应

利用氯化胆碱（ChCl）与 CuCl 加热制备 ChCl-CuCl 离子液体催化剂，在水相中催化炔与叠氮的环加成反应得到 1, 2, 3-三唑。结果表明，与 ChCl-CuCl 离子液体催化剂相比，没有形成离子液体的 ChCl-CuCl 的活性较差；该反应具有宽广的底物实用性，可用于芳香和杂环炔烃，产物的收率为 91%～95%；与带有吸电子基团的炔烃相比，带有给电子基团的炔烃具有更好的反应活性；ChCl 作为配体和相转移催化剂可以有效地稳定和提高 Cu（Ⅰ）的催化活性。

Ph⌒N_3 + ≡—Ph —(催化剂, H_2O)→ 1-苄基-4-苯基-1,2,3-三唑 (2-14)

以$[Rh(COD)Cl]_2$作为金属前驱体，BINAP 为配体，在 H_2O-叔戊醇共溶剂条件下，实现了炔和羟基乙腈的[2 + 2 + 2]环加成反应，成功地获得了相应的双环吡啶衍生物。这种方法的原子利用率可达 100%，操作简单，一步构建两个 C—C 键及一个 C—N 键，经过对催化剂类型、溶剂、辅助配体、相转移催化剂等条件的筛选，实现了中等收率的双环吡啶产物，为水相的环加成方法构建吡啶化合物提供了研究基础。

TsN(二炔丙基) + HO⌒CN —($[Rh]^+BINAP^+L$, H_2O)→ TsN-双环吡啶⌒OH (L为膦基配体)

TsN: Me-C_6H_4-$S(=O)_2$—N

(2-15)

Diels-Alder 加成反应是最早在水相中进行的反应，与有机溶剂中相比，在水中反应速率明显加快。20 世纪 30 年代的 Diels-Alder 加成反应是利用呋喃和马来酸酐进行，通过在热水中水解马来酸酐得到马来酸，将二烯烃呋喃加入到反应体系中得到产物。Breslow 等在 1980 年发现在水作介质时 Diels-Alder 反应速率异常增大的现象，并研究了环戊二烯和 2-丁烯酮的环加成反应的动力学，研究表明，由于水介质的疏水效应可使以水为介质进行的反应比有机溶剂中的反应有更大驱动力，在水中加入微量的添加剂 LiCl 和环糊精等可加大疏水效应，使反应驱动力加大，且立体选择性更高（*endo*/*exo* 可高达 22.5）。再如，（*E*, *E*）-2, 4 双烯己酯与 *N*-正丙基顺丁烯二酰亚胺的 Diels-Alder 反应，在水中的反应速率分别是在甲苯和甲醇中的 18 倍和 6 倍。

加热 | H_2O

HOOC COOH $\xrightarrow{H_2O}$ COOH COOH (2-16)

COMe endo exo (2-17)

Me AcO $\xrightarrow{H_2O,\ 23℃}$ Me H H AcO (2-18)

2. 重排反应

在不同溶剂中对氮杂环 Claisen 重排反应进行研究，发现该反应在辛烷、乙醇、甲苯等有机溶剂中不能发生，而当以水作为溶剂时，反应可以实现定量转化，产率达 100%[18]。

HN $\xrightarrow{溶剂,\ 80℃,\ 24h}$ NH_2 (2-19)

对热水促进的烯丙醇的重排反应研究表明，热水不仅可以促进环状烯丙醇的重排，还可以在少量有机溶剂作为共溶剂时促进非环状烯丙醇以及共轭多烯醇的 1, n(n = 3, 5, 7, 9)-重排，并且以此为基础实现了多烯类天然产物 Navenone B 的全合成[19]。

OH R_1 n R_2 $\xrightarrow{H_2O(40\sim100℃)}$ OH R_1 n R_2

产率 56%~99% (2-20)

3. 1, 4-加成反应

在室温和无添加剂的条件下，硫醇和 α, β-不饱和酮在水中直接反应高效地合成了系列 γ-羰基硫醚。反应中水不仅作为溶剂和质子化试剂，还能够为反应热量的剧烈释放产生缓冲作用。本方法具有操作简便、反应条件温和、产率高等特点，为合成自然界中普遍存在的 γ-羰基硫醚提供了一种简单、经济、环境友好的方法，具有良好的应用前景。

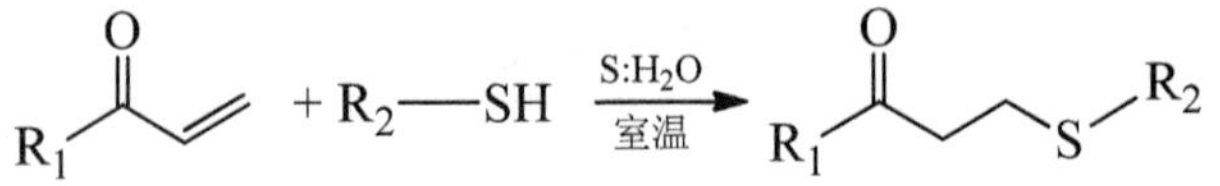

R_1 + R_2—SH (S:H_2O，室温) → R_1 ... S ... R_2 （2-21）

4. Friedel-Crafts 反应

在热水以及微波的辅助下，吲哚与苄基卤代物可以反应生成各种吲哚衍生物，相比传统的方法，该反应条件更为绿色，反应具有更高的选择性[20]。

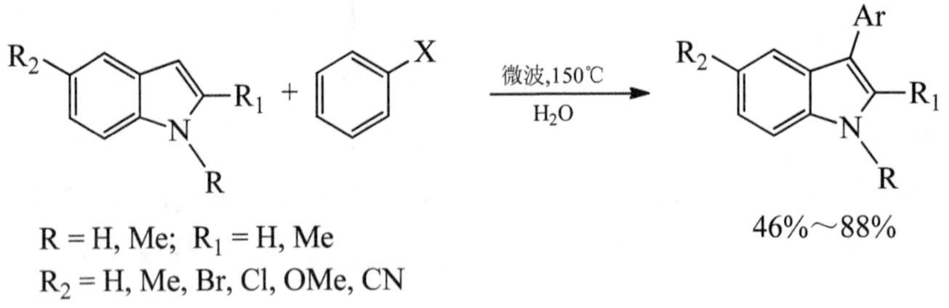

(微波,150℃，H_2O) 46%～88%

R = H, Me; R_1 = H, Me

R_2 = H, Me, Br, Cl, OMe, CN

（2-22）

水能够促进分子内 Friedel-Crafts 反应，使反应能高效和高立体选择性地进行，而之前类似的反应则必须使用 Au 或 Fe 的路易斯酸催化剂[21]。

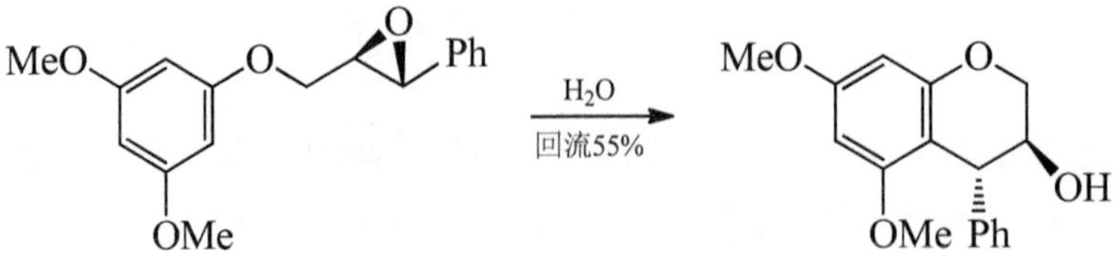

MeO, OMe, Ph (H_2O，回流55%) → MeO, OMe, Ph, OH （2-23）

5. Knoevenagel 反应

在水中环状 1, 3-二酮与醛发生 Knoevenagel 缩合和 Michael 加成反应来合成四取代的酮类化合物，反应收率高达 99%，这是一种绿色、温和、高效的合成方法，产物通过简单的过滤即可实现与水的分离[22]。

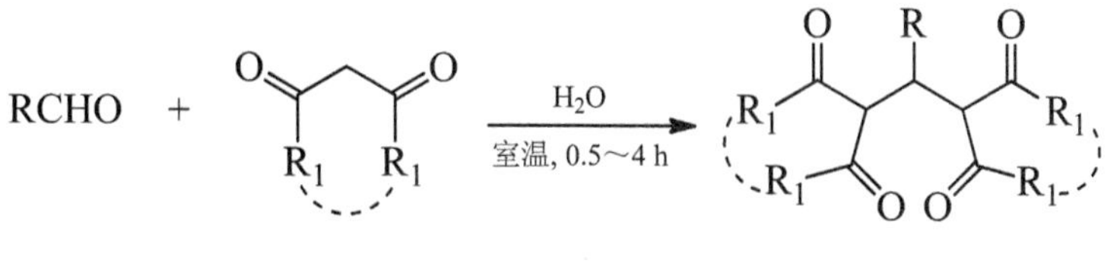

R = H, Ar, 2-furyl, *n*-Pr

（2-24）

在水中 1, 3-二甲基-6-氨基尿嘧啶与醛之间通过 Knoevenagel 缩合反应可合成生物活性的双尿嘧啶化合物，该方法的优势在于无须添加脱水试剂和相转移试剂，也无须加热[23]。

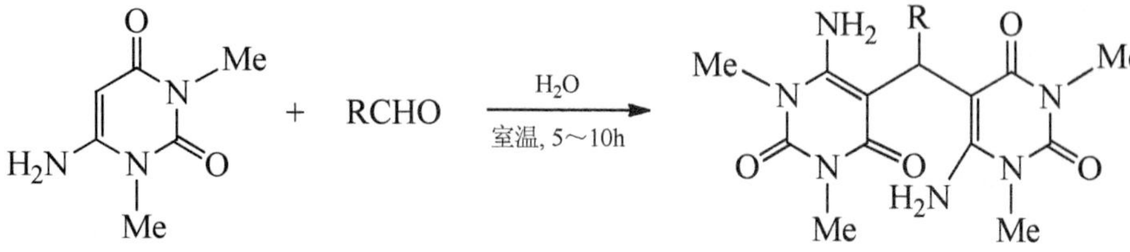

R = alkyl, Ar

（2-25）

6. Aldol 反应

水能够促进的 Rawal 二烯和醛之间的 Aldol 反应[24]。反应底物可以是各种芳香醛和脂肪醛，水和其他质子型有机溶剂会给出不同的反应产物，当使用其他质子型有机溶剂时，底物发生 Diels-Alder 反应；而当用水作溶剂时，反应则会给出 Aldol 反应的产物，这是因为水通过氢键作用活化了醛羰基，使其亲电性增强。

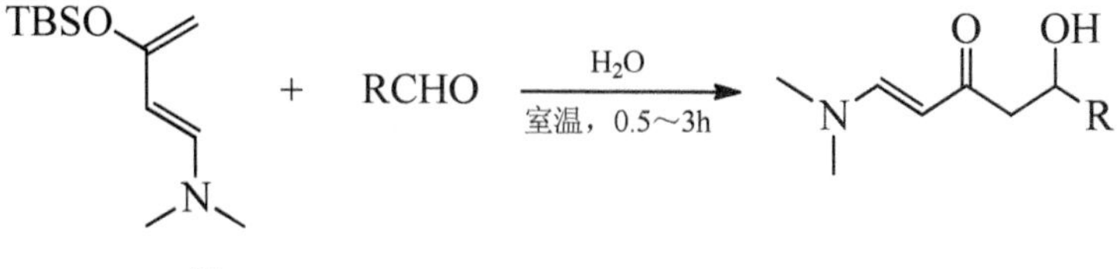

（2-26）

在水的促进下噻唑烷二酮与靛红发生非对映选择性 Aldol 反应，反应过程同样不需要任何催化剂，生成的产物以沉淀形式被分离[25]。

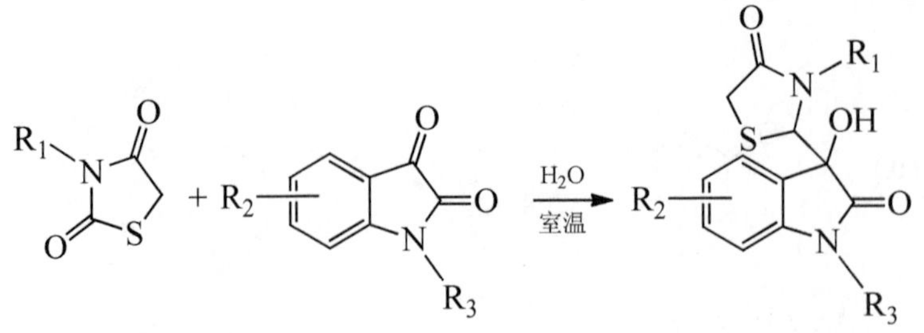

R_1—N, O, O, S　+　R_2—(O, O, N—R_3)　$\xrightarrow[\text{室温}]{H_2O}$　R_2—(O, N—R_1, S, OH, O, N—R_3)

R_1 = Me, Et, Bu, Boc, Bn
R_2 = H, Me, F, Cl, Br, MeO
R_3 = H, Me, Et, Ph, Bn

产率达到99%
非对映异构比例99/1

（2-27）

7. 偶联反应

氮杂环卡宾因催化效率高、选择性强、稳定性好以及应用范围广而在选择性催化有机反应中发挥着越来越重要的作用。然而，氮杂环卡宾过渡金属化合物的催化只能在有毒、易致癌、易燃、易爆炸的有机溶剂中，通过引入一些亲水功能化基团，使得氮杂环卡宾金属化合物的亲水性增强，成为水溶性氮杂环卡宾金属化合物，这使得其在工业应用中具有很大的潜在优势。研究表明，水溶性氮杂环卡宾金属化合物在烯烃复分解反应和加氢反应中催化效果最好，在Suzuki偶联反应、其他C—C偶联反应和氢化硅烷化反应中也具有好的催化效果。然而，水溶性氮杂环卡宾金属化合物在整个催化领域的研究仍然有待开拓，很有希望研究出更加环境友好和能源节约的催化反应。

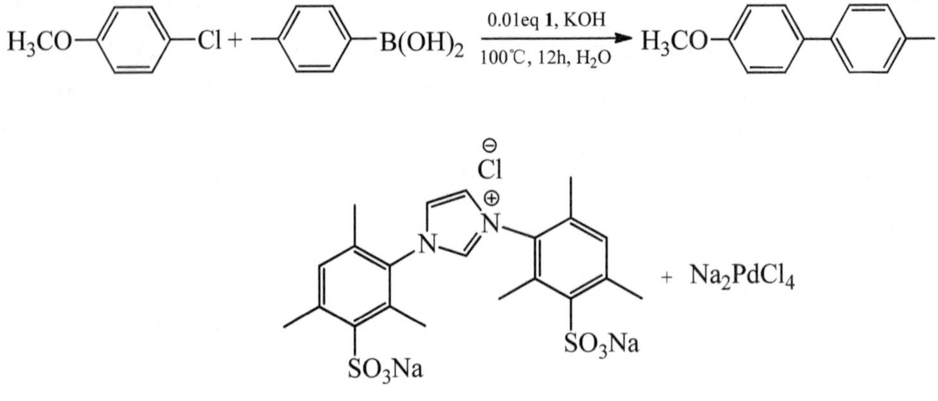

H_3CO—⟨⟩—Cl + —⟨⟩—$B(OH)_2$　$\xrightarrow[100℃,\ 12h,\ H_2O]{0.01eq\ \mathbf{1},\ KOH}$　H_3CO—⟨⟩—⟨⟩—

$Cl^{\ominus}$, $N^{\oplus}$, N, SO_3Na, SO_3Na　$+ Na_2PdCl_4$

1

（2-28）

8. 羰基化反应

在催化剂作用下，烯烃氢羰基化反应是烯烃与CO和水反应生成羧酸的反应，符合绿色化学与原子经济性理念。对水相中 1-辛烯氢羧基化反应的研究表明，$Pd(OAc)_2$ 与水溶性膦配体 TPPTS 络合催化体系具有较好的催化活性。在适宜的反应条件下，1-辛烯的转化率能够达到 90.8%，壬酸的选择性接近 80%。

$$\text{1-辛烯} + CO + H_2O \xrightarrow[\text{酸}]{Pd,TPPTS} \text{壬酸 (COOH)} + \text{2-甲基辛酸 (COOH)} \tag{2-29}$$

9. Michael 加成反应

Michael 加成反应是形成碳-碳单键的重要方法之一，在 $Yb(OTf)_3$ 催化条件下，在水中 β-酮酸酯和甲基乙烯酮室温搅拌即可进行反应，产率高达 90%以上。而在同样的实验条件下，在有机溶剂（如 THF）中则产率较低或根本不反应。由此可见，水溶液中的 Michael 加成反应具有非常好的前景。

$$R_1COCH(R)COOR_2 + CH_2{=}CHCOR_3 \xrightarrow[H_2O,\ \text{室温}]{Yb(OTf)_3} R_3COCH_2CH_2C(R)(COOR_2)(COR_1) \tag{2-30}$$

10. Mannich 反应

Mannich 反应是一个重要的同时构建 C—C 键和 C—N 键的三组分反应。通过该反应构建的 β-氨基酮结构单元广泛存在于药物、天然产物以及生物活性化合物中，但构建方法通常使用有机溶剂或者使用腐蚀性的化合物作为催化剂。而无毒、无腐蚀性的磷钨酸铝可作为一种环境友好的催化剂，在其用量不超过 1%（摩尔分数）的条件下，能够有效地催化醛、酮和胺在水中的一锅 Mannich 反应。

$$Ar_1COCH_3 + Ar_2\text{—}CHO + Ar_3\text{—}NH_2 \xrightarrow[3mL\ H_2O,\ \text{室温}]{0.5\%\ (\text{摩尔分数})AlPW_{12}O_{40}} Ar_1COCH_2CH(NHAr_3)Ar_2 \tag{2-31}$$

人们很早就知晓溶剂对有机化学反应的速率、收率和选择性有着显著的影响。一些有机反应在水中与在有机溶剂中进行时具有不同的速率和选择性，人们一般仅从水的极性和氢键能力等方面做一些笼统的推测。一般认为大部分有机化合物完全不溶于水或者微溶于水，这种观念其实只有部分正确。在室温下，大部分有机化合物在水中的溶解性极低，但是随着温度的上升，水的极性下降，其对有机化合物的溶解性大大提高，如果有机化合物的分子量小于 200，且分子内含有 2 个或 2 个以上的杂原子，在加热条件下化合物在水中会全部或部分溶解，事实上具有这些特点的有机化合物在数量上并不少。水既可以作为绿色溶剂，又可以作为绿色催化剂促进有机反应这一点已经被很多研究证实，但是如何将便宜又安全的水真正用于发展可持续的化学和化工生产仍是一个需要长期深入研究的方向。

2.4 亚临界水在萃取分离中的应用

众所周知，常温水是一种经济、易得、绿色的分离介质，已被广泛地用于各种分离过程。相对于对人体和环境有害的有机溶剂以及相对于常温水低的分离效率，亚临界水具有独特的萃取分离效率，并已在许多重要的技术领域取得了成功的应用，如高效液相色谱（HPLC）、疏水性有机化合物（HOCs）、农产品加工、制药工程、生物技术、环境分析、食品和化工等。

2.4.1 亚临界水在萃取分离中的热力学和动力学分析

1. 亚临界水的溶解特性和分配系数

从本质上说，萃取分离是通过扩散和对流过程实现物质转移的。提供热能可以通过降低脱附过程的活化能来阻断胶黏剂（溶质-基质）和黏性物质（溶质-溶质）间的相互作用，而升高压强可以迫使水渗透到基质区域（孔隙）来辅助萃取分离。基于水的极性、黏度、表面张力、氢键、偶极矩等热力学性质，很多萃取分离在通常压强和温度下效率低或不可能实现，亚临界水是通过改变水的温度和压强调控其热力学性质，实现萃取分离的目的。亚临界水具有较低的黏度和较高的扩散率，可以更好地穿透基质颗粒，更大程度上改变表面平衡，改善抽提物溶解的能力和传质效应。亚临界水的介电常数（ε）可以在较宽的范围变化，在特定条件下的性质与某些有机溶剂性质相似[26]，可以增加溶解低极性和中极性物质溶解度。例如，在常温和常压下，水是非金属液体中介电常数最大的物质之一（25℃，1bar，$\varepsilon=80$），这就使得水不适用于作为低极性化合物的萃取液。然而，当温度和压强分别增加到 250℃和 50bar，介电常数降至 27，亚临界水与甲醇（$\varepsilon=33$）、乙醇（$\varepsilon=24$）、丙酮（$\varepsilon=20.7$）、乙腈（$\varepsilon=37$）的介电常数相近，从而显著提高了低极性和中极性物质在亚临界水中的溶解度。

若假定初始脱附和随后的介质-基质分离是快速步骤，不对萃取分离速率产生大的影响，则达平衡时其分配系数 K_D 可表示成[27]

$$K_D = 基质中抽提物浓度/萃取液中抽提物浓度$$

基于 K_D 的值，可以确定母相中残留抽提物的质量和每单位质量萃取液中溶解的抽提物质量。因此，亚临界水萃取遵循 Khajenoori 曲线：

$$\frac{S_b}{S_0}=\frac{\left(1-\frac{S_a}{S_0}\right)}{\left[\frac{K_D m}{(V_b-V_a)}+1\right]}+\frac{S_a}{S_0} \tag{2-32}$$

式中，S_0为母相中抽提物的初始质量；S_b为在萃取一定体积V_b后抽提物的累计质量；S_a为萃取一定体积V_a后抽提物的累计质量；S_b/S_0和S_a/S_0分别为由体积V_b和V_a萃取的抽提物累计百分数；K_D为分配系数；m为试样的质量。

2. 亚临界水萃取分离的效率

亚临界水萃取分离的效率取决于下述四个动力学步骤[27]：①从抽提物所结合的基质中解吸溶质。该步骤的动力学依赖于溶质、基质和溶剂之间的黏合力和内聚力。随着温度的升高，抽提物的蒸气压增加，与基质结合的抽提物越少，抽提物越容易溶解在亚临界水中，这导致有机基质会释放较高比例的抽提物。②亚临界水向有机基质中扩散。亚临界水的黏度和界面张力比常温水低，因此，亚临界水比常温水更具扩散性，能更有效地从有机基质中萃取抽提物。③抽提物在亚临界水中的溶解。此步骤的动力学依赖于基质中抽提物与水中抽提物之间的浓度梯度、分配系数、较高的温度下抽提物的极性和亚临界水的极性。④从样品基质洗脱含抽提物的溶液。该步骤的动力学类似于亚临界水通过基质的扩散，取决于溶液的传输性质和基质的吸水性。在上述四个动力学步骤中，不同的分子性质以及抽提物、基质和亚临界水之间作用力控制着从基质中抽提化合物的速率。一般说来，除极性化合物外，较高的温度有利于提高萃取效率。

3. 亚临界水萃取分离的模式

基于上述的热力学和动力学分析，亚临界水分离萃取过程通常有三种模式[28]：静态模式、动态模式和静态-动态组合模式。静态模式是将亚临界水注入系统，在无水流出的条件下，直到溶剂和抽提物之间达到溶解平衡。然后，用新鲜溶剂或压缩气体清洗系统并收集萃取物，回收效率是在较高温度下化合物溶解度和分配系数的函数。缺点是加入的水量不足可能导致抽提物回收率低。如果溶剂和抽提物能很快达到平衡态，无论保持时间长短、温度高低或者压强大小都不会发生进一步的萃取分离。

不同于静态模式，动态模式允许溶剂连续流动通过萃取池，这使得新的溶剂能被不断地注入到萃取池，避免了固-液平衡，通过优化萃取条件可以在更高的萃取速率条件下获得高的回收率。然而，动态萃取分离模式需要更多的亚临界水，降低了能量利用效率。对于静态-动态组合模式，通常是静态萃取分离模式后跟随着一个动态萃取分离模式。

2.4.2 影响亚临界水萃取分离过程的因素

1. 温度、压强和 pH

亚临界水的温度是萃取分离的决定性因素，它决定着水的介电常数、渗透性、有机物的溶解度和分配系数，因此可以用温度控制萃取剂的参数和萃取分离速率[29]。随着温度的升高，组分的扩散速率、相应的质量转移和萃取分离效率逐渐增加。然而，对一些具有生物活性的物质，它们的热稳定性差，且易于被氧化，在亚临界水的介质中能发生分解，因此，相对较低温度的临界水对微组分的萃取分离有着显著影响。

虽然压强对水的相态有着显著的影响，但对亚临界水萃取分离过程的影响可以忽略不计。因为在 1000bar 以下，压强对介电常数只有轻微影响，而亚临界水的萃取分离技术使用的压强很少在 1000bar 以上。

当抽提物在某 pH 下可溶时，通过改变温度或用缓冲液调节 pH 可以改变萃取的效率。使用加入磷酸盐缓冲液的亚临界水对模型抗癌药物进行分离[30]，当 pH 调节到 3.5 和 11.5 时，结果表明最佳分离条件为 150℃和 pH = 3.5。

2. 共溶剂和萃取剂流速

共溶剂是水溶性的第二溶剂或辅助的有机溶剂。共溶剂的存在提高了难溶于水的物质的溶解度和系统的化学稳定性，改变了水的介电常数、表面张力、氢键强度、扩散性能等溶剂化性质和基质的物理化学性质，促进了抽提物在基质中的扩散和解吸能力，从而提高萃取的效率[31]。

对相同温度下动态萃取分离，较大的水流速有利于缩短萃取时间，这是由于萃取率受抽提物的溶解度、萃取剂在样品基质中的扩散和转移到基质表面的速率的影响。因此，根据样品处理的时间和萃取液中的抽提物的浓度，选择合适的亚临界水的流量可以保持高的浓度梯度，有利于增加萃取的效率。然而，如果萃取动力学主要取决于基质中的脱附和扩散，那么过大的水流速不会提高萃取效率。另外，增加溶剂的流动速率，可以减少抽提物在高温水中的停留时间，进而在最大程度上减小亚临界水萃取分离过程中的物理化学反应（如热降解）。

3. 抽提物的化学结构和降解

基质与萃取的化合物之间有着复杂的相互作用，并且萃取的大多数化学物质在亚临界水中没有特定的溶解度。尽管如此，我们仍然可以通过确定抽提物的相对产量来评估化学结构对萃取效率的影响。亚临界水的萃取收率主要取决于抽提物在水相和基质之间的分配系数，即抽提物在亚临界水中的溶解度。研究表明，温度升高，共轭的化合物与溶剂之间具有更强的相互作用，可以提高共轭分子溶解度。

溶质中氧元素和其存在的类型通常都会改变溶质在亚临界水中的溶解度，从而影响亚临界水对 HOCs 的抽提分离。例如：①在 150℃和 160℃之间含氧蒽酮的溶解度是蒽的 10 倍；②具有醚基的氧杂蒽的溶解度比具有羰基的蒽酮的溶解度低；③邻位具有羰基侧基的 9, 10-蒽醌的溶解度比对位具有羰基侧基的 9, 10-菲醌高 10 倍。显然，氧和含氧官能团可以直接影响疏水性化合物在亚临界水中的溶解度，从而直接决定了亚临界水对疏水性有机化合物萃取和分离的效率。另外，亚临界水中不同脂肪酸溶解度的研究表明[32]：①脂肪酸的溶解度随着链长度的增加而降低；②在较高温度下长链羧酸的溶解度随温度变化曲线的斜率大于短链羧酸，说明了每增加 1℃，较长链羧酸的溶解度会有较高程度增加。

通常情况下，升高温度可增加萃取的收率，同时也增加了抽提物或基质降解的可能性[33]。虽然在 300℃时水的解离常数达到最大，但化合物可以在低得多的温度下进行水解、氧化、甲基化和异构化等反应。化合物降解的程度与分子的结构、温度和化合物在亚临界水中的停留时间等有关。在温度较低时，抽提物中可能含有痕量的降解化合物，在亚临界水达到 220℃以上时，降解反应会变得明显。因此，在亚临界水的萃取过程中，需要对萃取物或基质降解进行监测，确保能成功地分离和定量所抽提的化合物。

2.4.3 亚临界水在分析分离领域中的应用

1. 分析化学

利用亚临界水作为 HPLC 中的流动相具有如下优点：①亚临界水代替有机溶剂作为洗脱剂，可以减少环境污染。②调控亚临界水的温度可以调控其物理化学性质，进而调控亚临界水的洗脱能力、实验的保留时间以及分离效率和选择性[34]。③扩展了 HPLC 检测器的使用范围，例如，在气相色谱中广泛使用的火焰离子化检测器（FID），几乎任何有机物质在其火焰中都能产生信号，限制了 FID 在分析物与洗脱物分离的过程中应用，用 FID 检测亚临界水洗脱的分离物（醇类、碳水化合物、羧基和氨基酸）可达到这个目的；另一个例子是利用分光光度计检测分离物需要使用昂贵的高纯度有机溶剂，使用亚临界水代替有机溶剂不仅降低分析成本，还可检测吸收波长在 200nm 以下的有机物，提高了检测的灵敏度[35]。④在洗脱过程中可以通过改变水和色谱柱的温度直接改变其流动相的特性，达到利用温度梯度替代流动相组成梯度的目的，在技术上这种仅仅改变体系温度梯度的洗脱形式比形成流动相组成梯度更简单[36]，研究表明，当洗脱液组成恒定时，使用温度梯度代替传统的梯度洗脱可以减少分析时间而不会降低分离效果[37]。

此外，HOCs 在亚临界水中溶解度增加，利用亚临界水可以实现 HOCs 的快速沉淀，避免了使用有机溶剂溶解-沉淀分离 HOCs 的环境要求和技术缺陷。目前，亚临界水已被用作快速沉淀活性药物成分的溶剂，当温度从 25℃升高到 200℃时原料药在亚临界水中的溶解度可增加 7 个数量级，确保了当亚临界水溶液迅速淬火至室温时可以产生高的过饱和度[38]。人们观察发现温度对颗粒形态没有很大的影响[39]，例如，在 140℃和 170℃下进行沉淀时，大部分沉淀的灰黄霉素晶体的尺寸和形状未改变。

2. 生物技术

亚临界水已成功应用于生物技术、生物化学和相关领域的有机化合物的抽提，尤其是来自于植物源的化合物的抽提。Rangsriwong 等报道[40]，可以从藏青果中抽提鞣花酸（EA）、没食子酸（GA）和鞣云实素（CG）等有机化合物，他们观察到 EA 和 GA 的回收率随着温度升高（直到 180℃）而升高，而 CG 在 120℃时达到最大值。用亚临界水萃取技术可以抽提一些来自辣木叶的药理学重要代谢物、来自微藻螺旋藻的抗氧化剂、来自葡萄籽的原花青素和儿茶素以及来自白杨木的黄酮类化合物等。利用亚临界水，通过氢化在 100～220℃之间使用去油的米糠生产高附加值氨基酸和蛋白质。

3. 食品技术

作为食品加工和分析领域不断发展的技术之一，亚临界水萃取分离技术能源需求低、产品更安全、环境友好。与超临界流体和类似的压缩流体技术相比，亚临界水萃取分离技术在食品加工中最具实际应用价值[41]。报道表明，低温下用亚临界水萃取分离技术处理生物质同时催化化学反应，如多糖逐渐降解成木聚糖、木糖单体和其他降解产物。Fattah 等使用亚临界水萃取技术从废白土中回收游离脂肪酸和油；从亚麻籽粉中抽提蛋白质、木脂素和碳水化合物；从农业和工业残留物中抽提单糖和低聚糖；从土豆皮中抽提酚类化合物等。

4. 制药工业

制药行业涉及多种有机化合物的萃取、分离和纯化，是药品分析、质量监控、筛选、稳定性测试和开发的主要步骤，对人类健康至关重要[42]。大约 30%～40%的药物主要来源于植物的有机抽提物。Richter 等用亚临界水萃取分离技术在 150℃从药片中抽提硝苯地平用于药物制剂。Murakamin 等指出用 SWE 从市售胶囊制剂中抽提盐酸氟西汀这一过程可以通过在 200℃条件下，使用 3.5mL 水在 8min 内完成，同时，回收率也可以通过将 1.0mg·mL^{-1} 的标准溶液在 175℃条件下加热 30min，然后再加热到 200℃并保持 15min 或者加热到 225℃保持 10min 来计算得到。还有一些使用 SWE 提取的药用化合物，包括从橄榄叶中提取甘露醇，从苦参中提取生物碱、霉素、四环素和氯霉素等抗生素，从片剂中提取含量大于 95%的维生素，以及从海巴戟根中提取蒽醌和抗癌药物丹宁卡，从牛至中提取营养品。所以亚临界水在该领域的进一步使用具有很好的应用前景[43]。

5. 环境分析

亚临界水萃取技术在从生态基质中抽提各种微量有机污染物的环境研究中越来越受重视。研究对比了用亚临界水萃取分离技术、加压液相萃取、索氏萃取和超临界流体萃取对环境固体多环芳烃（PAHs）的抽提情况。虽然所有方法的定量回收没有重大差异，但质量差异是很明显的。亚临界水萃取技术结合超临界水氧化法修复含 PAHs 的海沙和真实土壤时，亚临界水萃取分离技术在 300℃，20min 内回收率最高，且对低分子量化合物更为有效。用亚临界水和超临界水萃取了包括氯化铵、酚类和多环芳烃在内的几种生态污染物。对于有机物来说，回收率实验结果与在环境条件下水溶性的持平，对于极性较高的组分（如 *N*-亚硝基二正丙胺和氯化酚）和具有低分子量的非极性化合物（如萘），水的萃取效率更好。在一个实验室的半工业规模设计中，Lagadec 等用亚临界水萃取分离技术来消除高度污染的土壤中的农药和 PAHs。多氯联苯和除草剂残留物也可以使用亚临界水萃取分离技术从土壤中抽提。高温水可用于净化水和土壤。而且亚临界水也可以用来修复（通过降解）被爆炸性化学物质污染的土壤。亚临界水萃取分离技术在环境研究中的应用已经在其他综述中进行了深入的总结[44]。

萃取分离一直是科学研究的重要问题，特别是从有机混合物、植物和动物组织中分离目标产物。对于多种传统方法来说，每一种方法各有优点和缺点。这些方法的一个普遍问题是大量使用有害的化学物质、成本高以及程序复杂烦琐，这些问题迫使我们不断寻求新的改进方法。亚临界水萃取分离的优点远远超过了其局限性，随着科学技术的进步，亚临界水萃取分离仪器也不断得以改进，从而使其效率更高，应用范围更广，已成为极具规模化工业应用的绿色萃取分离技术。

2.5 水在无机材料合成中的应用

水作为地球上最充足的资源之一，在许多化学反应中作为反应的介质合成了成千上万种物质。在过去的十年内，超过 8000 个出版物发表了各种材料的合成制备方法。虽然常温水被优先用作合成材料的介质，但亚临界水热合成技术已成为制备纳米材料的主要手段，并呈迅速增长的趋势，众多的纳米材料都是通过该方法得到的，如碳纳米材料、贵金属纳米材料、金属氧化物纳米材料、无机盐纳米材料、金属-有机骨架纳米材料及其他的纳米复合物材料等。

在亚临界水热条件下，反应处于分子和/或离子水平，具有化学反应速率快、产物纯度高、分散性好、粒度易控制等优点，并且水热反应的均相成核及非均相成核机理与固相反应的扩散机理不同，可以替代某些高温固相反应或其他制备方法产生出新化合物和新材料。亚临界水热合成纳米结构材料的关键在于精准控制反应的条件，如前驱物的浓度和配比、pH 值、反应时间、反应温度、升温速率、反应压强、有机添加剂或模板等。在通常的温度条件下，还可以通过微波辅助和磁场辅助水热法来实现目标产物的可控合成。

2.5.1 水在碳纳米材料合成中的应用

在生物质的热分解过程中得到的生物炭，不仅仅能够减少向大气中碳的排放量，而且是其他碳材料和活性炭的环境友好的取代品。通常用水热碳化法可得到许许多多的生物炭材料，该法被广泛地应用于空气和水污染的治理、催化合成生物柴油、改良土壤等，如用乙酸铵和氯化铵作为氮源，用芦苇作为原材料合成了氮掺杂的生物炭，其对酸性红 18（AR18）有着非常好的吸附性能[45]。在反应温度为 150～170℃和压强为 3MPa 的亚临界水中，以糖的溶液为碳源，采用水热碳化和微波辅助氢氧化钾活化法，能合成直径在 5～10μm 的、均一孔径的碳纳米微球。利用 H_3PO_4 作为活性物质，洋麻为碳源，在亚临界水中可获得活性炭材料。在所有测试过的材料包括商业的活性炭里面，该活性炭具有最高的比表面积和孔隙体积，被用作金属纳米颗粒催化剂的载体，表现出了很高的催化活性。碳纳米材料中除了生物炭外，碳量子点物质也是其中一大类，碳量子点物质主要包括三大类：石墨烯量子点、碳量子点和聚合物量子点。

1. *石墨烯量子点*

石墨烯量子点（GQDs）之所以能引起化学、材料科学、物理和生物科学家们的研究热情，是因为其优越的稳定性、优良的光学和光电性质、对光漂白的阻抗和低毒性。仅仅用二次水和葡萄糖作为前驱体就可以水热合成高产率的绿色光致发光的、平均宽度为 8nm 的单层石墨烯量子点[46]。另外，杂原子的掺杂能显著改变石墨烯量子点的电子性能，导致其不同寻常的性质和相关的应用。通过简单有效的化学合成法合成出了光致发光的氮掺杂的功能化的石墨烯量子点[47]，在双氧水和氨水存在的情况下水热处理氧化石墨烯，经过透析分离得到两种水溶性的氮掺杂的石墨烯量子点（N-GQDs），尺寸分别为 2.1nm 和 6.2nm，能分别发出绿色、卡其色的荧光，另外这两种量子点在较宽的pH值范围内能稳定存在，且有上转换荧光性质。此外可以用一种简单且低廉的合成方法，即通过用石墨烯量子点和肼水热处理法得到N-GQDs[48]，制得的N-GQDs带有富氧的官能团，显示出强烈的蓝光，发射量子产率为23.3%，可用来检测水溶液和实际水样中的Fe（Ⅲ），检测范围和检测极限是1～1945μmol·L^{-1}和90nmol·L^{-1}（$S/N=3$）。通过水热合成法还可以合成硫氮共掺杂和氮掺杂的石墨烯量子点[49]，它们的量子产率分别为78%和71%，其中硫氮共掺杂石墨烯因其在可见光区内的吸收在420～520nm波长范围内，在可见光下降解罗丹明B的光催化活性是TiO_2 P25的10倍。

2. 碳量子点

利用许许多多的生物质基的化合物或材料，水热合成出了各种碳量子点。例如，胡萝卜是一种很便宜的生物资源，通过水热处理方法制得的碳量子点具有上和下转换荧光特征，量子产率高达5.16%，在生物影像应用上可代替半导体量子点[50]。使用带有氨基和羧酸的官能团，如2-氨基-3-羟甲基丙烷-1, 3-二醇、乙二胺四乙酸、甘氨酸、戊二胺等，可以有效地、低成本地一锅合成可溶性的强荧光性的碳纳米量子点。明胶在仅仅有纯水的情况下能通过水热方法合成荧光性的碳量子点[51]，该量子点能发射蓝色荧光，最大量子产率是31.6%，同时该量子点显示出很好的激发依赖性、pH敏感性和上转换荧光性质，更重要的是这些量子点因其稳定发射及很好的分散性、低毒、较长的荧光寿命和与细胞和生物大分子很好的兼容性而被用于生物成像试剂。用苹果酸和尿素做原料，用一种简便、温和的水热合成法合成了水溶性碳量子点，可用作荧光探针选择性地、敏感地测定绿原酸。还可用水热法合成掺杂杂原子的碳量子点，用家蚕丝-天然的蛋白质合成掺杂氮的碳量子点，用柠檬酸铵合成掺杂氮的碳量子点、掺杂氮和硫的碳量子点等。通过水热法合成的碳量子点还可以做传感器，如用柠檬酸钠合成的具有强荧光性的碳量子点，可以用来检测汞离子以及用作pH和温度的传感器。

3. 聚合物量子点

用水热法处理草，通过一种非常低廉的绿色的合成路线制备出了氮掺杂的、富碳的荧光性聚合物纳米量子点，其可用来检测铜离子。以葡萄糖或者甘氨酸作为碳源，水热法合成的聚合物纳米量子点具有强的荧光性能，可被用来检测铁离子。在酸性环境中，用水热合成法合成的聚多巴胺生物量子点不仅仅具有优良的荧光性能（量子产率达50.93%），同时还有相当高的稳定性和低毒性，作为荧光探针快速检验Cr（Ⅵ）的响应时间为0.01s，检测极限为10^{-11}mol·L^{-1}，是目前报道的检验Cr（Ⅵ）最灵敏的探针之一。

此外，碳纳米管因其独特的机械性能而被广泛应用在许多领域。例如，在生物医学领域，氧化锆被广泛应用于股骨头，但是病例表明因裂纹扩展会显示出延迟破坏；若采用简单的水热合成法可合成部分包覆有氧化锆的单层碳纳米管和多层纳米管[52]，这些包覆有氧化锆的纳米管能够提供较好的可湿性，避免或减慢了裂纹扩展，获得了可期望的有较长使用寿命和较好可靠性的生物陶瓷材料。

2.5.2 水在贵金属纳米材料合成中的应用

在最近的十年内用水热法合成贵金属纳米材料是科学工作者研究的热门课题之一，主要包括金、银、铂、钯纳米颗粒。在水中利用适当的还原剂即可将三价金离子还原成零价的金原子而得到纳米金，最经典且应用最广泛的方法是Turkevich 等[53]在 1951 年提出的柠檬酸钠还原 $HAuCl_4$ 法，该法制备得到的纳米金直径大约为 20nm；在此基础上，通过改变柠檬酸三钠与金的比例可以控制纳米金颗粒的形成，获得了具有特定大小的纳米金颗粒（16～147nm）；并且在该方法中用以保护和稳定金纳米粒子的柠檬酸与金纳米粒子的结合力较弱，易被其他的稳定剂替代，常用于 DNA 分析中。除柠檬酸钠外，草酸、鞣酸、硼氢化钠、甲酸铵都是很好的还原剂，已成功用于合成金纳米粒子的反应中。

用水热还原法可以制备出不同形貌的银纳米粒子。在制备纳米银中，表面活性剂是控制纳米银各种形貌的重要因素，其主要原理是利用有机分子对纳米银颗粒特定晶面的选择吸附来调节颗粒不同晶面的生长速度，从而得到不同形貌的银纳米颗粒，如轴比可控的银纳米棒和纳米线、三角形纳米银、立方体纳米银、树枝状纳米银等。

在果糖存在的情况下，可一锅水热合成结构可控的 3D Pt 纳米枝晶。在较高的反应温度下，果糖不仅作为还原剂，而且形成的水热碳还可作为保护剂被吸附在纳米枝晶的表面，使铂纳米枝晶各向异性地生长，且形成的纳米铂具有相当多的孔和很高的比表面积，因此对反应物分子有更多的吸附位点，在甲醇的氧化反应中表现出非常高的催化活性。

利用水热合成法，在晶种和表面活性剂存在情况下，合成了聚己二烯丙基二甲基胺氯化物（PDDA）保护剂稳定的贵金属纳米颗粒[54]，包括银纳米立方体、铂和钯纳米多面体以及金纳米片。在此合成反应中，水溶性的 PDDA 聚合物电解质既是还原剂又是稳定剂，制备得到的银纳米立方体和铂纳米多面体在表面增强拉曼散射和电化学催化反应中有着潜在的应用价值。

2.5.3 水在金属氧化物纳米材料合成中的应用

在水热条件下，合成的金属氧化物纳米材料具有高度的单分散性和不易团聚的特点。此外，纳米氧化物的晶粒粒度与所用前驱体的活性有关，前驱体的活性越大，制得的纳米氧化物的晶粒粒度越小，通过选择合适的前驱体和添加剂，可以控制纳米氧化物的尺寸和形貌，因此水热法是迄今最受科研工作者喜爱的合成金属纳米氧化物的方法之一。目前，各种各样的金属纳米氧化物已通过水热法合成得到，并被广泛地应用于高密度信息储存、磁性共振影像、目标药物输送、生物成像、癌症诊断、中子捕获、光催化、光致发光、电催化等领域。在众多的金属纳米氧化物中最为常见的有 ZnO、TiO_2、CeO_2、ZrO_2、CuO、Al_2O_3、Dy_2O_3、In_2O_3、Co_3O_4、NiO、MoO_3 等[55]。

纳米 ZnO 具有优良的性质和广泛的应用前景，水热合成的反应温度、反应时间、反应物浓度及物料配比等条件对纳米 ZnO 的影响已被系统研究。以 $ZnSO_4$ 为原料，采用水热法合成的 ZnO 对染料的降解有非常好的催化作用。用乙醇作溶剂，三乙醇胺作表面活性剂，水热条件下成功合成了空心的 ZnO，显示出了优良的光学性质。在无模板剂的条件下，合成出了双面梳状的 ZnO，其光催化作用比广泛使用的商品化的 P-25 还要强，具有市场实际应用价值。化学气相沉积法的反应条件对产物形貌有显著影响，在硅基质上合成出了似矛形状的 ZnO 纳米线，所得产物在室温下具有良好荧光性质。水热反应时间和合适的配体在晶体的形状和尺寸方面起着至关重要的作用。三乙醇胺在水热反应中能够与反应物形成聚合物，可制备出形貌相同的花生状纤维锌矿晶型 ZnO 微米晶。在 CTAB 的存在下，可以形成具有荧光性能的、杯状的 ZnO 微米晶体。在 PEG 导向剂的作用下，低温水热法合成出了由直径约为 90nm 的 ZnO 纳米棒紧密聚集在一起的花状纳米材料，在工作温度为 250℃时此产物对乙醇表现出了优异的气敏性质。

水热盐溶液水解法是直接选用待制备的金属氧化物粉体相应的可溶性盐溶液为反应前驱体，通过盐溶液在水热条件下发生水解反应制备纳米氧化物。采用 $Ti(SO_4)_2$ 水溶液为反应前驱体，可制备晶粒结构稳定且不溶于热稀酸溶液的纳米 TiO_2。以 Sn 粉为起始原料，先制成溶液而后再中和得到沉淀前驱体，水热处理该前驱体可得到具有高热稳定性的纳米 SnO_2[56]。

在阴离子表面活性剂 SDS 的辅助下，利用水热法合成出十字交叉状的γ-FeOOH 纳米棒，然后在 500℃下煅烧 6h，γ-FeOOH 纳米棒的形貌虽然没有变化，但其外观呈多孔状，且具有弱铁磁性[57]。在高的温度和压强下，利用水热合成法在碱性环境中氧化 $FeCl_2·4H_2O$，得到了磁性可控的 Fe_2O_3 纳米粒子，其磁性取决于纳米颗粒的大小。无须添加任何表面活性剂，通过控制反应物的浓度和物质的量比可合成出 α-Fe_2O_3 纳米管和纳米环，紫外光谱结果显示该纳米结构的氧化铁具有优异的光学响应。在高聚物 P123 和柠檬酸钠的协同辅助下，合成出了盘状α-Fe_2O_3，其能隙大于体相的能隙，能隙的大小可通过粒子尺寸来调控。除此之外，许多结构新颖、性质独特的氧化铁也已经被报道，如通过调控反应时间、反应物浓度和模板等条件，利用水热方法也合成出了具有高比表面积的纳米结构的核-壳 γ-Fe_2O_3 和空心海胆状 Fe_2O_3 等。

超级电容器具有高的输出功率、长期的循环稳定性，作为最有吸引力的电存储体系引起科研工作者的强烈兴趣。MnO_2 具有高的比电容、低廉的价格、丰富的天然储存量和环境友好的特点。水热法在制备纳米 MnO_2 超微材料时，由于系统本身所形成的均匀的高压环境，水解和结晶可一步完成，使所得产物具有纯度高、分散性好、晶型好、晶粒大小可控等优势。商用 γ-MnO_2 粉末经水热反应，可将其转变为 γ-MnO_2 纳米线，再经过不同温度煅烧，可分别得到单晶相的 β-MnO_2 纳米线和 α-Mn_2O_3 纳米线[58]。水热处理非晶态的 MnO_2，在高的 K^+ 与 NH_4^+ 浓度比时易形成 α-MnO_2，在高 H^+ 浓度时易形成 β-MnO_2。利用 $MnSO_4$ 和 $KMnO_4$ 水热反应可合成 α-MnO_2 纳米棒，其比表面积为 $132m^2 \cdot g^{-1}$，比电容为 $168F \cdot g^{-1}$，且具有良好的循环充放电性能。利用微波辅助的水热合成法，在有效地缩短反应时间的同时，可制备出性能良好的 α-MnO_2。在亚临界水（250℃，300bar）中，在非常短的反应时间内，可快速合成出平均尺寸为 4.2nm 的球形的 $RuO_2 \cdot 0.6H_2O$，在扫描速率为 $10mV \cdot s^{-1}$ 下其比电容为 $255F \cdot g^{-1}$，远高于在超临界水中合成的 RuO_2（$77F \cdot g^{-1}$）的水合物和商业的 RuO_2（$8F \cdot g^{-1}$）的比电容。

2.5.4 水在无机盐纳米材料合成中的应用

羟基磷灰石具有良好的生物相容性和生物活性，被广泛应用于生物医用材料中。最初利用不同的表面活性剂，水热合成了三种不同形貌的羟基磷灰石：短棒、薄片花形和蒲公英形，其中蒲公英形的羟基磷灰石的吸附能力达到 $819.7mg \cdot g^{-1}$，能够高效地、选择性地除去 Pb^{2+}，为抗菌生物材料的修饰提供了新方法。然而，纯的羟基磷灰石材料力学性能不佳，特别是强度和韧性都比较差，限制了其在人体负重部位的使用。为了提高羟基磷灰石陶瓷的综合力学性能和可靠性，人们开发了羟基磷灰石与其他材料的复合材料。在较低的温度下通过水热合成了多孔磷酸三钙组成的羟基磷灰石，其比表面积和孔径尺寸分别达到 $28m^2 \cdot g^{-1}$ 和 20nm，在模拟体液实验中显示出好的生物活性。用偏硅酸钠作为硅源，合成出了硅羟基磷灰石的纳米复合材料[59]，其中硅并没改变羟基磷灰石相，而是进入羟基磷灰石的晶格，其是非常好的骨组织取代和延长药物输送的生物材料。此外，利用水热法也分别合成出掺杂银、铜和锌的羟基磷灰石；也报道了片状、棒状、管状羟基磷灰石水热合成法[60]，老鼠胚胎细胞活性实验表明其产物没有任何毒性。

橄榄石型 $LiFePO_4$ 具有安全性高、价格低廉、绿色环保、循环性能优良等特征，作为新一代动力电池的正极材料，在电动工具和电动车辆中具有强的竞争优势和广泛的应用前景。通常以可溶性亚铁盐、锂盐和磷酸为原料，在水热反应釜

中合成 $LiFePO_4$[61]。将 $FeSO_4$、H_3PO_4 和 LiOH 溶液按物质的量比为 1∶1∶3 的比例进行混合，然后将混合液快速放入反应釜中，在 120℃下加热 5h，研究表明混合液的 pH 值几乎不对产物有影响，但反应温度是 $LiFePO_4$ 合成的至关重要的因素。以 $Fe(NH_4)_2(SO_4)_2·6H_2O$、$NH_4H_2PO_4$ 和 H_2O_2 为原料，将制成的 $FePO_4$ 沉淀干燥 24h，然后再将其浸泡于 $1mol·L^{-1}$ LiI 溶液中，在还原性气氛（$Ar/H_2 = 95/5$，体积比）下搅拌加热得到 $LiFePO_4$。若包覆导电物质和掺杂合金元素，可进一步提高 $LiFePO_4$ 的电化学性能，以 LiH_2PO_4 和 Fe_2O_3 为原料，用炭黑作还原剂合成出了粒径分布均匀的纳米 $LiFePO_4$/C 复合材料，并掺入金属 Mg，材料在 0.05C 倍率下，初始放电容量达 $150mA·h·g^{-1}$。将 $Fe(NO_3)_3$ 与 LiOH 溶液混合后，加入维生素 C，然后加入到 H_3PO_4 中，在此过程中维生素 C 可以使 Fe^{3+} 还原；加氨水调节 pH 值，并添加少量的金属 Ag 或者 Cu 颗粒，加热至 60℃得到凝胶，经加热煅烧后，通过连续的亚临界水水热处理，可以控制产物的纯度、大小和形貌，合成出了高性能的橄榄石型 $LiFePO_4$ 纳米材料[62]。

FeS_2 作为锂电池正极材料，具有高的一次放电比容量、环境友好以及价格低廉等特点。在水热合成体系中，加入 FeS_2 晶种，以酒石酸为螯合剂，合成了纳米 FeS_2 晶粒，后来又在此基础上一步水热法合成了黄铁矿型 FeS_2。以 $FeSO_4·7H_2O$、$Na_2S_2O_3·5H_2O$ 和高纯硫粉为原料，并引入有机高分子聚合物对产物表面进行修饰，一步水热法直接合成出尺寸均一、分散性好的 FeS_2 粉末。

在光学、光电学、生物标记、催化等领域，不同形貌和尺寸的稀土元素及其化合物纳米材料具有潜在的实用价值。用 $Ln(NO_3)_3$（Ln 表示镧系元素）的水溶液和 NaF 或者 NH_4HF_2，在油酸钠、油酸和乙醇的混合体系中，水热合成了一系列的稀土元素氟化物的纳米晶[63]。以柠檬酸钠作为配体和形貌控制剂，通过改变氟源（NaF，NH_4F 或 $NaBF_4$）和初始溶液的 pH 值，在无模板的条件下，水热方法合成了具有不同成分、晶体结构、尺寸和形貌的一系列稀土氟化物，包括 LnF_3 以及六方相和立方相的 $NaLnF_4$（Ln = Y，Yb，Lu）。稀土元素掺杂的磷粉荧光纳米材料因其能够减少光电转换装置中太阳光谱的损失而引起人们的研究兴趣。最近，通过水热法合成了许多镧系元素掺杂的光谱修饰剂，如 Nd^{3+} 掺杂 $BiVO_4$、Tm^{3+} 掺杂 $SrIn_2O_4$、Ho^{3+} 和 Yb^{3+} 共掺杂 $SrIn_2O_4$、Ho^{3+} 和 Yb^{3+} 共掺杂 $NaYF_4$ 等纳米材料，这些材料能够通过上转换或者下转换的方法来调整入射光子至合适的能量，以便能够更好地与半导体的带隙相匹配，达到提高太阳能电池光电转换效率的目的。

光催化材料因在降解多种污染物和光能转化成化学能方面有着广泛的用途而引起了极大的关注。有很多常见的无机盐光催化材料，如纯态的或者掺杂的 Bi_2WO_6、$PbWO_4$、$BiFeO_3$、BiOX（X = Cl，Br，I）、$(BiO)_2CO_3$、$CdMoO_4$、$CuInS_2$、$ZnGa_2O_4$ 等。例如，水热法合成的贵金属（Rh，Pd，Pt）/BiOX（X = Cl，Br，I）复合光催化材料，在降解染料的过程中表现出了高的光催化活性。在二维纳米片的基础上，通过溶胶-凝胶水热法形成了自组装的三维分层的 Bi_2WO_6 微米球[64]，在可见光照射下能有效地降解亚甲基蓝，与通过凝胶-溶胶水热法得到的 Bi_2WO_6 相比，具有更高的光催化活性。此外，水热合成出的近球形的 AgCl 纳米晶，在可见光照射下也是一种非常好的光催化剂。

2.5.5 水在其他纳米材料及复合材料合成中的应用

在亚临界水中，用钛酸四丁酯为钛源、硝酸为氮源，一步合成出了氮掺杂的锐钛矿 TiO_2[65]，产物具有高的比表面积，在可见光下催化降解甲基橙的效率远高于 TiO_2 P25。除氮掺杂的 TiO_2 外，利用水热法也合成金、银、碳、硫化物等掺杂的 TiO_2 复合材料。

金属-有机骨架（MOF）的复合材料具有可修整的结构、可控的多孔性和结晶度以及超高的比表面积等特异的性质，成为在气体的吸收、储存、分离、催化等方面被广泛应用的材料。用微波辅助水热合成法，合成出的活性炭-HKUST-1-MOF 的复合物[66]，可同时除去溶液中存在的结晶紫、喹啉黄等有机染料，并在抗耐甲氧西林金黄色葡萄球菌方面也有着非常好的活性。在 CTBA 存在情况下，用水热法合成了窄尺寸分布的、多孔的 MOF-Si 复合材料[67]。用一步水热合成法合成得到的钙钛矿-TiO_2-MOF 异质结构的太阳能电池，具有 6.4%的能量转换效率。用 Mo^{6+} 浸渍在事先制备好的六角形的氧化锌的表面，得到包覆有氧化锌的氧化钼光催化剂，在自然光下可除去氯乙酸等污染物。用水热合成法合成的可分层的三维的银/氧化锌纳米片、石墨烯-g-C_3N_4 等都是很好的光催化剂。

$Ni(OH)_2$ 是一种非常重要的过渡金属氧化物，在碱性可充电池里面可作为阳极活性物，显示出非常好的电化学性能。通过水热方法可合成各种各样形貌的 $Ni(OH)_2$ 纳米材料，如纳米棒、纳米片、纳米管、纳米带等。以 NaOH 和 $NiSO_4$ 为原料，$NH_3 \cdot H_2O$ 作络合剂，通过水热法合成了球状的 β-$Ni(OH)_2$ 纳米球，该产物具有薄片结构，颗粒的尺寸为 0.6～1.0μm，每个纳米片的厚度约为 30nm，显示出较高的比电容，在可充电池和构建纳米-微米电池方面有着潜在的应用。$Co(OH)_2$ 是一种非常有效的电极添加剂，是锂离子电池和超级电容器的主要原材料。用硝酸钴作原材料，在丁二酮肟辅助下，220℃用乙醇和水的混合溶剂，水热法合成 β-$Co(OH)_2$；通过简单地改变溶剂乙醇和水的体积比，可以合成各种形貌的 β-$Co(OH)_2$。利用水热合成法还可得到 $Mg(OH)_2$、$Dy(OH)_3$ 的纳米棒和纳米球及 $In(OH)_3$、$Fe(OH)_3$、RbOH 纳米线等。

综上所述，水和亚临界水在材料合成中的作用不言而喻。利用水既可作为反应的介质又可作为反应物合成出更多更新的纳米材料，实现规模化的工业生产，更好地服务于人类，不仅仅是化学家，也是许多物理学家、生物学家等科研工作者们不懈的追求。

2.6　亚临界水在生物质液化中的应用

为了减少人类对化石能源的依赖，充分开发和利用可再生能源，如水能、风能、太阳能、生物质能等，已成为人们关心的热点问题。生物质是地球上最丰富的可再生资源之一，每年生物质可储存光能大约 3×10^{21}J。依据生物质的性质和目标产物的实际适用性，生物质的转化技术主要包括生物法、生化法和热化学法[68]，其中热化学转化又可分为：热解、热液化和气化。在生物质水热液化过程中，亚临界水由于其独特性质可直接用作生物质转化过程中的优良溶剂、反应物和催化剂，从生物质到燃料回收的能量可高达 80%以上，并且干燥生物质水性反应环境无须额外的能耗，所以在能耗和工艺流程方面易于整合。因此，在亚临界水中直接实现生物质转化为液体燃料和化工原料已成为最有应用前景的技术。

2.6.1　影响亚临界水中生物质液化的主要因素

1. 温度和压强

对于生物质的水热转化过程，亚临界水的性质与温度和压强密切相关。温度与压强对反应具有直接（活化能、反应平衡）以及间接（溶剂性质）的影响，其中温度被认为是最关键的反应变量。一般说来，在低于 200℃的温度下，其主要反应产物是碳；在 200～350℃时，液体产物的形成占主导地位；温度在 350℃以上时，气化产物占优势（图 2-11）。压强影响亚临界水的大多数物理性质，也影响着气态分子参与的反应，随着压强的增加，生物质分解产物向着非气态产物转移。

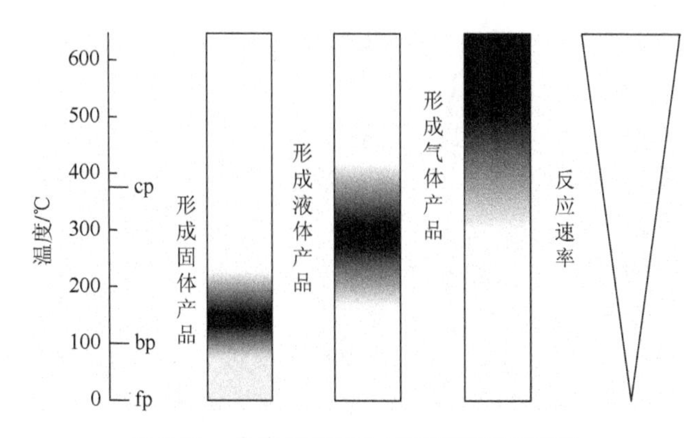

图 2-11　生物质热液化过程的温度依赖性

黑色表示相应的最大值（最大速率或产量，100%选择性）；白色表示最小值（反应速率为零，无产物形成，无选择性）；灰色区域表示各自的层次；fp，凝固点；bp，沸点；cp，临界点

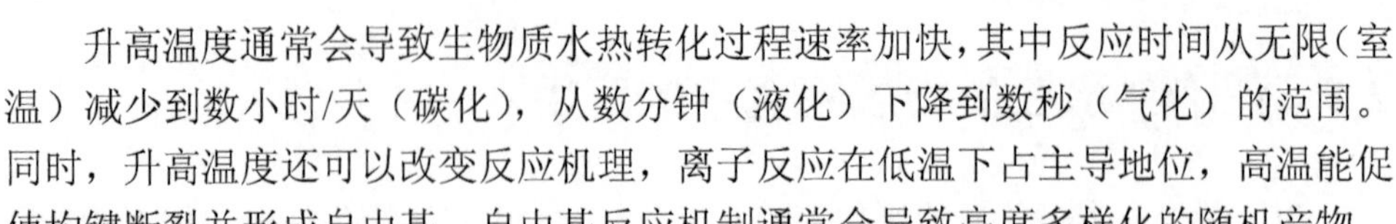

升高温度通常会导致生物质水热转化过程速率加快，其中反应时间从无限（室温）减少到数小时/天（碳化），从数分钟（液化）下降到数秒（气化）的范围。同时，升高温度还可以改变反应机理，离子反应在低温下占主导地位，高温能促使均键断裂并形成自由基。自由基反应机制通常会导致高度多样化的随机产物，最终形成气体，从而使设想的特定液体产品的原子经济性大幅下降[69]。

2. 水的离子积、介电常数和黏度

在亚临界范围内，水的离子积是相当高的（可高达 10^{-12}），这意味着许多酸性或碱性催化的生物质水解反应会加速，这也有利于离子反应的发生，如碳水化合物、乙醇和醛糖的脱水分裂。

水的介电常数随温度升高而降低，相应地，离子或极性分子在亚临界水中的溶解度降低，而疏水分子的溶解度则增加。具有低介电常数的亚临界水有利于具有极性过渡态的反应和水作为反应物的反应的发生。

水的黏度随着温度升高而剧烈减小，溶剂黏度的降低会导致传质增强，从而使受到传质限制的化学反应速率加快。随着温度的升高，水的有序氢键的平均数量减少，会产生局部集中的水簇。水簇中反应物的浓度与本体溶液中的平均浓度可能在数量级上不同，这导致亚临界水中反应不均匀，使得分析和调整反应过程变得更加复杂。

3. 温度梯度、底物浓度、腐蚀效应

反应温度对生物质的可控转化反应具有决定性作用，因此，不仅实际工作温度，而且生物质加热期间的温度梯度对于化学反应发生的顺序和程度都有着显著的影响。靠近反应器壁的高的局部温度会导致不需要的副反应发生，例如，脱水反应可能会导致固体碳质材料的产生[70]。显然，快速升温与避免高温步骤相结合有利于提高液体燃料和化学品的产量。

为了达到最大生产率，增加底物浓度似乎是一个有效的手段。然而，高底物浓度会不可避免地发生交叉反应，从而导致反应产物的聚合，促进固态碳化产物的形成，产生负面效应。因此，中间体和产物的适度稀释都有益于生物质水热液化的转化过程，使交叉反应最小化，从而获得更加确定的目标产物。

由于亚临界水的温度较高、极性和相对密度较大，所以在亚临界水中金属腐蚀作用很严重，特别是在酸性和氧化条件下，必须考虑到这个作用[71]。许多反应堆材料对亚临界水的惰性和电阻率是有限的。腐蚀释放出来的金属离子溶解在亚临界水中可以起到均相催化作用，另外还必须考虑到反应器壁的可能的非均相催化作用。

4. 催化剂

生物质水热液化过程中，催化剂在提高液体的产量、抑制焦油和焦炭形成等方面都具有重要的作用（表 2-3）。在水热液化过程中，碱金属盐作为均相催化剂已被广泛应用，它能够提高介质的 pH，加速脂肪酸去羰基化反应，减少易于聚合成焦炭和焦油的不饱和化合物的生成。碱金属盐在水热液化中的另一个重要催化作用是通过 CO 参与的水煤气加速 H_2 和 CO_2 的形成，产生的 H_2 可作为还原剂提高油品的热值和质量。对木质素液化的研究表明，催化活性有如下顺序：K_2CO_3＞KOH＞Na_2CO_3＞NaOH，显然，钾盐比钠盐更有效，碳酸根离子比氢氧根离子更具催化作用。然而，非均相催化剂较少使用于生物质的热液化，常用于生物质的气化过程。

表 2-3 生物质水热转换过程中常见的均相和多相催化剂

催化剂	原料	温度/℃	压强/MPa	催化作用
Na_2CO_3	玉米秸秆	276～376	25	增大油产量
K_2CO_3	木质生物质	280	N/A	减少固体残渣
Na_2CO_3，Ni	纤维素	200～350	N/A	碳还原
K_2CO_3，Ni	葡萄糖	350	30	水煤气变换
K_2CO_3	葡萄糖	400～500	30～50	水煤气变换
K_2CO_3，KOH	有机废物	550～600	25	水煤气变换
NaOH，H_2SO_4，ZrO_2，TiO_2	葡萄糖	200	N/A	增强葡萄糖异构化
Ni	纤维素	350	18	增大 H_2 产率
Ni，Ru	有机废物	350	21	增大 CH_4 产率

N/A：无，不适用，不可用。

2.6.2 亚临界水在碳水化合物水热转换中的应用

在生物质中发生水解的碳水化合物主要是多糖的纤维素、半纤维素和淀粉，不同碳水化合物的水解速率是不同的，半纤维素和淀粉的水解速率要比具有结晶结构的纤维素快得多。在水的亚临界条件下，碳水化合物快速水解形成葡萄糖和其他糖类，然后进一步降解。

1. 单糖

在室温水溶液中，单糖以不同形式存在。单糖 D-葡萄糖水溶液中有 β-吡喃葡萄糖（62.6%）、α-吡喃葡萄糖（37.3%）和 β-呋喃葡萄糖（0.1%）以及开链形式（0.002%）；单糖 D-果糖水溶液中有 β-吡喃果糖（70%～75%）、α-吡喃果糖（0%～2%）、β-呋喃果糖（20%～23%）、α-呋喃果糖（5%）以及开链形式的糖（0%～

0.7%）[72]。葡萄糖和果糖可通过开链形式可逆地使异构化达到平衡，在室温水中，高 pH 的溶液能促使该异构化的进行；随着温度升高，pK_w 值增大，在亚临界条件下的水中，中性 pH 的溶液即可进行该异构化。因此，亚临界水处理葡萄糖会产生可测量的果糖，研究证实果糖比葡萄糖更具反应活性[73, 74]。

单糖的一般降解机制已经确定，尽管降解变化的细节可能不同，但总体模式是相似的，包括互变异构化、水合、脱水、碎片重排和环化反应（图 2-12）。反应条件会决定性地控制这些反应的机制，亚临界水的温度和压强对于单糖的降解反应的性质（离子反应与自由基反应）和类型以及反应速率都具有重要的影响，压强对反应的影响明显小于温度。例如，葡萄糖转化率随着水温的升高而显著增加，在 180℃停留 2min 后只有 5%的初始葡萄糖被转化，在 260℃转化率提高到 80%。随着转化率的增加，羧酸的形成导致 pH 降低，随之导致对 pH 有强烈依赖性的分

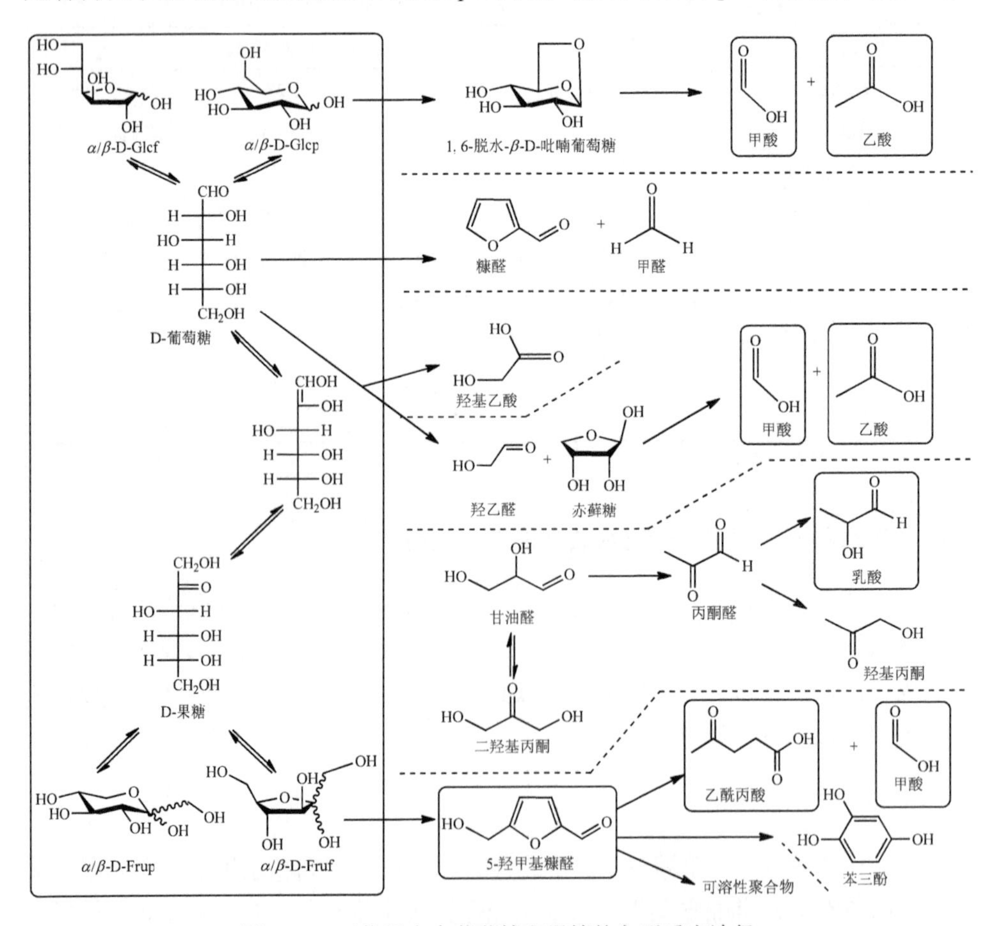

图 2-12　亚临界水中葡萄糖和果糖的主要反应途径

Glcp 表示吡喃葡萄糖；Glcf 表示呋喃葡萄糖；Frup 表示吡喃果糖；Fruf 表示呋喃果糖

解反应减少。另外，随着葡萄糖浓度的增加，绝对转化率增加，而相对分解率降低。一些研究表明，底物浓度超过一定值，不会导致液体产物的进一步产生，也不会导致可溶性和不溶性聚合物产量的增加[75]。

在亚临界水中，添加无机酸或有机酸碱可提高降解反应的速率。甲酸和乙酸可以加快所有温度下果糖的降解速率，这归因于质子浓度增加和酸催化作用。在较高温度下，催化和非催化反应转化率的差异变得不明显，且温度升高的效果超过了酸催化的效果。因此，为了提高分解速率，无论是添加大量的酸或碱，还是升高工艺温度，都应该是最好的选择。其中添加无机酸或有机酸碱还可以控制是否获取了特定降解反应产物，如水热处理D-葡萄糖、D-果糖、D-甘露糖、D-半乳糖的稀溶液，在酸性条件下，脱水产生5-羟甲基糠醛（5-HMF）；在碱性的条件下主要产生碎裂产物，如乙醇醛和甘油醛；进一步的碎裂和脱水导致形成各种低分子量化合物，如甲酸、乙酸、乳酸、丙烯酸、2-糠醛、1, 2, 4-苯三酚等。一般来讲，亚临界水处理单糖生成的主要目标产物如下[76]：

（1）甲酸

它的一个主要来源是亚临界水分解过程中5-羟甲基糠醛的（酸催化）水解。此外，还可以通过葡萄糖或果糖的脱水或赤藓糖的分解来获得。通常，离子强度的增加会提高在亚临界水条件下甲酸形成的速率，如可以通过加入 HCl 以及 NaOH 来实现。

（2）乳酸

乳酸是聚乳酸衍生的单体，作为工业原料具有很高的经济意义。乳酸可以从所有已糖单体的非催化分解反应中获得。尽管通常在亚临界水处理形成的有机酸的浓度随着处理温度的增加而增加，但是乳酸产率（如从葡萄糖开始）却已经显示出随着温度的升高和过度的反应时间而减少的特点。这很可能归因于乳酸的分解，因为已经证明在亚临界水条件下有几种反应容易分解，包括异构脱羰和均裂脱羧。在这两种情况下，产物可以通过自由基机理进一步反应从而产生乙酸、丙酮或甲烷。从乳酸中除去水会导致丙烯酸的产生，然后可以通过脱羧进一步反应形成乙烯和 CO_2 或通过还原（在 H_2 存在下）形成丙酸。几种催化材料如 $ZnSO_4$、氢氧化钙或氢氧化钠也可以使乳酸产量增加。

（3）乙酸

乙酸及其酯是广泛使用的溶剂。乙酸是通过 1, 6-脱水-β-D-吡喃葡萄糖的裂解或通过分解赤藓糖获得。由于乙酸还可以通过其他已知的方法容易地获得（例如微生物发酵和合成化学，如甲醇羰基化和丁烷、石脑油或乙醛的液相氧化），所以它往往不是亚临界水处理的目标分子。因此，只有少数关于乙酸的报道，主要是在 H_2O_2 存在下纤维素生物质（稻壳、马铃薯淀粉、滤纸粉和葡萄糖）的湿氧化方面。

（4）5-HMF

5-HMF 被认为是用于许多化学工艺的最有前景的未来平台化学品[77]，因此是亚临界生物质处理的最重要的产物之一。已经研究了几种生产 5-HMF 的方法和路线。值得注意的是，5-HMF 容易分解，从而产生降解产物如乙酰丙酸、甲酸和 1, 2, 5-苯三醇以及可溶聚合物[78]。一般来说，果糖/酮己糖比单独使用葡萄糖/己醛己糖报道的 5-羟甲基糠醛的收率更高。在 240℃、初始果糖浓度为 0.05mol·L^{-1}、保留时间 200s、无催化剂的条件下，5-HMF 是果糖分解为液相的主要产物（约 20%），而其他产物如乙酸和乳酸，获得的收率为 0～10%[79]。为了使 5-HMF 的收率最大化，已经报道了几种催化剂[80]，包括酸催化剂如无机酸（H_3PO_4、HCl、H_2SO_4）和有机酸（马来酸、草酸、柠檬酸）、多相酸催化剂（如在磷酸锆催化下果糖转化率为 81%[81, 82]，5-HMF 高达 51%，选择性大于 61%）。其中更有希望的方法包括基于双相系统或通过电化学方法从不同的糖类产生 5-HMF。

（5）乙酰丙酸

由于乙酰丙酸来源于 5-HMF 的分解，所以 5-HMF 对其产率通常是起决定作用的，其中发现由浓度过高的单糖合成的 5-HMF 分解得来的乙酰丙酸的产量会大大减小[83, 84]。乙酰丙酸还可以由复杂的碳水化合物产生[85]。

（6）其他产品

其他产品包括碎裂产物（包括甘油醛、二羟基丙酮、丙酮醛、赤藓糖、乙醇醛和羟基丙酮）、脱水产物（包括 6-脱水葡萄糖、糠醛和 1, 2, 4-苯三醇）、凝结产物（包括可溶性和不溶性聚合物以及碳化产物）、气体分子（包括 CO_2、H_2、CO）等。

2. 纤维素

纤维素由 β-（1→4）-糖苷键连接的葡萄糖组成，不同于由直链组成能形成强的内部和分子间的氢键的淀粉。因此，纤维素具有很高的结晶度，不溶于水，能抵抗酶的攻击，但在亚临界水中纤维素能快速溶解。

对纤维素、淀粉和蛋白质的降解速率常数研究表明[86]，这三种生物质的水解速率各不相同，快速加热可以避免一些生物聚合物解聚并在达到恰当的反应温度之前开始降解。纤维素水解要比淀粉水解慢得多。25MPa 下，纤维素的水解速率在 240～310℃之间提高了 10 倍，在 280℃时 2min 内纤维素转化达到 100%。在 250～270℃之间，葡萄糖分解速率随着温度迅速升高而变大，并且高于葡萄糖的释放速率。对纤维素水解速率和葡萄糖分解速率之间的关系研究表明，微晶纤维素的水热转换，在 400℃时主要获得纤维素水解产物，而在 320～350℃时得到的是葡萄糖水分解产物，如 C_3～C_6 糖、醛和呋喃。即低于 350℃时纤维素水解速率比葡萄糖分解速率慢，而高于 350℃时纤维素的水解速率急剧增加，导致水解速率高于葡萄糖分解速率。

3. 半纤维素

半纤维素占植物生物质的 20%～40%，是由各种单糖组成的杂聚物，包括木糖、甘露糖、葡萄糖和半乳糖。植物类型不同，其组成明显不同，草本半纤维素主要是由木聚糖构成，而木质半纤维素则由丰富的甘露聚糖、葡聚糖和半乳聚糖构成。由于半纤维素有丰富的侧链基团和不规整的结构，其结晶度比纤维素低，大约在高于 180℃的水中即可溶解和水解，并且酸碱对水解有催化作用。在 230℃和 34.5MPa 条件下，2min 可使各种木质半纤维素和草本生物质材料水解接近于100%，在这个条件下达到选择性地从生物质中除去半纤维的目的。与纤维素类似，亚临界水中半纤维素水解生成的糖类也会发生降解。

4. 淀粉

淀粉是另一个主要的生物质成分，这类多糖是由 β-（1→4）和 α-（1→6）键连接的葡萄糖单体组成。淀粉有两种不同形式：直链淀粉和支链淀粉。与纤维素相比，淀粉易于水解。在没有催化剂的水热条件下，通过快速加热研究淀粉（来自马铃薯）的水解和降解时发现，在 180℃保持 10min，淀粉完全溶解，而葡萄糖的产率可忽略不计；在 200℃保持 30min 或在 220℃保持 10min，葡萄糖的最大产量约为 60%；在 240℃保持 10min，葡萄糖降解致使其产量显著降低，降解产物主要是 5-羟甲基糠醛。若用 CO_2 酸化反应介质，水解速率显著增加，当 CO_2 在每克水中的质量在 0～0.1g 范围内时，葡萄糖产量随着 CO_2 的增加而线性增加。

2.6.3 亚临界水在木质素、脂肪和蛋白质水热转换中的应用

1. 木质素

木质素与纤维素和半纤维素是植物材料的主要组分，它是由 C—C 或 C—O—C 键合的 p-羟基苯丙素组成的芳香类杂聚物，三种基本构造骨架分别是 p-香豆醇、松香醇和芥酸醇。木质素对化学降解或酶降解有较强的抵抗力。在水热降解过程中，木质素中的苯环是稳定的，但其醚键易水解生成各种酚和甲氧基苯酚，生成的产物还可以通过甲氧基水解进一步降解。木质素的水热液化是碱催化的降解反应，并产生大量的固体残渣。关于木质素水热降解研究相对较少。在 350～400℃纯木质素水热降解的主要产物是儿茶酚和甲酚。在 200～300℃和碱性条件下，水热处理核桃壳检测到几种苯酚衍生物，如 2-甲氧基苯酚、3, 4-二甲氧基苯酚和 1, 2-苯二酚，在实验中没有产生油相，而是产生含水的化合物和固体残留物。在 280℃保持 15min 水热处理商业木质素，也获得酚类化合物：2-甲氧基苯酚、1, 2-苯二酚、4-甲基-1, 2-苯二酚、苯二酚、3-甲基-1, 2-苯二酚和苯酚。

2. 脂类

脂肪和油是非极性化合物，是由脂肪酸和甘油形成的三酯类化合物，又被称为三酰甘油酯（TAG）。脂肪不溶于室温水中，但与介电常数低的亚临界水可以混溶，且无需催化剂即可很容易地在热压水中水解。在330～340℃和13.1MPa水中，大豆油快速水解，游离脂肪酸产率在10～15min内达到90%～100%。产生的游离脂肪酸在亚临界水中相对稳定，但在超临界条件（400℃，25MPa和30min）下可降解产生具有优异燃料性能的长链碳氢化合物。

甘油是甘油三酯水解产物之一，也是生物柴油生产中的主要副产物。它可以用于合成化学原料，也可作为生产能源或燃料的重要来源。甘油在热液化过程中不是转化为油相，而是水溶性化合物，因此甘油不适合水热生产生物油。研究报道，在349～475℃和25～45MPa的水中保持32～165s，甘油水热分解的转化率可达31%，其主要产物分别为：甲醇、乙醛、丙醛、丙烯醛、烯丙基乙醇、乙醇和甲醛；主要的气体产物分别有：一氧化碳、二氧化碳和氢气。

3. 蛋白质

蛋白质是主要的生物质成分，尤其存在于动物和微生物生物质中。肽键是氨基酸之间氨基和羧基形成的酰胺键，肽链是氨基酸通过肽键形成的链状结构，蛋白质则是由一个或几个肽链组成的。蛋白质中的氮成分在水热液化过程中掺入生物油内，影响油的气味、燃烧和各种其他性质，因此了解蛋白质降解很重要。蛋白质的肽键比纤维素和淀粉中的糖苷键更稳定，230℃以下只能缓慢水解。在水热条件下氨基酸的降解速率比其他生物质单体快，在热液化过程中氨基酸的产率通常明显低于在传统的常温酸水解过程中的产率。对牛血清白蛋白（BSA）水解的研究发现，在290℃保持65s，可获得最高的氨基酸产率，但是降解导致总水解产率很低。还观察到250℃以上的氨基酸分解率超过了水解速率。但是，也有个别不同的氨基酸。用CO_2酸化可以加速水解，在250℃，25MPa和300s的条件下氨基酸产率由3.7%增加到15%。

氨基酸是蛋白质的基本组成部分。由于氨基酸的异质性，很难具体描述氨基酸降解过程。然而，所有的氨基酸都有相同的肽骨架，降解的主要产物是碳氢化合物、胺、醛和酸，降解的主要机制是脱羧和脱氨反应，这种氧的迁除和氮的降解有助于改善油的质量，具有潜在的价值。在350℃和30s的条件下，对甘氨酸和丙氨酸水热分解的研究表明，多于70%的氨基酸被降解，而压强（24～34MPa）对降解几乎没有影响，主要的分解产物是乙醛、二酮哌嗪、乙胺、甲胺、甲醛、乳酸和丙酸（图2-13）。

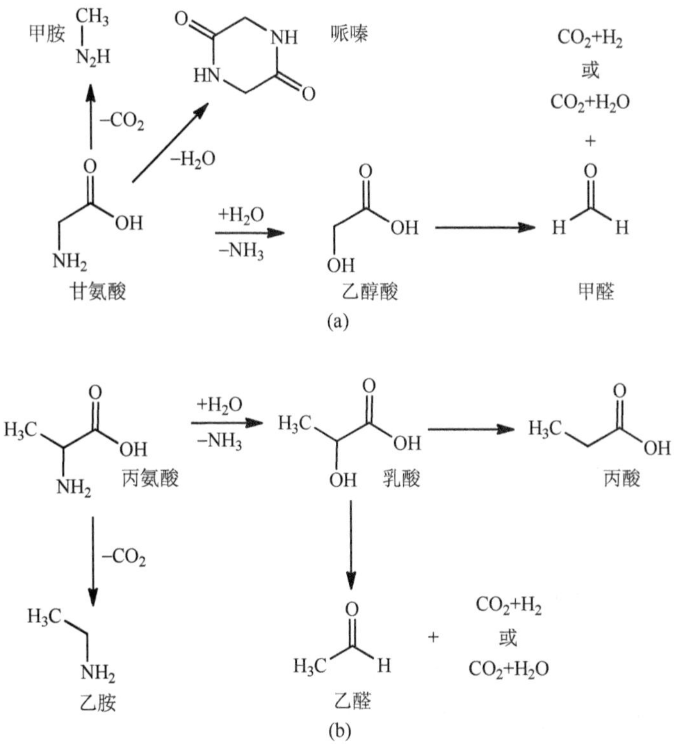

甲胺 CH_3NH_2 哌嗪 CO_2+H_2 或 CO_2+H_2O +
$-CO_2$ $-H_2O$
$+H_2O$ $-NH_3$
甘氨酸 乙醇酸 甲醛
(a)

丙氨酸 $+H_2O$ $-NH_3$ 乳酸 丙酸
$-CO_2$
乙胺 乙醛 + CO_2+H_2 或 CO_2+H_2O
(b)

图2-13 甘氨酸（a）和丙氨酸（b）水热分解

本章分别介绍了生物质的主要成分碳水化合物、木质素、脂类和蛋白质在亚临界水中的解聚、重整和降解的反应条件和机制。在实际利用生物质时，各生物质之间的组成差别很大，在同一种生物质材料中可能同时包含几种主要成分，使得碳水化合物、木质素、脂类和蛋白质之间和降解产物之间的反应变得难以预料，这增加了亚临界水热液化产物和产率以及反应条件和路径的复杂性。尽管如此，目前关于各种水热液化生物质的研究已经取得了巨大进展，其中一些技术已具备了实际应用前景，但解决生物质水热液化中相关的技术问题仍存在重大挑战。

2.7 水在能源存储与转换中的应用

能源是人类社会存在和发展的重要物质基础。传统化石能源总量的日益枯竭、燃烧化石能源带来的环境污染问题以及全球气候变暖问题促使人们寻找新的持续可再生能源，如风能、潮汐能和太阳能等。然而这些可再生能源均具有间歇性的特点，对时间、地点和气候的依赖性较强。电动汽车、混合动力电动车以及各种便携式用电装置的快速发展，均需要高效、实用、绿色的能量存储和转换体系。

水是最为廉价、清洁和环保无毒的溶剂，相比于有机溶剂电解质来说，其优点在于：①基本解决了有机溶剂易燃的安全问题；②使用条件和装配条件不苛刻，价格相对于有机溶剂要低得多；③水溶液电解质的离子电导率比有机溶剂高；④水溶液环境污染小。因此水溶液电解质在能量存储和转化体系中有大规模应用的前景。水系电解质超级电容器、水系电解质锂离子电池、光或电催化水分解等都是水在能量存储和转化中的重要应用形式。

2.7.1 水系电解质超级电容器

超级电容器是一类介于传统电容器与电池的新型储能器件，具有工作温度范围宽、使用寿命长、对环境无污染、比能量和比功率高、可大电流充放电等特点，可用作各种小型电器的电源，又可以用于汽车、坦克等的各种发动机启动系统中的脉冲设备，还可以与蓄电池并联成为电动汽车的复合电源。超级电容器的电解质对超级电容器的功率密度、能量密度、寿命有重要影响，因此成为研究热点。电解质溶液作为电容器的核心组成之一，其中的带电粒子负责电荷的传递与运输，使电容器的电路导通，实现能量的储存与释放。超级电容器的工作电解质按其存在状态分为：液态电解质、固态电解质、凝胶电解质。其中液态电解质主要分为水系电解质、有机液体电解质和离子液体电解质。水系电解质具有离子半径小、离子浓度高、内阻小、导电率高的优点，且电解液的组装和制备过程不需要严格控制条件。水系电解质又可分为酸性电解质、碱性电解质和中性电解质三种类型。

1. 酸性电解质

H_2SO_4 具有电导率高、电容器内部阻抗低的优点，是最常用的酸性电解质。但 H_2SO_4 的强酸性，对设备和超级电容器壳体都有强腐蚀作用，集流体不能用金属材料，如果 H_2SO_4 泄漏，会严重腐蚀。此外，还有 HCl、H_3PO_4、HNO_3、HBF_4 等酸性电解质，但其电容性能不佳。MXene 是新兴的二维材料，Yury Gogotsi 等通过设计 $Ti_3C_2T_x$ MXene 膜电极，并在 $1mol\cdot L^{-1}$ H_2SO_4 中测试其电化学性能，在 $10V\cdot s^{-1}$ 时，其比电容达 $210F\cdot g^{-1}$，超过了目前报道的碳基超级电容器[87]。

2. 碱性电解质

常用碱性电解质是 KOH 水溶液体系，此外 NaOH、LiOH 水溶液也可作为超级电容器的电解质，其浓度一般为 $1mol\cdot L^{-1}$、$6mol\cdot L^{-1}$ 等。若使用 MnO_2 作正极，活性炭作负极，分别使用 $1mol\cdot L^{-1}$ LiOH 和 $1mol\cdot L^{-1}$ KOH 为电解质，分别制得了相似的超级电容器。在电流密度为 $100mA \cdot g^{-1}$ 时，Li^+ 在 MnO_2 固相中的嵌入和脱嵌使得 LiOH 电解质制成的超级电容器的最大比电容为 $62.4F \cdot g^{-1}$，高于 $1mol \cdot L^{-1}$ KOH 电解质[88]。

3. 中性电解质

钾盐、钠盐，还有部分锂盐是主要的中性电解质的研究对象，其中以研究 KCl 为最多，另外 $NaSO_4$、$MgSO_4$ 等也是常用的中性电解质。中性电解质的优点在于保持一定的离子浓度和导电率的同时，相对于同等浓度的酸性电解质和碱性电解质对集流体的腐蚀性较弱。多种阳离子（如 Na^+，K^+，NH_4^+，Mg^{2+}，Al^{3+}）对 Ti_3C_2 MXene 片的插层电容，其比电容值比多孔碳材料大得多，达到了 $300F \cdot cm^{-3}$[89]。

水系电解质的缺点在于：①水的理论分解电压是 1.23V，容易发生析氧反应（OER）和析氢反应（HER），提高其功率密度和能量密度（$E = 1/2CV^2$）具有一定难度，最有效地提高水系电解质的电化学工作窗口的方法是提高 HER 和 OER 的超电势；②因水的凝固点为 0℃，低温性能较差；③酸性和碱性电解质具有一定腐蚀性，不利于封装，对电容器的制备工艺要求较高。然而水系电解质的环保无毒、低成本、高电导率等优点，使其在未来仍然具有广泛的研究开发和应用前景。

2.7.2　水系电解质锂离子电池

锂离子电池具有工作电压高、自放电小、比容量高、循环寿命长及无环境污染等优点，自问世以来就受到极大的关注。1980 年，阿曼德提出了摇椅电池的概念，随后日本率先开展了锂离子电池实用化研究，索尼公司于 1990 年最先开发成功锂离子电池，并成功投入商业应用。

电解质是锂离子电池的重要组成部分，其起着在正负极之间传输离子的作用，其电化学性能和热稳定性是影响锂离子电池安全性能的重要因素。基于碳酸酯的有机溶液具有良好锂盐溶解性、高的导电率、良好的电化学稳定性和低温性、低成本等性能而成为商业锂离子电池常用电解质。然而，有机碳酸酯混合溶剂的闪点低（低于 30℃）和高度易燃，且在高温、过充、短路等情况下，会引起电池内部温度升高、电解质挥发而导致电池内部压力增加，使得电池容易发生火灾或者爆炸，存在安全隐患，严重阻碍传统锂离子电池的发展。目前，替代电解质溶剂主要有离子液体、凝胶聚合物电解质、混合电解质溶液等。

1994 年，*Science* 第一次报道了一种用微碱性的 Li_2SO_4 水溶液作为电解质的锂离子电池[90]。用无机盐水溶液作为可充电锂离子电池的电解质，锂离子插层化合物作电极材料，组装的电池具有以下优点：①水电解质价格低廉，避免了有机电解质苛刻的组装条件，使得锂离子电池成本降低、安全性好、环境友好；②因水溶液电解质比非水溶液电解质的离子电导率高几个数量级，电池的比功率可望得到较大提高。

水系电解质稳定电化学窗口一般在1.23V左右，在充放电过程中易发生OER和HER，所以水溶液中的电极材料脱嵌锂行为远比有机电解质复杂。可充电锂离子电池的阴极材料应能满足锂离子的反复脱嵌，且氧化还原电势应在水电解电势附近或者比其要小，避免氧气的析出，以确保水溶液电解质的稳定性；然而，为获得较大的能量密度又必须提高锂离子脱嵌电势。近年来，水系电解质锂离子电池电极材料取得了一定进展。主要有锰系氧化物、VO_2（B）及其衍生氧化物和磷酸盐体系。其中锰系氧化物主要有$LiMn_2O_4$、$Li_2Mn_4O_9$、$Li_4Mn_5O_{12}$等，锂、锰原子比至少为0.5。纳米管状$LiMn_2O_4$在$LiNO_3$溶液中的电化学性能随着管壁厚度的降低，其倍率能力提高，最薄管壁的$LiMn_2O_4$最高倍率可达109C[91]。钒氧化物的能量密度高，循环性能好，是锂离子二次电池材料中很有潜力的电极材料。硼氢化钾还原钒酸钾制备得到亚稳态的纳米晶VO_2（B）材料，在2.5V（vs Li^+/Li）以下的低电势范围，VO_2（B）作为水系锂离子电池负极材料，表现出了优良的循环性能[92]。LiV_3O_8同样也可以用作水系锂离子电池的负极材料，且不引起水的分解。相关研究人员以LiV_3O_8作为负极材料，系统研究其与$LiCoO_2$、$LiMn_2O_4$和$Li[Ni_{1/3}Co_{1/3}Mn_{1/3}]O_2$正极材料组装得到的水系锂离子电池的电化学性能，对其在饱和$LiNO_3$水溶液中的动力学性能也进行了系统的研究。TiP_2O_7、$LiTi_2(PO_4)_3$、$LiFePO_4$等磷酸盐也可用作水系锂离子电池体系的正极或负极材料。

水系锂离子电池实现商业化应用仍有很长的路要走。必须强调，金属锂在水溶液中的应用是一个新的研究领域，具有很高的学术研究价值，但是仍处于初级阶段，其实际应用的可能性尚需详细的学术研究来合理判断。目前水系锂离子电池面临的主要问题是急需提高电极材料在水溶液中的循环稳定性，并以此提高电池的循环寿命。今后对水系电解质锂离子电池的研究应致力于以下几个方面：①电极材料在水溶液中容量衰减的机理；②正负极材料的选取和水系电解质配比的优化；③在水溶液中稳定性好的新型脱嵌锂材料的制备；④电极材料的表面修饰，提高电极材料在水中的稳定性；⑤电极材料的掺杂改性，提高电极的析氢析氧超电势，提高电极的稳定性；⑥选择与电极材料相匹配的电解液的pH范围、盐的种类和浓度以及添加剂；⑦选择具有良好导电性、一定的机械强度和耐腐蚀性能的集流体[90]。

2.7.3 电催化分解水

随着可持续能源经济的快速增长，更有效、更稳定地利用可再生能源日益变得重要。太阳能、风能、潮汐能等大多数再生能源具有季节间歇性、区域变异性和不可存储性。而氢能作为一种资源丰富、清洁、高能、“零排放”、无二次污染的“绿色能源”，被认为是替代化石燃料、解决能源危机和环境危机的最理想的选择。特别是将氢能应用到燃料电池领域中，利用催化剂将其转换为电能，不仅其反应产物是没有任何污染的水，还可以使其能量转换效率达到 80%以上，明显高于内燃机 30%的转换效率，从而实现了资源可持续循环利用。

水是地球上储量最丰富的资源之一，更是氢能的主要来源。由于水是一种非常稳定的化学物质，其热分解产氢技术（如热化学水分解、太阳能热化学水分解）需要超高的反应温度（高于 1000℃），这限制了热分解方法的广泛应用。虽然可通过光催化或光电化学技术来分解水产氢，但低能量转换效率限制了其大规模的应用。电解水制氢技术不仅效率高、可靠性好、易控、无污染，还能生产高纯度的氢气，从而显示出优异的普适性，是目前最为推崇的制氢方式。尤其是电解水是把不可存储的再生能源与稳定氢能联系起来的一种重要方法，即将具有时效性的太阳能、风能、潮汐能等转化为电能，再通过水电解将这些不可存储的能量转化为稳定的化学能——氢能。

目前主要的水电解制氢方法有水溶液电解、高温水蒸气电解和固体聚合物电解质水电解等。基于低温条件下工作的电解质，电解水技术可分为酸性聚合物电解质膜（PEM）电解水、酸性电解液电解水（ACIWE）和碱性电解液电解水（ALKWE）。其中，PEM 电解水方法是市场上最常用的电解水技术之一。在 PEM 电解水过程中，PEM 会有选择性地导出正离子如质子，从而使其产生局部酸性环境，它可以在高电流密度和高压下工作，这一特性会很大程度地降低工作成本。然而，在这个过程中只有少数电极材料可以表现出足够的稳定性。迄今为止，阳极和阴极反应通常由铂族金属催化剂，如 Pt，Ru，Ir 及其氧化物来催化。最近，研究已经发现多种非贵重金属催化剂也具有电催化活性，其中的一些催化剂甚至比商业贵金属电极显示更高的催化活性。对于 ALKWE 和 ACIWE 这两种技术，其中在发生 OER 的阳极侧存在明显的超电势，这是因为它涉及更复杂的四电子氧化过程。因此，我们仍然需要花费更大的力量去开发具有长期耐用性的低成本催化剂的电极和电解质。

1. 电解水的原理

当两个电极（阴极和阳极）浸入水中并通以直流电，在催化剂的作用下，水分子在阳极失去电子，通过氧化形成 O_2 和 H^+，H^+通过电解质和隔膜到达阴极，与电子结合生成 H_2，H_2 的生成量大约是 O_2 的两倍。对于电解水反应，其中阴极 HER 和阳极 OER 是两个关键的半电池反应。在 25℃和标准压强（1atm，1atm = 1.01325×10^5Pa）下将纯水分解生成 H_2 和 O_2 在热力学方面是不利的，如下式所述：

$$阳极：2H_2O(l) \longrightarrow O_2(g) + 4H^+(aq) + 4e^-,\quad E^{\ominus}_{ox} = -1.23V \tag{2-33}$$

$$阴极：2H^+(aq) + 2e^- \longrightarrow H_2(g),\quad E^{\ominus}_{red} = 0.00V \tag{2-34}$$

在 25℃和 1atm 下，相对氢电极，OER 的标准氧化电位被定义为 1.23V，而，HER 的标准还原电位为 0V。然而，在实际的水电解过程中，总是需要更大的施加电势，因为它涉及复杂的电子和离子转移过程，这将导致惰性的动力学和低的能量效率。一般说来，在电解水时，应该考虑电极的一些不利因素，如活化能、离子和气体扩散，以及与器件相关的一些因素，如溶液浓度、导线和电极电阻、电解质扩散阻塞、气泡形成和放热。这些因素会导致超过标准电势的额外的潜在电势，该电势称为超电势（η）。许多研究都试图阐明其反应机理并改善电解槽装置，使反应过程的能量损失最小化。因为随着施加的电流密度的增加，一些器件因素的影响会变得更加显著，所以更重要的一个方面是寻求合适的电催化剂的帮助，这可以大大降低超电势，从而提高反应速率和总电池效率。

2. HER 的反应机理

HER 机制高度依赖于反应体系中电解质的 pH 值。在标准条件（25℃，1atm）下按照能斯特方程，每增加 1 单位 pH，以标准氢电极（NHE）电势为参考的能斯特电势将会线性地减小 59mV；然而以可逆氢电极（RHE）电势为参考的能斯特电势，对于任何 pH 值的电解质，都可以直接视为零：

$$E_{HER} = E^{\ominus}_{(H_2/H^+)} - \frac{RT}{F} \times \ln(\alpha_{H^+} / P^{1/2}_{H_2}) = -0.059 \times pH\ V\ vs.\ NHE = 0V\ vs.\ RHE \tag{2-35}$$

能斯特电势反映了发生电化学反应的热力学平衡电势。然而，如上所述，真正的水电解过程需要更大的分解电压来克服一些不利的问题，如高活化能、迟滞的动力学和低的能量效率等。因此，除能斯特方程所规定的能量外，HER 通常需要额外的能量，考虑到这一点，分解电压可以表示为

$$E = E_{HER} + i_R + \eta \tag{2-36}$$

式中，i_R 为在离子电解质的电流下的欧姆电势的减小值；η 为超电势，超电势不仅与电解槽的能量效率直接相关，也是比较和评价电极和电解液性能的最显著特征。在电催化剂的帮助下，HER 的超电势可以显著地降低；在 Pt 电极上，超电势甚至可以减弱到接近于零，其他有效率的催化剂也可以将其降低到接近 100mV 或更小的值。

准确且详细地认识水分解的 HER 过程，对于了解如何确定反应速率以及如何设计和合成电催化剂等问题提供了很大的帮助。HER 的反应速率高度依赖于 ACIWE 和 ALKWE 过程中电解质的 pH 值，可以基于 Volmer-Heyrovsky 或 Volmer-Tafel 机制发生。

在酸性溶液中，HER 按照以下步骤进行。

质子和电子在催化剂表面上结合，导致氢原子被吸附在其表面：

$$A + H^{+} + e^{-} \longrightarrow AH_{ads} \text{（Volmer 反应）} \quad (2\text{-}37)$$

被吸附的氢原子与质子和电子组合然后产生氢分子：

$$AH_{ads} + H^{+} + e^{-} \longrightarrow H_2 + A \text{（Heyrovsky 反应）} \quad (2\text{-}38)$$

两个被吸附的氢原子发生偶合，产生氢分子：

$$AH_{ads} + AH_{ads} \longrightarrow H_2 + 2A \text{（Tafel 反应）} \quad (2\text{-}39)$$

在碱性条件下，高 pH 值使得 HER 通过不同的 Volmer 和 Heyrovsky 反应进行。

由于质子的浓度很低，分子 H_2O 会代替 H^{+} 与电子结合，导致氢原子被吸附在催化剂表面：

$$H_2O + e^{-} + A \longrightarrow AH_{ads} + OH^{-} \text{（Volmer 反应）} \quad (2\text{-}40)$$

被吸附的氢原子与分子 H_2O 和电子组合，产生氢分子：

$$AH_{ads} + H_2O + e^{-} \longrightarrow H_2 + OH^{-} + A \text{（Heyrovsky 反应）} \quad (2\text{-}41)$$

Tafel 反应与 ACIWE 情况相同，两个被吸附的氢原子发生偶合，产生氢分子：

$$AH_{ads} + AH_{ads} \longrightarrow H_2 + 2A \text{（Tafel 反应）} \quad (2\text{-}42)$$

式中，A 表示氢吸附位点；AH_{ads} 表示在该位置吸附的氢原子；下标 ads 表示催化剂表面上的吸附。通过质子放电步骤（即 Volmer 反应）启动 HER，随后的氢解析步骤可以通过两个可能的途径进行。电极吸附步骤（Heyrovsky 反应）或质子复合步骤（Tafel 反应）。

HER 的反应机制可以通过从极化曲线得到的 Tafel 图来推断。理想情况下，Tafel 斜率表示电催化剂的固有特性，可以提供一些有用的信息来解释可能发生的 HER 机制。在碱性溶液的条件下，Pt/C 电极的 HER 的反应效率由 Volmer 步骤控制，其 Tafel 斜率为 $120mV\cdot dec^{-1}$；在酸性溶液中，如果电极的反应速率是由 Volmer 步骤或者通过 Volmer 和 Heyrovsky 反应控制，那么 Tafel 的斜率也将达到约 $120mV\cdot dec^{-1}$。相比之下，如果 HER 的决速步骤是 Heyrovsky 反应或 Tafel 反应，那么 Tafel 斜率小很多，约为 $40mV\cdot dec^{-1}$ 或 $30mV\cdot dec^{-1}$。应该注意的是：Tafel 斜率可能会受到许多其他因素的影响，如应用电势、吸附物的存在和多孔结构中的质量传递过程等。对于 Pt 金属电极，实验结果表明，其决速步骤取决于 Tafel 反应，因此显示出较小的 Tafel 斜率（$30mV\cdot dec^{-1}$）；然而，随着施加电位的增加，催化剂表面几乎被饱和吸附的氢原子覆盖，这会导致原子-原子加速地组合，决速步骤将会变为 Volmer 步骤，Tafel 斜率约为 $120mV\cdot dec^{-1}$。

3. OER 的反应机理

与 HER 类似，尽管在 25℃，1atm 下，OER 的热力学电势为 1.23V，但在实际过程中其仍需要超电势。研究发现，除了 IrO_2 之外，通常所有催化剂上发生的 OER 的基本步骤都涉及在催化剂表面上吸附 OH 和 O 成分的过程。在碱性条件下发生了以下类似于酸性条件下的反应机制：

$$OH^- + * \longrightarrow OH_{ads} + e^- \tag{2-43}$$

$$OH_{ads} + OH^- \longrightarrow O_{ads} + H_2O + e^- \tag{2-44}$$

式中，*表示催化剂表面的活性位点。O_2 的合成可能是通过以下两个可能的途径实现的。

第一个途径是两个 O_{ads} 中间体直接偶合：

$$O_{ads} + O_{ads} \longrightarrow O_2 \tag{2-45}$$

在第二个途径中，先通过 O_{ads} 与 OH^- 反应形成中间体 OOH_{ads}，随后 OOH_{ads} 与 OH^- 结合产生 O_2：

$$O_{ads} + OH^- \longrightarrow OOH_{ads} + e^- \tag{2-46}$$

$$OOH_{ads} + OH^- \longrightarrow O_2 + H_2O + e^- \tag{2-47}$$

反应（2-45）的热力学能垒总是大于反应（2-46）和反应（2-47）。依据热力学原理，反应（2-43）～反应（2-47）与反应（2-48）～反应（2-51）是等效的。

$$2H_2O + * \longrightarrow OH_{ads} + H_2O + e^- + H^+ \tag{2-48}$$

$$OH_{ads} + H_2O \longrightarrow O_{ads} + H_2O + e^- + H^+ \tag{2-49}$$

$$O_{ads} + H_2O \longrightarrow OOH_{ads} + e^- + H^+ \tag{2-50}$$

$$OOH_{ads} \longrightarrow O_2 + e^- + H^+ \tag{2-51}$$

反应（2-48）～反应（2-51）的吉布斯自由能变化可以表示为

$$\Delta G_1 = \Delta G_{OH} - eU + \Delta G_{H^+} \tag{2-52}$$

$$\Delta G_2 = \Delta G_O - \Delta G_{OH} - eU + \Delta G_{H^+} \tag{2-53}$$

$$\Delta G_3 = \Delta G_{OOH} - \Delta G_O - eU + \Delta G_{H^+} \tag{2-54}$$

$$\Delta G_4 = 4.92[eV] - \Delta G_{OOH} - eU + \Delta G_{H^+} \tag{2-55}$$

式中，U 为在标准态下以 NHE 为参比电极时的电势，并且使用能斯特方程式能计算出质子的自由能变化为 $\Delta G_{H^+} = -k_B T\ln(10) \times pH$。方程（2-52）～方程（2-55）的吉布斯自由能指 O_{ads}、OH_{ads} 和 OOH_{ads} 的吸附能。在理想的情况下，每一基元反应的 ΔG 等于 1.23eV，这表示没有热力学因素引起的超电势。事实上，研究使用 RuO_2 催化剂的反应，结果表明在第二个水分子被分解的第三个步骤[式(2-50)]中发现了 1.60eV 的自由能差，说明在高于 1.60V 的电势下，OER 的所有反应步骤都是放热的。

与 HER 类似，OER 的超电势通常被认为是由决速步骤的动力学能垒所决定的，因此，理论上的超电势可以被定义为

$$\eta = \max[\Delta G_1, \Delta G_2, \Delta G_3, \Delta G_4]/e - 1.23[V] \quad (2\text{-}56)$$

OER 的能斯特电势也高度依赖于电解质的 pH，可表示成

$$E_{OER} = E^{\ominus}_{O_2/H_2O} - \frac{RT}{4F} \times \ln\left(\frac{\alpha_H + P(O_2)/P^{\ominus}}{\alpha_{H_2O^2}}\right) = 1.23 - 0.059 \times pH(V\ vs.\ NHE) \quad (2\text{-}57)$$

基于实验结果，超电势与对数电流密度（j）有关，因此，Tafel 图的线性部分也可以表示为 Tafel 方程：

$$\eta = a + b\lg j \quad (2\text{-}58)$$

水电解制氢技术是实现工业化廉价制备氢气的重要手段，但该技术存在的最大问题是如何降低能耗和生产成本，提高生产的高效性、稳定性和安全性。从整个电解系统出发，每个工业电解槽的平均电解电压在 1.8V 左右，鉴于水的理论分解电压（1.23V）、析氢和析氧超电势大约占整个槽电压的 1/3，造成电能消耗大的主要原因是电解电极的析氢超电势过高。目前，用于电解水的电极材料存在价格昂贵、比表面不大、电催化活性不高等缺点，严重制约了电解水法制氢技术的发展。因此，设计开发高效、低成本、具有低过电压和低 Tafel 斜率的 HER 和 OER 的电催化剂，降低电解过程中电解槽槽压，是提高效率和降低成本的关键。为此，众多的研究工作者围绕能量因素和几何因素，开发了许多新的析氢电极材料，并已取得了巨大的进展。

2.7.4 光催化分解水

水电解制氢是实现工业化廉价制备氢气的重要手段，但需要消耗大量的电能，使得生产成本极高，电能消耗大。日本学者藤屿和本多从光照 TiO_2 电极导致水分解产氢这一现象出发，揭开了利用太阳能分解水制氢的可能性[92]。

水的化学稳定性较强，在标准状态下若要把 1mol H_2O 分解为氢气和氧气，需要吸收 237kJ 的能量，说明光催化分解水的过程是一个 Gibbs 自由能增加的过程（$\Delta G>0$），这种反应没有外加能量的消耗是不能自发进行的。但水作为一种电解质又是不稳定的，$H_2O/1/2O_2$ 的标准氧化还原电势为 + 0.81eV，H_2O/H_2 的标准氧化还原电势为−0.42eV，在电解池中将一个水分子电解为氢气和氧气仅需要 1.23eV。如果把太阳能先转化成电能，则光催化分解水制氢可以通过电化学过程来实现，而半导体光催化在原理上类似于光电化学池[93]。

半导体光催化剂按载流子的特征可分为 n 型半导体和 p 型半导体两种，目前广泛研究的光催化剂大多数属于宽禁带的 n 型半导体。半导体的能带结构由填满电子的低能价带和空的高能导带构成，价带和导带之间存在禁带。当能量等于或大于禁带宽度（也称带隙，E_g）的太阳光或者其他光源（如紫外光）照射在半导体光催化剂上，光催化剂中价带的电子被激发到导带，则在价带上留下相应的空

穴，因此就产生了负的电子（e^-）和正的空穴（h^+）。光生 h^+ 具有很强的氧化性，可夺取光催化剂表面吸附的有机物或溶剂中的电子，使原本不吸收光而无法被光子直接氧化的物质，通过光催化剂被活化氧化。光生 e^- 具有很强的还原性，能使半导体表面的电子受体被还原。因此，光解水制氢是光催化剂受到太阳光照射时，对光进行捕获、吸收，在这个过程中会产生激子（e^--h^+），激子向催化剂表面迁移，形成光解水的反应活化中心，水在还原剂 e^- 和氧化剂 h^+ 的作用下发生解离，生成氢气和氧气（图 2-14）。光解水能否进行以及光解水的效率与下列因素相关：①e^--h^+ 对的数量；②e^--h^+ 对分离和存活寿命；③e^--h^+ 的再结合以及对逆反应的抑制等。

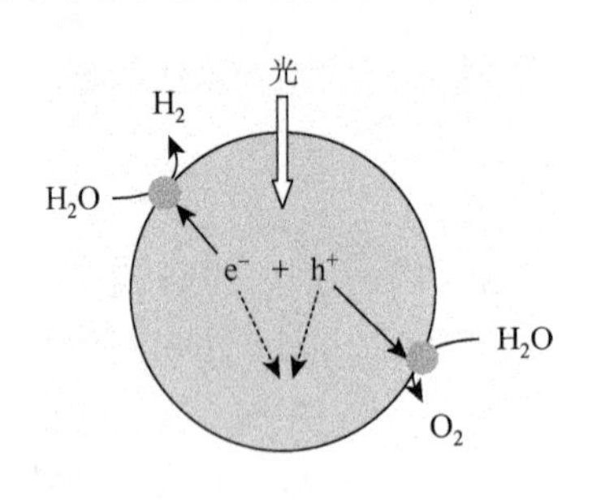

图 2-14　半导体光催化剂分解水的原理

光解水反应一般是采用内部光照射法，其光源为紫外线较强的高压汞灯或比较接近太阳光的氙灯，催化剂水悬浊液在磁力搅拌下受光照进行光解反应。虽然以 TiO_2 为主的金属氧化物光催化剂已被广泛研究，但它们的禁带宽度决定了其对应的吸收波长仅局限于紫外光区，导致它们对于可见光的吸收较少，存在能量转换效率低、不能充分利用太阳光等局限性，使其在实际应用中受到了限制。近年来，能够催化水的完全分解或者在外部氧化还原剂的存在下水被氧化或者还原的材料得到了迅速发展，主要包括无机化合物半导体、聚合物半导体、单质半导体等，其中无机化合物主要有金属氧化物、硫化物、氮化物、磷化物及其复合物等[94-98]。目前，在紫外光照射条件下，NiO 负载的 La/$KTaO_3$ 光分解纯水的量子产率可达 56%；在波长 λ>300nm 的光辐射下，ZnS 在 Na_2S/Na_2SO_3 水溶液中分解水的量子产率可达 90%。

太阳一年到达地球表面的能量为 5.5×10^{26}J。光解水反应的最终目的是实现太阳能到氢能的转化，光解水能否实用化最终将取决于太阳能转化效率，这是一个由热力学和动力学因素共同决定的过程。自 Honda-Fujishima 效应发现以来，光电催化和光催化分解水的研究快速发展，但如何提高光催化剂对太阳光的吸收和转换率仍需要持续深入研究。

水是最绿色的溶剂，使用便捷，已得到最为广泛的应用，无论是在日常生活还是在工农业生产中都发挥着关键作用。依据水在各种物理、化学、生命等过程中独特作用，人们对水的性质和功能获得了许多规律性的认识，已形成了一门专门的关于水的科学与技术，由此进一步拓展了水在无机合成、有机合成、材料合成、分离纯化、能源开发与利用等方面的应用。然而，尽管对水的各种物理化学性质进行了系统研究和测定，但尚不能十分清楚认识水的结构，也就无法建立水的微观结构与宏观性质之间的关系。因此，将现代实验技术与理论模拟计算相结合，深入探讨水在各种过程中的特异功能仍是今后科学研究努力的方向。

参考文献

[1] Cho C H, Singh S, Robinson G W. Liquid water and biological systems: the most important problem in science that hardly anyone wants to see solved. Faraday Discussions，1996，103：19-27.

[2] Kusalik P G，Svishchev I M. The spatial structure in liquid water. Science，1994，265：1219-1221.

[3] 邓耿，尉志武. 液态水的结构研究进展. 科学通报，2016，61：3181-3187.

[4] Guo J，Lü J T，Feng Y X，et al. Nuclear quantum effects of hydrogen bonds probed by tip-enhanced inelastic electron tunneling. Science，2016，352（6283）：321-325.

[5] Wernet P，Nordlund D，Bergmann U，et al. The structure of the first coordination shell in liquid water. Science，2004，304：995-999.

[6] Smith J D，Cappa C D，Wilson K R，et al. Energetics of hydrogen bond network rearrangements in liquid water. Science，2004，306：851-853.

[7] Roy R，Tiller W A，Bell I，et al. The structure of liquid water；novel insights from materials research；potential relevance to homeopathy. Materials Research Innovations，2005，9（4）：93-124.

[8] Fomin Y D, Ryzhov V N, Tsiok E N, et al. Dynamical crossover line in supercritical water. Science Reports, 2015, 5：14234.

[9] Holten V，Bertrand C E，Anisimov M A，et al. Thermodynamics of supercooled water. Journal of Chemical Physics，2012，136：094507.

[10] Poole P H，Saika-Voivod I，Sciortino F. Density minimum and liquid-liquid phase transition. Journal of Physics: Condensed Matter，2005，17：L431-L437.

[11] Lide D R. Handbook of Chemistry and Physics. 11st ed. Boca Raton：CRC Press，2010.

[12] Verma M P. Steam tables for pure water as an ActiveX component in Visual Basic 6. 0. Computers & Geosciences, 2003，29：1155-1163.

[13] Butler R N，Coyne A G. Water：nature's reaction enforcer comparative effects for organic synthesis "in-water" and "on-water". Chemical Review，2010，110：6302-6337.

[14] Simon M O，Li C J. Green chemistry oriented organic synthesis in water. Chemical Society Review，2012，41：1415-1427.

[15] Rostami A，Akradi J. A highly efficient，green，rapid，and chemoselective oxidation of sulfides using hydrogen peroxide and boric acid as the catalyst under solvent-free conditions. Tetrahedron Letters，2010，51：3501-3503.

[16] 马文娟，石先莹，刘课艳，等. 过氧化氢选择性氧化硫醚的研究进展. 有机化学，2014，34：681-692.

[17] Sedrpoushan A，Hosseini-Eshbala F，Mohanazadeh F. Tungstate supported mesoporous silica SBA-15 with imidazolium framework as a hybrid nanocatalyst for selective oxidation of sulfides in the presence of hydrogen peroxide. Applied Organometallic Chemistry，2017：e4004.

[18] McErlean C S P, Beare K D. Revitalizing the aromatic aza-Claisen rearrangement: implications for the mechanism of "on-water" catalysis. Organic Biomolecular Chemistry，2013，11：2452-2459.

[19] Qu J, Li P F, Wang H L. 1, *n*-Rearrangement of allylic alcohols promoted by hot water: application to the synthesis

of navenone B，a polyene natural product. The Journal of Organic Chemistry，2014，79：3955-3962.

[20] Rosa M D，Soriente A. Rapid and general protocol towards catalyst-free Friedel-Crafts C-alkylation of indoles in water assisted by microwave irradiation. European Journal of Organic Chemistry，2010，2010（6）：1029-1032.

[21] Li G X，Qu J. ChemInform abstract：Friedel-Crafts alkylation of arenes with epoxides promoted by fluorinated alcohols or water. Chemical Communications，2010，46（15）：2653-2655.

[22] Yu J J，Wang L M，Liu J Q，et al. ChemInform abstract：synthesis of tetraketones in water and under catalyst-free conditions. Cheminform，2010，12（2）：216-219.

[23] Das S，Thakur A J. A clean，highly efficient and one-pot green synthesis of aryl/alkyl/heteroaryl-substituted bis（6-amino-1，3-dimethyluracil-5-yl）methanes in water. European Journal of Organic Chemistry，2011，2011（12）：2301-2308.

[24] Rosa M D，Soriente A. Water opportunities：catalyst and solvent in Mukaiyama aldol addition of Rawal's diene to carbonyl derivatives. Tetrahedron，2011，67（33）：5949-5955.

[25] Paladhi S，Bhati M，Panda D，et al. Thiazolidinedione-isatin conjugates via an uncatalyzed diastereoselective aldol reaction on water. Journal of Organic Chemistry，2014，45（29）：1473-1480.

[26] Zaibunnisa A H，Norashikin S，Mamot S，et al. An experimental design approach for the extraction of volatile compounds from turmeric leaves（*Curcuma domestica*）using pressurised liquid extraction（PLE）. LWT-Food Science and Technology，2009，42（1）：233-238.

[27] Teo C C，Tan S N，Yong J W，et al. Pressurized hot water extraction（PHWE）. Journal of Chromatography A，2010，1217（16）：2484-2494.

[28] Islam M N，Jo Y T，Park J H. Remediation of soil contaminated with lubricating oil by extraction using subcritical water. Journal of Industrial & Engineering Chemistry，2014，20（4）：1511-1516.

[29] Richter B E，Jones B A，Ezzell J L，et al. Accelerated solvent extraction：a technique for sample preparation. Analytical Chemistry，1996，68（6）：1033-1039.

[30] Teutenberg T，Lerch O，Götze H J，et al. Separation of selected anticancer drugs using superheated water as the mobile phase. Analytical Chemistry，2001，73（16）：3896-3899.

[31] Plaza M，Turner C. Pressurized hot water extraction of bioactives. Trac Trends in Analytical Chemistry，2015，71：39-54.

[32] Khuwijitjaru P，Adachi S，Matsuno R. Solubility of saturated fatty acids in water at elevated temperatures. Journal of the Agricultural Chemical Society of Japan，2002，66（8）：1723-1726.

[33] Sereewatthanawut I，Prapintip S，Watchiraruji K，et al. Extraction of protein and amino acids from deoiled rice bran by subcritical water hydrolysis. Bioresource Technology，2008，99（3）：555-561.

[34] Al-Khateeb L A，Smith R M. High-temperature liquid chromatography of steroids on a bonded hybrid column. Analytical & Bioanalytical Chemistry，2009，394（5）：1255-1260.

[35] Louden D，Handley A，Lafont R，et al. HPLC analysis of ecdysteroids in plant extracts using superheated deuterium oxide with multiple on-line spectroscopic analysis（UV，IR，1H NMR，and MS）. Analytical Chemistry，2002，74（1）：288-294.

[36] Edge A M，Wilson I D，Shillingford S. Thermal gradients for the control of elution in RP-LC：application to the separation of model drugs. Chromatographia，2007，66（11-12）：831-836.

[37] Yan B W，Zhao J H，Brown J S，et al. High-temperature ultrafast liquid chromatography. Analytical Chemistry，2000，72（6）：1253-1262.

[38] Karásek P，Planeta J，Roth M. Solubilities of oxygenated aromatic solids in pressurized hot water†. Journal of Chemical & Engineering Data，2009，54（5）：1457-1461.

[39] Carr A G，Mammucari R，Foster N R. Solubility and micronization of griseofulvin in subcritical water. Industrial & Engineering Chemistry Research，2010，49（7）：3403-3410.

[40] Rangsriwong P，Rangkadilok N，Satayavivad J，et al. Subcritical water extraction of polyphenolic compounds from *Terminalia chebula*，Retz. fruits. Separation & Purification Technology，2007，66（1）：51-56.

[41] Herrero M，Cifuentes A，Ibanez E. Sub-and supercritical fluid extraction of functional ingredients from different natural sources：plants，food-by-products，algae and microalgae：a review. Food Chemistry，2006，98（1）：136-148.

[42] Liang X，Fan Q. Application of sub-critical water extraction in pharmaceutical industry. Journal of Materials Science & Chemical Engineering，2013，1（5）：1-6.

[43] Murakamijillian N，Thurbidekevin B. Investigating the properties of subcritical water extraction with pharmaceutical tablets. Canadian Journal of Chemistry，2014，92（1）：26-32.

[44] Ramos L，Kristenson E M，Brinkman U A T. Current use of pressurised liquid extraction and subcritical water extraction in environmental analysis. Journal of Chromatography A，2002，975（1）：3-29.

[45] Wang L，Yan W，He C，et al. Microwave-assisted preparation of nitrogen-doped biochars by ammonium acetate activation for adsorption of acid red 18. Applied Surface Science，2018，433：1222-1231.

[46] Bayat A，Saievar-Iranizad E. Synthesis of green-photoluminescent single layer graphene quantum dots：determination of HOMO and LUMO energy states. Journal of Luminescence，2017，192：180-183.

[47] Zhu X，Zuo X，Hu R，et al. Hydrothermal synthesis of two photoluminescent nitrogen-doped graphene quantum dots emitted green and khaki luminescence. Materials Chemistry & Physics，2014，147（3）：963-967.

[48] Ju J，Chen W. Synthesis of highly fluorescent nitrogen-doped graphene quantum dots for sensitive，label-free detection of Fe（III）in aqueous media. Biosensors & Bioelectronics，2014，58（10）：219-225.

[49] Qu D，Zheng M，Du P，et al. Highly luminescent S，N co-doped graphene quantum dots with broad visible absorption bands for visible light photocatalysts. Nanoscale，2013，5（24）：12272-12277.

[50] Liu Y，Liu Y，Park M，et al. Green synthesis of fluorescent carbon dots from carrot juice for in vitro cellular imaging original articles article info. Carbon Letters，2017，21：61-67.

[51] Liang Q，Ma W，Shi Y，et al. Easy synthesis of highly fluorescent carbon quantum dots from gelatin and their luminescent properties and applications. Carbon，2013，60（12）：421-428.

[52] Garmendia N，Bilbao L，Muñoz R，et al. Zirconia coating of carbon nanotubes by a hydrothermal method. Journal of Nanoscience & Nanotechnology，2008，8（11）：5678-5683.

[53] Turkevich J，Stevenson P C，Hillier J. A study of the nucleation and growth processes in the synthesis of colloidal gold. Discussions of the Faraday Society，1951，11（11）：55-75.

[54] Chen H，Wang Y，Dong S. An effective hydrothermal route for the synthesis of multiple PDDA-protected noble-metal nanostructures. Inorganic Chemistry，2007，46（25）：10587-10593.

[55] Zheng Z，Huang B，Lu J，et al. Hierarchical TiO_2 microspheres：synergetic effect of {001}and {101}facets for enhanced photocatalytic activity. Chemistry-A European Journal，2011，17（52）：15032-15038.

[56] 张建荣，高濂. 纳米晶氧化锡的水热合成与表征. 化学学报，2003，61（12）：1965-1968.

[57] Mandal S，Müller A H E. Facile route to the synthesis of porous α-Fe_2O_3，nanorods. Materials Chemistry & Physics，2008，111（2-3）：438-443.

[58] Yuan Z Y，Zhang Z，Du G，et al. A simple method to synthesise single-crystalline manganese oxide nanowires.

Chemical Physics Letters，2003，378（3-4）：349-353.

[59] Abinaya P S，Kolanthai E，Suganthi R V，et al. Green synthesis of Si-incorporated hydroxyapatite using sodium metasilicate as silicon precursor and *in vitro* antibiotic release studies. Journal of Photochemistry & Photobiology B Biology，2017，175：163-172.

[60] Wang X，Zhuang J，Peng Q，et al. Hydrothermal synthesis of rare-earth fluoride nanocrystals. Inorganic Chemistry，2006，45（17）：6661-6665.

[61] Chen J，Whittingham M S. The hydrothermal synthesis of lithium iron phosphate. Electrochemistry Communications，2001，3（9）：505-508.

[62] Croce F，Epifanio A D，Hassoun J. A novel concept for the synthesis of an improved $LiFePO_4$ lithium battery cathode. Electrochemical and Solid-State Letters，2002，5（3）：A47-A50

[63] Choi M H，Kim M K，Jo V，et al. Hydrothermal syntheses，structures，and characterizations of two lanthanide sulfate hydrates materials，$La_2(SO_4)_3 \cdot H_2O$ and $Eu_2(SO_4)_3 \cdot 4H_2O$. Bulletin-Korean Chemical Society，2010，31（4）：1077-1080.

[64] Liu Y，Tang H，Lv H，et al. Self-assembled three-dimensional hierarchical Bi_2WO_6 microspheres by sol-gel-hydrothermal route. Ceramics International，2014，40（4）：6203-6209.

[65] Jeon J W，Kim J R，Ihm S K. Continuous one-step synthesis of N-doped titania under supercritical and subcritical water conditions for photocatalytic reaction under visible light. Journal of Physics & Chemistry of Solids，2010，71（4）：608-611.

[66] Azad F N，Ghaedi M，Dashtian K，et al. Ultrasonically assisted hydrothermal synthesis of activated carbon-HKUST-1-MOF hybrid for efficient simultaneous ultrasound-assisted removal of ternary organic dyes and antibacterial investigation：taguchi optimization. Ultrasonics Sonochemistry，2016，31：383-393.

[67] Yan X，Hu X，Komarneni S. Facile synthesis of mesoporous MOF/silica composites. Rsc Advances，2014，4（101）：57501-57504.

[68] Peterson A A，Vogel F，Lachance R P，et al. Thermochemical biofuel production in hydrothermal media：a review of sub-and supercritical water technologies. Energy & Environmental Science，2008，1（1）：32-65.

[69] Basu P，Mettanant V. Biomass gasification in supercritical water—a review. International Journal of Chemical Reactor Engineering，2009，7（1）：91-97.

[70] Meller R，Kendoff D，Hankemeier S，et al. Hindlimb growth after a transphyseal reconstruction of the anterior cruciate ligament：a study in skeletally immature sheep with wide-open physes. American Journal of Sports Medicine，2008，36（12）：2437-2443.

[71] Brunner G. Near critical and supercritical water. Part II. oxidative processes. The Journal of Supercritical Fluids，2009，47（3）：382-390.

[72] Shrout P E，Macaskill P. Measures of interobserver agreement. Boca Raton：Statistics in Medicine，2006，25（10）：1801-1802.

[73] Aida T M，Tajima K，Watanabe M，et al. Reactions of d-fructose in water at temperatures up to 400 °C and pressures up to 100 MPa. Journal of Supercritical Fluids，2007，42（1）：110-119.

[74] Kabyemela B M，Adschiri T，And R M M，et al. Glucose and fructose decomposition in subcritical and supercritical water：detailed reaction pathway，mechanisms，and kinetics. Industrial & Engineering Chemistry Research，1999，38（8）：2888-2895.

[75] Yoshida T，Yanachi S，Matsumura Y. Glucose decomposition in water under supercritical pressure at 448-498 K. Journal of the Japan Institute of Energy，2008，86（9）：700-706.

[76] Caruso T，Vasca E. Electrogenerated acid as an efficient catalyst for the preparation of 5-hydroxymethylfurfural. Electrochemistry Communications，2010，12（9）：1149-1153.

[77] Li N，Tompsett G A，Zhang T Y，et al. Renewable gasoline from aqueous phase hydrodeoxygenation of aqueous sugar solutions prepared by hydrolysis of maple wood. Green Chemistry，2011，13（1）：91-101.

[78] Tagusagawa C，Takagaki A，Iguchi A，et al. Highly active mesoporous Nb-W oxide solid-acid catalyst. Angewandte Chemie International Edition，2010，49（6）：1128-1132.

[79] Yoshida H，Asghari F S. Acid catalyzed production of 5-hydroxymethyl furfural from D-fructose in sub-critical water. Industrial & Engineering Chemistry Research，2006，45（7）：2163-2173.

[80] Asghari F S，Yoshida H. Dehydration of fructose to 5-hydroxymethylfurfural in sub-critical water over heterogeneous zirconium phosphate catalysts. Carbohydrate Research，2006，341（14）：2379-2387.

[81] Watanabe M，Aizawa Y，Iida T，et al. Glucose reactions with acid and base catalysts in hot compressed water at 473 K. Carbohydrate Research，2005，340（12）：1925.

[82] Asghari F S，Yoshida H. Kinetics of the decomposition of fructose catalyzed by hydrochloric acid in subcritical water： formation of 5-hydroxymethylfurfural，levulinic，and formic acids. Industrial & Engineering Chemistry Research，2007，46（23）：7703-7710.

[83] Girisuta B，Janssen L P B M，Heeres H J. Green chemicals：a kinetic study on the conversion of glucose to levulinic acid. Chemical Engineering Research & Design，2006，84（5）：339-349.

[84] Cha J Y，Hanna M A. Levulinic acid production based on extrusion and pressurized batch reaction. Industrial Crops & Products，2002，16（2）：109-118.

[85] Takeuchi Y，Jin F，Tohji K，et al. Acid catalytic hydrothermal conversion of carbohydrate biomass into useful substances. Journal of Materials Science，2008，43（7）：2472-2475.

[86] Rogalinski T，Liu K，Albrecht T，et al. Hydrolysis kinetics of biopolymers in subcritical water. Journal of Supercritical Fluids，2008，46（3）：335-341

[87] Lukatskaya M R，Kota S，Lin Z，et al. Ultra-high-rate pseudocapacitive energy storage in two-dimensional transition metal carbides. Nature Energy，2017，2：17105.

[88] Yuan A，Zhang Q. A novel hybrid manganese dioxide/activated carbon supercapacitor using lithium hydroxide electrolyte. Electrochemistry Communications，2006，8（7）：1173-1178.

[89] Lukatskaya M R，Mashtalir O，Ren C E，et al. Cation intercalation and high volumetric capacitance of two-dimensional titanium carbide. Science，2013，341（6153）：1502.

[90] Li W，Dahn J R，Wainwright D S. Rechargeable lithium batteries with aqueous electrolytes. Science，1994，264（5162）：1115.

[91] Li N C，Patrissi C J，Che G L，et al. Rate capabilities of nanostructured $LiMn_2O_4$ electrodes in aqueous electrolyte. Journal of The Electrochemical Society，2000，147：2044-2049.

[92] Fujishima A，Honda K. Electrochemical photolysis of water at a semiconductor electrode. Nature，1972，238（5358）：37-38.

[93] 谢英鹏，王国胜，张恩磊，等. 半导体光解水制氢研究：现状、挑战及展望. 无机化学学报，2017，33（2）：177-209.

[94] Kruczynski L，Gesser H D，Turner C W，et al. Porous titania glass as a photocatalyst for hydrogen production from water. Nature，1981，291（5814）：399-401.

[95] Keller V，Bernhardt P，Garin F. Photocatalytic oxidation of butyl acetate in vapor phase on TiO_2，Pt/TiO_2，and WO_3/TiO_2，catalysts. Journal of Catalysis，2003，215（1）：129-138.

[96] Asahi R，Morikawa T，Ohwaki T，et al. Visible-light photocatalysis in nitrogen-doped titanium oxides. Science，2001，293（5528）：269-271.

[97] Takata T，Tanaka A，Hara M，et al. Recent progress of photocatalysts for overall water splitting. Catalysis Today，1998，44（1-4）：17-26.

[98] Maeda K，Teramura K，Lu D，et al. Photocatalyst releasing hydrogen from water. Nature，2006，440（7082）：295.

第3章 超临界流体

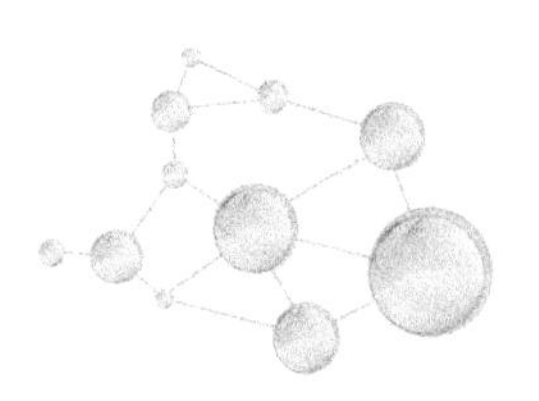

水和亚临界水的特殊性质使得它们可以作为绿色介质代替传统的有机溶剂，满足绿色化学的要求。除了水和亚临界水外，超临界流体也是比较有代表性的绿色溶剂。超临界流体（supercritical fluid，SCF）是温度及压强同时高于其临界值的液体，既具有液体对溶质有较大溶解度的特点，又具有气体易于扩散和运动的特性，传质速率远大于液相过程。在临界点附近，压强和温度的微小变化将会引起超临界流体的性质（如密度、黏度、扩散系数和介电常数等）发生显著的变化。

近年来，随着超临界流体新技术、新工艺的不断开发，超临界流体应用已遍及化工、材料、食品和医药等众多领域，并逐渐扩展到能源、环境污染等新领域。相信这一绿色技术的发展和广泛应用必将产生巨大的经济效益、社会效益和环境效益。本章将对超临界流体的概念、物理化学性质及微观结构进行阐述，并对超临界流体作为绿色溶剂在萃取分离、化学反应、材料合成以及超临界印染、超临界清洗、超临界干燥和超临界喷涂等领域应用的最新成果进行介绍。

3.1 超临界流体的概念

自然界中同一种物质在不同的温度和压强下会呈现出不同的物理状态，如我们所熟悉的固态、液态、气态。任何物质都有自己的临界温度 T_c 和临界压强 P_c。当一种物质的温度和压强均超过其相应的临界温度 T_c 和临界压强 P_c 时，则称其为超临界流体[1-4]。

对超临界流体的概念，可通过图 3-1 给出的纯物质的 P-T 相图加以说明。相图中气液平衡线向高温延伸时气液界面恰好消失的点为临界点 A，其对应的温度和压强分别称为临界温度 T_c 和临界压强 P_c。相图中的超临界区域也可以由等温线右侧对比温度 T_r（实际温度 T 与其临界温度 T_c 之比，$T_r = T/T_c$）和对比压强 P_r（实际压强 P 与其临界压强 P_c 之比，$P_r = P/P_c$）同时大于 1 来定义。

表 3-1 对超临界流体和气体及液体的密度、黏度和扩散系数进行了比较[5]。超临界流体既不同于气体又不同于液体，具有许多独特的物理化学性质。超临

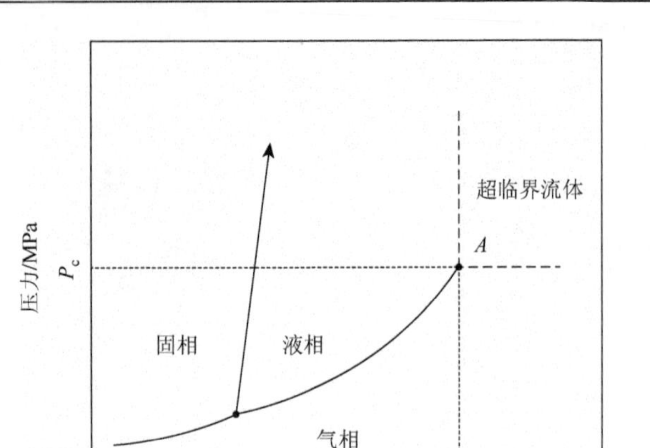

图 3-1　纯物质的相图

界流体的许多物理化学性质兼有气体与液体的优点：超临界流体具有接近于液体的密度，比一般气体密度要大两个数量级，因而具有与常规液体溶剂相当的溶剂化能力；其黏度与气体的接近，扩散系数大，具有很高的传质速度，其分离效果较好。

表 3-1　超临界流体与气体及液体性质的比较

物理特性	气体（常温常压）	超临界流体	液体（常温常压）
密度/$(g \cdot m^{-3})$	0.0006～0.002	0.2～0.9	0.6～1.6
黏度/$(mPa \cdot s)$	10^{-2}	0.03～0.1	0.2～3.0
扩散系数/$(cm^2 \cdot s^{-1})$	10^{-1}	10^{-4}	10^{-5}

在超临界技术中，超临界流体的选择是一个关键问题。表 3-2 列出了一些常见超临界流体的临界温度、临界压强和临界密度[2]。二氧化碳的临界温度接近室温，临界条件易达到，其是一种绿色溶剂（无毒、无污染、不燃烧）。另外，温度和压强微小的变化都会使超临界二氧化碳的溶解特性如黏度、密度、扩散系数和介电常数等发生显著的变化，很容易通过温度和压强对超临界二氧化碳的溶解能力进行连续性调控。因此，超临界二氧化碳是在超临界流体中应用最广泛的绿色溶剂[3]。

表 3-2　一些常见超临界流体的临界参数

溶剂	T_c/℃	P_c/MPa	$\rho_c/(g \cdot m^{-3})$
二氧化碳	31.1	7.38	0.448

续表

溶剂	T_c/℃	P_c/MPa	ρ_c/(g·m^{-3})
乙烷	32.2	4.89	0.203
乙烯	9.2	5.07	0.200
丙烯	92.0	4.67	0.230
甲醇	240.5	7.99	0.272
乙醇	243.4	6.38	0.276
氨	132.3	11.20	0.235
水	374.3	22.05	0.315

3.2 超临界流体物理化学性质

在超临界流体中，超临界二氧化碳应用最为广泛，并具备超临界流体的一般特性，所以本节将以超临界二氧化碳为例对超临界流体的物理化学性质进行阐述。

3.2.1 密度

密度是超临界流体最重要的特征之一。由于溶质在溶剂中的溶解度一般与溶剂密度成正比，所以超临界流体具有与液体溶剂相当的溶解能力。图 3-2 表明了

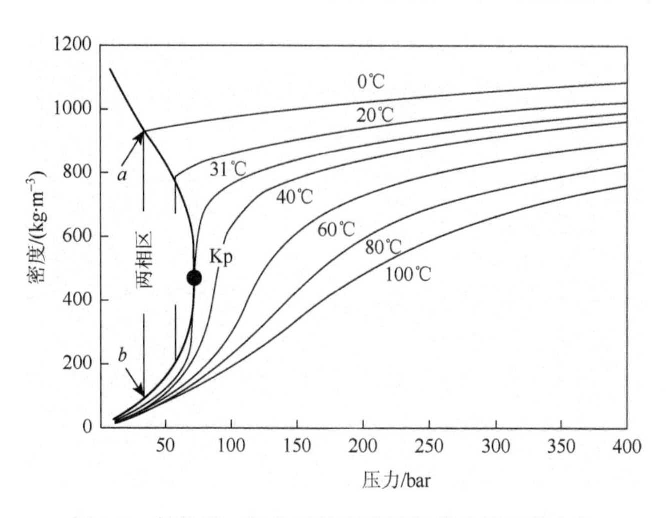

图 3-2 超临界二氧化碳的密度随温度和压强的变化

超临界二氧化碳的密度与压强和温度的关系[6]。由图可以看出，其密度随压强的升高而急剧增加，在更高的压强下，密度变化较为缓慢。当流体处于临界点附近（$1.0<T_r<1.2$，$1.0<P_r<2.0$）时，密度对压强和温度的变化高度敏感，微小的压强或温度变化会导致流体密度的显著变化，因而溶质在超临界流体中的密度也发生显著的变化。

以上特性可通过图 3-3[7]进一步进行解释。对比密度（ρ_r）定义为流体的实际密度 ρ 与临界密度 ρ_c 的比值 ρ/ρ_c。超临界流体也可以定义为对比温度和对比压强均大于 1 的流体。从图中可看出，在 $1.0<T_r<1.2$ 时，流体的对比密度可从气体般的对比密度（$\rho_r = 0.1$）变化到液体般的对比密度（$\rho_r = 2.0$），表明在此区域内，微小的压强或温度变化会导致超临界流体的密度发生显著变化，从而显著改变了溶质在流体中的溶解能力。该特性是许多超临界流体技术的设计基础，如超临界萃取技术就是利用上述特性，通过调节温度和压强来改变待萃取物质在流体中的溶解度，进而实现有效萃取的目的。

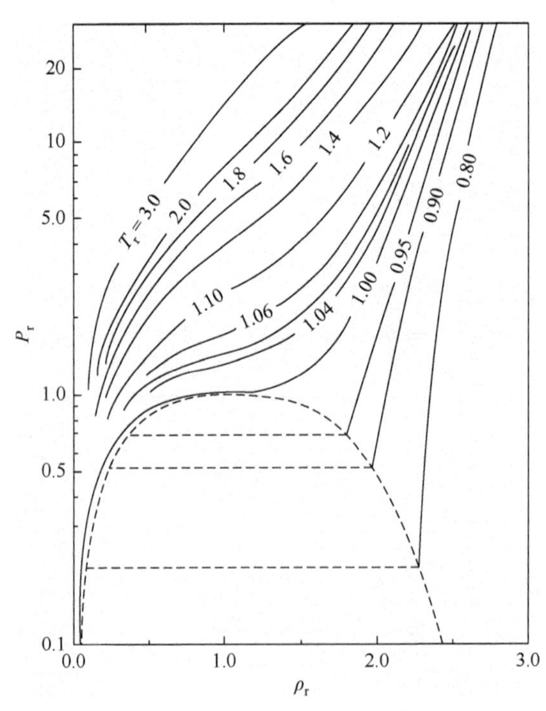

图 3-3 临界点附近二氧化碳对比压强-对比温度-对比密度的变化图

3.2.2 扩散系数和黏度

扩散系数和黏度可以用来表示超临界流体的传输特性。通常，超临界流体的扩散系数与液体溶剂相比至少高一个数量级。这意味着物质通过超临界流体的扩散将以更快的速率发生，即固体将在超临界流体中更快地溶解。另外，超临界流体将更有效地穿透微孔固体结构。然而，这并不一定意味着在超临界流体中不存在传质限制。

图 3-4 给出了二氧化碳的自扩散系数与压强和温度的关系，并与常规液体中溶质的扩散系数进行了对比[7]。从图 3-4 可以看出，二氧化碳的自扩散系数随温度升高而升高，随压强的升高而降低；且在临界点附近，微小的压强或温度的变化会使其自扩散系数发生显著的变化。同时，也可以看出溶质在常规液体中的扩散系数一般为 $10^{-5}cm^2·s^{-1}$，而超临界流体的自扩散系数却远远高于溶质在常规液体中的自扩散系数。

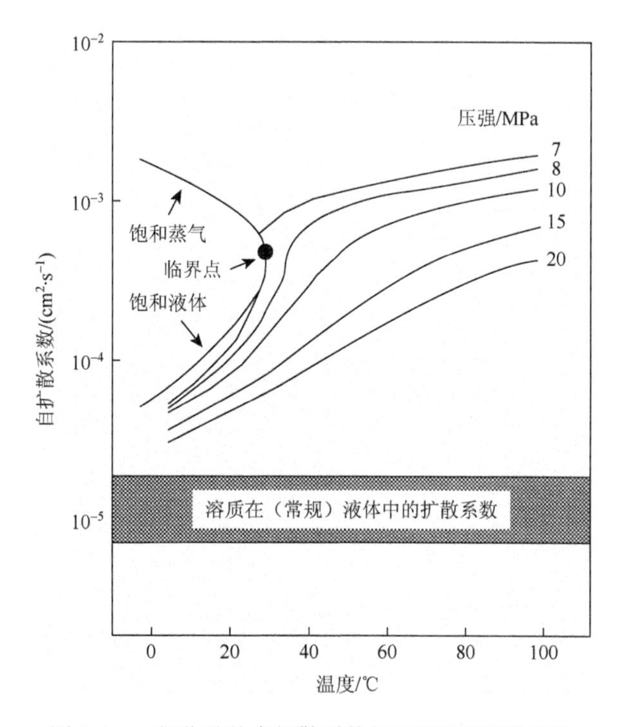

图 3-4　二氧化碳的自扩散系数与压强和温度的变化

扩散系数随温度和压强的变化而变化，受密度和黏度的影响显著[8]。如图 3-5 所示，密度和黏度随着压强的增加而增加，相应的扩散系数降低[9]。在较高的压强下，此影响效果并不明显，因为此时密度对压强不太敏感。

温度对黏度有着双重影响。恒定压强下，升高温度会降低流体的黏度并增加分子间的距离，从而促进分子的相对运动。然而，温度的升高也对应于分子更高的动能和碰撞速率，阻碍了分子运动。图 3-6 显示了在不同温度下二氧化碳的黏度随压强的变化关系[10]。

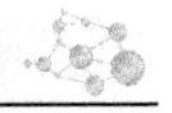

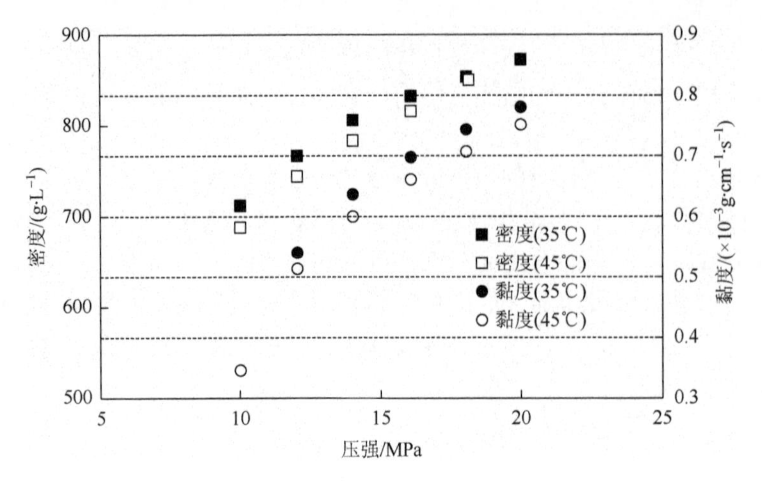

图 3-5 压强对二氧化碳密度和黏度的影响

$1g \cdot cm^{-1} \cdot s^{-1} = 1Pa \cdot s$

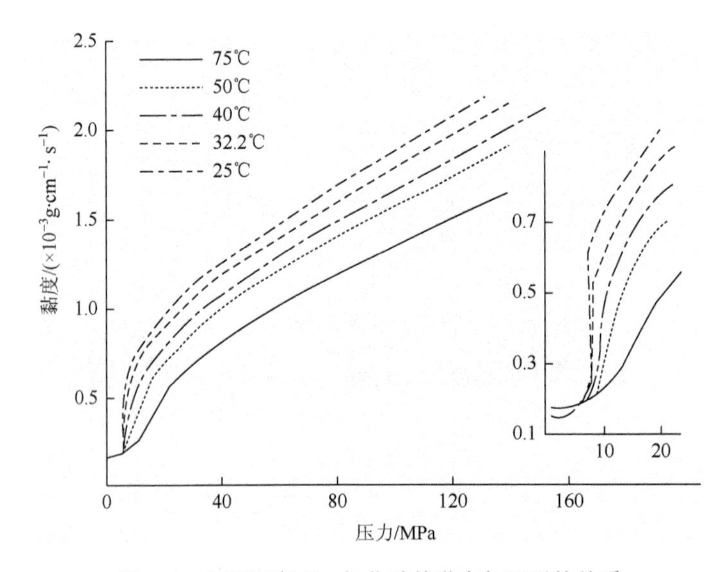

图 3-6 不同温度下二氧化碳的黏度与压强的关系

对几种纯液体（CO_2、氙、乙烷、乙烯和氮）的黏度性质研究表明，其黏度在临界点附近增加[11]。图 3-7 显示了改性剂对 CO_2 黏度的影响[12]。在大多数情况下，超临界流体的黏度随着改性剂的加入而有所增加，增加的程度取决于改性剂的分子大小、极性、形状和浓度。

3.2.3 极性

极性和可极化性对于超临界流体中溶质的溶解度有很大的影响。一般情况下，

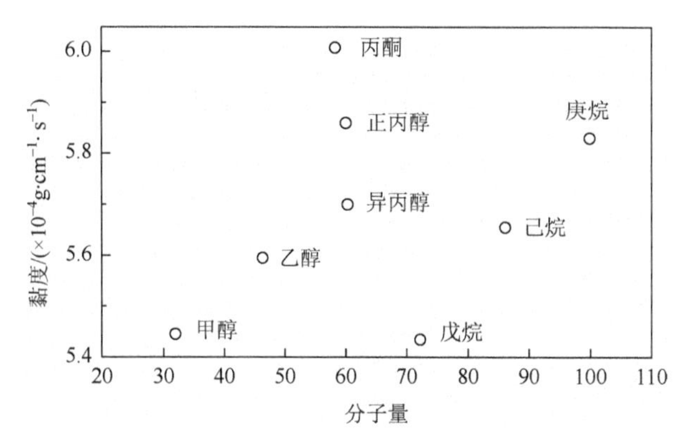

图 3-7 在 45℃和 12MPa 下 2%（摩尔分数）共溶剂-CO_2 体系的黏度

非极性和弱极性物质对强极性和分子量大的化合物溶解能力较小。极性溶剂对极性化合物有较强的溶解能力，通过加入少量合适的夹带剂可以对溶剂的极性进行调节。对于特定的溶剂，其溶解性能随流体密度的增加而增大，其中极性溶剂的溶剂化能力随密度的变化比非极性溶剂更为明显。

在超临界流体中，介电常数与压强和对比密度之间的关系如图 3-8 所示[13]。超临界二氧化碳的介电常数对压强和对比密度的变化不是很敏感，表明在临界点附近（$1.0<T_r<1.1$，$1.0<P_r<2.0$），超临界二氧化碳显示出非极性溶剂的性质。相比之下，当对比密度从 1 变为 2 时，水的介电常数增加了 200%以上，说明介电常数的变化取决于流体的性质。

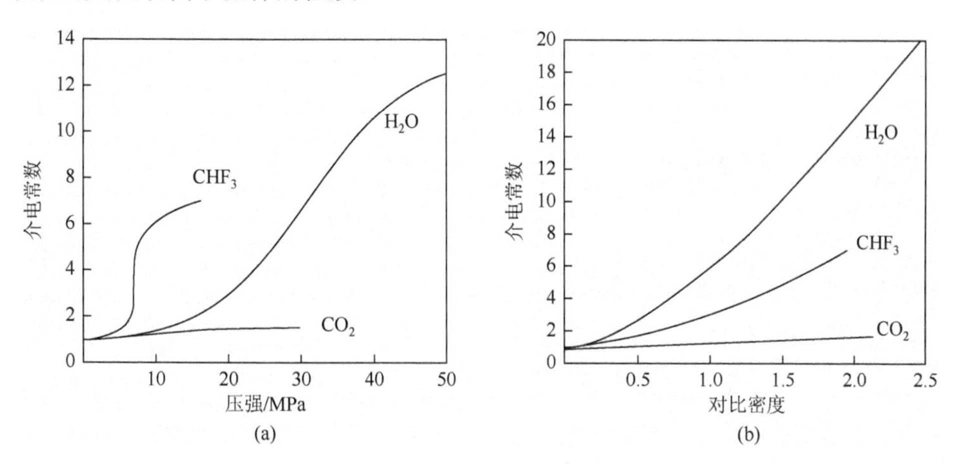

图 3-8 水的介电常数（400℃，$T_r=1.04$），CO_2 的介电常数（40℃，$T_r=1.03$）和 CHF_3 的介电常数（30℃，$T_r=1.01$）随压强（a）和对比密度（b）的变化

3.2.4 表面张力

在超临界状态下气体和液体两相的界面消失，表面张力为零。二氧化碳的表

面张力随温度的变化关系如图 3-9 所示[14]。可以看出，随着温度的升高，其表面张力逐渐下降，当温度接近其临界温度时，表面张力降至零。

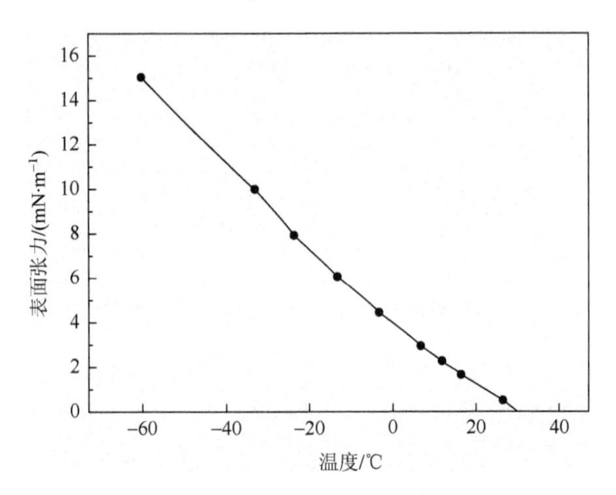

图 3-9　二氧化碳的表面张力随温度的变化关系

综上所述，超临界流体兼具气体和液体的优点，具有绿色溶剂的特点。在临界点附近，超临界流体的性质具有可调性，即温度或压强的微小变化都会显著地影响超临界流体的性质，如密度、黏度、扩散系数、介电常数等。因此可以在一定范围内通过调节压强和温度来控制其热力学性质、传热和传质系数及反应速率等。其优异的物理化学特性使这一绿色溶剂在萃取分离、化学反应、材料合成、印染、清洗、干燥和喷涂等众多领域中显示出良好的应用前景。

3.3　超临界流体微观结构

超临界流体的特殊性质本质上取决于其结构。通过实验技术测定流体的微观结构及性质需要苛刻的实验条件和昂贵的费用，且难以对流体的微观结构做系统性研究。本节主要介绍了近年来利用分子模拟方法与谱学方法（如核磁共振波谱、拉曼光谱和中子衍射）对有关超临界流体微观结构研究的进展。

3.3.1　超临界流体的分子模拟研究

分子模拟是进行超临界流体结构和性质研究的一个重要的手段。其常用的方法主要有两种：Monte Carlo 法和分子动力学方法。这里主要介绍分子动力学方法，它是研究超临界流体微观结构的有力工具，利用该方法可以对超临界流体的微观本质进行深入、系统的研究[15]。

邓康等[16]采用分子动力学模拟方法，通过径向分布函数研究了超临界二氧化碳的局部结构。高温高压下，二氧化碳的 C—C 径向分布函数如图 3-10 所示。从图中我们可以看出二氧化碳的 C—C 的径向分布函数第一峰在 4.0Å 左右，第二峰则出现在 7.8Å 附近。对比图 3-10（a）与（b），可以发现峰位置随着压强的升高略有左移，峰值明显增大且峰形更加尖锐，表明超临界二氧化碳的结构紧密、有序。对比图 3-10（c）与（d），发现随着温度的升高，第一峰峰值下降、峰位右移，且峰宽变大，但第二峰逐渐减弱甚至消失，表明超临界二氧化碳体系的结构更为松散、无序。总的来说，随着温度的升高，径向分布函数第一峰高度降低，随着压强的增大，径向分布函数第一峰高度升高。

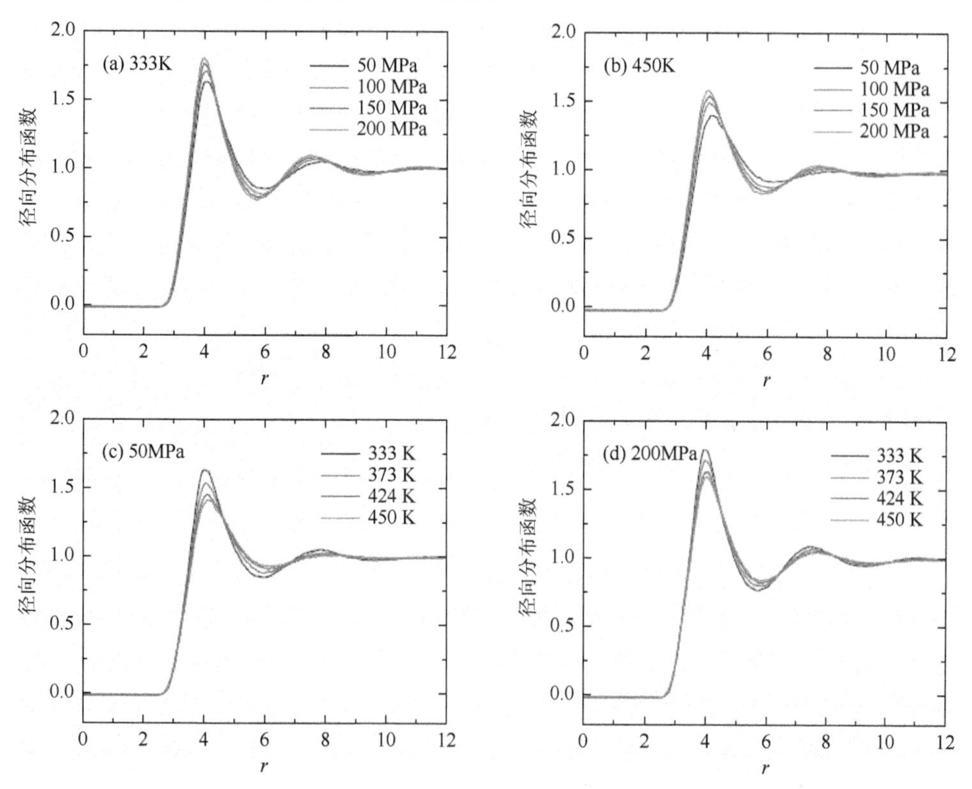

图 3-10　温度和压强对超临界二氧化碳的 C—C 径向分布函数的影响

张乃强等[17]采用分子动力学模拟方法研究了温度为 648～973K 的超临界水微观结构。发现超临界水中氢键数目随温度的升高而减弱，氢键作用逐渐减弱，水分子键长和键角在温度为 648～748K 时变化迅速，在 748～973K 时变化较小。另外，温度为 648～748K 时水分子结构有序度随温度的升高而增强，表明超临界水的聚集行为逐渐加剧。随后在 748～973K 时，水分子结构有序度随温度升高而减弱，水的近程有序结构逐渐被破坏。

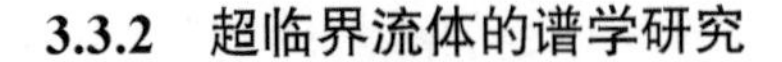

3.3.2 超临界流体的谱学研究

1. 拉曼光谱

近年来拉曼光谱已成为超临界流体结构研究的一个重要手段。Ikushima 等[18]利用拉曼光谱分析了临界点附近水的结构。在临界点以下的温度时，OH 键伸缩峰的最大频率随着温度的升高而不断增加，表明氢键发生断裂；而当温度升高到临界点以上时，其峰值频率变化很小。其峰值频率在临界压强附近具有最大值，并且在该临界区域内氢键的程度随压强的变化而变化显著。另外，与单个气相水分子的频率的差值 Δf，与 And 和 Conradi[19]利用 NMR 技术得到的化学位移变化一致，氢键的程度可以通过 Δf 进行估算。近临界点处的 Δf 值明显低于超临界或亚临界条件下的 Δf 值，且在近临界区域氢键强度减弱得比较明显。

拉曼振动光谱也可以用来研究超临界流体在较宽密度范围内的氢键结构。例如，观察超临界水在 400℃下、0.1MPa（3×10^{-4}g·cm^{-3}）密度非常小的光谱分布[20]。由于水形成氢键，OH 拉伸峰随着密度的增加而向较低的频率移动。在 400℃时，水在很宽的密度范围内的位移是非线性的，它几乎是线性依赖于密度（0.6～0.2g·cm^{-3}），另外，在 400℃下、压强为 19.5～36.7MPa 的研究中也发现了同样的规律[21]。除了临界密度以外，在纯水中，峰值频率几乎与密度呈线性关系。当温度接近临界温度时，偏移的密度依赖性变为非线性。这种行为的产生被认为是由于密度波动引起的一些微观结构不均匀性，这表明水分子周围局部密度减少。

2. 核磁共振波谱

由于氢键的变化对质子化学位移影响较大，可以利用核磁共振（NMR）波谱技术测定超临界水的质子位移来分析其氢键和结构的变化。And 和 Conradi[19]最先测定了 25～600℃、1～40MPa 水的 NMR 质子位移。随着温度升高，水的共振移向低频，氢键网络逐渐受到破坏。但在 400℃、40MPa 时超临界水中依然存在相当于室温 29%的氢键。Matubayasi 等[22]测量从室温到 400℃，密度分别为 0.19g·cm^{-3}、0.41g·cm^{-3}、0.60g·cm^{-3} 的超临界水的质子化学位移。将高温下的水的化学位移与在室温下的有机溶剂中的水进行比较，发现氢键在超临界水中持续存在。而且在每个密度下，氢键的强度在高温下均达到平稳值。

3. 衍射方法

最初 Postorino 等[23]由于对中子衍射结果的错误分析，得出了在 400℃时水的氢键几乎全部断裂即不存在的错误结论。而其后很多其他的研究结果都证实，此条件下水的氢键仍然存在。例如，在 380℃、450℃和 500℃下，密度从 230kg·m^{-3}

到 730kg·m^{-3}，对 D_2O 进行了一些新的测量[24]。他们确实在关联函数 $g(O—H, r)$中找到了所有样品中指示的 0.19nm 峰，得出的结论是氢键仍然存在于超临界水中。

3.4 超临界 CO_2

超临界二氧化碳（supercritical-carbon dioxide，SC-CO_2）以其温和的临界条件（临界温度和临界压强分别为 31.1℃和 7.38MPa）、无毒、不可燃、环保及可循环利用等诸多优点成为最常用的超临界流体。超临界二氧化碳作为常用的萃取试剂和反应介质，具有以下优点：

1）具有液体一样的密度、溶解能力和传热系数，具有气体一样的低黏度和高扩散性。同时，只需调节压强和温度即可控制其溶解能力并影响以它为介质的化学反应的速率。

2）临界温度为 31.1℃，临界压强为 7.38MPa，临界条件易达到。

3）无毒、无味、易得、不燃，安全和无腐蚀性。

4）二氧化碳分子是直线形的非极性分子，根据相似相溶原理，用它作溶剂时将会对非极性或极性弱、分子量小的有机物有较高的溶解度，可以作为有机反应中的良好溶剂。

5）和溶质易分离，不存在溶剂残留等问题，且超临界二氧化碳有抗氧化灭菌的作用，因此可以用于与人类健康密切相关的食品、药物等应用，是环境友好的绿色溶剂。

到目前为止，90%以上的超临界流体技术均采用超临界二氧化碳作为反应萃取试剂和反应介质，这显示出了超临界二氧化碳在超临界流体技术中的巨大应用前景。

3.5 超临界水

水是除二氧化碳以外最重要的用于超临界反应介质的物质。随着超临界技术的发展，以超临界水（supercritical water，SCW）为介质或反应物进行的超临界水有机化学反应研究引起了大家的极大兴趣。

水的临界温度是 374.3℃，临界压强是 22.05MPa。表 3-3 比较了各种状态的水，如常温常压水、亚临界水、超临界水及过热蒸气在不同状态下的性质。在超临界状态下，水的各种物理化学性质（如黏度、密度、扩散系数、介电常数和溶解度等）相比常温常压下有很大的变化。例如，超临界水的密度更接近液态水而远高于过热水蒸气；而超临界水的黏度在液态与气态之间，但更接近于过热水蒸气，使得溶质分子在超临界水中的扩散容易而且具有良好的传质性能[25, 26]。常温常压水由于存在很强的氢键作用，其介电常数高达 78.5；但在超临界状态下，温度为 400℃，压强分别为 25MPa 和 50MPa 时，介电常数分别为 5.9 和 10.5。水是极性溶剂，可以很好地溶解包括盐在内的大多数电解质，对气体和大多数有机物则微溶或不溶。但是在到达超临界状态时，由于介电常数降低，溶解性与非极性有机物类似，根据相似相溶原理，超临界水能与非极性有机物，也能与空气、氧气、二氧化碳和氮气等完全互溶，但无机物在超临界水状态下的溶解度却很低。

表 3-3　各种状态水的性质比较[25, 26]

性质	常温常压水	亚临界水	超临界水	过热蒸气
温度/℃	25	250	400	400
压强/MPa	0.1	5	25	0.1
密度/$(g \cdot cm^{-3})$	0.997	0.80	0.17	0.0003
介电常数	78.5	27	5.9	1
黏度/(mPa·s)	0.89	0.11	0.03	0.02

由于超临界水特殊的介电常数和溶解性，超临界水分子和溶质分子具有较高的分子迁移率，溶质分子很容易在超临界水中扩散，提高了传质速率，促进了其反应的进行；同时还可通过温度和压强来调节超临界水的性质，且水具有无毒、价格便宜等优点，使得超临界水作为一种具有特殊优势的绿色反应介质得到人们的广泛关注。

3.6　超临界流体的应用

超临界流体兼有液体和气体的优点：密度大、扩散系数大、黏度小，因此具有良好的溶解和传质特性，而且在临界点附近其对温度和压强极度敏感。超临界流体技术就是利用超临界流体的特性，以超临界流体为溶剂、反溶剂或反应物，综合利用其一系列优良特性而发展起来的一项新技术。

在超临界流体技术中超临界流体的选择是关键。可用于超临界流体的物质有很多，如二氧化碳、乙醇、乙烷、甲醇、氨气和水等。由于二氧化碳的临界温度非常接近室温（$T_c = 31.1$℃），临界压强（$P_c = 7.38$MPa）也很容易达到，其是一种绿色溶剂（无毒、无污染、不燃烧），且价格低、可循环利用；另外，在临界点附近，温度和压强的极小变化都会令超临界二氧化碳的一些特性，如黏度、密度、介电常数等发生显著的变化，所以很容易通过温度和压强对超临界二氧化碳进行调节。因此，超临界二氧化碳常被用于作超临界状态的反应介质。目前超临界流体技术已在萃取、化学反应、材料合成、印染、清洗、干燥及喷涂等方面取得满意的研究成果。

3.6.1 在萃取分离中的应用

超临界流体萃取分离是利用超临界流体的溶解能力与其密度的关系，即利用压强和温度对超临界流体溶解能力的影响而进行的。在超临界状态下，将超临界流体与待分离的物质接触，使其有选择性地把极性大小、沸点高低和分子量大小不同的成分萃取出来[27]。

在超临界流体技术中，超临界萃取技术的研究和应用最早。表 3-4 列出了超临界萃取在食品、医药及化工等方面应用的优点[28]。超临界萃取技术作为一种独特、高效、清洁的新型提取、分离手段，在食品、药物、可再生生物质能源和环境保护等领域已展现出良好的应用前景。

表 3-4 超临界萃取与溶剂萃取比较[29]

超临界萃取	溶剂萃取
无溶剂残留	产品中有溶剂残留
超临界流体的溶解能力可由温度和压强控制	萃取能力一般为定值
可在低温或常温下分离低挥发性物质	使用高温，热敏性物质易分解
工艺简单，操作方便	脱除溶剂需要额外的操作
无重金属残留，不造成或很少造成环境污染	存在重金属

1. 超临界二氧化碳萃取在食品工业中的应用

随着生活水平的提高，人们越来越需要天然、高质量的食品，传统的溶剂萃取法和蒸馏法已不能满足人们的需求。超临界二氧化碳作为一种公认的绿色溶剂，将其应用于食品工业可以实现操作温度和压强温和，产物中无溶剂残留等优势，充分保证了食品的营养价值。下面主要介绍超临界二氧化碳萃取在啤酒花、油脂、天然香料和精油中的应用。

（1）超临界二氧化碳萃取在啤酒花、油脂中的应用

采用超临界二氧化碳萃取啤酒花浸膏，操作方便、萃取率高，啤酒风味好，具有很大的开发价值。从超临界萃取啤酒花的萃余物质中提取啤酒花多酚可提高啤酒花综合利用的价值。例如，利用超临界二氧化碳萃取酿酒后剩余物，在压强为 35MPa、温度为 40℃和乙醇浓度为 60%时，得到大量的酚类化合物和黄酮类活性物质[29]。

采用超临界二氧化碳萃取技术所得的植物油脂比传统的压榨法回收率高，无

溶剂残留，而且油品质量也明显提高。例如，在不同温度和压强条件下，利用超临界二氧化碳来萃取佛手柑精油，并与用石油醚萃取的油进行比较[30]。在提取时间为 6h，压强为 15MPa，温度为 508℃，密度为 587kg·m^{-3} 的条件下，佛手柑精油最大收率为 14.80%。此条件下获得的佛手柑精油由 6 种化合物组成，主要含亚油酸（32.35%）、油酸（34.10%）和亚麻酸（12.51%）。不饱和脂肪酸总量占脂肪酸总量的 78.96%。超临界二氧化碳萃取与石油醚萃取的油脂中脂肪酸的组成没有差异，而且为萃取佛手柑精油提供了一种更为环保绿色的萃取方法。

亚麻荠种子是未被充分利用的油源，吸引了越来越多研究者的兴趣。利用乙醇改性的超临界二氧化碳萃取能够实现常规方法不能提取的脂质组合物的萃取。例如，Reddy 等[31]采用乙醇改性的超临界二氧化碳对骆驼刺种子脂质的生物活性脂质组成进行了研究，并对其生物活性脂质组成进行了改进。其考察了不同温度（50℃和 70℃）、压强（35MPa 和 45MPa）和乙醇浓度 0%～10%（质量分数）下进行乙醇改性的超临界二氧化碳萃取，发现在 45MPa，70℃，10%（质量分数）的乙醇中得到最高的总脂质产量（37.6%），且乙醇改性的超临界二氧化碳萃取使磷脂和酚含量显著增加，实现了对常规方法不能提取的脂质组合物的萃取。

（2）超临界二氧化碳萃取在天然香料、精油中的应用

天然香料是利用物理方法从芳香植物中提取的有机混合物，具有独特、自然、舒适的香气和香韵，在香料工业、日化等领域均有广泛应用。传统的蒸气蒸馏、精馏、溶剂萃取、浸取、压榨等方法，在香料提取过程中，易发生分解、溶剂残留或部分芳香物质挥发损失等问题。因此选择一种绿色环保、提取效率更高的技术应用于天然香料香精的提取过程，可得到保持天然色、香、味的高品质香料香精。而超临界二氧化碳萃取具有萃取能力强、适用热敏性强、易氧化分解破坏的成分的提取以及无溶剂残留等优点，成为超越传统提取方法的新型、绿色、高效的提取工艺技术。

Meireles 等[32]从不同的原料质量和磨削时间方面来对茴香的超临界萃取进行研究，提取成分由气相色谱（GC）进行分析评估，发现原料质量和磨削时间对茴香的提取及其提取含量有着显著的影响。另外，利用超临界二氧化碳从百里香中提取酚类化合物百里酚，并将结果与在 100atm 下的加压液体提取方法进行比较[33]。超临界二氧化碳提取物中的百里酚浓度为 310mg·g^{-1}，发现其比通过加压液体萃取（89.6mg·g^{-1}）获得的百里酚最高浓度高 3 倍以上。即超临界二氧化碳这一绿色溶剂显示出从百里香中提取酚类化合物百里酚的良好能力。

由于超临界二氧化碳萃取分离技术是一种获得健康、安全、高品质食品的对环境友好的高新技术，随着人们对绿色食品和天然产物的青睐，预计超临界二氧化碳萃取分离技术在食品工业中将会拥有更为广阔的发展空间。

2. 超临界二氧化碳萃取在药物提取与分析中的应用

提取中药有效成分的传统方法存在提取率低、药用有效成分含量低、有机残留、易破坏大部分热敏性物质等缺点。与传统中药提取技术相比，超临界流体萃取在中药提取方面具有工艺流程简便、产品和药效有效成分含量高、产品无溶剂残留等优点。目前研究较多、最常用的超临界流体的溶剂是二氧化碳。超临界二氧化碳萃取技术在医药等领域取得了迅速发展，特别是在中药及有效成分的提取分离方面日益受到广泛的关注。

Raphaela 等[34]利用超临界二氧化碳从人参中萃取人参皂苷。他们首先使用超临界二氧化碳进行萃取，然后采用超临界二氧化碳与乙醇共同萃取、乙醇萃取，以及乙醇和水混合萃取。另外发现利用乙醇作为夹带剂进行辅助萃取时，可以减少表面张力，提高萃取效率。由此可见，相比于传统中药提取技术，利用超临界流体萃取技术，能够使工艺流程更加简便、产品和药效有效成分含量更高，而且产品无溶剂残留等。

甜菊叶包含天然的无热量甜味化合物，被称为甜菊糖苷（SGs），主要是甜菊苷（ST）和莱鲍迪苷（Reb-A）。它的营养和治疗意义与它的叶子中其他生物活性化合物的存在有关，如与 SGs 有关的酚类化合物可以通过发挥抗炎、抗高血糖、抗结核病、化学预防、促胰岛素和利尿等作用促进人类健康。Ameer 等[35]通过优化超临界流体萃取工艺，实现了总提取物产率、ST 产量、Reb-A 产量和总酚含量分别为 15.85%、$95.76mg \cdot g^{-1}$、$62.95mg \cdot g^{-1}$ 和 $25.76mg \cdot g^{-1}$ 的最高目标响应值。超临界流体萃取的目标响应值比常规浸渍（24h）高，是一种更快、所需能量更低，也是更环保的提取方法，降低了溶剂的消耗，减少了对环境的污染。

槲皮素是一种以其抗炎特性而闻名的黄酮类化合物。它存在于各种食品中，并且常用于制药工业。Tres 等[36]利用超临界二氧化碳作为反溶剂在加压液体萃取后从洋葱皮中沉淀出槲皮素提取物，这个过程称为在线萃取和颗粒形成。使用超临界二氧化碳来萃取制药，可以控制沉淀的富含槲皮素的提取物的粒度，提高产品提取率，同时无溶剂残留，使得产品的提取更加环保绿色，减少溶剂污染。

随着对中药超临界流体萃取技术研究的不断深入，将新型超临界流体萃取技术与传统的萃取技术以及自动化控制技术相结合，加强中药超临界流体在理论、技术等方面的研究，将具有极大的优越性和市场潜力。

3. 超临界二氧化碳萃取在可再生生物质能源中的应用

生物质是目前人类已知可利用的最丰富的可再生资源。生物质的产生是一个可循环、能再生的过程，其利用过程中不增加大气中 CO_2 的含量，对遏制温室效应、维护生态安全具有重要的作用。超临界二氧化碳萃取作为一种绿色技术，将其与生物质能源利用相结合，可以有效提高生物质能源利用的效率，降低生物质利用成本，提高环境和经济效益。迄今为止，超临界萃取技术在生物燃料提取、生物质预处理等方面均有广泛应用。

Reyes 等[37]在湿藻浆中加入吸附剂（壳聚糖），随后直接对湿藻浆进行超临界二氧化碳萃取，以此来研究使用湿度较高的原料直接进行超临界二氧化碳萃取时，对类胡萝卜素萃取率和油脂萃取率的影响。他们发现加入吸附剂后的湿藻浆利用超临界二氧化碳提取出的类胡萝卜素含量有所提高，而油脂的产量仍然很低。利用刚采收的微藻直接进行超临界二氧化碳萃取，还是无法获得理想的油脂含量。所以，采用超临界二氧化碳对微藻油脂进行萃取时必须事先干燥藻粉，确保原料湿度（水分）低于 5%，否则将会影响萃取效果。

生物柴油的原料已经从食用油扩大到非食用油。Li 等[38]采用超临界二氧化碳萃取从两种微藻金藻和小球藻中得到生物柴油。他们首先提取微藻油，然后生产生物柴油，减压后的残留物可重新用作药物和营养品的原料。他们发现微藻的粒径、温度、压力、甲醇与油的物质的量比和二氧化碳与正己烷的流量均对生物柴油的产率有影响。

4. 超临界二氧化碳萃取在环境保护中的应用

随着全球环境的日益恶化，以及环境污染物的多样化和复杂化，环境与发展的矛盾日益突出，所以各国都将环境保护提高到一个新的战略高度。近年来，超临界二氧化碳萃取作为一种绿色技术而备受推崇，已被逐渐应用到处理土壤中有机污染物等领域。

常见的土壤有机污染物包括汽油、农药残留、多环芳烃（PAHs）和多氯联苯（PCBs）等持久性有机污染物。PAHs 是弱极性有机物，可以溶解在非极性的超临界二氧化碳中，从土壤中去除。如通过超临界二氧化碳萃取实现了包括 PAHs 在内的石油烃污染物的处理，萃取效率达 80%以上[39]。

钚铀氧化还原萃取是一种溶剂萃取工艺，可用于从废核燃料中萃取铀和钚。磷酸三丁酯（TBP）是钚铀氧化还原萃取工艺中铀和钚的关键提取剂，为了开发利用超临界二氧化碳的有效铀去污工艺，TBP 和硝酸形成复合物，溶解在超临界二氧化碳中。例如，利用 TBP-HNO_3 复合物作为试剂、超临界二氧化碳作为清洁溶剂，对被铀污染的土壤砂的去污进行研究[40]。其中四种类型的样品（海砂、粗砂、中砂和细砂）被铀人为污染。当去污时间少于一天时，所有四种砂样品中铀的提取率都非常高。随着时间的延长，铀的提取率随着土壤砂中表面积的增加而减小，表明样品表面可能形成化学吸附铀。清洗过程中的溶剂二氧化碳可以很容易地回收利用，TBP 和硝酸也可以重新使用。因此，超临界二氧化碳萃取在土壤砂的去污方面效果显著，是一种有效的、较为绿色的土壤有机污染物去除方法。

超临界流体技术以其独特的优势在环境保护中发挥着越来越重要的作用。由于超临界二氧化碳良好的萃取性能，其在土壤有机污染物萃取等方面有显著的去污效果。而且二氧化碳可以循环使用，减少了对环境的污染。因此，超临界二氧化碳绿色萃取技术在环境保护中具有广阔的应用前景。

3.6.2　在化学反应中的应用

随着超临界技术的不断研究和发展，超临界流体作为绿色介质也被广泛应用到各种化学反应中。研究发现，超临界条件更有利于化学反应的进行，主要表现为以下几点：

1）与液体相比，反应物在超临界条件下的扩散系数远比在液体中的大，而黏度却远比在液体中的小，克服了传质阻力，使反应物分子或离子快速地充分接触，从而提高反应速率。

2）液体的溶解能力与密度成正比，因而可以通过改变压强来控制反应物在超临界流体中的溶解度与浓度，使反应速率较慢的固-液非均相反应得到大大改善。

3）超临界流体中的反应产物的溶解度随分子量、温度和压强的改变而有明显的变化，利用这一性质，可以及时地将反应产物从反应体系中除去，提高反应转化率。

4）在超临界流体中，反应速率常数随压强增大而增大，但对于能生成多种产物的化学反应，压强对不同的反应速率的影响是不同的。因此，通过压强的控制可以改变反应的选择性。

由此看来，超临界流体在化学反应中表现出明显的优势，对化学反应的反应速率、化学平衡和选择性都有重要的影响，而且超临界流体作为无毒无害的化学反应介质，取代了传统有机溶剂应用于许多化学反应中，对保护环境具有重要意义。下面主要从酶催化反应、氧化反应、金属有机反应、有机催化反应和高分子聚合反应等反应中的不同反应特点来对超临界流体的应用进行介绍。

1. 超临界二氧化碳在酶催化反应中的应用

酶具有高效和专一的催化性能，酶催化反应在不对称合成反应中有着十分重要的意义。超临界二氧化碳是一种优良的绿色介质，临界温度（31.1℃）足够低，接近酶的最适反应温度，其临界压强（7.38MPa）在实际工业应用中也比较容易达到，特别是二氧化碳无毒、不可燃、价格便宜、来源广泛，而且在超临界二氧化碳中反应物具有较高的扩散度、较低的表面张力和相对较低的黏度。因此超临界二氧化碳介质作为一种绿色介质，在酶催化反应中有重要的应用前景。

超临界二氧化碳作为酶催化反应中的介质，有利于提升酶的稳定性和催化活性。近年来越来越多的研究结果表明，多达 25 种酶在超临界二氧化碳介质中都是稳定的，并能长期保持其催化活性，而且底物更易溶解，有更快的反应速率，此外还能简化分离过程，并有利于加强酶的专一性。

最近，利用固定化酶对羧酸进行生物催化酯化也引起了一些关注[41, 42]。使用这种方法，Badgujar 等[42]以超临界二氧化碳作为溶剂以较高的收率得到了各种乙酰丙酸酯，改善了使用传统有机溶剂丁酮收率不佳的不足。而且该过程是可持续的，可进行五次循环利用而不影响收率。因此，超临界二氧化碳作为酶催化反应的介质，既能有效保持酶的催化活性和稳定性，同时又突破了传统有机溶剂产率较低的局限性，减少和避免了有机溶剂的使用，是一种绿色环保、优良的酶催化反应的介质，对于可持续发展具有重要意义。

2. 超临界二氧化碳在氧化反应中的应用

超临界二氧化碳在氧化反应中也有着广泛的应用。超临界二氧化碳替代常规的有毒有害的有机溶剂，突破了传统溶剂的选择性和产率，提高了反应速率，减少了对环境的污染。例如，在超临界二氧化碳中正丁烷的氧化反应如反应式（3-1）所示，结果表明，在超临界二氧化碳条件下，产物的收率较传统有机溶剂获得很大提高[43]。

$$\text{CH}_3\text{CH}_2\text{CH}_2\text{CH}_3 \xrightarrow[\text{SC-CO}_2]{\text{O}_2\text{催化}} \text{HOOC(H)C=C(H)COOH} \qquad (3\text{-}1)$$

超临界二氧化碳也可以提高氧化反应的选择性。Chapman 等[44]建立了一种连续流动的过程，将伯醇和仲醇氧化为相应的酮、醛和羧酸。而且在超临界二氧化碳中也能进行立体选择性氧化，并且在一些情况下，可实现在常规溶剂中未实现的立体选择性。另外，在超临界二氧化碳（40℃和 15MPa）和二氯甲烷中使用手性催化剂进行苯乙烯的对映选择性环氧化。超临界二氧化碳中的对映选择性更好，ee 值为 41%～76%，而二氯甲烷中为 24%～74%[45]。

3. 超临界二氧化碳在金属有机反应中的应用

在超临界流体作为介质的金属有机反应中，超临界二氧化碳具有化学惰性，且对低分子量链烷烃有较好的溶解性，是一种很有吸引力的活化 C—H 键的反应媒介[46]。而且 C—H 活化产物从传统溶剂中分离常常很困难，而采用超临界流体溶液快速膨胀（RESS）技术从超临界溶液中分离它们则相对简单，因此超临界二氧化碳作为绿色反应介质，不仅减少了传统有机溶剂的使用，同时简化了反应的分离和纯化过程，在金属有机反应中的应用具有重要意义。

4. 超临界二氧化碳在有机催化反应中的应用

超临界二氧化碳在有机催化反应中的应用最为广泛。超临界二氧化碳绿色无污染，溶解能力强，能提高催化剂的活性，延长催化剂的寿命，提高反应的选择性和反应产率。随着研究的不断深入，超临界二氧化碳已经不断被应用于各种有机催化反应中。

（1）碳-碳偶联反应

Suzuki-Miyaura 偶联反应是一种有效形成碳-碳键的方法，然而在传统有机溶剂中采用均相 Pd 催化剂的 Suzuki-Miyaura 偶联反应存在一些缺陷。第一，偶联产物与催化剂及溶剂分离较困难；第二，昂贵的钯催化剂不能循环利用；第三，易挥发的有机溶剂通常会对环境及人体健康产生危害等。因此，利用超临界二氧化碳取代传统有机溶剂实现 Suzuki-Miyaura 偶联反应的绿色化引起了人们的极大兴趣。

超临界二氧化碳中的过渡金属催化交叉偶联也已经被广泛研究[47]。研究发现，在超临界二氧化碳介质中，负载型钯系催化剂催化的溴硝基苯与苯硼酸的 Suzuki 偶联反应于 20MPa、90℃条件下反应 24h，如反应式（3-2）所示。反应可达到 99%的高收率，而且反应结束后仅通过减压降温操作，产品即可结晶析出[48]，使得产物的制备和分离过程更加容易，降低了有毒有害试剂的使用和污染。

Br　$B(OH)_2$　Ph-SBA-PPh_3-Pd　碱, SC-CO_2, 20MPa, 363K, 24h　O_2N　NO_2 （3-2）

最近，双相超临界二氧化碳/离子液体体系也被用来进行芳基卤化物与芳基硼酸的 Suzuki 偶联[49]。所用的离子液体[Hmim][Tf_2N]和 Pd 催化剂可以很容易地再次循环利用，而且联苯的产率在六次循环过程中几乎保持恒定（初始收率 92%；最终收率 89%）。

（2）加氢反应

氢气在超临界二氧化碳中能够很好地溶解，因此超临界二氧化碳作为一种绿色介质，可以提高加氢反应的选择性和反应速率。例如，在二氧化碳的加氢反应中，超临界二氧化碳作为反应物也参与了反应[50]。高浓度的 H_2 在超临界二氧化碳中可以使二氧化碳氢化生成甲酸：

$$CO_2 + H_2 \rightleftharpoons HCOOH \quad (3\text{-}3)$$

此外，超临界二氧化碳中烯烃的氢化反应也有相关的研究报道。Yilmaz 等[51]研究了超临界二氧化碳中苯乙烯、1-辛烯和环己烯的加氢反应，与传统的有机溶

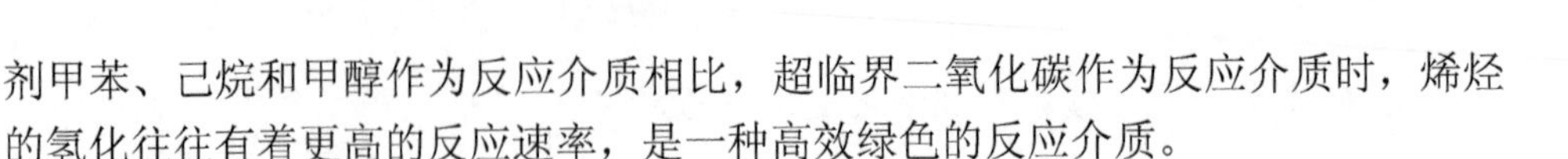

剂甲苯、己烷和甲醇作为反应介质相比，超临界二氧化碳作为反应介质时，烯烃的氢化往往有着更高的反应速率，是一种高效绿色的反应介质。

（3）环加成反应

超临界二氧化碳作为反应介质和反应原料可以进行环加成反应。例如，以超临界二氧化碳作为溶剂和反应物，在超强碱 1, 8-二氮杂二环十一碳-7-烯（DBU）的催化作用下与 2-氨基苯甲腈反应合成了一种重要的医药中间体 2, 4-喹唑啉二酮，如反应式（3-4）所示。目标产物 2, 4-喹唑啉二酮的收率可高达 91%[52]，同时反应过程更加绿色，避免了传统有毒有害试剂的使用。

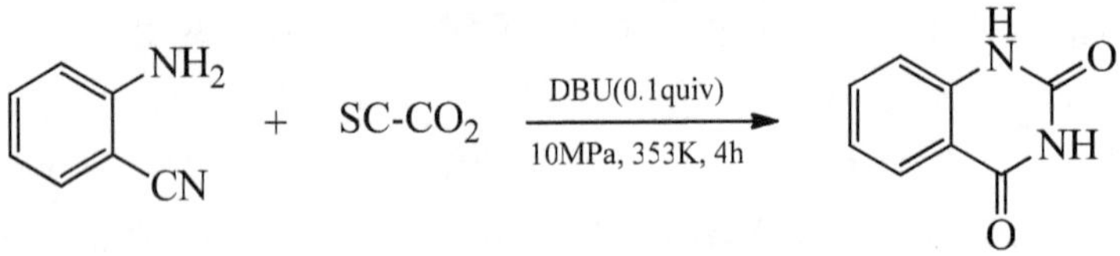

（3-4）

目前研究的还有 Huisgen 环加成反应。轻质烷烃在铜催化剂存在下与重氮乙酸乙酯反应进行官能团化，可得到相应的乙酯[53]。在超临界二氧化碳中，Zhang 等[54]运用该方法合成了各种各样的三唑。即使在没有碱或配体的情况下，该绿色方案也不仅适用于小分子三唑的高效合成，而且适用于合成含有 1, 2, 3-三唑部分的聚合物。

（4）Diels-Alder 反应

Diels-Alder 反应是工业化合成环状化合物的重要反应之一。在超临界二氧化碳介质中，Diels-Alder 反应甚至不用催化剂也能在较温和条件下自发进行并得到较好的产率，实现了反应的绿色化。

Ikushima 等[55]利用甲基丁二烯和丙烯酸甲酯作为二烯体和亲二烯体来合成环状化合物，如反应式（3-5）所示。该反应在超临界二氧化碳介质中，即使不添加催化剂 $AlCl_3$，也能得到很好的收率。而且在超临界二氧化碳介质中，通过增加压强，能够提高反应速率，改变反应产物的选择性。在超临界二氧化碳中，该反应的选择性与常态反应正好相反，更有利于间位异构体的生成，溶剂效应非常显著。

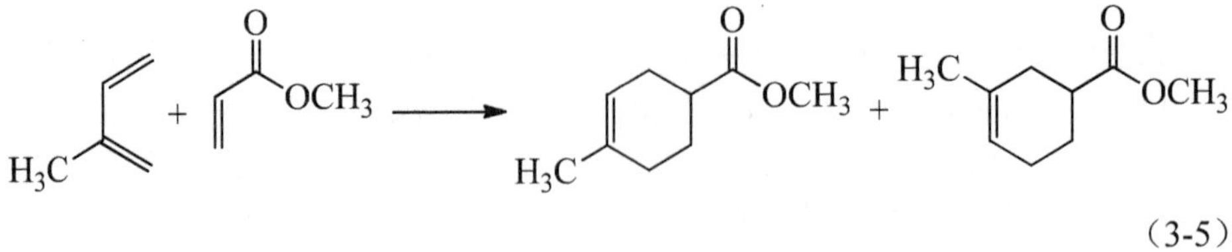

（3-5）

（5）羰基化反应

Rathke 等[56]最早从事了超临界二氧化碳中的氢甲酰化的反应研究，他们利用 $CO_2(CO)_8$ 作催化剂对丙烯进行氢甲酰化反应，如反应式（3-6）所示。由于气体在超临界二氧化碳中的溶解度较大而反应物浓度高，超临界二氧化碳不仅可以提高直链醛与支链醛比例，反应速率相比于在非极性溶剂中也得到了大大提高。

$$\underset{H_3C}{\overset{H}{\diagdown}}C{=}CH_2 \xrightarrow[SC\text{-}CO_2,\ 353K]{CO,\ H_2,\ CO_2(CO)_8} H_3C{-}\overset{CH_3}{\overset{|}{C}}HCHO + CH_3CH_2CH_2CHO \quad (3\text{-}6)$$

5. 超临界二氧化碳在高分子聚合反应中的应用

超临界二氧化碳作为一种绿色溶剂，在聚合反应中也有重要的应用。在聚合反应中，超临界二氧化碳可以取代传统的含氟的有害溶剂，实现了含氟聚合物在这一绿色溶剂中的高溶解度，还提高了反应的绿色化程度。例如，Desimone 等[57]在 1992 年首次报道了以超临界二氧化碳为溶剂，2, 2′-偶氮二异丁腈（AIBN）为引发剂，进行 1, 1′-二氢全氟代辛基丙烯酸酯（FOA）的自由基均聚反应，得到了分子量高达 27 万的聚合物。此后超临界聚合体系不断丰富，开辟了超临界二氧化碳萃取高分子的途径，大大拓宽了超临界二氧化碳中高分子聚合反应的应用领域。

总的来说，超临界流体应用于化学反应中表现出极大的优越性和应用价值。超临界流体可替代传统有机溶剂作反应介质，从源头上消除有害物质，属于绿色化学的范畴；超临界流体能够增加目标产物的收率，提高反应速率，改善化学反应的选择性；超临界流体可以简化分离过程，将反应过程与分离过程合二为一，节省人力和物力；超临界流体可以提升催化剂的活性，延长催化剂的寿命等，实现了化学反应的绿色化。

3.6.3 在材料合成中的应用

超临界流体具有很强的溶解能力、较大的扩散系数、较低的黏度，因此体现出较好的传质和渗透能力，并且还对温度和压强极为敏感。利用超临界流体的上述性质就可以制备超细粉体。这里简要介绍超临界二氧化碳中材料合成的物理方法和化学反应法。

利用物理方法如超临界抗溶剂法可以合成超细粉体。最近，Braeuer 等[58]研究了在超临界抗溶剂沉淀法中使用溶剂混合物控制聚乙烯吡咯烷酮颗粒的粒度的方法。这些溶剂在溶解力方面与底物不同，随着“较差”溶剂百分比的增加，粒度和粒度分布一致地缩小：使用纯乙醇导致形成良好分离的球形微粒，而使用乙醇/丙酮混合物导致形成亚微米和纳米颗粒。

超临界流体中化学法制备纳米材料主要是以超临界流体为介质，通过不同的化学反应来制备纳米材料、碳纳米管材料及金属-有机骨架材料等[59]。例如，在超临界二氧化碳中合成了纳米晶体（如 Ag、Ir 和 Pt）并研究了其分散性[60]。他们利用氢气合成 Ag、Ir 和 Pt 纳米晶体，直径范围从 2.0nm 到 12nm，在氟化配体存在下用氢气还原有机金属前驱体[61]。还发现 1*H*，1*H*，2*H*，2*H*-全氟辛硫醇封端的纳米晶体可以再分散在丙酮和氟化溶剂中，但是，它们不能在超临界二氧化碳中重新分散。

在另一项最近的研究中，Zhao 等[62]利用超临界二氧化碳将石墨烯上的 Pd 纳米粒子分散，产生高效的甲酸和甲醇作为电催化剂用于燃料电池。同样，该技术也被用于在碳纳米管上 Pt 沉积，以甲酸和甲烷为主要产物来催化 CO_2 还原[63]，是一种高效绿色的材料制备方法。

近年来，金属-有机骨架（MOFs）在超临界二氧化碳中的研究已经成为化学和材料科学的一个新兴方向。由于超临界流体独特的性能，包括溶解广泛的有机和无机化合物及灵活的设计能力，它们被证明是合成各种 MOFs 的理想介质。超临界二氧化碳具有可调节的溶剂能力和优良的传质特性，为 MOFs 活化、MOFs 气凝胶合成和 MOFs 结构提供了替代有机溶剂的机会。最近，韩布兴课题组结合了离子液体和超临界二氧化碳两种绿色溶剂的优点，为制备超临界二氧化碳提供了新的绿色途径[64]。

随着人们对超临界流体性质的了解和认识的不断深化，传统方法结合超临界流体的制备技术在材料领域的应用越来越受到广泛重视，其工作涉及纳米材料、碳纳米管材料及金属有机材料等的制备和性能研究。随着超临界流体科学和技术的发展，超临界流体在材料制备中的应用将逐步实现工业化。

3.6.4 在印染中的应用

传统的以水为介质的印染行业，在生产过程中会排放出大量废水，这不但浪费资源和能源，而且造成了严重的环境污染。随着化工生产中绿色、清洁化生产的发展，以超临界流体作为染色介质的超临界流体染色（supercritical fluid dyeing，SFD）工艺成为许多研究者关注的热点。由于超临界二氧化碳黏度低，染料能够快速、均匀地上染到待染织物上，匀染性较好，在染色过程中无需加匀染剂等化学助剂，二氧化碳通过逐级降压或快速降压可以与染料充分分离，织物无需染后烘干，节省能源。染色结束后，剩余的染料和二氧化碳均可被回收重复利用。超临界二氧化碳印染工艺作为一种无能耗、无废水污染的新型染整工艺，有助于印染行业的可持续发展，是一种环境友好的绿色染色工艺。

流体的性质直接影响染料的溶解度及形态，进而影响染色结果。由于二氧化碳是非极性的，这在一定程度上制约了它对大多数极性分散染料的溶解，从而影响染料在织物上的上染。可以添加少量共溶剂（多为丙酮、乙醇和水等极性化合物）改善超临界二氧化碳的溶解性能，有效提高染料的溶解度。例如，在超临界二氧化碳中加入乙醇和丙酮作为共溶剂后，发现 1-氨基-2-苯氧基-4-羟基蒽醌（C.I.分散红 60）在超临界二氧化碳中的溶解度显著增强，这归因于共溶剂和染料分子之间形成了氢键，进而提高了 C.I.分散红 60 在超临界二氧化碳中的溶解度[65]。

由于二氧化碳的非极性，二氧化碳用于染色时对非极性的分散染料有一定的溶解能力，而对极性的离子性染料几乎不溶解，这就是目前超临界流体染色仅局限于涤纶等合成纤维的原因。对于棉、麻等纤维素纤维和毛、丝等蛋白质纤维来说，主要采用极性和分子量较大的染料如毛用活性染料、直接染料和酸性染料等进行染色，但此类染料在超临界二氧化碳中很难溶解，难以进行染色。因此，现有的天然纤维超临界染色面临怎样染得上及染得好的问题。针对这一挑战，越来越多的研究者进行了多方面研究。

极性共溶剂一般由甲醇、乙醇、水及其混合物组成，在超临界染色前对纤维进行预处理，不仅增加了分散活性染料在超临界二氧化碳中的溶解度，还对棉纤维起到了溶胀剂的作用，使染料更易扩散至纤维内部。例如，在棉纤维染色之前进行水、DMSO、甲醇以及乙醇的浸渍预处理，再进行超临界二氧化碳染色[66]。另外，Fernandez 课题组[67]利用分散活性染料在超临界二氧化碳中染色天然和合成纺织品，在棉纤维染色之前进行水、DMSO 和甲醇的浸渍预处理，然后再进行超临界二氧化碳染色。研究发现共溶剂的存在不但增加了分散活性染料在超临界二氧化碳中的溶解度，而且当超临界二氧化碳和织物都被水饱和时，获得最大的着色。由于水溶胀纤维的能力增加或由于水对染料纤维体系的反应性的影响，天然和合成纺织品可以获得最大着色。

综上所述，超临界二氧化碳染色技术是具有广阔应用前景的新型环保染色技术，能够从源头上解决印染行业的环境污染问题，充分体现了绿色、清洁生产的理念。近年来，超临界印染技术已取得了显著进步，并已进入商业化阶段。大力发展我国超临界印染技术的产业化进程及其应用具有重要的社会效益和环境效益。

3.6.5　在清洗中的应用

清洗作为半导体、精密机械等高新创造领域的一个必不可少的环节，对产品质量的提升具有关键的作用。以有机溶剂和水溶液清洗为主的传统清洗技术耗水量大，对生态环境造成了巨大的破坏，因此研发一种更环保、更便捷的新型清洁技术是至关重要的。

超临界二氧化碳流体是一种绿色环保的清洗剂，具有极低的表面张力、较低黏度及高扩散性，容易渗入深孔、细缝内部；超临界二氧化碳为非极性溶剂，且在高压下有较强的溶解能力，可以有效清除弱极性有机污染物，包括硅酮、碳氢化合物、氟化物、石油、介电油、切削油、润滑油、酯、脂肪及蜡等。二氧化碳无色、无毒、无味、不燃烧且清洗过程完全不用水，不需干燥程序，因而可以用作优良的清洗介质。超临界二氧化碳清洗所具有的这些优点，使它在清除机件表面的油污、氧化物以及清洗复杂精密零件等方面具有一定的优势。

对于精密复杂零件，超临界二氧化碳的低黏度、高扩散性和极低表面张力等诸多优点可以使溶剂迅速润湿表面，极易渗透入微细孔、槽中溶解污染物，达到清洗目的。例如，Della Porta 等[68]利用超临界二氧化碳来清洗雕刻辊，发现在压强为 15MPa、温度为 40℃，清洗时间为 60min 的条件下，超临界二氧化碳和有机溶剂（*N*-甲基-四氢咯酮）混合乳化液几乎可以完全清除聚氨酯黏结剂和聚氯乙烯油墨。

超临界二氧化碳作为非极性溶剂，能有效清除机件上的弱极性有机污染物，对于一些难以去除的金属污染物，可以添加极性溶剂来提高其溶解性能。Liu 等[69]发现超临界二氧化碳在发动机部件清洗过程中的去污能力优良，但容易受到各种操作参数如清洗温度（65～75℃）、压强（22.0～25.0MPa）、CO_2 流量（4.8～6.8$L \cdot h^{-1}$）和清洁时间（30～40min）的影响。但使用脱水乙醇作为助溶剂时，在 75℃和 25.0MPa 的条件下计算得到的最佳清洗率可达 89.30%。

目前，超临界二氧化碳清洗作为一种新兴技术，在半导体微电子、精密部件等行业中也取得了一定进展。然而，由于超临界流体技术基础理论研究不够深入，清洗工艺有待进一步优化。超临界二氧化碳流体本身作为一种清洁绿色、储量丰富的溶剂，必将成为未来清洗行业重要的研究和应用对象。

3.6.6 其他应用

近年来，随着人们对超临界流体性质研究的深入，其应用已不仅仅限于超临界萃取分离、化学反应、材料合成、超临界印染和超临界清洗等诸多领域，也逐渐拓展到其他领域，如超临界干燥和超临界喷涂等新领域。

1. 超临界干燥技术

超临界干燥（supercritical drying，SCD）就是借助超临界流体从固体材料、水溶液或悬浮液中移除液体（通常是水或其他溶剂）的过程，是利用超临界流体的特性而开发的一种新型干燥方法。在超临界状态下，流体具有很强的溶解能力，超临界流体渗入被干燥物体内部，从而达到干燥的目的。由于超临界流体不存在气液界面，表面张力为零，可以避免溶剂的表面张力对多孔结构的破坏，从而获得孔道结构保持完整的多孔材料。近年来的研究结果表明，超临界干燥技术在凝胶类物质和食品等领域应用广泛。

超临界二氧化碳作为一种绿色溶剂，具有操作温度低、干燥时间短和环境友好等优点，因此目前一般采用超临界二氧化碳干燥法制备气凝胶。纤维素气凝胶是继无机气凝胶材料和有机聚合物气凝胶材料之后新生的第三代气凝胶材料。纤维素气凝胶不仅具有传统气凝胶材料的优异性能（质轻、高孔隙率、高比表面积、低介电常数等），而且具有自身独特的优良品质。以细菌纤维素为原料通过溶剂交换和超临界二氧化碳干燥（40℃，100MPa）两个步骤获得干燥纤维素气凝胶，其密度仅为 $8mg \cdot cm^{-3}$，与最轻质的二氧化硅气凝胶相当，并且明显低于迄今为止从植物纤维素获得的纤维素气凝胶[70]。另外，Yang 和 Cranston[71]采用超临界二氧化碳干燥获得了化学交联的纤维素纳米晶体（CNC）气凝胶，得到的气凝胶密度超小（仅为 $5.6mg \cdot cm^{-3}$），且高度多孔（孔隙率为 99.6%）。这些 CNC 气凝胶具备极大吸附能力［水的吸附量达（160±10）$g \cdot g^{-1}$］，且具有循环吸收能力，因此在催化剂负载、过滤材料和吸音隔热材料等方面具有巨大的潜在应用价值。

在食品和医药领域，用于超临界干燥的流体是超临界二氧化碳。为延长产品的稳定性，去除水分是食品和制药行业的重要操作。目前有关超临界干燥食品和药品的研究报道不少，如 Brown 等[72]采用超临界二氧化碳干燥胡萝卜片。另外，Khalloufi 等[73]采用质量守恒模型还对 Brown 的超临界二氧化碳干燥胡萝卜片的过程进行了数值模拟和预测，发现采用质量守恒模型可以较好地解释超临界二氧化碳干燥的过程，为进一步研究超临界二氧化碳干燥食品的机理奠定了基础。

超临界干燥技术是近年来发展起来的一种新型干燥工艺，从最早对凝胶类物质的干燥发展到如今在纤维素气凝胶和食品等诸多领域。我们有理由相信超临界干燥技术具有广阔的应用前景。

2. 超临界喷涂技术

表面涂层是保护材料的一种重要手段，也是对各种材料进行改性的简便方法。传统的涂料一般为溶剂型涂料，需要使用大量有机溶剂。挥发性有机化合物（VOC）含量是定量表征涂料产品中有机溶剂的方法。随着环境法规的不断强化，传统溶剂型涂料的生产逐渐受到限制，因此发展低污染涂料已成为环境保护的必然需要。

超临界流体技术的应用，为开发新型绿色涂料（green coating）开辟了一条新路。超临界流体一般为小分子，更容易穿透高聚物等固体物质，使其有效溶胀，可使涂料基体有效稀释。在众多的超临界流体中，超临界二氧化碳最适合作涂料稀释剂，因为二氧化碳的超临界温度较低（31.1℃），临界压强（7.38MPa）也在现有无空气喷涂设备的使用范围内，所以无须增加新设备。在喷涂工艺中，使用超临界二氧化碳能使喷雾器产生理想的雾化和成膜效果。制造以超临界二氧化碳为稀释剂的涂料，能降低传统涂料中大量采用的挥发性有机化合物（可减少 80% 左右），而且还可以提高产品的质量和外观效果。

Co-Ni 合金涂料有两种不同的电镀技术，即超临界二氧化碳辅助电沉积和常规电沉积两种。两种电沉积技术对合成镍合金镀层表面形貌、晶粒尺寸、晶粒结构、显微硬度、磨损和耐蚀性等有不同的的影响。研究发现，采用超临界二氧化碳流体的钴镍合金镀层具有较亮的表面外观、较低的表面粗糙度和较小的晶粒尺寸[74]。与传统的电沉积法相比，在乳化二氧化碳中沉积的钴镍合金镀层的显微硬度要高得多。此外，在乳化的超临界二氧化碳中产生的 Co-Ni 合金涂层具有较好的磨损性和耐蚀性，磨损和腐蚀速率分别约为常规电沉积的 1/4 和 1/2。超临界二氧化碳辅助电沉积为制造钴镍合金涂层这一工作提供了一种有吸引力的策略，增加了暴露在腐蚀和磨损条件下的部件的寿命。

利用在超临界二氧化碳下的脉冲电沉积技术可以制备镍和镍-氧化石墨烯（Ni-GO）复合涂料[75]。利用 X 射线衍射（XRD）、场发射扫描电子显微镜（FE-SEM）、能量色散 X 射线谱（EDS）、X 射线光电子能谱（XPS）、拉曼光谱和 Zeta 电位等方法对纳米复合材料进行表征。发现使用这种方法将氧化石墨烯（GO）还原为石墨烯（RGO）。结果表明，超临界二氧化碳辅助电沉积制备的 Ni-GO 复合涂层比传统电沉积制备的 Ni-GO 复合涂层具有更亮的表面外观、更小的晶粒尺寸和更低的表面粗糙度。此外，在电沉积过程中引入超临界二氧化碳流体和 RGO 使 Ni-GO 复合涂层具有更高的显微硬度和更好的耐磨性，其显微硬度达到最大值 756.4HV（0.2）。

总之，超临界二氧化碳喷涂技术是一种具有突出优势的新型涂装技术，有望使涂料中的挥发性有机化合物含量降低为零，彻底清除涂装过程的环境污染。目前超临界二氧化碳涂装在汽车、航空和机械设备等的表面涂装和环保型涂料的制备等领域具有广泛的应用前景。

超临界流体因其独特的物理化学性质，通过改变温度和压强可对其物理化学性质进行连续调节，实现高效分离和反应。近年来，超临界流体技术已经迅速地向萃取分离以外的领域拓展，已成为包括萃取分离、化学反应、材料合成、超临界印染、超临界清洗、超临界干燥和超临界喷涂等诸多领域的综合技术。

综上所述，超临界流体在以下方面发挥重要作用：①超临界萃取分离方面。作为超临界流体技术发展的一个重要方面，超临界萃取分离在食品、药物提取、可再生生物质能源和环境保护等领域得到迅速发展，许多技术已经实现产业化，充分显示了环境友好的超临界萃取分离的良好发展前景。②化学反应工程方面。人们已在众多领域对超临界流体中的化学反应进行了研究，如超临界流体中的酶催化反应、氧化反应、金属有机反应、有机催化反应和高分子聚合反应等。超临界流体这一绿色溶剂将取代一些有害的挥发性有机溶剂，并且使反应效率更高。③材料科学方面。超临界流体具有很强的溶解能力、较大的扩散系数和较低的黏度，体现出很好的传质和渗透能力，在制备纳米材料方面得到了越来越多的关注。

④其他方面。超临界印染、超临界清洗、超临界干燥和超临界喷涂等方面的研究已取得大量成果，许多应用已经实现商业化。

任何新技术的发展与成熟都需要科学的研究与实践。随着人们对超临界流体这一绿色溶剂认识的不断深入和新技术的开发，它将在化工、能源、材料、环保和生物化工等诸多领域的应用上展示更光明的前景，必将为人类创造巨大的经济效益、社会效益和环境效益。

参考文献

[1] Poliakoff M，George M W，Hamley P A，et al. Supercritical Fluids Clean Solvents for Green Chemistry. New York：Springer, 1997.

[2] 韩布兴等. 超临界流体科学与技术. 北京：中国石化出版社，2005.

[3] 朱自强. 超临界流体技术——原理和应用. 北京：化学工业出版社，2000.

[4] 李淑芬，张敏华，等. 超临界流体技术及应用. 北京：化学工业出版社，2014.

[5] Taylor L T. Supercritical Fluid Extraction. New York：John Wiley & Sons，1996.

[6] Marr R，Gamse T. Use of supercritical fluids for different processes including new developments—a review. Chemical Engineering & Processing Process Intensification，2000，39（1）：19-28.

[7] Mchugh M A，Krukonis V J. Supercritical fluid extraction：principles and practice. Solvent Extraction，1986，32（1）：20-25.

[8] Liong K K，Wells P A，Foster N R. Diffusion coefficients of long-chain esters in supercritical carbon dioxide. Industrial & Engineering Chemistry Research，1991，30（6）：1329-1335.

[9] Angus S，Armstrong B，De Reuck K M. International thermodynamic tables of the fluid state. 5. Methane. International Thermodynamic Tables of the Fluid State Argon，1978，5（1-2）：21-22.

[10] Michels A，Botzen A，Schuurman W. The viscosity of carbon dioxide between 0°C and 75°C and at pressures up to 2000 atmospheres. Physica，1957，23（1）：95-102.

[11] Iwasaki H，Takahashi M. Viscosity of carbon dioxide and ethane. Journal of Chemical Physics，1981，74（3）：1930-1943.

[12] Tilly K D，Foster N R，Macnaughton S J，et al. Viscosity correlations for binary supercritical fluids. Industrial & Engineering Chemistry Research，1994，33（3）：681-688.

[13] Fernández D P. A database for the static dielectric constant of water and steam. Journal of Physical & Chemical Reference Data，1995，24（1）：33-70.

[14] Jasper J J. The surface tension of pure liquid compounds. Journal of Physical & Chemical Reference Data，1972，1（4）：841-1010.

[15] Impey R W，Sprik M，Klein M L. Ionic solvation in nonaqueous solvents：the structure of lithium ion and chloride in methanol，ammonia，and methylamine. Cheminform，1987，19（3）：5900-5904.

[16] 邓康，黄文建，孙振范，等. 超临界二氧化碳的结构性质的模拟研究. 广东化工，2014，41（7）：25-26.

[17] 张乃强，徐鸿，白杨. 分子动力学模拟超临界水微观结构及自扩散系数. 中国电力，2011，44（12）：47-50.

[18] Ikushima Y，Hatakeda K，Saito N，et al. An *in situ* Raman spectroscopy study of subcritical and supercritical water：the peculiarity of hydrogen bonding near the critical point. Journal of Chemical Physics，1998，108（14）：5855-5860.

[19] And M M H，Conradi M S. Are there hydrogen bonds in supercritical water?. Journal of the American Chemical Society，1997，119（16）：3811-3817.

[20] Yasaka Y，Kubo M，Matubayasi N，et al. High-sensitivity Raman spectroscopy of supercritical water and methanol over a wide range of density. Bulletin of the Chemical Society of Japan，2007，80（9）：1764-1769.

[21] Yui K，Uchida H，Itatani K，et al. Raman OH stretching frequency shifts in supercritical water and in O_2-and acetone-aqueous solutions near the water critical point. Chemical Physics Letters，2009，477（1-3）：85-89.

[22] Matubayasi N，Wakai C，Nakahara M. NMR study of water structure in super and subcritical conditions. Physical Review Letters，1997，78（13）：2573-2576.

[23] Postorino P，Tromp R H，Ricci M，et al. The interatomic structure of water at supercritical temperatures. Nature，1993，366（6456）：668-670.

[24] Bellissentfunel M C，Tassaing T，Zhao H，et al. The structure of supercritical heavy water as studied by neutron diffraction. Journal of Chemical Physics，1997，107（8）：2942-2949.

[25] Bröll D，Kaul C，Krämer A，et al. Chemistry in supercritical water. Angew Chem Int Ed Engl，1999，38（20）：2998-3014.

[26] Bellissent-Funel M C. Structure of supercritical water. Journal of Molecular Liquids，2001，90（1）：313-322.

[27] Krammer P，Mittelstädt S，Vogel H. Investigating the synthesis potential in supercritical water. Chemical Engineering & Technology，1999，22（2）：126-130.

[28] Hauthal W H. Advances with supercritical fluids. Chemosphere，2001，43（1）：123-135.

[29] Spinelli S，Conte A，Lecce L，et al. Supercritical carbon dioxide extraction of brewer's spent grain. Journal of Supercritical Fluids，2016，107：69-74.

[30] Sicari V，Poiana M. Recovery of bergamot seed oil by supercritical carbon dioxide extraction and comparison with traditional solvent extraction. Journal of Food Process Engineering，2017，40（1）：1-8.

[31] Belayneh H D，Wehling R L，Reddy A K，et al. Ethanol-modified supercritical carbon dioxide extraction of the bioactive lipid components of camelina sativa seed. Journal of the American Oil Chemists Society，2017，94：1-11.

[32] Hatami T，Johner J C F，Meireles M A A. Investigating the effects of grinding time and grinding load on content of terpenes in extract from fennel obtained by supercritical fluid extraction. Industrial Crops & Products，2017，109：85-91.

[33] Villanueva B D，Angelov I，Vicente G，et al. Extraction of thymol from different varieties of thyme plants using green solvents. Journal of the Science of Food and Agriculture，2015，95（14）：2901-2907.

[34] Bitencourt R G，Queiroga C L，Montanari Junior I，et al. Fractionated extraction of saponins from Brazilian ginseng by sequential process using supercritical CO_2，ethanol and water. Journal of Supercritical Fluids，2014，92（8）：272-281.

[35] Ameer K，Chun B S，Kwon J H. Optimization of supercritical fluid extraction of steviol glycosides and total phenolic content from *Stevia rebaudiana*（Bertoni）leaves using response surface methodology and artificial neural network modeling. Industrial Crops & Products，2017，109：672-685.

[36] Zabot G L，Bitencourte I P，Tres M V，et al. Process intensification for producing powdered extracts rich in bioactive compounds：an economic approach. Journal of Supercritical Fluids，2016，119：261-273.

[37] Reyes F A，Mendiola J A，Suárez-Alvarez S，et al. Adsorbent-assisted supercritical CO_2 extraction of carotenoids from Neochloris oleoabundans paste. Journal of Supercritical Fluids，2016，112：7-13.

[38] Dan Z，Qiao B，Li G，et al. Continuous production of biodiesel from microalgae by extraction coupling with transesterification under supercritical conditions. Bioresour Technol，2017，238：609-615.

[39] Nagpal V, Guigard S E. Remediation of flare pit soils using supercritical fluid extraction. Journal of Environmental Engineering & Science, 2005, 4 (4): 307-318.

[40] Park K, Jung W, Park J. Decontamination of uranium-contaminated soil sand using supercritical CO_2 with a TBP-HNO_3 complex. Metals-Open Access Metallurgy Journal, 2015, 5 (4): 1788-1798.

[41] Badgujar K C, Bhanage B M. The green metric evaluation and synthesis of diesel-blend compounds from biomass derived levulinic acid in supercritical carbon dioxide. Biomass & Bioenergy, 2016, 84: 12-21.

[42] Colombo T S, Mazutti M A, Luccio M D, et al. Enzymatic synthesis of soybean biodiesel using supercritical carbon dioxide as solvent in a continuous expanded-bed reactor. Journal of Supercritical Fluids, 2015, 97: 16-21.

[43] Xue E, Ross J R H, Mallada R, et al. Catalytic oxidation of butane to maleic anhydride enhanced yields in the presence of CO_2, in the reactor feed. Applied Catalysis A General, 2001, 210 (1): 271-274.

[44] Chapman A O, Akien G R, Arrowsmith N J, et al. Continuous heterogeneous catalytic oxidation of primary and secondary alcohols in $scCO_2$. Green Chemistry, 2010, 12 (2): 310-315.

[45] Erdem O, Guzel B. Synthesis of new perfluorinated binaphthyl Mn (Ⅲ) complexes and epoxidation of styrene in supercritical carbon dioxide. Journal of Supercritical Fluids, 2014, 85 (85): 6-10.

[46] Jobling M, Howdle S M, Healy M A, et al. Photochemical activation of C—H bonds in supercritical fluids: the dramatic effect of dihydrogen on the activation of ethane by $[(\eta^5\text{-}C_5Me_5)Ir(CO)_2]$. Journal of the Chemical Society Chemical Communications, 1990, 18 (18): 1287-1290.

[47] Olmos A, AsensioG, Perez P J. Homogeneous metal-based catalysis in supercritical carbon dioxide as reaction medium. ACS Catalysis, 2016, 6: 4265-4280.

[48] Feng X, Yan M, Zhang T, et al. Preparation and application of SBA-15-supported palladium catalyst for Suzuki reaction in supercritical carbon dioxide. Green Chemistry, 2010, 12 (3): 254-259.

[49] Wang H B, Hu Y L, Li D J.Facile and efficient Suzuki-Miyaura coupling reaction of aryl halides catalyzed by $Pd_2(dba)_3$ in ionic liquid/supercritical carbon dioxide biphasic system. Journal of Molecular Liquids, 2016, 218: 429-433.

[50] Jessop P G, Ikariya T, Noyori R. Homogeneous catalytic hydrogenation of supercritical carbon dioxide. Nature, 1994, 368 (6468): 231-233.

[51] Yılmaz F, Mutlu A, Ünver H, et al. Hydrogenation of olefins catalyzed by Pd (Ⅱ) complexes containing a perfluoroalkylated S, O-chelating ligand in supercritical CO_2, and organic solvents. Journal of Supercritical Fluids, 2010, 54 (2): 202-209.

[52] Mizuno T, Iwai T, Ishino Y. The simple solvent-free synthesis of 1*H*-quinazoline-2, 4-diones using supercritical carbon dioxide and catalytic amount of base. Tetrahedron Letters, 2005, 36 (1): 7073-7075.

[53] Gava R, Olmos A, Noverges B, et al. Discovering copper for methane C-H bond functionalization. ACS Catalysis, 2015, 5 (6): 3276-3730.

[54] Zhang W, He X, Ren B, et al. $Cu(OAc)_2 \cdot H_2O$—an efficient catalyst for Huisgen-click reaction in supercritical carbon dioxide. Tetrahedron Letters, 2015, 56 (19): 2472-2475.

[55] Ikushima Y, Saito N, Arai M. Supercritical carbon dioxide as reaction medium: examination of its solvent effects in the near-critical region. Journal Physical Chemistry, 1992, 96 (5): 2293-2297.

[56] Rathke J W, Klingler R J, Krause T R. Propylene hydroformylation in supercritical carbon dioxide. Organometallics, 1991, 10 (5): 1350-1355.

[57] Desimone J M, Guan Z, Elsbernd C S. Synthesis of fluoropolymers in supercritical carbon dioxide. Science, 2007, 257 (5072): 945-947.

[58] Marco I D，Rossmann M，Prosapio V，et al. Control of particle size，at micrometric and nanometric range，using supercritical antisolvent precipitation from solvent mixtures：application to PVP. Chemical Engineering Journal，2015，273：344-352.

[59] Zhang J，Han B. Supercritical or compressed CO_2 as a stimulus for tuning surfactant aggregations. Accounts of Chemical Research，2013，46（2）：425-433.

[60] Shah P S，Holmes J D，Doty R C，et al. Steric stabilization of nanocrystals in supercritical CO_2 using fluorinated ligands. Journal of the American Chemical Society，2000，122（17）：4245-4246.

[61] Shah P S，Husain S，And K P J，et al. Nanocrystal arrested precipitation in supercritical carbon dioxide. Journal of Physical Chemistry B，2001，105（39）：9433-9440.

[62] Zhao J，Liu Z，Li H，et al. Development of a highly active electrocatalyst via ultrafine Pd nanoparticles dispersed on pristine graphene. Langmuir the ACS Journal of Surfaces & Colloids，2015，31（8）：2576-2583.

[63] Jimenez C，García J，Camarillo R，et al. Electrochemical CO_2reduction to fuels using Pt/CNT catalysts synthesized in supercritical medium. Energy & Fuels，2017，31（3）：3038-3046.

[64] Zhang B，Zhang J，Han B. Assembling metal-organic frameworks in ionic liquids and supercritical CO_2. Chemistry an Asian Journal，2016，11（19）：2610-2619.

[65] Muthukumaran P，Gupta R B，Sung H D，et al. Dye solubility in supercritical carbon dioxide. effect of hydrogen bonding with cosolvents. Korean Journal of Chemical Engineering，1999，16（1）：111-117.

[66] Kraan M V D，Cid M V F，Woerlee G F，et al. Dyeing of natural and synthetic textiles in supercritical carbon dioxide with disperse reactive dyes. Journal of Supercritical Fluids，2007，40（3）：470-476.

[67] Fernandez Cid M V，Gerstner K N，Jvan S，et al. Novel process to enhance the dyeability of cotton in supercritical carbon dioxide. Textile Research Journal，2007，77（1）：38-46.

[68] Della Porta G，Volpe M C，Reverchon E. Supercritical cleaning of rollers for printing and packaging industry. Journal of Supercritical Fluids，2006，37（3）：409-416.

[69] Liu W W，Li M Z，Short T，et al. Supercritical carbon dioxide cleaning of metal parts for remanufacturing industry. Journal of Cleaner Production，2015，93：339-346.

[70] Liebner F，Haimer E，Wendland M，et al. Aerogels from unaltered bacterial cellulose：application of $scCO_2$ drying for the preparation of shaped，ultra-lightweight cellulosic aerogels. Macromolecular Bioscience，2010，10（4）：349-352.

[71] Yang X，Cranston E D. Chemically cross-linked cellulose nanocrystal aerogels with shape recovery and superabsorbent properties . Chemistry of Materials，2014，26（20）：6016-6025.

[72] Brown Z K，Fryer P J，Norton I T，et al. Drying of foods using supercritical carbon dioxide—investigations with carrot. Innovative Food Science & Emerging Technologies，2008，9（3）：280-289.

[73] Khalloufi S，Almeida-Rivera C，Bongers P. Supercritical-CO_2 drying of foodstuffs in packed beds：experimental validation of a mathematical model and sensitive analysis. Journal of Food Engineering，2010，96（1）：141-150.

[74] Liu C，Su F，Liang J. Nanocrystalline Co-Ni alloy coating produced with supercritical carbon dioxide assisted electrodeposition with excellent wear and corrosion resistance. Surface & Coatings Technology，2016，292：37-43.

[75] Xue Z，Lei W，Wang Y，et al. Effect of pulse duty cycle on mechanical properties and microstructure of nickel-graphene composite coating produced by pulse electrodeposition under supercritical carbon dioxide. Surface & Coatings Technology，2017，325：417-428.

第4章 离子液体

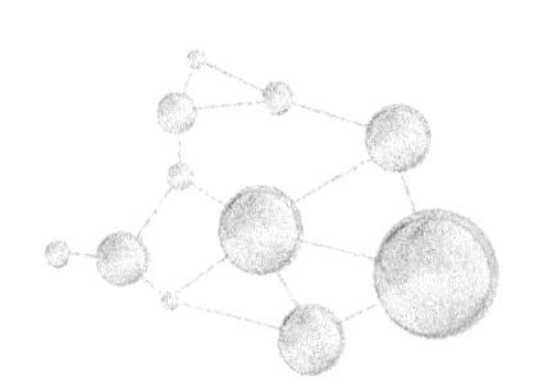

溶剂是化学、生物学、化学工程、生物技术等的基础。传统的反应、分离体系由于使用了大量挥发性有机溶剂，给环境和人类健康造成了巨大的危害。开发无毒、无害的绿色溶剂取代挥发性有机溶剂，对于从源头上消除污染将是非常重要的。目前备受关注的绿色溶剂是水、超临界流体和离子液体。其中水和超临界流体的性质及其在诸多领域中的应用已在前两章中详细地介绍。但作为绿色溶剂，水对大部分有机物的溶解能力较差，许多场合都不能用水代替挥发性有机溶剂。超临界流体的运用需要使用高压设备，在一定程度上增加了生产成本。而离子液体具有蒸气压极低、不可燃、溶解性强和导电性优良、电化学稳定窗口宽、结构可设计性等独特的性能而作为一类新型绿色溶剂，在一些方面展现出了巨大的应用潜力，为能源、资源、环境等重大战略性问题提供了新的机遇。本章将简介离子液体的概念和种类，重点阐述离子液体的设计与合成、特性、微观结构及其在应用领域的最新研究进展。

4.1 离子液体的概念

室温离子液体通常是由有机阳离子和无机或有机阴离子构成的在室温附近（＜100℃）呈液态的物质，简称离子液体。与传统的液态物质相比，最大的区别是它是离子的。有人也称离子液体为熔盐，其实这是不够准确的。通常所说的熔盐特指在高温下呈液态的无机盐，其最大的特点就是熔点远高于 100℃。相应的一些熔盐体系已被电化学家们研究了近一百年。因此，在这里所涉及的离子液体最大的特点就是阳离子是体积相对较大、不对称的有机阳离子，阴离子是体积相对较小的无机或有机阴离子。有人问道，室温下将一些盐（如食盐）溶解在水中，其是不是离子液体？不是。盐溶解在水中形成的应是离子溶液。所以离子液体与熔盐的区别，主要是它们的熔点高低不同。

另外，熔盐和室温离子液体同样都是阴、阳离子组成的物质，但是熔点却相差特别大。这可以从分子水平上来解释。对于任何一种盐来说，其熔点取决于阴、阳离子之间的静电相互作用。以氯化钠为例，由于氯离子与钠离子大小相对对称，并且两者的离子半径也比较小，阴、阳离子之间的静电相互作用（离子键）很强，可以将二者牢固地“结合”在一起，因而氯化钠表现出了较高的熔点。如果一种盐是由体积差异比较大且对称性都比较低的阴、阳离子组合而成（如离子液体），特别是阳离子的静电荷比较分散，其阴、阳离子就很难有序有效地相互吸引，往往会较显著地降低二者之间的静电相互作用，导致其熔点较低。正是阴、阳离子之间的静电相互作用使得这类液体与易挥发的分子型液体（如苯、乙醇）相比具有极低的蒸气压，因而离子液体在化学化工过程中代替易挥发的有机溶剂成为可能。

与传统有机溶剂和电解质相比，离子液体具有一系列突出的优点：①液态范围宽（从低于或接近室温到300℃以上），热稳定性和化学稳定性高；②蒸气压非常小，不挥发，在使用、储藏中不会蒸发散失，可以循环使用，消除了因挥发而产生的环境污染问题；③电导率高，电化学窗口宽，可作为许多物质电化学研究的电解液；④通过阴、阳离子的设计可调节其对无机物、水、有机物及聚合物的溶解性，并且其酸度可调至超强酸；⑤具有较大的极性可调控性，黏度低，密度大，可以形成二相或多相体系，适合作分离溶剂或构成反应-分离偶合新体系；⑥具有溶剂和催化剂的双重功能，可以作为许多化学反应溶剂或催化活性载体。由于离子液体的这些特殊性质和性能，它与超临界 CO_2、双水相一起被认为是三大绿色溶剂，具有广阔的应用前景。

4.2 离子液体的分类

随着离子液体的研究和应用的不断发展，离子液体的种类在迅速增加。鉴于离子液体的可设计性，通过阴、阳离子的不同组合，理论上可以组合出离子液体的种类高达 10^{18} 种，但是目前研究报道的离子液体的种类约为几千种，接近商业化的约为 300 种。面对数千种离子液体，考虑的角度不同，分类方法也不同。离子液体既可以按阴、阳离子的化学结构分类，也可以根据物理化学性质分类，大致有以下几种分类方法。

4.2.1 按阴、阳离子的化学结构分类

张锁江等[1]对 1984～2004 年发表的有关离子液体物理化学性质的文献进行了归纳与总结，并对文献中所有离子液体的阴、阳离子进行了分类和编号，共有阳离子 19 类，277 种；阴离子 8 类，55 种。详细的编号规则如下：对于阳离子，如果编号不超过 3 位数，首位数字代表所属种类，如 201 表示二元咪唑阳

离子，01 则表示该阳离子是此类中分子量最小的一种。如果编号达到或超过 4 位数，那么前两位数字代表类别，如 1101 表示第 11 类阳离子中分子量最小的一种。对于第二类阳离子，由于种类较多，编号达到了 4 位，所以以“2”开头的阳离子无论编号是 3 位数还是 4 位数都代表二烷基咪唑阳离子。以 0 开头的编号代表阴离子，第二位为阴离子的种类编号。详细的离子液体的名称及编号见文献[1]。

此外，近年出现的阳离子还有胍盐、胆碱、吗啉、苯并咪唑、苯并三唑、醇胺等，阴离子还有咪唑、噻唑、苯甲酸、碳酸甲酯等。图 4-1 列出了常见阳离子的结构。

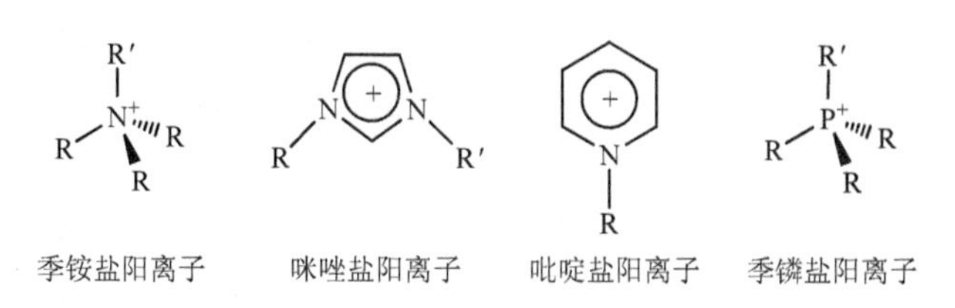

图 4-1 常见阳离子的结构

4.2.2 按水溶性分类

根据离子液体在水中的溶解性，可将离子液体分为亲水性和疏水性离子液体两大类。这些离子液体亲/疏水性主要是由阴离子来控制的。常见的亲水性阴离子有 Cl^-、Br^-、$[HCOO]^-$、$[CH_3COO]^-$、$[NO_3]^-$、$[BF_4]^-$等，疏水性阴离子有$[PF_6]^-$、$[Tf_2N]^-$、$[(CF_3SO_2)_2N]^-$等。此外，阳离子的亲疏水性对离子液体的水溶性也有一定的影响。因此，可以通过阴、阳离子之间的亲/疏水性的调配来控制离子液体的亲/疏水性。

4.2.3 按酸碱性分类

根据离子液体的酸碱性可以把离子液体分为酸性离子液体、中性离子液体和碱性离子液体三类。对阳离子和阴离子来说，可以细分为以下几类。

1）中性阴离子。这类阴离子包括$[BF_4]^-$、$[PF_6]^-$、$[Tf_2N]^-$、$[CH_3SO_3]^-$、$[SCN]^-$、$[(CN)_3C]^-$等。由这些阴离子组成的离子液体往往具有良好的热稳定性和电化学稳定性，因此在很多领域作为“惰性溶剂”使用。

2）酸性阴离子和阳离子。酸性阴离子通常有$[HSO_4]^-$、$[H_2PO_4]^-$；酸性阳离子通常是含有质子的阳离子，最简单的是质子化的铵、吡咯鎓和咪唑鎓。例如，二烷基咪唑鎓环上的 C2 质子呈现出微弱的酸性，具有弱酸性催化作用。

3）碱性阴离子和阳离子。在离子液体的阴离子中，有相当一部分阴离子具有碱性，包括$[HCOO]^-$、$[CH_3COO]^-$、$[CH_3CH(OH)COO]^-$、$[N(CN)_2]^-$、$[OH]^-$等。然而，碱性阳离子比较少，如1-乙基-4-氮杂-1-氮鎓二环[2, 2, 2]辛烷。对于碱性阳离子来说，它的最大优点就是结构中的氮与金属离子具有较强的相互作用，可以形成配位键，所以可以作为金属催化的反应介质。

4）两性阴离子。该类离子的种类比较少，它们同时具有接受质子和提供质子的能力，是接受质子还是提供质子取决于其反离子的性质。简单的两性阴离子为$[HPO_4]^{2-}$、$[HC_2O_4]^-$等多元酸根离子。

4.3 离子液体设计与合成

离子液体的最大特点就是具有可设计性。从理论上讲，改变阴、阳离子的组合和阴、阳离子上一个或多个官能团的引入都可以设计出各种各样的离子液体。例如，通过亲疏水性不同的阴、阳离子的搭配可以设计出各种亲疏水性的离子液体；由于氨基可以与CO_2反应生成氨基甲酸盐，将氨基基团接入到离子液体上可设计出氨基功能化的离子液体，以用于混合气中CO_2的分离和固定；脲基、硫脲基及其含有硫原子的基团对重金属离子Hg^{2+}、Cd^{2+}具有较强的配位能力，据此将这些基团引入到离子液体中可设计出含有硫原子的功能化离子液体并用于从水中萃取这些重金属离子等。但是，设计并不等于合成。鉴于离子液体的种类繁多，合成的方法和路线也各不相同，没有固定的方法可循。但是，离子液体的合成方法按照唯象的分类方法，可以分为一步法和两步法[2]。一步法就是亲核试剂（吡啶、咪唑和吡咯）与卤代烃或酯类物质（硫酸酯、羧酸酯或磷酸酯）发生亲核反应，或者叔胺与酸发生中和反应而生成离子液体。两步法就是首先由叔胺与卤代烃反应生成季胺的卤化物，然后再将卤素离子转化为目标离子液体的阴离子（图4-2）。有很多方法实现阴离子的转化，如络合反应、复分解反应、离子交换或电解法等。

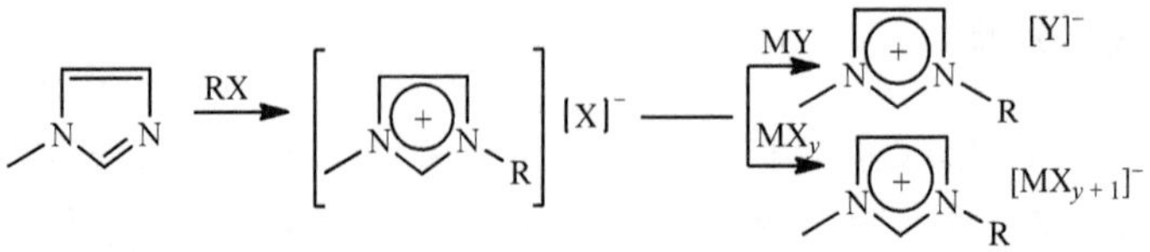

图4-2 两步法合成离子液体

另外，按照化学反应的原理来分，可以把离子液体的合成方法分为四种：直接季铵化法、复分解法、酸碱中合法和复合法。

4.3.1 直接季铵化法

在一定的溶剂存在下，叔胺与含有所需阴离子的季胺化试剂直接反应得到目标离子液体。例如，在 1, 1, 1-三氯乙烷中由烷基咪唑制备离子液体[Rmim][CF_3SO_3]：

$$[Rim] + MeCF_3SO_3 = [Rmim][CF_3SO_3] \quad (4\text{-}1)$$

4.3.2 复分解法

首先用一定的卤代烷对烷基叔胺、咪唑或膦化物进行季铵化反应形成鎓盐，该鎓盐在一定溶剂中与含有目标阴离子的盐或酸进行复分解反应得到目标离子液体。

1）季铵化反应：

$$R_3N + R'X \rightleftharpoons R_3R'NX \quad (4\text{-}2)$$

这个反应中所用的叔胺可以是烷基吡啶、*N*-烷基咪唑等。一般这些反应在有机溶剂中进行，所使用的卤代烷过量，季铵化反应基本上就可以反应完全。反应后蒸出过量的卤代烃和有机溶剂即得到鎓盐。通常该季铵化反应被称为 Manshutkin 反应。

2）复分解反应：

$$R_3R'NX + MY \rightleftharpoons R_3R'NY + MX \quad (4\text{-}3)$$

式中，X 可为 Cl、Br、I 等；Y 为目标阴离子。

为了使该复分解反应的平衡最大程度地向右移动，阴离子盐或酸以及溶剂的选择是关键。对于疏水性离子液体来说，最普遍的方法是先制备含有目标离子液体阳离子的卤盐水溶液，然后用含有适当阴离子的游离酸或金属盐、铵盐进行离子交换。一般采用游离酸是有利的，它仅产生 HCl、HBr 或 HI 等副产物，进行简单水洗就可以去除。对于这些复分解反应，通常要在冰浴冷却条件下进行，这是因为复分解反应一般是放热反应。另外，对于一些使用游离酸不利的反应，可以用碱金属或者铵盐代替。如果离子液体中微量的游离酸会导致一些应用问题，应尽量避免使用游离酸。例如，卤代二烷基咪唑与六氟磺酰亚胺锂（LiTFSI）在水中进行置换反应：

$$[R\text{-}N\text{(im}^+\text{)}N\text{-}R']X + LiTFSI = [R\text{-}N\text{(im}^+\text{)}N\text{-}R']TFSI + LiX \quad (4\text{-}4)$$

在这个反应过程中，反应物都溶于水，而离子液体不溶于水，通过分离就可以制得离子液体。

对于亲水性离子液体来说，因产物和副产物的分离比较麻烦，制备技术较疏水性离子液体的制备复杂。在甲醇或丙酮作溶剂时，使用含有所需阴离子的银盐（如 AgSCN）可以制备许多高纯度的水溶性离子液体，但对于大规模生产而言，其成本太高，因此常利用廉价盐复分解反应制备。最常用的方法还是在水溶液中用适当阴离子的游离酸、铵盐或碱金属盐进行离子置换。该方法使用时，最关键的是产物不被含有卤素的副产物污染。Welton 等[3]提出了利用[C_4mim]Cl 和 HBF_4 在水溶液中制备[C_4mim][BF_4]的方法。产物溶液由 CH_2Cl_2 萃取，然后用少量的蒸馏水连续多次洗涤有机相，直到离子液体溶液呈中性，洗涤液中的卤离子用硝酸银检验，直到无沉淀产生为止。然后把 CH_2Cl_2 溶解的离子液体转移到旋转蒸发器中除去溶剂，再用活性炭进行 12h 纯化。随后离子液体通过酸性或者中性氧化铝柱进行过滤，再在真空中加热干燥。原则上，这种方法适合制备任何水溶性的离子液体。此外，该离子置换反应还可以在有机溶剂中进行，如丙酮、二氯甲烷等。在这两种有机溶剂中，原料不是完全溶在溶剂中，所以反应是在悬浊液中进行的。例如，在 CH_2Cl_2 工艺中，1-烷基-3-甲基卤化盐和金属盐在室温下搅拌 24h，然后过滤除去非水溶性卤化盐副产物，获得相应的亲水性离子液体。一些离子液体的制备也可以将上述复分解反应通过离子交换树脂上的离子交换来实现。

4.3.3 酸碱中和法

在水溶液中，用酸与呈现碱性的鎓盐或叔胺直接发生中和反应，如

$$R_3R'NOH + R''COOH = R_3R'NR''COO + H_2O \tag{4-5}$$

$$R_3N + HNO_3 = R_3HNNO_3 \tag{4-6}$$

为了得到离子液体，需要在真空下脱去溶剂水和反应生成的水。这种方法比较简单，但是呈现碱性的氢氧化鎓盐不易得到，限制了该合成方法的应用。

4.3.4 复合法

氯化铝型离子液体，是在用氯代烷与烷基咪唑季铵化反应的基础上，使氯化鎓盐与一定物质的量比的 $AlCl_3$ 复合，制得的目标离子液体。

$$R_3R'N^+Cl^- + AlCl_3 = R_3R'N^+AlCl_4^- \tag{4-7}$$

除了 $AlCl_3$ 以外，也可以将 $ZnCl_2$、$SnCl_2$、$NbCl_3$、$FeCl_3$ 等代替 $AlCl_3$，制备出与氯化铝型相似的离子液体。

在这四种合成方法中，复分解法是最为常见的。但是复分解法的产物中往往含有其他组分，需要对离子液体进行纯化。离子液体不挥发，且与许多有机溶剂相溶，并且对一些盐也具有一定的溶解能力，使得离子液体的纯化变得复杂且困难。所以，经常使用离子液体中的水分和卤素离子含量作为评价离子液体纯度的重要指标。

此外，上述离子液体的合成一般不需要特殊的手段，常常使用加热的方式就可以完成。但是，传统的搅拌加热工艺中烷基化反应往往需要很长的时间，同时需要大量的有机溶剂作为反应介质或用于洗涤纯化，产物的收率偏低，这样既浪费资源又污染环境，并增加了离子液体的生产成本，成为离子液体大规模生产和应用的障碍之一。

超声波、微波和电化学合成辅助手段的运用，使离子液体的制备反应能够快速有效地进行，并且产物的收率和纯度通常比常规方法高，明显提高了离子液体的合成效率。

4.4 离子液体物理化学性质

离子液体的物理化学性质是离子液体应用的前提，因此测定离子液体物理化学性质对离子液体的应用是非常必要的，也是研究离子液体构-效关系以及设计新型功能化离子液体的基础。

4.4.1 熔点

熔点是离子液体重要的物理化学性质之一，也是评价离子液体的一个关键性指标。离子液体特殊的结构使其熔点表现出较大的差异，因此研究离子液体的熔点与其结构和组成的关系显得特别重要。对于最常见的二烷基咪唑离子液体，在相同阴离子的情况下，短链离子液体的熔点随着取代基链的长度的增加而降低，这主要是因为对于短链离子液体，库仑力是阴、阳离子之间的主要作用力。较长的烷基链降低了咪唑阳离子的对称性，阻碍了有效晶体堆积，熔点降低。但是当烷基链的碳原子数大于 9 时，离子液体的熔点随着烷基链长度的增加而升高。这是由于烷基链长度增加到一定程度后，范德华力成为离子堆积的主要作用力，分子间色散力增强，导致熔点增高。阴离子是影响离子液体熔点的另外一个主要因素。阴离子体积越大，离子液体的熔点越低，即 $Cl^- > [PF_6]^- > [NO_2]^- > [NO_3]^- > [AlCl_4]^- > [BF_4]^- > [CF_3SO_3]^- > [CF_3CO_2]^-$。一般情况下，一个尺寸较大且配位能力较弱的阴离子构成的离子液体比一个尺寸较小且配位能力较强的阴离子构成的离子液体的熔点要低。除离子的尺寸外，离子液体的熔点还与电子的离域作用、氢键、结构的对称性等因素有着密切的关系[4]。因此离子液体的熔点与结构的关系很复杂。

4.4.2 密度

离子液体的密度与阴、阳离子的结构有着很大的关系。阴离子对密度的影响更加明显，阴离子的尺寸越大，离子液体的密度越大[5]。阴离子对离子液体密度的影响顺序为：$[(CF_3SO_2)_2N]^-$＞$[C_3F_7COO]^-$＞$[CF_3COO]^-$＞$[BF_4]^-$＞$[CH_3SO_3]^-$。相反，有机阳离子的体积越大，离子液体的密度越小，阳离子结构的微小变化都可以使离子液体的密度得到精细的调整。通过比较不同烷基链长度的1, 3-二烷基咪唑的氯代铝酸盐和溴代铝酸盐离子液体的密度发现，密度与咪唑阳离子上*N*-烷基链的长度几乎呈线性关系。另外，有机阳离子的种类对密度也有着很大的影响。对于不同类型的离子液体，现在还未找到它们的密度之间关系的明确规律。但一般来说，离子液体的密度随着有机阳离子尺寸的变大而降低。另外，温度对离子液体的密度也有着重要的影响。Fisher 公司提供了一个用于计算不同温度下二烷基咪唑类离子液体密度（ρ，$g\cdot cm^{-3}$）的公式：

$$\rho = a + b\times(T-60) \tag{4-8}$$

式中，T 为样品温度（℃）；a（$g\cdot cm^{-3}$）和 b（$g\cdot cm^{-3}\cdot K$）为经验参数。从式中可以看出，升高温度，二烷基咪唑类离子液体的密度稍有降低。

4.4.3 黏度

黏度是离子液体的一个重要物性参数。与传统有机溶剂相比，离子液体通常具有较高的黏度，一般在 10～1000mPa·s。许多离子液体的黏度可达到常温下水的黏度的几十倍甚至上百倍。这可能成为困扰离子液体走向工业应用的重要因素之一。研究发现，阴、阳离子的种类对离子液体的黏度有着较大的影响。以咪唑类离子液体为例，阳离子烷基链的增长，烷基侧链的支化、氟化，咪唑环上 2 位的甲基化，阳离子的对称性增加等都将导致离子液体黏度的增加。这主要是离子间范德华力或氢键作用增强的结果。同时，阳离子带特殊官能团（如羰基、羟基）的离子液体黏度较其他不带官能团的离子液体要高，这可能是因为阳离子中的官能团与其他的阳离子或阴离子之间发生氢键作用。阴离子的结构也是影响离子液体黏度的一个重要因素。一般来说，阴离子的对称性越高，相应的离子液体的黏度就越高。在阳离子为$[C_4mim]^+$的离子液体中，黏度的大小顺序为：I^-＞$[PF_6]^-$＞$[BF_4]^-$＞$[CF_3SO_3]^-$＞$[C_3F_7COO]^-$＞$[Tf_2N]^-$。通常，阴离子为$[F(HF)_n]^-$、$[N(CN)_2]^-$、$[C(CN)_3]^-$、$[Tf_2N]^-$的离子液体具有较低的黏度，而阴离子具有非平面对称结构的离子液体黏度则较大。另外，温度的升高和少量杂质的存在都能明显地降低离子液体的黏度。大多数离子液体的黏度与温度的关系不完全服从阿伦尼乌斯公式，而是服从 Vogel-Tammann-Fulchers 方程

$$\eta = \eta_0 \exp\frac{B}{T-T_0} \tag{4-9}$$

式中，η_0，B，T_0 为常数。

但也有一些离子液体（如$[C_4mim][BF_4]$）的黏度 η 随温度的变化关系符合阿伦尼乌斯的对数公式，即

$$\ln\eta = \ln\eta_\infty + E_\eta / RT \tag{4-10}$$

式中，η_∞为温度无限高时离子液体的黏度；E_η为离子相互运动需要克服的能垒，其数值与离子液体的结构有关。

4.4.4 热稳定性

良好的热稳定性是离子液体优于传统有机溶剂的主要物理特性之一。许多离子液体都有很高的热稳定性，热分解温度大都在300℃以上，因此可以说离子液体是一种很好的高温介质。离子液体的热稳定性主要取决于杂原子-碳原子间的作用力和杂原子-氢键之间的作用，因此其稳定性与阴、阳离子的结构密切相关。例如，由膦或胺直接烷基化得到的离子液体稳定性较差，其主要原因是此类离子液体易发生烷基转移或脱烷基反应，该反应也与阴离子的特性有关。阳离子的结构与类型对离子液体的热稳定性有一定的影响。例如，咪唑类离子液体阳离子的对称性越高稳定性越好。当咪唑环上的 2 位氢被取代后，相应离子液体的热稳定性增加。一般来说，随着阴离子亲水性的增加，离子液体的稳定性降低。阴离子对离子液体热稳定性的影响遵循如下顺序：$[PF_6]^- > [(C_2F_5SO_2)_2N]^- > [(CF_3SO_2)_2N]^- > [CF_3SO_3]^- \gg I^-$、$Br^-$、$Cl^-$。此外，离子液体中杂质的存在对离子液体的热稳定性有一定的影响。例如，干燥的离子液体比含水的离子液体的热稳定性要好。

4.4.5 表面张力

离子液体的表面张力数据非常有限，但总体上其表面张力的数值介于水和普通溶剂。另外，由于表面张力是液体表面的一种强度性质，其受离子结构的影响较大。当阴离子相同时，离子液体的表面张力随阳离子烷基链的增长而降低；当阳离子相同时，阴离子的尺寸越大表面张力就越大，反之表面张力就越小。温度对表面张力也会产生一定的影响，两者之间的关系可以用 Eotvos 方程来描述：

$$\gamma V_m^{2/3} = k(T_c - T)$$

式中，γ 为表面张力；V_m为离子液体的摩尔体积；T_c为临界温度；k 为常数。一般来说，温度升高，表面张力降低。但是，与离子液体的结构对表面张力的影响相比，温度的影响要小很多。

4.4.6 极性

表征离子液体极性的方法有很多种，如荧光探针法、溶剂显色法、溶剂影响法、气相色谱法等。不同的方法所使用的标度不尽相同，得到的极性数据也有较大的差别。Reichardt[6]和 Aki[7]等认为离子液体的极性接近短链醇。大部分研究表明，离子液体的极性主要和阳离子的结构有关。咪唑环上烷基链的碳原子数从 2 增加到 6，极性增加；当碳原子数大于 6 时，极性则随着碳原子数的增加而减小。阴离子的结构对离子液体的极性也有一定的影响。以$[C_4mim]X$为例，阴离子的影响顺序是$[NO_3]^-$＞$[BF_4]^-$＞$[PF_6]^-$＞$[Tf_2N]^-$。这可能是由于阴离子半径的增加导致电荷密度降低，从而对溶质-溶剂之间的相互作用产生一定的影响。而$[Tf_2N]^-$测定值的反常是由于电荷出现一定程度的定域化。

在分子理论中，介电常数也是表述溶液极性的重要物理量之一。Chihiro 等[8]采用微波吸收介电光谱测定了 5 种咪唑类离子液体的介电常数（$8.8 \leqslant \varepsilon \leqslant 15.2$）。结果表明，离子液体的介电常数具有中等强度的溶剂极性，极性大小近似于中等链长的伯醇，如正戊醇（$\varepsilon = 15.1$）和正辛醇（$\varepsilon = 8.8$），并且随着咪唑阳离子中烷基链长度的增长，离子液体的极性降低。阴离子的结构和种类对离子液体极性的影响大于阳离子。

4.4.7 比热容

比热容是离子液体重要的热力学参数。它是连接离子液体宏观可测的热力学物理量和微观分子结构之间的重要桥梁。通常，离子液体的比热容测量是通过示差扫描量热法完成的。影响离子液体比热容的因素很多，主要有两种：内部因素（离子液体的结构、取代基的链长、阴阳离子的差异等）和外部因素（温度、压强、纯度）。研究发现，离子液体的比热容随离子液体总原子数（或离子液体摩尔质量）的增加而增加。对于含有相同阴离子的离子液体，阳离子上烷基链越长，则比热容越大。如果在咪唑环 2 位碳上增加一个甲基（如$[C_4mmim][PF_6]$与$[C_4mim][PF_6]$相比），一般会导致比热容增加。对于相同阳离子的离子液体，阴离子体积越大，比热容越高。离子液体的比热容随着温度的升高而线性增大。压强对离子液体比热容的影响规律并不是很明显。例如，在 298.15K 时$[C_4mim][PF_6]$的恒压比热容（C_p）随压强增大而减小，恒容比热容（C_v）随压强增大而增大；而离子液体$[C_4mim][BF_4]$的C_p和C_v均随压强增大而增大，但变化很小。

4.4.8 热传导性

离子液体的热传导性质对热转移应用极为重要。研究发现，温度的变化对离子液体热导率的影响很小，但符合线性关系。离子液体的热导率更接近于甲苯，小于水的热导率（$0.556W \cdot m \cdot K^{-1}$），但是大于热油的热导率（$0.1891W \cdot m \cdot K^{-1}$），这说明离子液体有着非常好的导热性能。

4.4.9 电化学性质

离子液体优良的导电性能和较宽的电化学窗口对其电化学的应用非常重要。电化学窗口是指离子液体开始发生氧化反应的电势和开始发生还原反应的电势之差。测定离子液体电化学窗口最普遍的方法是循环伏安法和线性扫描伏安法。大部分离子液体的电化学窗口在 4V 左右，比一般的有机溶剂要宽得多。对于离子液体，电化学窗口主要是由阳离子的还原能力和阴离子的氧化能力决定的。阴、阳离子的稳定性越强，电化学窗口越宽。另外，杂质的存在对离子液体的电化学窗口也有重要的影响。例如，不含水的$[C_4mim][BF_4]$的电化学窗口是 4.10V，加入 3%的水后电化学窗口减小到 1.95V。

测定离子电导率的方法分为直流法和交流法。对于离子液体的电导率大都采用交流法来测定，主要分为综合阻抗法和阻抗桥法。常温下离子液体的电导率在 $10^{-3}S \cdot cm^{-1}$ 左右。影响其大小的主要因素有离子液体的黏度、密度、分子量、离子大小等。离子液体的电导率大小与阳离子的大小及类型之间的关系并不十分密切。阳离子越大其电导率越低，这可能是因为阳离子越大迁移速率越低。单从阳离子类型来看，电导率大小随阳离子类型的变化趋势是咪唑≥锍≥铵≥吡啶。有趣的是，阴离子的类型或大小对其电导率的影响非常有限，例如，含有较大阴离子（如$[(CF_3SO_2)_2N]^-$）的离子液体，其电导率反而比含有较小阴离子（如$[CH_3CO_2]^-$）的离子液体大。

4.5 离子液体体系微观结构

离子液体已在诸多领域，如化学反应、生物化学、萃取、液晶、电化学等领域展示出了广阔的应用前景。在这些应用领域中离子液体也表现出了许多独特的性质和反常的行为。离子液体的这些特性无不与离子液体阴、阳离子的特性，以及离子液体与其他组分之间的相互作用有关，其根本上与离子液体在这些体系中的微观结构有关。在许多情况下，离子液体的功能正是通过它们在体系中所特有的微观结构实现的。但是从分子水平上认识和了解离子液体的结构的研究还很少。

相对于固体来说，对于液体结构的研究手段比较少且更加困难，这是因为液体的结构不像固体那样具有长程有序的原子分布。离子液体作为一种新型的液体材料，人们正试图通过多种手段来研究其结构，如 X 射线衍射、中子衍射、扩展

X 射线吸收精细结构（EXAFS）、单晶 X 射线衍射、计算机模拟等。就目前来说，对离子液体的结构研究主要集中在离子液体本身分子构型构象（包括氢键、阴阳离子间的取向）、离子液体的晶体结构、离子液体液晶的结构等。人们普遍认为离子液体是结构性溶剂，随着尺度空间的增大，离子液体常常被描述为离子对、离子簇、氢键网络结构、类胶束结构到双连续形态等结构（图 4-3）。

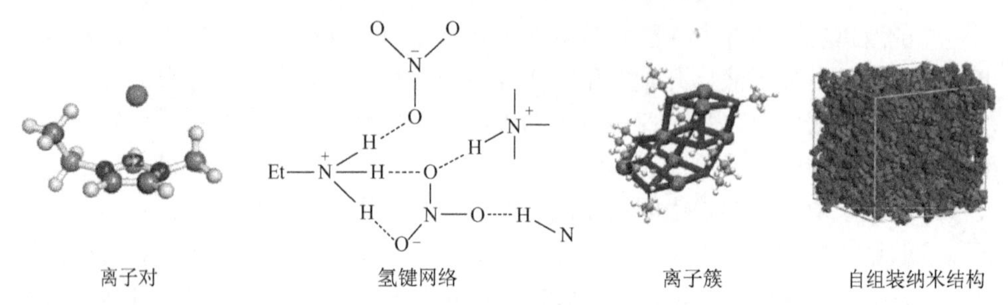

图 4-3 离子液体的结构模型

4.5.1 晶格结构

众所周知，分子溶剂的结构信息可以从它的固态晶体中获得，因此人们也试图通过研究离子液体的晶体结构获得其液相中各个离子的分布。最初，Welton 等认为离子液体的结构及其离子之间的相互作用与熔融盐没有很大的差别[9]。Dupont 等认为 1, 3-二取代的咪唑类离子液体的固相结构与液相结构类似[10]。随后人们对离子液体的晶格结构又有了新的认识，认为离子液体的结构为准晶格结构。该结构将大块离子组织视为一个坍塌的固态晶体。

同传统两亲分子在液相中的自组装结构和固相的晶态结构相类似，极性和非极性区的分离在很多离子液体结构中被观察到。1-烷基-3-甲基咪唑类离子液体$[C_n mim]X(n = 12\sim18)$具有规整的双层晶格结构。这些离子液体的液晶相结构可以被描述为相互交叉的烷基链隔开的咪唑环和阴离子组成的薄层结构（层间距为 2.4～3.3nm），如图 4-4 所示。在这些晶格中有氢键网络形成且这些晶格的层间距与阴离子形成三维氢键网络的能力相反，含有 Cl^-的阳离子的空间距离最小，而$[Tf_2N]^-$的最大。相似的结构也在烷基吡啶和短链的咪唑类离子液体中存在。

阳离子上烷基链能够调控离子液体双层晶格结构的构型，导致离子液体出现了多晶现象。例如，X 射线衍射表明离子液体$[C_4mim]X$（$X = Cl^-$、Br^-、I^-、$[BF_4]^-$、$[PF_6]^-$）存在多晶物种。$[C_4mim]^+$可能存在单斜晶系（反式-反式）或斜方晶系（顺式-反式）。不同类型的晶系与正丁基链在离子液体中的构型有关。拉曼光谱研究发现，$[C_4mim]^+$中也存在这两种晶型，并且这两种晶型的转变阻碍离子液体的结晶化，导致它们的熔点低于 100℃[12]。

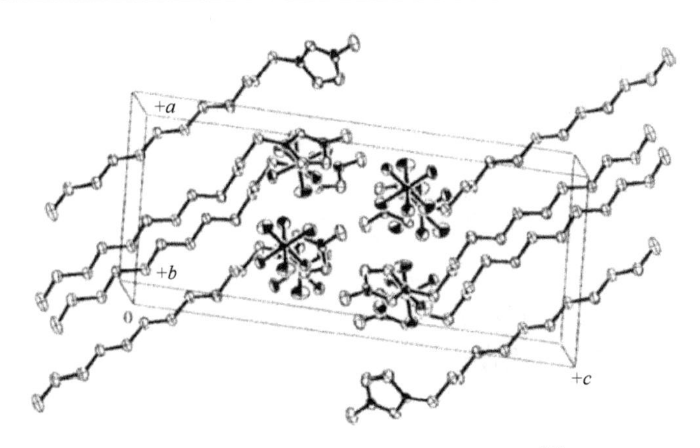

图 4-4 $[C_{12}mim][PF_6]$的晶胞单元结构[11]

阴离子在离子液体晶体中也有不同的旋转构型。X 射线衍射研究表明，在$[C_1mim][Tf_2N]$晶体中无配位能力的$[Tf_2N]^-$以 *cis* 构型存在。后来，中子衍射技术表明$[C_1mim][Tf_2N]$在液态时主要是以 *trans* 构型存在，这说明 *cis* 构型是离子在晶格中紧密包裹形成的。对于其他离子液体来说，$[Tf_2N]^-$在固相中存在 *trans* 构型，而在液相中存在 *cis* 构型。

Henderson 等报道了硝基乙胺（EAN）、氯化乙胺和氯化丙基乙胺的晶体结构，并比较了它们之间的差异[13]。图 4-5 描述了 EAN 的晶胞结构。从图中可以看到 EAN 的晶胞由两层阳离子层组成，并且每层中烷基链被隔离开，氨基指向“上方”和“下方”。一半的阴离子处在两个氨基基团之间，形成了离子区域。另外一半的阴离子插入到阳离子的烷基链之间。根据上述晶态结构，我们可以推测出 EAN 和其他的烷基伯胺质子性离子液体中可能存在层状液体结构。

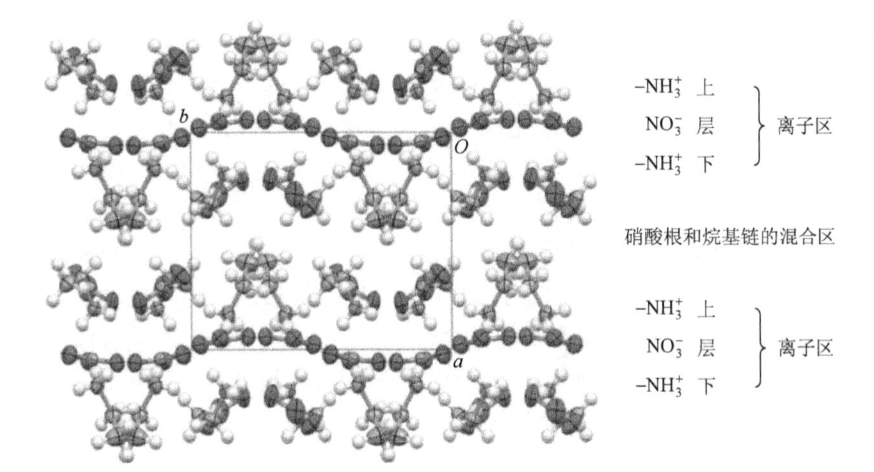

图 4-5 硝基乙胺的晶胞结构[13]

对于 1-烷基-3-甲基咪唑类离子液体（$>C_{14}$）、含有较长烷基链的氨基熔盐（C_6～C_{18}）和一些较短烷基链的质子性离子液体来说，它们的固相和液相之间存在近热性液晶相。该自组装结构对其功能至关重要。这种层状近液晶相呈现出了带电的极性和带电的非极性区的分离，与阴离子的种类无关（卤离子、烷基磺酸阴离子、萘酚磺酸阴离子、苯基磺酸阴离子等）。非极性区中烷基链的横向组装很可能是造成离子液体的熔点高于 100℃的原因。另外，离子液体的氢键对其热稳定性具有较大的影响。含有较小非极性基因的离子液体（C_2～C_8）的液相中有可能存在非极性区与含有氢键的极性区的分离。

4.5.2 超分子结构

1. 离子对/自由离子

离子对是离子液体中最简单的重复单元。人们倾向于用可能的离子对结构和“自由”离子来描述离子液体的局部结构。另外，很多离子液体能够以离子对的形式蒸发，这说明离子对可能存在于离子液体中。从历史上来讲，在含水电解质溶液以及库仑流体的临界性和相变研究中，离子对的概念是非常重要的。离子液体可以被认为是无限浓（或无溶剂）的离子溶液，可以预期的是，接触离子对存在于这样的模型中。人们也采用多种方法来对离子液体的离子对进行研究。

人们通过 EAN + 正辛醇混合物的临界行为证实了 EAN 中存在离子对。Weingärtner 等通过电导方法获得了 EAN 在正辛醇中的离子对缔合常数，并且发现该数值比其在水中的离子对缔合常数大 1～2 个数量级[14]。这表明液态 EAN 中可能存在离子对与自由离子之间的化学平衡，即 $EANO_3 \rightleftharpoons EA^+ + NO_3^-$。然而更重要的是，纯离子溶液中离子对比其在水溶液中更容易形成，这是因为氢键的存在屏蔽了离子间的长程库仑力，使其离子对更稳定。随后的动静态光扫描实验表明，EAN + 正辛醇混合物的相行为符合 Ising-like 行为[15]。与含水电解质溶液不同的是，简单的平均场模型不能用来描述这种转变。因此，该作者提出了正是短程疏溶剂相互作用造成了 EAN 与正辛醇的相分离。

此外，早期的介电光谱实验结果也表明 EAN 是由离子对和自由离子组成的。通过对介电弛豫曲线的拟合，得出了 EAN 是由 8%的接触离子对和 92%的自由离子组成。在 25℃，这些离子对的寿命大约为 10^{-10}s，接近于熔融的硝酸碱金属盐 $NaNO_3$ 和 KNO_3 中阴离子−阳离子的偶合数值，但是大于含水电解质稀溶液中的数值。正是阴、阳离子之间的氢键作用引起 EAN 中存在较强的离子对。假定没有中性物种，离子对与自由离子之间的平衡常数应为 142.9。

量子化学或密度泛函理论已被广泛地用来研究非质子性离子液体的离子对结构，即最优的电子和分子结构。模拟结果表明，离子液体中离子对之间最主要的相互作用是静电相互作用。正是静电相互作用控制着离子对中离子的排布及其之间的相互作用能。Izgorodina 采用分子轨道计算的方法研究了离子液体[C_4mim]Cl 中阳离子和阴离子的分布。结果表明 Cl^-通过静电力作用位于[C_4mim]$^+$平面的上方或下方，如图 4-6 所示，其中 Cl^-更易于停留在 C2 位置的上方[16]。这归结于 C2 上的氢易与 Cl 形成氢键。有趣的是，该类型的氢键比理想的氢键更长（>2.5Å），并且是非线性的。图 4-6 中所表示的两种构象是由于离子对中较弱的静电作用造成另外一种氢键驱动的构象。该结果也被红外光谱所证实。

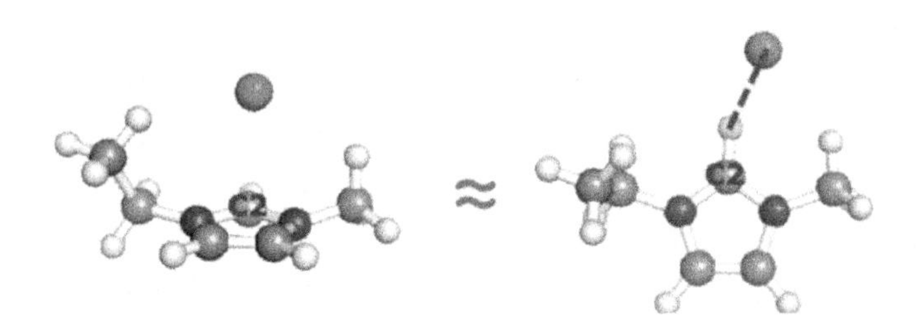

图 4-6 从量子化学计算得到的离子液体阴、阳离子之间的库仑作用（左）和氢键作用（右）[16]

核磁共振实验结果也表明，离子液体[C_2mim]X（X = Cl^-、Br^-和 I^-）中存在着氢键稳定的准分子态的接触离子对。同样，吸收光谱实验结果也表明[C_4mim]I 中也存在离子对。此外，通过对二烷基咪唑离子液体的迁移性质的研究，获得了离子液体中离子对存在的间接证据。通过对离子液体表面张力数据的 DLVO 拟合也得到了离子液体中存在离子对的结论[17]。

然而，有一些实验结果并不支持离子液体中存在离子对的结论。最近咪唑类、吡啶类、吡咯类、四烷基铵类、三甲基锍类离子液体和 EAN、PAN 等离子液体的介电光谱数据表明，这些离子液体中没有离子对[18]。该技术对飞秒到纳秒之间的液体动力学非常敏感，所以如果离子液体中存在离子对，它将能够探测出离子对（或相似聚集体）的定向松弛排列。同时，能够检测在微秒到毫秒之间存在特定结构的 NMR 实验中，离子对也没有被检测出。所以，如果离子对存在，那么离子对的寿命一定小于几皮秒。

一些分子动力学模拟和理论模型被也用来研究咪唑类离子液体中离子对存在的可能性。结果表明，咪唑类离子液体中不存在离子对。该结果支持了从介电光谱和 NMR 实验中得到的结论。有些人认为[C_4mim][PF_6]中离子之间的相互作用应该用离子缔合的概念来描述，而不是用离子对[19]。这是因为在离子氛围下，并不是每个离子仅与一个带相反电荷的离子偶合在一起的。随后 Lynden-Bell 的模拟结果也表明，阴离子-阳离子、阴离子-阴离子、阳离子-阳离子等离子对的形成不能够描述离子液体的微观结构[20]。离子液体中这些结构单元的稳定性很差，这主要归结于纯离子液体中离子的物理隔离非常小，大量相同或相反离子存在于一个区域内，离子对之间的相互吸引往往非常弱，造成离子对容易解离为单个离子。

同样，对于大多数离子液体来说，其体相被认为是阴离子/阳离子结合的连续体模型，与离子液体的低蒸气压性质不一致，因为离子液体的蒸气压被离子液体的离子性所控制。这里所说的离子性通常是通过摩尔电导-流动性的 Walden 点来描述的。一个孤立的离子对单元是中性的，它不会对离子液体的导电性做出贡献。因此，结构中含有较高比例的离子对或较大的中性聚集体的离子液体应该是“poor”离子液体，因为实际测得的离子液体的电导比从理想的 Walden 值得到的数值要小。然而，部分离子液体是“good”离子液体，具有较低的蒸气压。有趣的是，与此结果相反的两个例子被 MacFarlane[21]和 Umebayashi[22]所报道。阴离子为氯离子或磺酰胺离子的季鏻离子液体表现出既不是“good”类离子液体也不是“poor”类离子液体的性质。根据这些离子液体的 Walden 值，该类离子液体被描述为液态离子对化合物。Umebayashi 等[22]报道了由等物质的量 *N*-甲基咪唑和乙酸形成的准质子性离子液体。拉曼光谱实验表明，该离子液体中离子的摩尔浓度小于 1∶1000，并且该体系具有高的质子导电性，表现出超离子行为。

与纯离子液体不同的是，很多研究表明，当离子液体溶解到分子溶剂时离子液体能够形成离子对。除了水之外，很多分子溶剂表现出促进离子液体离子对的形成。$[C_2mim]X$ + 丙腈混合物的 NMR 实验表明，该溶液中存在长寿命的阴-阳离子对单元。对同一离子液体来说，其在非极性溶剂（如三氯甲烷和二氯甲烷）中两个阳离子之间的 π-π 堆积变得非常重要，从而造成阴、阳离子缔合的解离和阳-阳离子对的形成。对$[C_4mim]^+$类离子液体 + 二甲基亚砜/$CDCl_3$ 体系的 ^{1}H-NOESY NMR 研究发现，这些混合体系中离子液体存在接触离子对和溶剂分割离子对结构。相似的实验结果也在$[C_4mim][BF_4]$ + H_2O 和$[C_4mim][BF_4]$ + DMSO 体系中找到。对$[C_4mim][PF_6]$ + 萘酚/其他芳香体系的分子动力学模拟发现，在一定溶质范围内，溶液中存在阴、阳离子对和阳离子与芳香物质形成的复合物。

所以，尽管离子对的概念对电解质溶液是非常有用的，但是它不能简单地转移到离子液体中。寿命小于几皮秒的瞬态离子对可能存在于离子液体中，但是离子液体的结构比溶液中阴离子 + 阳离子偶合的连续体更复杂。

2. 氢键网络结构

Evans 等[23]首先提出了纯离子液体的氢键网络结构模型。依据气体在 EAN 中的溶解度随温度的变化，发现稀有气体和碳氢化合物从环己烷迁移到 EAN 的过程中伴随着负的焓变和熵变，该结果与稀有气体从环己烷迁移到水的过程类似。据此得出了质子接受位点和给予位点可能形成了类似于水的三维氢键网络(图 4-7)。该结论被 Ludwig 等在 2009 年运用远红外光谱所证实[24]。该作者在 30～600cm^{-1} 范围内测定了 EAN、PAN 和硝酸二甲铵的远红外光谱。研究发现，在这些质子性离子液体中存在着氢键的弯曲、拉伸和振动模式的峰。借助 DFT 计算，对这些峰进行了分峰和归属处理。每个质子性离子液体中氢键的对称和非对称拉伸振动峰的振动频率差大约为 65cm^{-1}，表明这些离子液体中氢键强度相当。此外，这些离子液体中氢键峰的位置和氢键的对称和非对称拉伸振动峰的振动频差与纯水的相类似。据此得出了质子性离子液体中存在氢键网络的结论，但是这种氢键网络类似于结构水的氢键网络，而不是四面体氢键网络。

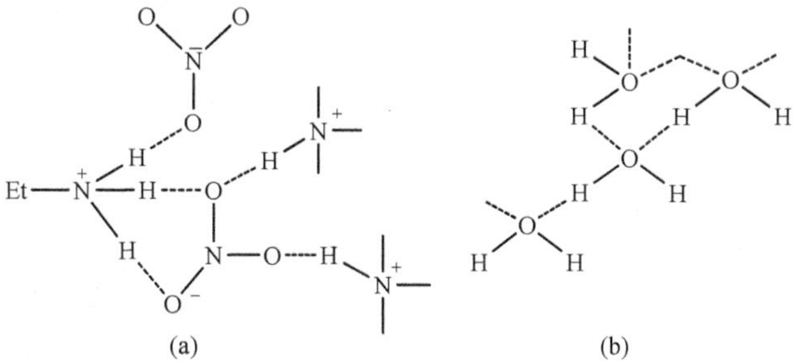

(a)　　　　(b)

图 4-7　EAN（a）的氢键模型和水（b）的氢键网络结构[23]

早期对于咪唑类离子液体氢键结构的认识是有争议的。这主要是由于氢键作用对离子液体中离子分布的贡献很难从库仑相互作用力中分离出来。同时，像其他体系一样，离子液体中氢键定义的标准也影响了对其氢键的解释，并且一些离子液体仅能够形成 C—H···O 类型的氢键。此类型的氢键在以前的化学文献中是有争议的。现在，人们已经广泛接受了非质子性离子液体中的氢键指的是阴、阳离子之间的氢键相互作用（虽然阴离子之间也存在氢键）。离子液体中的氢键网络结构也被其他实验技术（FTIR、NMR、Raman 光谱、X 射线散射和中子散射）和模拟所证实。重要的是，带有手性中心的咪唑阳离子或较小尺寸的卤素阴离子能够形成类似于质子性离子液体的三维氢键网络。

上述结果为离子液体中氢键的形成提供了有力的证据。质子性离子液体和非质子性离子液体通过氢键网络，形成了一种复杂的流体。为了实现这个目标，质子给予位点和接受位点的数目必须近似相等，并且二者在空间上能够实现关联。离子液体中的氢键效应明显与分子液体不同。在分子溶剂中，氢键增加了分子间的凝聚相互作用，使其液态比气态稳定，进而形成了更具结构性的液体；而离子液体中的氢键则在牺牲静电作用的前提下促进了具有方向性的氢键相互作用力的形成，造成了库仑晶格的缺陷，使其更容易形成液体。该氢键作用也能够促进离子液体的更高阶组装体的形成，如离子簇或两亲结构。

3. 离子簇

近年来，很多工作把离子液体的结构表述为（中性或带电）离子簇或聚集体。Dupont 等综述了早期的相关工作。他们认为离子液体能够形成超分子结构来保持它的三维氢键网络结构[25]。最近，Chen 等综述了一些关于离子液体离子簇的研究工作[26]。不过，体相中离子簇的概念必须谨慎使用，这是因为没有特定条件与标准来定义离子簇，并且区分离子对与离子簇是任意的。

电喷雾电离质谱（ESI-MS）是证实离子簇的主要技术之一。在该技术中，离子液体被描述为由大量多分散性聚集体组成的物质。非质子性离子液体的 ESI-MS 实验已被很多研究组完成，得到了一组用于表征阴离子/阳离子相互作用的“魔法”数字或者离子缔合的经验尺度。在大部分情况下，离子液体以较大的聚集体$[C]_a[A]_b$（C 为阳离子、A 为阴离子）存在，其中 a 与 b 值的范围为 2～5。Kennedy 和 Drummond 利用 ESI-MS 技术研究了质子性离子液体的结构，发现其离子液体是由带电的离子簇构成[27]。奇怪的是，他们仅从正离子电离谱图中观察到大的离子聚集体。在 EAN 和 PAN 中 $C_8A_7^+$ 质荷的峰占主导地位（图 4-8）。从这些实验结果可以看出，质子性离子液体（如 EAN 和 PAN）是由多分散的聚集离子构成的，并且 $C_8A_7^+$ 的含量最多[27]。从头量子化学计算结果支持了上述结果，并认为在 EAN 气相中，$C_8A_7^+$ 聚集体是热力学稳定的、有利存在的形式。

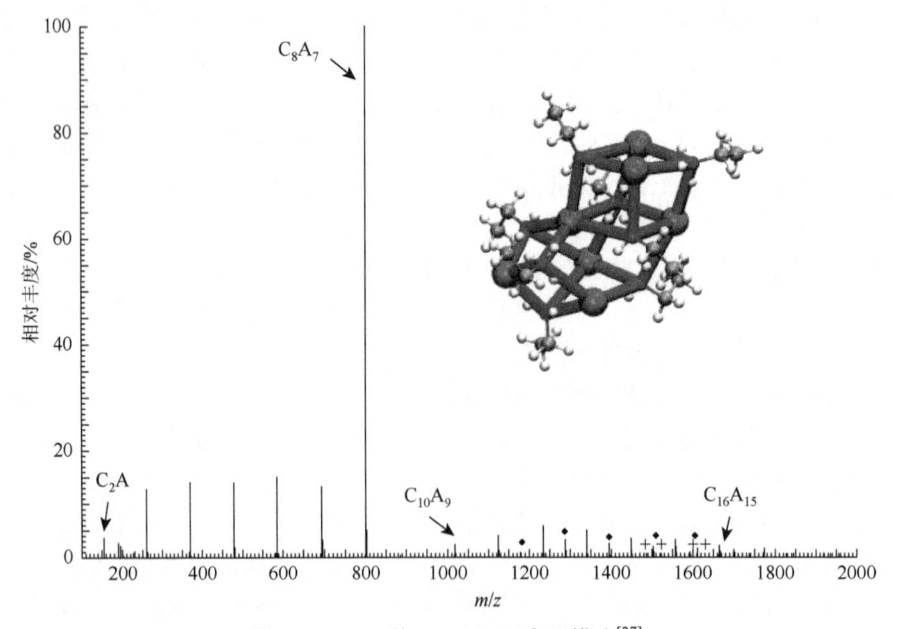

图 4-8　EAN 的 ESI-MS 正离子模式[27]

ESI-MS 实验中暴力破碎导致了质子性离子液体和非质子性离子液体中离子簇的

形成。也就是说，质谱中多分散聚集体的存在并不能为质子性离子液体的结构提供证据。随后，离子对存在的证据被 IR、Raman 和振动光谱实验所证实。结果表明，离子液体中存在较小的、漂浮的氢键聚集体，并且存在两种或多种构象的平衡。NMR 技术也证实了离子液体中的离子簇。该技术首先被 Wilkes 组用来研究氯化铝型离子液体的离子簇结构[28]。^{1}H 和 ^{13}C 化学位移表明，离子-离子之间的相互作用比简单的离子对缔合更复杂。他们构建出了基于低聚物链的离子液体模型。在该模型中，每个离子能够与两个或更多个反离子相互作用。随后 Watanabe 等[29]运用更有力的实验质疑了上述实验结果。单个离子或离子聚集体核磁信号的分裂没有被观察到，这表明离子与离子聚集体之间的交换速度比核磁采集信号的速度快。Tokuda 等[30]发展了一种利用摩尔电导率与离子扩散系数的比值来证实离子液体中离子聚集体存在的定量证据的方法。

综上所述，当离子簇的存在时间小于 NMR 的分辨率时，NMR 技术不能够用来探测离子液体中离子簇的形成。此时，只能得到离子溶剂化的平均时间。

4.5.3 自组装结构

1. 似胶束结构

Margulis 等采用分子动力学的方法模拟了[$C_n$mim][PF_6](n = 6, 8, 10, 12)的结构，发现这些离子液体以似反胶束的形式存在[31]。在该结构中，每个球形阴离子吸引五个阳离子，造成阳离子头基被阴离子溶剂化，阳离子上的烷基链被排斥到外面，从而产生内部为极性、外部为非极性的动态的、近球形的聚集体。该研究也表明，离子液体中存在长寿命、具有纳米尺寸的孔洞。此外，离子液体[$C_n$mim][PF_6]的形貌也被 XRD 技术所研究，发现这些离子液体也形成了似胶束的结构，并且烷基链之间的交叉程度比较小。随后，大量的质子性离子液体（阳离子为单烷基铵、二烷基铵、三烷基铵和循环铵；阴离子为无机和有机阴离子）的自组装结构被小角和广角 X 射线散射（SAXS 和 WAXS）实验所研究，其也表明这些离子液体形成了似胶束结构。通过胶束化模型对 SAXS 和 WAXS 图谱中峰的位置和强度随离子结构的变化进行系统研究，得出了阳离子能够形成由带电区域包围的、离散的疏水核。值得注意的是，含有羟基或甲氧基基团的阳离子的 SAXS/WAXS 光谱不能用胶束模型进行关联。同样，基于 Tanford 模型，阳离子上较长的烷基链增强了长程有序性，导致胶束的膨胀。这表明随着阳离子两亲性的增强，离子液体纳米结构更加明显。虽然阴离子的结构不能决定离子液体的纳米结构，但是它对离子液体的纳米结构有一定的影响。

2. 介观纳米结构

非质子性离子液体[$C_n$mim][NO_3](n = 1, 2, 4, 8; X = F^-, Cl^-, Br^-, $[PF_6]^-$)结构的分子

动力学模拟和量子化学计算表明，离子液体中存在溶剂化的纳米结构。该结构中阳离子头基和阴离子的分布相对均一，但是烷基链聚集在一起形成了空间异构域。烷基链越长，这种效应越明显，说明离子的两亲性在离子液体结构中起着重要的作用。这些离子液体中带电区域并不是均一分布，而是形成了连续的三维网络的离子通道。带电区域与非带电区域是共存的。对于较短烷基链（C_2）来说，连续的极性网络区域中形成了较小的碳氢“岛”（islands）。较长的烷基链（C_6, C_8, C_{12}）能够使碳氢区域在双连续、海绵状的纳米结构中相互连接。含有丁基侧链的离子液体的结构是介于球形纳米结构与海绵状纳米结构的过渡结构。这些纳米结构随离子液体烷基链的变化示于图4-9。随后很多研究组对非质子性离子液体的结构进行了大量的模拟工作。大部分实验数据支持离子液体介观结构的形成。大量的不同阳离子（咪唑、吡啶、吡咯、哌嗪、三唑、季铵、季鏻）和阴离子（卤素、$[PF_6]^-$、$[BF_4]^-$、$[NO_3]^-$、氯化铝、$[HSO_4]^-$、$[TfO]^-$、三氟甲基磺酸、$[SCN]^-$、$[Tf_2N]^-$）组成的离子液体被用来检验该介观结构模型。研究发现，带电与非带电基团的体积比（$V_{alkyl}:V_{polar}$）以及烷基基团在阳离子上的相对位置对离子液体的介观纳米结构有着重要的影响。$V_{alkyl}:V_{polar}$ 可以近似地表示体相的堆积比。从原理上讲，两亲性更强的离子具有较大的 $V_{alkyl}:V_{polar}$ 值，更容易造成极性区与非极性区的分离。阳离子上烷基基团的相对位置控制着其周围分布的阴离子的数目和位置，影响极性区的连通性。例如，$[N_{1,4,4,4}]^+$，$[N_{1,6,6,6}]^+$ 和 $[N_{1,8,8,8}]^+$ 上三个较长的对称烷基基团诱导了更有层次的极性和非极性的纳米结构。该结果也被 SAXS 研究结果所证实。相反，在 $[P_{n,n,n,n}][Tf_2N]$ 中，$V_{alkyl}:V_{polar}$ 数值的增加使得阳离子变大，并没有造成其两亲性增强；松散的线状网络结构使得烷基链之间的阴离子更容易与单个阴离子形成离子对。

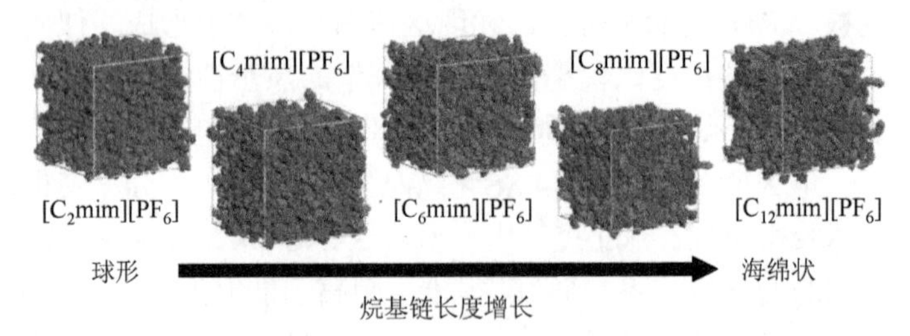

图 4-9　$[C_nmim][PF_6]$($n = 2\sim12$)体相结构的分子动力学模拟的快拍照[32]

XRD 也是一种证实自组装纳米结构的有力证据。研究发现，当烷基链长度大于 C_4 时，离子液体能够形成两亲性的纳米组装结构。X 射线散射实验也表明，离子液体阳离子上烷基链的 CH_2 基团数大于或等于 4 个时，离子液体呈现出海绵状的纳米结构。当烷基链长度低于该临界值时，液相结构更均一，但是有球形的非极性区域存在。

Hardacre 等发表了多篇采用中子散射技术研究非质子性离子液体结构的重要

文章[33]。散射数据的 EPSR 拟合可以获得咪唑类离子液体中局部离子-离子的分布，如图 4-10 所示。这些组装结构表现出了明显的电荷有序性，在某些方面类似于晶态结构。

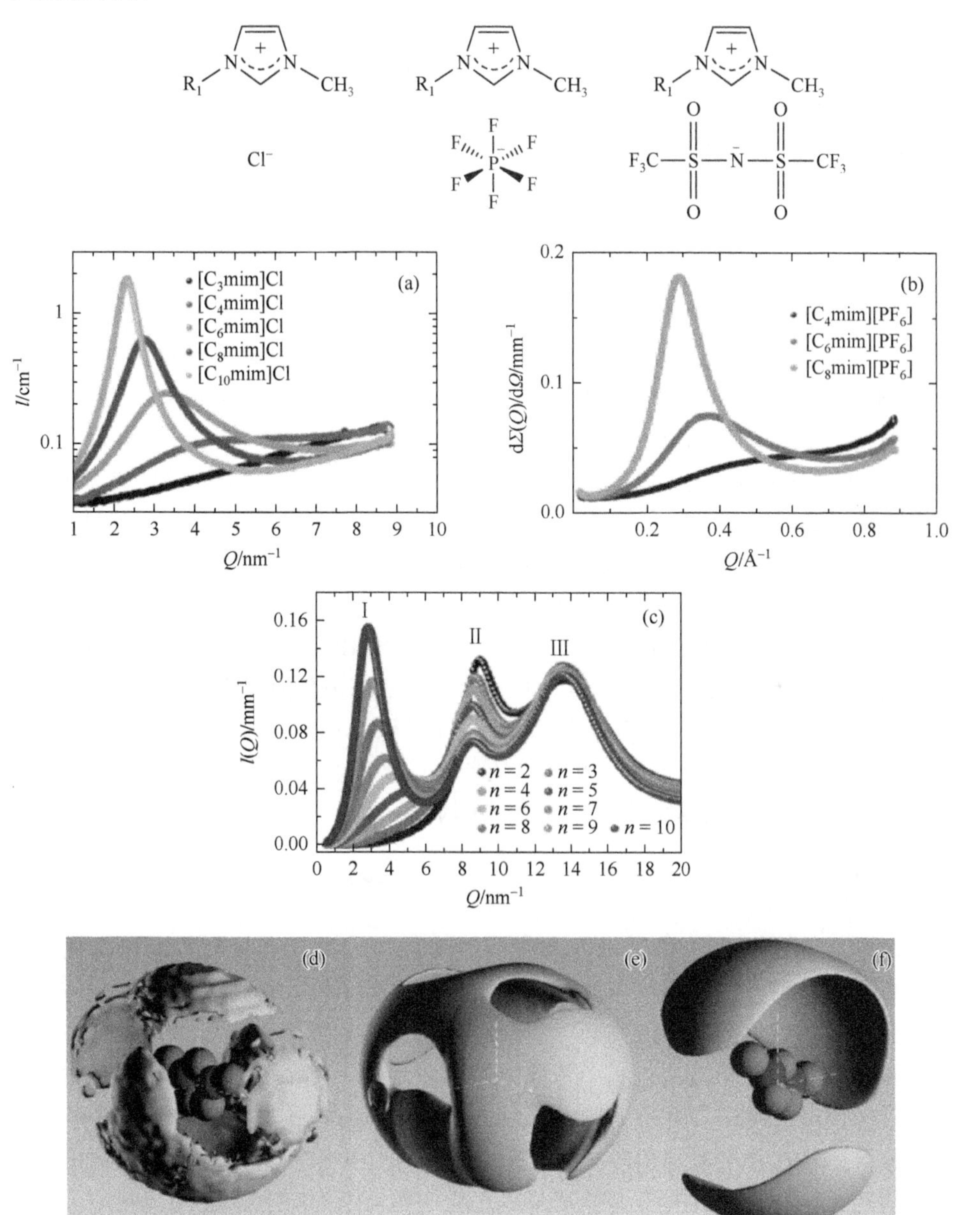

图 4-10　$[C_n mim]^+$基离子液体的纳米结构{（a）$[C_n mim]Cl$(n = 3, 4, 6, 8, 10)，（b）$[C_n mim][PF_6]$(n = 4, 6, 8)，（c）$[C_n mim][Tf_2N]$($2 \leqslant n \leqslant 10$)}；一个$[C_1 mim]^+$周围阳离子分布的 EPSR 模型{（d）$[C_1 mim]Cl$，（e）$[C_1 mim][PF_6]$，（f）$[C_1 mim][Tf_2N]$}[33]

4.5.4 离子液体在水中簇集体的结构

人们高度重视离子液体表面活性剂在溶液中的簇集体的微观结构，并且利用小角中子散射（SANS）、透射电镜（TEM）、核磁共振（NMR）和分子动力学模拟（MD）等手段对此进行了卓有成效的研究。与传统的表面活性剂类似，常见的离子液体表面活性剂簇集体的结构包括胶束和囊泡等。

1. 胶束

胶束是分子有序组合体最基本和最常见的形式。近年来，关于离子液体表面活性剂在水溶液中自组装形成胶束的研究报道较多。Bowers 等[34]和 Goodchild 等[35]利用 SANS 技术研究了[$C_n$mim]X(n = 2, 4, 6, 8, 10；X = Cl, Br)、[C_8mim]I 和[C_4mim][BF_4]在水中聚集体的微观结构，发现[C_2mim]Br 和[C_4mim]Br 不能形成胶束；当离子液体的浓度高于 CAC 时，[C_4mim][BF_4]形成了多分散性的球形簇集体，[C_8mim]X（X = Cl, Br, I）或[C_{10}mim]Br 以较小的球形簇集体存在；随着浓度的进一步增加，[C_{10}mim]Br 的胶束变得更扁长。这些胶束结构已被 NMR 和 MD 研究所证实：在这些簇集体中，烷基链被埋在簇集体的内部，避免与水接触；而极性的咪唑基团则位于簇集体的表面，并暴露于水中。王键吉等利用 TEM 和动态光散射技术研究了[C_8mim]X（X = Cl、Br、NO_3、CH_3COO、CF_3COO）、[C_8mPyrr]Br 和 4m-[C_8Py]Br 在水中簇集体的结构[36]。实验结果表明，这些离子液体表面活性剂都能形成球形胶束，阴、阳离子的结构对胶束的形态影响很小，但是簇集体的尺寸随着离子液体阴离子疏水性的增加而增大。总之，离子液体表面活性剂疏水烷基链的长度、阴离子的特性、阳离子头基的结构、溶液的浓度及电荷密度等都会影响胶束的形成。

2. 囊泡

囊泡是某些两亲分子分散在水中自发形成的一类具有封闭双层结构的聚集体。囊泡不但可以模拟生物细胞膜和多种生物生理过程、药物的封装及输送等，而且还能够提供化学反应所需要的“微环境”。人们发现，离子液体表面活性剂与一些传统的表面活性剂在水中复配能够形成囊泡。例如，烷基吡啶类离子液体表面活性剂[C_6Py]Br 或[C_6Py][BF_4]与十二烷基硫酸钠（SDS）在水溶液中复配能够形成囊；与[C_6Py][BF_4]/SDS 体系相比，在[C_6Py]Br/SDS 体系中形成的囊泡具有较大的尺寸；随着体系中阴离子表面活性剂 SDS 浓度的增加，复配体系中的囊泡数量增多。在[C_{12}mim]Br/SDS 和[C_{12}mPyrr]Br/十二烷基硫酸铜四水化合物[$Cu(SDS)_2 \cdot 4H_2O$]复配体系中也发现了囊泡。

离子液体表面活性剂也可以与另外一种离子液体在水中复配形成囊泡。两种离子液体表面活性剂$[C_4mim][C_8OSO_3]$和$[C_8mim]Cl$在水中以一定的比例混合能够形成胶束和囊泡。此外，当浓度达到一定值后，Catanionic 型离子液体表面活性剂在水中也可以形成囊泡。例如，由 1, 3-二烷基咪唑阳离子和烷基磺酸阴离子构成的离子液体$[C_nH_{2n+1}mim][C_mH_{2m+1}OSO_3]$($n = 4$、6、8；$m = 8$、12)在水中能够发生簇集，当$n = 4$、6，$m = 8$时，离子液体表面活性剂形成了胶束；当$n = 8$，$m = 8$、12 时，则形成了囊泡。Catanionic 型离子液体表面活性剂［由苄基-*n*-己基癸基二甲基季铵阳离子和二（2-乙基）己基磺化琥珀酸阴离子构成］在水中形成单壁囊泡。最近的研究工作表明，含有双尾烷基链的离子液体表面活性剂在水中也能形成囊泡。例如，二（2-乙基）己基磺化琥珀酸盐离子液体表面活性剂（阳离子为$[C_4mim]^+$、脯氨酸异丙酯阳离子$[ProC_3]^+$、胆碱阳离子$[Cho]^+$、胍阳离子$[Gua]^+$）在水中都能形成囊泡，并且形成囊泡的浓度按照$[ProC_3]^+ < [C_4mim]^+ < [Gua]^+ < [Cho]^+$的顺序增大。该顺序与阳离子的特性有关。

但是，对于传统的单尾、离子型的小分子表面活性剂，在没有任何添加剂（如无机盐、表面活性剂）存在时，它们自身不能在水溶液中形成囊泡。那么单尾离子液体表面活性剂在没有任何添加剂存在下能否形成囊泡？带着这个问题，王键吉等以$[C_nmim]Br$($n = 6, 8, 10, 12, 14$)为研究对象，采用表面张力、^1H NMR、动态光散射、透射电镜和小角 X 射线散射等技术研究了离子液体表面活性剂在水溶液中的自组装结构[37]，并首次观察到在无任何添加剂存在的情况下，$[C_nmim]Br$($n = 10, 12, 14$)在水中形成了单层囊泡，这是由离子液体表面活性剂独特的性质——咪唑阳离子较小的电荷密度和头基间的π-π 相互作用所决定的。随着浓度的增大，离子液体表面活性剂在水中的自组装结构经历着球形胶束→柱状胶束→单层囊泡的转变，而且该转变过程是可逆过程（图 4-11）。这类离子液体表面活性剂扩展了囊泡形成的体系。随后，Shi 等[38]的研究也表明，在无任何添加剂存在的情况下，单尾离子液体表面活性剂 1-十二烷基-3-甲基咪唑-*β*-萘酚磺酸盐$[C_{12}mim][Nsa]$在水中也形成了囊泡，并且随着离子液体浓度的增加，簇集体的结构经历着胶束→单、多壁囊泡→双层结构→多层液晶相的转变（图 4-12）。在无任何添加剂存在的情况下，单尾的离子液体表面活性剂十二烷基三甲基溴化铵（DTAB）在毛玻璃调节下也能够在水中自发地形成囊泡。

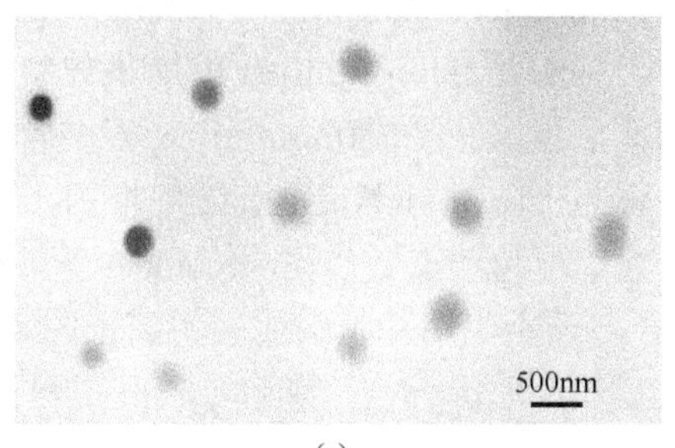

(a)

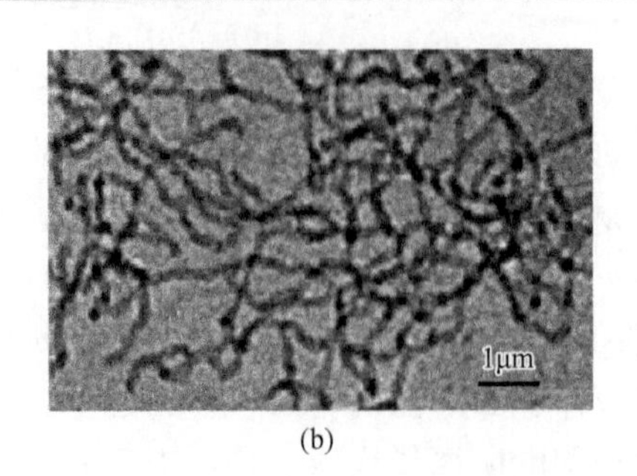

(b)

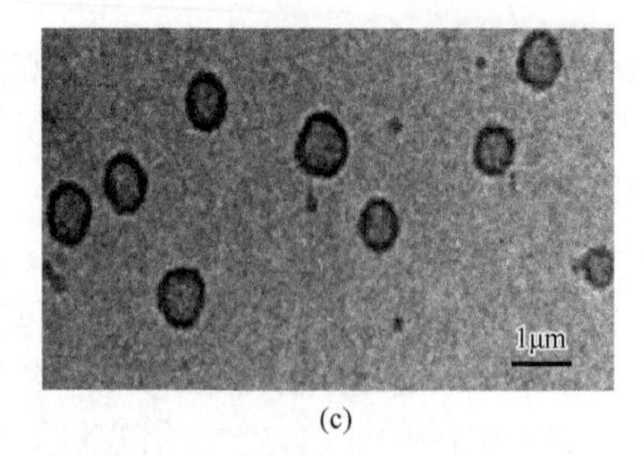

(c)

图 4-11 水溶液中$[C_{12}mim]Br$在不同浓度下聚集体的 TEM 照片[37]

（a）$0.06mol·L^{-1}$；（b）$0.56mol·L^{-1}$；（c）$0.93mol·L^{-1}$

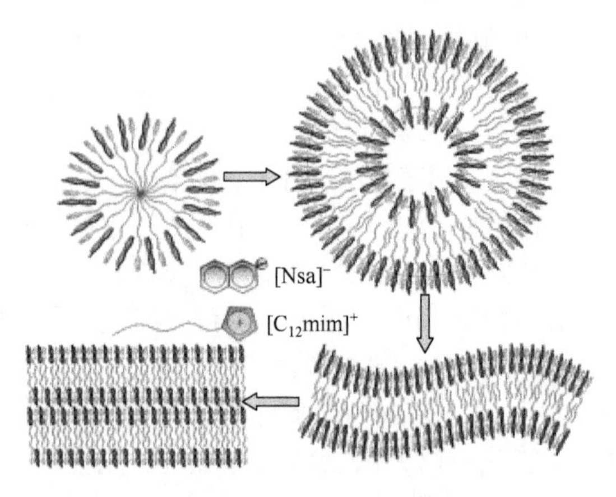

图 4-12 $[C_{12}mim][Nsa]-H_2O$ 体系相变的可能机制[38]

3. 离子液体表面活性剂在水溶液中胶束-囊泡转变的调控

离子液体表面活性剂在水中的浓度直接影响着它在水中组装体的结构。研究发现，双链的离子液体表面活性剂 1, 3-二癸基-2-甲基咪唑氯化物在水溶液中有 2 个 CAC 值，并且随着浓度的增大，离子液体表面活性剂在水中的簇集体结构首先从球形胶束转变为柱状胶束，然后再转变为层状结构。

外加电解质也可以诱导离子液体表面活性剂在水中聚集体结构的转变。据郑利强等报道，当离子液体 1-丁基-3-甲基咪唑萘磺酸盐（$[C_4mim][Nsa]$）被加入到$[C_{12}mim]Br$ 的水溶液时，能够诱导$[C_{12}mim]Br$ 的簇集体结构从胶束转变为囊泡。这是由于$[C_{10}H_7SO_3]^-$阴离子能够穿插进$[C_{12}mim]Br$ 簇集体的内部，降低了阳离子头基之间的静电排斥，有利于$[C_{12}mim]Br$ 更有效地堆积。其中$[C_{10}H_7SO_3]^-$阴离子与咪唑环之间的 π-π 相互作用起着重要作用。Kumar 等[39]的研究表明，在水溶液中加入 NaBr 也能够诱导基于十二烷基苯磺酸根阴离子的离子液体表面活性剂(阳离子为 1-丁基-3-甲基咪唑阳离子、*N*-丁基吡啶阳离子和正丁基三甲基季铵阳离子）的簇集体从胶束到囊泡的转变。主要原因是 NaBr 的加入增强了阳离子头基与反离子之间的静电相互作用、阳离子-π 和 π-π 相互作用，有利于簇集体的生长，从而造成簇集体的结构发生转变。

溶液 pH 值的改变是用来调控表面活性剂簇集体结构的一种重要手段。王键吉等设计、合成了 pH 响应离子液体表面活性剂$[C_n mim]X$(n = 10、12、14，X = $[C_6H_4COOCOOK]$、$[C_6H_3OHCOOSO_3Na]$、$[C_6H_4COOSO_3Na]$)，并利用表面张力、^1H NMR、动态光散射和透射电镜等手段研究了溶液 pH 值对 pH 响应离子液体表面活性剂在水中自组装体结构的影响[40, 41]。实验结果表明，随着溶液 pH 值的改变，离子液体表面活性剂在水中的自组装体结构发生了球形胶束→囊泡→球形胶束的可逆转变。该转变归结于由溶液 pH 值引起的离子液体表面活性剂阴离子的结构和亲/疏水性的改变。

同 pH 值、加热等外在手段相比，光具有信号易得、稳定可靠、不污染体系等优点。同时，它的光斑具有几微米的大小，可以精确地指向目标，因此常被用来调控表面活性剂在水中簇集体的结构。王键吉等合成了一类新型肉桂酸类光响应离子液体表面活性剂[42]。此类离子液体由咪唑类阳离子$[C_n mim]^+$ (n = 10、12、14、16)和反式邻甲氧基肉桂酸阴离子$[OMCA]^-$组成。经紫外光照射后，离子液体表面活性剂的蠕虫状胶束转变为棒状胶束。这是由于光照造成肉桂酸阴离子由反式异构体转变为顺式异构体，引起阴离子的空间位阻增强，疏水性变弱，不利于胶束的生长。随后，于丽等设计了由$[C_{16}mim]Br$/偶氮苯甲酸钠 Na[AzoCOO]组成的光响应体系。该体系能够在水中形成蠕虫状胶束，光照后蠕虫状胶束变得更长、更纠缠，进而引起溶液的黏度明显增大。主要原因是，光照后偶氮苯由反式异构体变为顺式结构，有利于苯环与咪唑环之间更有效地重叠，降低咪唑阳离子之间的静电排斥，促进胶束的生长。进一步的研究表明，$[C_{16}mim]Br$ 和 Na[AzoCOO]之间存在疏水、静电和阳离子-π 等多种相互作用，其中阳离子-π 相互作用是决定光照后蠕虫状胶束增长的主要驱动力。

4.6 离子液体的应用

4.6.1 在化学反应中的应用

离子液体在许多有机化学反应中得到了广泛的应用，如 Friedel-Crafts 反应、Heck 反应、Diels-Alder 反应、酯化反应、异构化反应、催化 Biginelli 反应、羟基化反应、Knoevenagel 和 Ronbinson 闭环反应、有机金属反应、烯烃选择氢化反应、酰基化反应、氧化还原反应、环氧化酶催化反应和水解反应等[43-44]。

1. Diels-Alder 反应

Diels-Alder 反应是有机合成中一类非常重要的 C-C 结合反应。它在甲基丙烯酸甲酯和环戊二烯的反应中应用最多，产物是外型和内型的混合物。这两种构型产物的比例与溶剂的极性有着密切的关系。例如，离子液体$[C_4mim][BF_4]$中，其外型和内型之比达到了 1/6.1，而在丙酮中为 1/4.2，在乙醇中为 1/5.2。一些 Diels-Alder 反应的反应速率和产物的选择性也与离子液体的 Lewis 酸性强弱有很大关联。当氯化铝型离子液体作为催化剂和溶剂时，$AlCl_3$的摩尔分数为 0.48 时，离子液体的极性使内外型产物比高达 5.25/1；当$AlCl_3$的摩尔分数为 0.51 时，离子液体 Lewis 酸性增加，此时产物的内外型比例为 19/1，如图 4-13 所示。

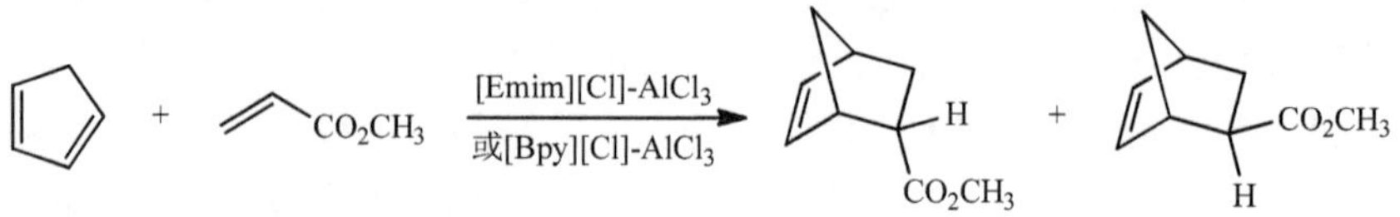

图 4-13 离子液体作为反应溶剂和催化剂应用于 Diels-Alder 反应

环戊二烯与丙烯酸甲酯进行的 Diels-Alder 环加成反应中，产物也有内、外两种构型。当离子液体$[EtNH_3][NO_3]$作为溶剂时，产物为内式，并且反应速率比在非极性溶剂中快，比在水中慢，但可用对水敏感的试剂。

2. 催化加氢反应

C＝C 键的加氢反应多在含有过渡金属配合物作为催化剂的均相反应体系中进行。离子液体能够溶解部分过渡金属，起到溶剂和共催化剂的双重作用。与水和其他普通溶剂相比，离子液体在简单的烯烃、二烯烃及芳烃等的加氢反应中具有很大的优势。表 4-1 列出了部分离子液体中的一些加氢反应。

表 4-1 离子液体中的一些加氢反应

反应物	离子液体	催化剂	优点
异丙苯、甲苯、苯	$[C_4mim][BF_4]$	$[H_4Ru_4(\eta^6C_6H_6)_4][BF_4]$	催化剂容易从反应物/产物中分离，允许不同化合物加氢，无污染
1-戊烯	$[C_4mim]Y(Y = [BF_4]$、$[PF_6]$、$[SbF_6]$等)	$[Rh(nbd)(PPh_3)_2]$	反应速率比在丙酮中快 5 倍，离子液体和催化剂可重复使用，铑的损失＜0.02%
双环戊二烯	$[C_4mim][BF_4]$	$[Rh(PPh_3)_3]Cl$ $[Ru(PPh_3)_3]Cl_2$	反应物转化率的选择性＞99%，产物与离子液体催化剂容易分离
环己烯	$[C_4mim][BF_4]$ $[C_4mim]Cl(AlCl_3)_x(x = 0.45)$	$RhCl(PPh_3)_2$ $Rh(cod)_2[BF_4]$	催化剂周转率为 $50h^{-1}$，产物倾析分离，Ru 几乎全留在离子液体中
2, 4-己二烯酸	$[C_4mim][PF_6]$/MTPE	$[Ru(PPh_3)_2]Cl_3$	顺-3-己烯酸的选择性是在乙二醇中的 3 倍，催化剂容易回收和分离

离子液体还可以在电负性金属（如 Li、Zn、Al 等）的作用下，对稠环芳烃进

行立体加氢反应。例如，对芳香烃（苯、甲苯、异丙基苯等）加氢时，以离子液体$[C_4mim][BF_4]$为溶剂，以$[H_4Ru_4(\eta^6C_6H_6)_4][BF_4]_2$为催化剂（可溶于离子液体），进行两相反应（另一相为有机相），与水相（另一相为有机相）中反应相比，转化率高，催化效率提高，无环境污染问题。

3. Friedel-Crafts 反应

Friedel-Crafts 反应（傅克反应）包括烷基化和傅克酰基化反应两种，它们在精细化工和石油化工等领域有着广泛的应用。该反应常用于含芳香环分子上加烷基和酰基，生成复杂的化合物。传统的催化剂有分子筛、沸石和固体酸等。Friedel-Crafts 反应在传统的溶剂中 80℃下需反应 8h，产物通常为含有异构体的混合物，产率为 80%左右；而在离子液体中，只需在 0℃下反应 30min 即可得到单一异构体的产物，产率可达到 98%。研究发现，这些离子液体在反应中同时起到溶剂和催化剂的双重作用。在含 HCl 的离子液体中用 1-十二烯酸作为烷基化试剂进行苯的烷基化反应，十二烷烃的转化率为 100%，产物中线型烷基苯（LAB）异构体的分布较好。与负载 PMo_{12} 等杂多酸的分子筛催化剂相比，离子液体作为催化剂时反应温度较低，直链烯烃的转化率较高，而且对 LAB 的 2-位异构体表现出很好的选择性。此外，在离子液体$[C_4mim][BF_4]$中进行的亲核吲哚和 2-萘酚烷基化反应，其产物主要是杂原子的烷基化产物，并且表现出独特的区域选择性能。

苯与长链烯烃的烷基化反应是合成高级润滑油添加剂、洗涤剂等产品的一类重要反应。传统的工艺一般用较强酸性的无机酸、分子筛等，存在一些问题。虽然酸性离子液体催化苯与 1-十二烯酸的烷基化反应表现出很好的低温反应活性和 2-位异构体选择性，但离子液体在工业上连续生产体系中应用将会增加反应的分离难度，所以离子液体催化剂负载成为当今研究的热点。通过改变载体硅胶（SiO_2）负载氯化铝型$[C_4mim]AlCl_4$的工艺，制得不同的负载离子液体催化剂用于合成十二烷基苯。与未负载离子液体催化剂相比，2-位异构体的选择性从 39.1%提高到 52.5%

同烷基化反应相比，傅克酰基化反应通常得到的产物单一。氯苯、甲苯、苯甲醚在离子液体中进行酰基化反应，产物中对位异构体占 98%，邻位异构体不到 2%。这表明离子液体中的酰基化反应，产物的区域选择性很好。在研究离子液体对二茂铁的酰基化反应时，发现在$[C_4mim]AlCl_4$或$[C_4mim]AlCl_4$/甲苯中，产物完全是单酰化的，后者的产率为 96%，前者为 84%。

4. 羰基化反应

在醇的氧化反应中，利用 $PdCl_2$ 在$[C_4mim][PF_6]$中催化甲醇氧化羰基化反应，选择性地得到碳酸二甲酯。超临界 CO_2 流体被应用于提取物。钯-1, 10-邻二氮杂菲可以在离子液体中催化苯胺、环己胺等得到相应的脲类化合物。$Pd(Phen)Cl_2$ 在一系列的 1, 3-二烷基咪唑离子液体中，可以催化硝基苯的还原酰化反应。该反应在离子液体中具有很高的活性，其中阴离子羧酸根比磺酸根对反应更有利。

在离子液体未被应用到氢甲酰化反应之前，通常用水作为氢甲酰化反应的溶剂，但是由于水对烯类物质溶解性不佳，一般只能对含 2～5 个碳原子的烯烃进行氢甲酰化反应。然而，将离子液体作为反应溶剂应用到氢甲酰化反应后，可以对长链烯烃进行氢甲酰化反应。如以聚苯乙烯、CO 为反应物，Pd 掺杂吡啶离子液体为催化剂，n（离子液体）：n(Pd) = 250：1，n（聚苯乙烯）：n(Pd) = 100000：1，持续通气体 CO，在 80℃反应 8h，得到产物为丙酮，产率为 63%，并且离子液体可以完全回收。

5. 酶催化反应

在非水介质中，生物催化剂的活性、选择性和酶的活性常常会降低。虽然改良后的酶具有较高的活性，但制备过程复杂。有研究者[45]用 *Pseudomonas cepacia* 酶与[ppmpm][PF_6]制备了 ILCE。实验表明，ILCE 在没有失去活性的情况下，镜相选择性明显提高且可重复使用。酯交换、水解等反应结果显示，酶在[C_4mim][PF_6]和[C_4mim][BF_4]中是稳定的。离子液体的疏水性、亲水性及有机溶剂都可影响酶的活性，与离子液体结合的酶能够保持较高的活性且可循环使用。同时也表明，离子液体能增加酶的稳定性，在[C_2mim][BF_4]中比在 1-丁醇中酶的合成活性提高了 4～5 倍，可缩短一半的反应时间。

各种各样的酶，尤其是在传统溶剂中不失活的那些酶，已在离子液体中得到了很好的利用。离子液体可作为某些极性高的物质如多糖、氨基酸和核苷酸生物转化时的反应介质。这些极性物质在水中是不能进行生物转化的。根据离子液体的独特性质，已设计出产品有效分离和离子液体循环使用的新工艺，随着离子液体价格的降低，离子液体在工业生物催化方面将会得到广泛的应用。

6. Beckmann 重排反应

环己酮肟的 Beckmann 重排，是生产己内酰胺（CPL）的重要工艺过程。一般传统工艺采用发烟硫酸为催化剂的 Beckmann 重排工艺路线。虽然该路线具有很高的选择性，但存在副产低值硫酸铵等一些问题。因此，Beckmann 工艺技术路线的改进是 CPL 绿色生产的关键。离子液体的出现为 CPL 绿色生产提供了机遇。如离子液体[C_4Py][BF_4]中，以 PCl_5 为催化剂进行环己酮肟的 Beckmann 重排反应，己内酰胺的选择性和环己酮肟的转化率均接近 100%，有望替代发烟硫酸。对于[C_4mim][BF_4]与甲苯组成的两相体系中，PCl_3 催化环己酮肟制己内酰胺的液相

Beckmann 重排反应来说，在优化条件下环己酮肟转化率达 99.0%，己内酰胺选择性达 87.3%。阳离子为质子化己内酰胺，阴离子为硬脂酸根的离子液体作为 PCl_3 催化环己酮肟 Beckmann 重排制己内酰胺的反应介质时，其转化率和选择性均达到 90%以上。采用离子液体[C_4mim][CF_3COO]、[C_4mim][BF_4]、[C_4Py][BF_4]和含磷化合物组成的体系在无溶剂条件下，可以温和、高效地催化环己酮肟重排制己内酰胺。由于不使用其他有机溶剂，反应体积数大为减少，为实现 Beckmann 重排反应的清洁工艺提供了一条新思路。

4.6.2 在萃取分离中的应用

萃取分离过程中大量挥发性有机溶剂的使用，成为环境污染的一个重要原因。因此发展环境友好、低能耗的绿色化学分离剂或萃取剂成为当前的迫切任务。离子液体由于较低的蒸气压在萃取分离中应用获得了机遇，被称为继水、超临界流体之后的又一绿色溶剂。

1. 有机物的萃取

有机物种类多、应用广泛。离子液体应用于有机物萃取是当前研究热点，已在萃取各类有机酸、胺类化合物、酚类化合物、染料、农药、含硫含氮杂环化合物、生物分子、抗生素等方面得到了广泛的应用[46]。

（1）普通有机物萃取

早期美国阿拉巴马大学的 Rogers 用疏水性离子液体[C_4mim][PF_6]从水相中萃取了甲苯、苯胺、苯甲酸、氯苯等苯的衍生物，并研究了这些被萃取物在离子液体中的分配系数。疏水性离子液体[C_4mim][PF_6]和[C_8mim][PF_6]也被用于从发酵液中提取正丁醇的研究，实验结果表明，相比传统的蒸馏、蒸发等方法，该方法低能、高效，是一种非常适合从发酵液中回收正丁醇的方法。使用[C_8mim][PF_6]作萃取剂，从水溶液中富集多环芳烃也取得了满意的效果，富集因子比常规方法提高了 3 倍。这是因为离子液体在水中具有高稳定性及适宜的黏度，可以悬挂较大的液滴体积，适合液相微萃取。40 多种有机物在[C_4mim][PF_6]水体系中的分配行为也被系统地研究，发现离子液体的疏水性和被萃取物的存在形式（分子或离子）是影响萃取效率的关键因素。

（2）医药、农药残留物、生物萃取

多种二烷基咪唑离子液体被应用于对牛磺酸的溶解，其中以对牛磺酸具有较强溶解能力的[C_4mim]Cl 为浸取剂，在较温和条件下实现了对硫酸钠和牛磺酸固体混合物的选择性分离。得到纯度高于 99.15%的牛磺酸，产率达 98.15%以上，且离子液体可以多次重复使用。与传统的重结晶和电渗析方法相比，此方法具有分离效率高、能耗低等优点，表现出了较大的应用价值。由[C_4mim][BF_4]和 NaH_2PO_4 形成的

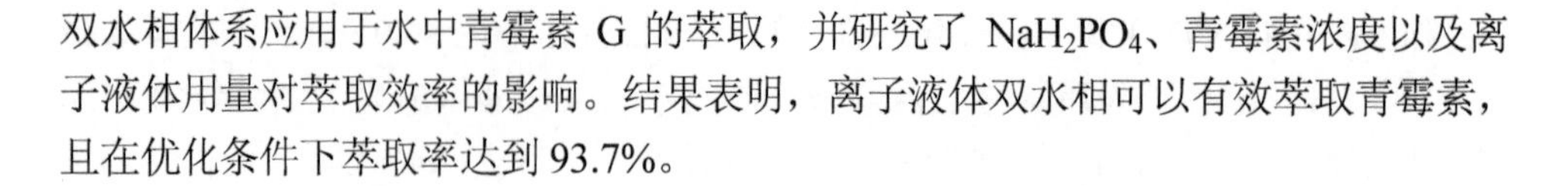

双水相体系应用于水中青霉素 G 的萃取，并研究了 NaH_2PO_4、青霉素浓度以及离子液体用量对萃取效率的影响。结果表明，离子液体双水相可以有效萃取青霉素，且在优化条件下萃取率达到 93.7%。

2. 金属离子的萃取

当从水相中萃取金属离子时，金属离子较强的水合作用使得其更倾向于留在水相中。因此，仅用离子液体从水中萃取金属离子往往萃取效率较差。目前常用的提高金属离子萃取效率（或分配系数 D）的方法有两种。

1）加入金属离子螯合剂，而离子液体仅用作稀释剂，对金属离子螯合物的萃取效果较好，且可以提高萃取效率。

2）根据萃取对象的特性，对离子液体进行结构化设计。将配位原子或具有配位结构的基团嫁接到离子液体的阳离子上，或直接应用具有配位功能的化合物为离子液体的阴离子制备特定功能的离子液体。在萃取过程中，特定功能的离子液体既作萃取剂又作有机相，从而解决了某些萃取剂与有机相不兼容的问题。

ⅰ）碱金属、碱土金属离子的萃取分离。$[C_n mim][PF_6]$($n = 4, 6, 7, 8, 9$)被用于对碱金属离子的萃取。研究结果表明，离子液体对金属离子的萃取能力很弱，且随着阳离子上烷基链的增长而迅速降低。萃取能力顺序为，$Cs^+ > Rb^+ > K^+ > Li^+ \approx Na^+$，与离子的疏水能力相一致。当加入二苯并-18-冠-6（DB18C6）萃取剂后，体系对金属离子的协同萃取能力增强。由于不同离子与 DB18C6 结合能力有差别，萃取率的顺序变为，$K^+ > Rb^+ > Cs^+ > Na^+ \geqslant Li^+$。这说明离子液体和萃取剂的协同作用对体系的萃取性能有着很大的影响。

N-烷基氮杂-18-冠-6 为螯合剂，$[C_4mim][Tf_2N]$为稀释剂形成的体系被用于萃取水中的金属离子 Sr^{2+} 及 Cs^+。该体系表现出较好的选择性和循环使用性。使用不同烷基链长度的$[C_n mim][Tf_2N]$($n = 2, 4, 6, 8$)与不同萃取剂（杂环–冠醚类）进行配伍组合从水中萃取 Sr^{2+}、K^+、Na^+等金属离子时，不同组合可以得到不同的分配系数和选择性。

$[C_n mim][PF_6]$被用于从模拟的盐湖卤水中萃取锂。以磷酸三丁酯和 $FeCl_3$ 为萃取剂，离子液体为稀释剂，其最佳萃取条件如下：TBP/离子液体 = 9∶1（体积比），水相酸度 $C_{H^+} = 0.03 mol \cdot L^{-1}$，Fe/Li = 2（物质的量比），相比 O/A = 1∶1；反萃时，相比 O/A = 15∶1，用 $6 mol \cdot L^{-1}$HCl 反萃取有机相中的锂。在该条件下，锂的单次萃取率和反萃率分别是 87%和 90%。此外，还进行了盐湖卤水萃取锂的串级实验，结果表明，经过三级萃取和二级反萃，锂的总提取率大于 97%，有机相中 Mg/Li 的物质的量比降低至 2.2 左右。以离子液体萃取体系代替磺化煤油应用于锂的提取，可避免因有机溶剂挥发而产生的环境污染。

ii）稀土元素萃取分离。传统的稀土分离工业大量使用具有挥发性的有机溶剂，且效率低，污染严重。陈继、孙晓琦等开发了离子液体与稀土萃取剂组成的新萃取体系，在稀土分离中利用离子液体的固化技术，制备了一种离子液基复合材料，以固定疏水性 ILs。实验结果表明，该复合材料对 Y^{3+} 和重稀土元素有较好的分离效果，经过 4 次萃取与反萃，复合材料对 Y^{3+} 的去除率仍高于 78%，稳定且可重复使用。另外，利用$[C_8mim][PF_6]$/Cyanex923 体系分离 Y^{3+} 和重稀土时发现，加入 EDTA 可显著提高 Y^{3+} 与其他稀土元素的分离系数。

王键吉课题组[47]建立了羧基功能化离子液体$[(CH_2)_nCOOHmim][Tf_2N]$（$n = 3, 5, 7$)对稀土金属与过渡金属（Nd/Fe，Sm/Co，Nd/Co，Nd/Ni）选择性液-液萃取分离的新体系，实现了金属离子的选择性分离、萃取目标物的回收以及离子液体的循环利用。在优化的条件下，通过控制溶液的 pH 值，Nd（Ⅲ）和 Fe（Ⅲ）、Sm（Ⅲ）和 Co（Ⅱ）的选择性分离因子高达 10^4～10^5。红外光谱和斜率分析方法研究表明，离子液体对金属离子的萃取为质子交换机理，但是在萃取过程中不存在离子液体的交换损失。利用稀酸溶液或者草酸溶液，成功地将离子液体相中的金属离子反萃出来，同时使离子液体再生，实现了金属离子的回收和离子液体的循环使用。该方法无需有机溶剂和外加萃取试剂，萃取体系简单、条件温和、操作简单，实现了废弃永磁材料中稀土金属的选择性绿色分离。

随后该课题组利用羧酸功能化离子液体$[(CH_2)_nCOOHmim][Tf_2N]$($n = 3, 5, 7$)为萃取剂，以常规离子液体$[C_nmim][Tf_2N]$($n = 4, 6, 8, 10$)为稀释剂，研究了溶液中 Sc（Ⅲ）与 Y（Ⅲ)、镧系金属的选择性分离[48]。研究结果表明，金属离子的萃取效率随着溶液 pH 的升高、羧基咪唑离子液体萃取剂烷基链的增长而增大，但随着稀释剂阳离子烷基链的增长而降低。在优化条件下，通过控制溶液的 pH 值，可有效地将溶液中的 Sc（Ⅲ）与 Y（Ⅲ）和 10 种镧系金属进行选择性分离，分离因子为 10^3。通过一系列手段，分析了离子的萃取机理，认为萃取过程为阳离子交换机理，即 1mol 的 Sc(Ⅲ)从溶液中进入离子液体相，伴随着离子液体萃取剂上的 2mol 质子和 1mol 稀释剂的阳离子（$[C_nmim]^+$）进入水相。与文献相比较，离子液体的交换损失显著降低。采用稀硝酸一次可对离子液体相中 97.8%的 Sc（Ⅲ）进行有效回收。因此，羧基功能化离子液体与常规离子液体的联用为钪与钇、镧系金属离子的选择性分离提供了一种高效、绿色的新方法，该方法有望用于岩石中钪与其他稀土金属的选择性分离。

iii）放射性元素萃取分离。由于离子液体具有的优异特性，它被认为是乏燃料后处理中萃取分离放射性核素的新一代绿色溶剂。文献报道的主要研究有，γ 辐照对离子液体 Sr^{2+} 和 Cs^+ 萃取性能的影响；咪唑类离子液体为溶剂，磷酸三丁酯为萃取剂，从强硝酸介质中萃取铀酰离子；对铀矿浸出液中铀、高放核废液中 ^{90}Sr、^{137}Cs 等核素的离子液体体系萃取工艺研究；对高放废液中的镧、锕系元素萃取离子液体体系分离回收，特别是将三价镅（Am）和锔（Cm）与化学性质相近的三价镧系元素进行分离。

3. 燃气萃取脱硫

由于燃气中硫化物的排放造成环境恶化，以及传统脱硫方法存在条件苛刻、成本高、降低油品和脱硫率不高的缺点，离子液体的可设计性为脱硫技术的开发提供了机遇。离子液体[$ZnCl_2 \cdot 3(NH_2)_2CO$]和[$3(C_4H_9)_4C_6H_{11}NO$]被用于E97汽油和模拟汽油中脱硫试验，确定了离子液体对E97汽油和模拟汽油脱硫工艺条件。前者最佳脱硫条件为温度约50℃，剂油比（质量比）为3∶1，萃取时间为30min。经6次萃取脱硫后，E97汽油的脱硫率为97.14%；对模拟汽油脱硫率为88.09%。[$3(C_4H_9)_4C_6H_{11}NO$]对E97汽油的脱硫率为30.95%，对模拟汽油的脱硫率为16.92%。实验结果证明，[$ZnCl_2 \cdot 3(NH_2)_2CO$]的脱硫效果较好。

两类金属基离子液体（20种咪唑类金属基和10种季铵盐类金属基离子液体）也被应用于燃料油萃取脱硫的研究。结果表明，[C_3mim][HSO_4]/$FeCl_3$体系对二苯并噻吩（DBT）具有很好的萃取脱硫性能，脱硫率在92%以上。[CPL-TBAB]/$0.8CuCl_2 \cdot 2H_2O$对不同模型硫化合物和真实柴油均有较好的萃取脱硫效果，对芳香族的有机硫化物脱硫率均在93%以上。另外，在最佳工艺条件下，考察了金属酞菁偶合离子液体体系对真实汽油的氧化脱硫性能。$CoPc(Cl)_{16}$偶合[PBy][BF_4]体系对DBT有很好的氧化脱硫效果，此体系对DBT的脱除率可以达到90%以上。

离子液体作为一种环境友好溶剂或萃取剂在萃取分离技术领域，显示出越来越多的独特优势。不过，离子液体在萃取分离技术领域表现出一些不足。①萃取成本高，大多应用只停留在研究阶段。②物理化学数据不全面，如物理化学性质、腐蚀性、毒性等研究还不成熟；数据不够充分，很多离子液体的作用机理也不清楚，今后还需做大量这方面的工作来完善。③离子液体的流失严重，循环利用率低。解决以上问题之后，离子液体将能更好地发挥其效能，从而发展成为稳定、可靠、经济实用的萃取分离介质。

4.6.3 在材料合成中的应用

目前在材料的制备过程中，离子液体主要具有以下功能：①作为合成中间体；②作为模板剂；③作为前驱体。下面重点介绍离子液体的前两项功能。

1. 作为合成中间体

（1）溶剂功能

离子液体的有机离子特性使得它能够成为各种类型的无机和有机前驱体（如金属盐、表面活性剂、有机酸、碱等）的良好溶剂。金属材料、无机非金属材料、无机-有机杂化材料、有机聚合物材料等材料在离子液体中成功制备出来，如 Au 纳米片、CoPt 纳米棒、ZrO_2 纳米片、Co_2PO_4OH 框架材料、$LaCO_3OH$ 纳米线、Cu-BTC 金属-有机骨架材料（Cu-BTC MOFs）、Ni-(H)BTC MOFs、聚胺纳米材料等[49]。离子液体有时作为两亲性自组装的介质来使用，并引起了人们的高度关注。例如，*N*-乙基全氟辛基磺酰胺表面活性剂能够被四甲基胍三氟乙酸盐（TMGT）离子液体溶解，并形成胶束。溶解在 TMGT 中的 Cu^{2+} 与 N-EtFOSA 胶束周围去质子化的 BTC^{3-} 反应生成框架构建块，从而合成出介孔的 Cu-BTC MOFs。

离子液体较低的蒸气压、低的熔点和较高的稳定性等特性使其在材料合成中表现出明显的优势。离子液体中材料的合成在室温下就可以进行，避免了水热法合成材料过程存在的高压等安全隐患问题。例如，一系列含 Ni 的纳米结构的物质［包含 $Ni(NH_3)_6Cl_2$ 晶、$NiCl_2$ 纳米片、α-$Ni(OH)_2$ 纳米花、介孔的 NiO 纳米花］利用离子液体离子热的策略合成出来了[50]。

微波加热技术具有快的加热速度、较短的反应时间和高的反应选择性等优点。离子液体中微波技术的使用结合了微波和离子液体的优势，使得其成为材料制备的一种新颖方法。Ding 等发展了一种微波辅助的离子热合成具有微纳结构的金属硫化物的绿色与通用的方法[51]。由于离子液体较好的热稳定性和化学稳定及其对硫具有较高的溶解度等优点，单质硫和金属粉末在高温条件的快速反应进行得非常顺利。因此，各种金属硫化物被大规模地合成出来。

电子束辐照合成法被应用于离子液体中纳米材料的合成。Imanishi 等发展了一种在离子液体中利用低能电子束辐照技术合成 Au 纳米材料的方法[52]。由于离子液体可以忽略蒸气压和热稳定性较好，Au 纳米材料的形成过程被很好地观察到了。图 4-14 描述了电子束辐照过程中 Au 的二级电子图像。图中大的黑色区域和白色部分分别指示离子液体液滴和 Au 纳米材料。从该图中可以观察到 Au 纳米材料的生成过程，其为材料的形成机制研究提供了证据。

（2）稳定功能

离子液体在材料制备过程中表现出较好的稳定化功能，这主要归结于以下几个方面的原因。首先，离子液体较低的界面能有利于稳定分子物种。其次，通过结构的设计，离子液体可以容易地制备成亲水或疏水性离子液体，并且阳离子的烷基链在材料合成过程中可以稳定纳米材料。第三，离子液体阳离子和阴离子上的功能基团也可以稳定纳米材料。最后，离子液体能够在材料表面吸附，起着稳定剂的作用。

Kim 等采用巯基功能化的离子液体合成了 Au 和 Pt 纳米材料[53]。在该过程中，离子液体是 Au 和 Pt 纳米材料制备和稳定的高效介质。纳米材料表面周围的功能化离子液体具有稳定剂的功能，能有效地阻止其聚集。纳米材料的大小和稳定性受巯基的位置和数目影响，并且材料的尺寸大小可以通过调控离子液体的结构来

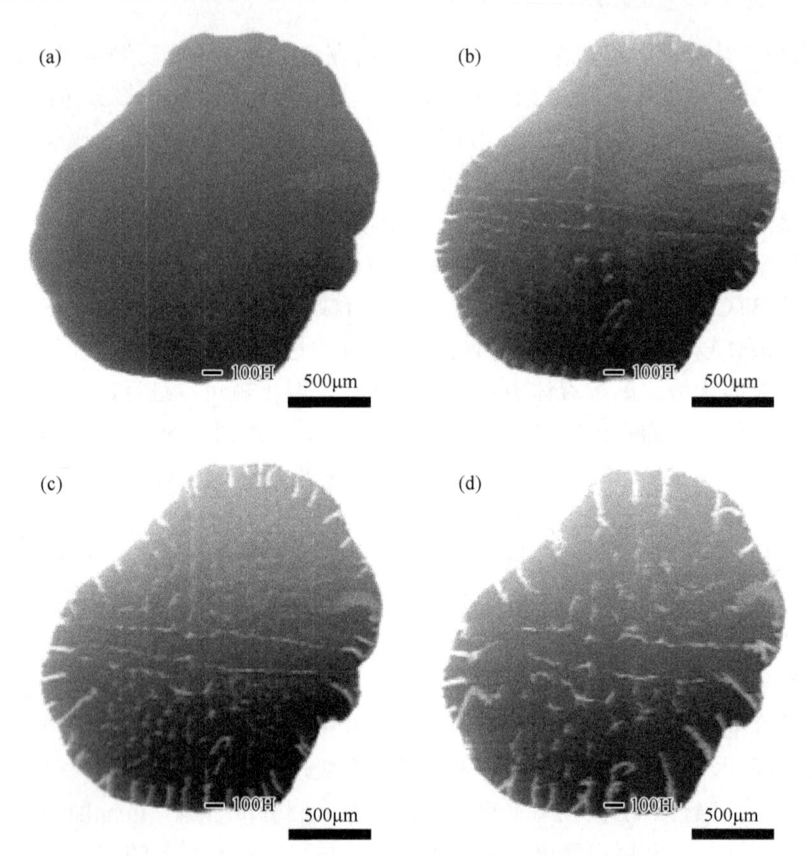

图 4-14　离子液体被电子束激发的二级电子图像[52]

（a）0s；（b）90 s；（c）180 s；（d）300 s

控制。研究发现，随着阳离子上巯基数目的增加，纳米材料的尺寸减小；离子液体上的巯基基团成为控制材料大小的主要因素。另外，阳离子和阴离子上的巯基基团都可以控制纳米材料的大小和均一性。因此，运用离子液体稳定剂来调控纳米材料的结构是纳米材料制备非常有效的策略。

2. 作为模板剂

（1）离子液体的纳米结构作为模板

离子液体被认为是具有纳米结构的物质，这主要是由于离子液体中极性和非极性部分的分离。该纳米结构随着烷基链长度的增加而趋于增强。近几年来离子液体的聚集行为被进行了大量的研究，并且其在水中的行为与阳离子的烷基链长度和环的类型有着密切的关系。例如，对于在离子液体[$C_n$mim][BF_4]（$n = 4, 6, 8, 10$）中介孔聚丙烯酰胺（PAMs）的合成来说，所合成的 PAMs 表现出介孔性质。这些离子液体中咪唑环和阴离子能够形成极性区，而烷基链组装成非极性区；在 PAMs

的聚合过程中，丙烯酰胺单体溶解在极性区，该区域正是发生聚合的地方。因此，非极性区对介孔的形成起着模板的作用。然而在[C_6mim][BF_4]、[C_8mim][BF_4]和[C_{10}mim][BF_4]中合成的 PAMs 的介孔尺寸并没有发生明显的改变。这可能归结于具有较长烷基链的离子液体的非极性区和极性区相互交叉形成了双连续分离相。

（2）离子液体形成的胶束和囊泡作为模板

长链的离子液体能够在水中或其他溶剂中形成胶束，经常被作为模板来合成纳米材料。下面以 $Ni_{0.5}Mn_{1.5}(OH)_4$ 在离子液体[C_{12}mim]Br 水溶液中的制备为例，来阐述离子液体的模板效应。当离子液体的浓度比较低时，无规则的颗粒被得到；随着离子液体浓度的增加，具有凝聚相的较大颗粒形成，这与离子液体胶束的形成有关。

胶束-囊泡的结构转变经常在表面活性剂体系中出现。该现象也存在于离子液体体系。人们根据[C_4mim][C_8SO_4] + [C_8mim]Cl + H_2O 体系中胶束-囊泡转变的特性制备出了各向异性、不同大小和各种形貌的 Au 纳米材料。在 Au 纳米材料的制备过程中，离子液体起着稳定剂和结构导向剂的双重功能。可以通过改变离子液体的物质的量比或者混合离子液体的浓度来控制 Au 纳米材料的形貌。

（3）离子液体基液晶凝胶作为模板

凝胶是一类非常重要的软物质。液晶凝胶的发展引起了人们的高度关注。近年来，有关离子液体参与的液晶凝胶的制备已有相关报道。研究[54]发现，[C_{10}mim]Br 加入水后可以形成液晶凝胶，并且可以通过调节液晶凝胶的组成形成近一相区的体系（层状、二维六角相、三维立方相）。研究人员在[C_{10}mim]Br 水凝胶相中光化学还原[$AuCl_4$]$^-$制备了不同形貌和尺寸的、各向异性的 Au 纳米材料。该过程中[C_{10}mim]$^+$开始通过静电作用捕获 $AuCl_4^-$，随后为 Au 纳米材料的稳定提供了保护鞘。

（4）离子液体乳液和微乳液作为模板

乳液是含分散相和连续相的非互溶液体的混合物。近年来离子液体乳液被广泛地用来合成孔或中空材料。例如，CaF_2 管和中空棒，大孔的 TiO_2、ZrO_2 和 Fe_3O_4，大孔和介孔的 PAMs，Zn-BDC MOF 纳米球等纳米材料已被合成出来。在这一材料制备过程中，乳液的液滴扮演着模板的角色。微乳液是指两种互不相溶的溶剂在表面活性剂的作用下形成的透明的热力学稳定的体系。最近，离子液体微乳液也引起了人们的高度关注，被大量创制出来并得到了应用。例如，利用 25℃，[C_4mim][PF_6] + Triton X-100 + H_2O 形成的微乳液体系中不同相区成功地合成了球形、层状和柱状形的 La-BTC MOFs。这些 MOF 的形貌与微乳液中不同相区的形状相一致[54]。

4.6.4 在电化学中的应用

离子液体具有离子导电性好、电化学窗口宽等电化学特性，已在金属电沉积、锂离子电池、有机电合成等领域得到了广泛应用。

1. 金属电沉积中的应用

电化学沉积中的三种传统电解液都有着自己的缺点。譬如，水溶液的电化学窗口较窄，有机溶剂则易燃、易挥发，熔盐的温度较高且具有较强的腐蚀性。而离子液体具有熔点低、不挥发、不易燃、电化学窗口宽、离子电导率高等优点，很好地弥补了传统电解液的不足。离子液体的出现使许多在室温水溶液中无法得到的难溶金属、轻金属、合金及半导体材料的制备成为可能。

对含有 $K_2(PtCl_6)$的 *N*, *N*-二乙基-*N*-甲基-*N*-（2-甲氧基乙基）四氟硼酸季铵盐离子液体中 Pt 纳米微粒的电沉积行为的研究发现，施加的沉积电位不同，反应机制不同[55]。当沉积电位为–2.0V 时，$[PtCl_4]^{2-}$的歧化反应得到金属 Pt；而当沉积电位为–3.5 V 时，$[PtCl_6]^{2-}$经过还原反应得到 Pt。此外，沉积电位对 Pt 纳米微粒的尺寸和形貌有很大影响。

此外，在 1-乙基-3-甲基咪唑氯盐（$[C_2mim]Cl$）中用聚碳酸酯作模板电沉积制得 Al 纳米线，并将其应用于锂离子电池中。结果表明，制得的 Al 纳米线经过 50 次充放电循环后仍能保持完整的结构，具有良好的机械稳定性。Giridhar 等[56]在 1-丁基-1-甲基吡咯烷-二（三氟甲基磺酰基）酰胺中电沉积 NbF_5 制得 Nb，电解质中加入 LiF 或 LiTFSI，会大大改善 Nb 薄膜的性能。

2. 锂离子电池中的应用

在锂离子电池中，用金属 Li 作为负极材料，可以提高电池的输出电压和理论容量。但传统的碳酸酯基电解质会与 Li 发生反应，使 Li 表面不均匀，在充放电循环过程中易形成锂枝晶，使锂离子电池失去效力。离子液体作为一类稳定的电解质体系，有望改变 Li/电解质的界面性质，使 Li 成为可行的负极材料。例如，将离子液体[Py14][TFSI]加入到传统的碳酸酯基（EC/DMC 和 EC/DMC/DEC）电解质中配制成混合电解质，分别用 $LiFePO_4$ 和 $Li_4Ti_5O_{12}$ 作正负极组装成半电池，测定其电化学性能。结果表明，电池显示出良好的循环性能。另外，对以 Li 为阳极、$LiFePO_4$ 为阴极、离子液体聚合物为电解质［由聚偏氟乙烯-六氟丙烯/1-丁基-4-甲基吡啶-二（三氟甲磺酰基）亚胺/LiTFSI 组成］组装成的锂离子电池的电化学性能进行测试[57]。结果表明，室温下当电解质中离子液体的质量分数为 33.3%时，聚合物电解质的离子电导率达到最大值，为 $2.01\times10^{-4}S\cdot cm^{-1}$。

在 20℃下，这种离子液体电解质相对于 Li^+/Li 的电化学稳定窗口约为 5.5V；10 次循环以后，界面阻抗层增长缓慢，说明该离子液体与 $LiFePO_4$ 电极、Li 电极有很好的兼容性。

3. 有机电合成中的应用

有机电合成是在反应器内通过电极上电子转移来合成有机物的技术。与传统的有机合成相比，有机电合成具有以下优势：电化学反应中的产物通过电极上电子得失得到，一般情况下无须添加其他物质，减少了物质消耗，降低了污染；产物选择性高，副反应少，从而提高了电流效率和产品的纯度；合成反应条件通常为低压或常压，降低能耗。对二茂铁和四硫富瓦烯在$[C_2mim][BF_4]$的电氧化行为研究发现，二茂铁和四硫富瓦烯在离子液体中能够形成可逆程度很高的氧化还原对。这说明$[C_2mim][BF_4]$是一种可用于有机电合成的理想溶剂。

4. 传感器方面的应用

根据不同离子液体之间性质的差别，可以设计不同类型的传感器。根据分析物在双相离子液体薄膜之间的相互吸附和脱附作用，可以制备声换能传感器；利用离子液体既可以作为溶剂，也可以作为电解质的双功能性，可以设计无膜的电化学传感器；根据离子液体和有机/无机基团的相互作用，可以设计光学传感器。例如，以离子液体$[C_2mim][Tf_2N]$及聚偏氟乙烯为电解质，采用电化学还原法制备了能够检测 NO_2 的传感器。它可以在 $0\sim10mg\cdot L^{-1}$ 范围内实现很好的线性响应，具有很好的灵敏性，可用于室外检测。

5. 双电层电容器中的应用

近年来，双电层电容器作为一种高循环寿命、高功率密度和快速充放电的电能存储元件而备受关注，已广泛应用于各种调节器、传感器、后备电源和车辆启动装置等能源系统，并表现出了广阔的应用前景。影响电容器比电容的主要因素之一是电解液的性能。电解液主要包括水系和有机系两种。与水系电解液相比，有机电解液的电化学窗口较宽，能够增加电容器的能量密度，提高其性能。但是有机溶剂存在易挥发、电导率低等弊端，因此，需要开发新的电解液体系。由于离子液体具有低蒸气压、高电导率和宽的电化学窗口等性质，越来越多的不同类型的离子液体被作为电解液应用于双电层电容器。

最开始，研究者主要以电导率高且黏度低的咪唑类离子液体为电容器的电解质。与使用传统电解液的电容器相比，此类电容器具有较高的电导率和电容量。但由于咪唑类离子液体的热稳定性差，人们又将吡咯烷类和短链脂肪季铵盐类离子液体作为电解质。这两类电解质在热稳定性和循环稳定性方面有了很大的提高。

例如，对以聚合物 PEUU 为电解质，分别加入 Li[Tf_2N]和[C_2mim][Tf_2N]制备的电容器进行电化学研究[58]，结果表明，锂盐和离子液体具有不同的离子传输模型，含有离子液体的体系具有更高的电导率，可达到 $3.4\times10^{-3}S\cdot cm^{-1}$。

虽然离子液体已广泛应用于电化学的各个领域中，并展现出巨大的应用潜力，但由于离子液体存在价格昂贵、黏度大、循环分离难等缺点，目前还无法实现大规模的工业化应用。未来如能解决离子液体存在的这几个方面的问题，其就能取代传统的有毒有机溶剂而广泛地应用于工业中。

4.6.5 在纤维素溶解中的应用

生物质是可持续资源中唯一的可再生碳资源，其中木质纤维素是生物质资源中最重要的一类。木质纤维素储量巨大，以其为原料开发生物质能源是近年来的研究热点。木质纤维素主要由纤维素、半纤维素、木质素组成。由于木质纤维素结构和组成的复杂性，对其进行溶解、分离很困难。传统的木质纤维素的分离及应用多在酸碱溶液或毒性有机溶剂中进行，对环境影响较大。离子液体的出现和发展为木质纤维素组分的溶解和应用提供了一种新方法，引起了国内外研究人员的极大关注。近年来，对纤维素具有溶解分离能力的各种不同结构的离子液体不断被报道。研究人员对离子液体溶解纤维素的条件、溶解机理、结构效应等方面进行了卓有成效的研究。

早在 1934 年，Graenacher 发现纤维素可溶于 *N*-乙基吡啶氯盐中，但由于这种物质熔点较高，并没有引起足够的重视。直到 2002 年，Rogers 等[59]报道了[C_4mim]Cl 对纤维素有很好的溶解能力，在 100℃时，纤维素的溶解度可以达到10%（质量分数），若用微波加热助溶，则纤维素的溶解度可高到 25%（质量分数），并且通过加入水、乙醇、丙酮等反溶剂，溶解在离子液体中的纤维素能够很简单地再生。这一报道引起了广泛关注，此后，离子液体溶解纤维素的研究报道迅速增加。迄今为止，研究报道过的对纤维素具有溶解能力的离子液体已多达上百种，其阳离子主要包括咪唑类、吡啶类、氨基酸类阳离子等。吡啶类离子液体热稳定性较低，在溶解过程中会缓慢降解。咪唑类离子液体稳定性较高，对纤维素溶解性能良好，是研究最多的纤维素溶剂。如果咪唑阳离子的侧链上含有不同的取代基，将直接影响离子液体对纤维素的溶解性能。在咪唑阳离子侧链上引入烯丙基，能降低离子液体的黏度，提高纤维素在离子液体中的溶解度。但是，烯丙基的引入会降低离子液体的热稳定性。因此，最常用来溶解分离纤维素的是 1-乙基-3-甲基咪唑类离子液体。常用的阴离子则主要是卤素类、羧酸盐类、磷酸酯类等。卤素类离子液体熔点较高，黏度较大，溶解纤维素时需要较高的温度。羧酸盐类离子液体对木质纤维素具有较好的溶解能力。其中咪唑甲酸盐、咪唑乙酸盐、咪唑丙酸盐均表现出对纤维素良好的溶解能力。

咪唑甲酸盐的热稳定性较低，咪唑乙酸盐具有熔点低，黏度小，无毒，对纤维素的溶解能力强等特点，与咪唑丙酸盐相比更简单易得，因此是很好的卤素离子液体的替代品，近年来常用于纤维素和半纤维素的溶解、木质纤维素的溶解分离、生物质的预处理等过程。

纤维素在离子液体中的溶解是一个复杂而缓慢的过程，除了离子液体的溶解能力，溶解条件同样是研究者关注的热点，各种各样的辅助手段被研究者使用来增加纤维素在离子液体中的溶解度和加速纤维素的溶解过程，其中有机共溶剂、微波加热和超声波是研究得最多的。DMSO、DMF、DMA、醇胺等是研究得较多的有机共溶剂，它们均能够促进纤维素在离子液体中的溶解。同样，实验证明微波加热和超声波也能够有效地促进纤维素的溶解。

关于离子液体溶解纤维素的机理方面的研究一直在进行。纤维素在离子液体中的溶解能力是分子间多种相互作用的综合体现，包括离子液体与离子液体之间、离子液体与葡萄糖单元之间以及葡萄糖单元内部的氢键作用、范德华力、疏水作用等，而不是单纯的氢键作用。因此，纤维素在离子液体中的溶解过程是复杂的。

纤维素在[C_4mim]Cl 中的溶解过程的 ^{13}C 和 $^{35/37}$Cl NMR 光谱研究结果表明，正是离子液体的阴离子（Cl^-）与纤维素分子中的羟基（OH）之间的相互作用导致了纤维素的氢键断裂而溶解[60]。随后的分子动力学模拟也证实了离子液体阴离子与纤维素羟基之间存在氢键[61]，二者形成了复合体，导致纤维素分子链之间的氢键发生了断裂。这说明离子液体的阴离子在纤维素溶解过程中起重要作用。阴离子具有较强氢键接受能力（氢键碱性）的离子液体，如$[HCOO]^-$、$[CH_3COO]^-$、Cl^-等，对纤维素的溶解能力较强，而阴离子碱性较弱的离子液体如二氰胺盐$[DCA]^-$、对甲基苯磺酸盐$[Tos]^-$等对纤维素的溶解能力较弱。离子液体阴离子体积增大，与纤维素形成氢键的能力将降低，纤维素溶解能力也下降。如在45～65℃时，纤维素在磷酸盐类及磷酸酯类离子液体中的溶解度大小顺序为：[C_2mim][$(CH_3O)_2PO_2$]＞[C_2mim][$(CH_3O)CH_3PO_2$]＞[C_2mim][$(CH_3O)HPO_2$]。通过对纤维素在含不同阴离子结构的咪唑羧酸盐类离子液体中的溶解度研究发现，离子液体阴离子的 β 值对其纤维素溶解能力有重要作用，纤维素的溶解度随离子液体 β 值的增大而近似直线增大[62]。

同时，Heinze 等发现，当将纤维素溶解于离子液体[C_2mim][CH_3COO]后，纤维素中葡萄糖单元上 C1 的信号消失了，推测可能是由于离子液体咪唑环上的 C2 与葡萄糖单元的 C1 形成了共价键。后来，Ebner 等采用荧光和 ^{13}C 标记验证了 Heinze 等的实验结果，证明咪唑阳离子转变成了杂环碳烯。这说明离子液体咪唑环上的 H2 在纤维素溶解过程中有重要作用[63]。

2010 年，Zhang 等[64]通过对纤维素-[C_2mim][CH_3COO]溶液体系的 NMR 光谱

研究，提出了离子液体的阴、阳离子对纤维素的溶解都有贡献的观点。其中离子液体的阴离子与纤维素的羟基 H 形成氢键，而阳离子咪唑环上的 2 位 H 与纤维素的羟基 O 形成氢键。王慧等[65]用分子动力学模拟研究了离子液体阳离子的结构对纤维素溶解的影响，表明阳离子侧链上含有吸电子基团能促进纤维素的溶解。离子液体阳离子上芳香环的引入对纤维素的溶解也有影响。

2014 年，Mostofian 等[66]通过模拟 20 环 36 链纤维素模型在离子液体中的溶解，考查了[C_4mim]Cl 中阴、阳离子在纤维素溶解中所起的具体作用。他们发现，纤维素在离子液体中的溶解与纤维素各个表面上截然不同的亲水疏水性能有密切的关系。Cl^-主要与纤维素亲水表面上的羟基强烈地作用，干扰了葡聚糖链上的氢键。阳离子与纤维素主要通过两种方式相互作用，一种是通过非键相互作用，阳离子聚集在纤维素束的疏水表面上，带动表层纤维素运动，干扰了纤维素的层间相互作用；另一种是阳离子在亲水表面上直接插入纤维素束之间，撬动单条葡聚糖链离开纤维素束，在这个机理模型中，阳离子的作用是至关重要的（图 4-15）。

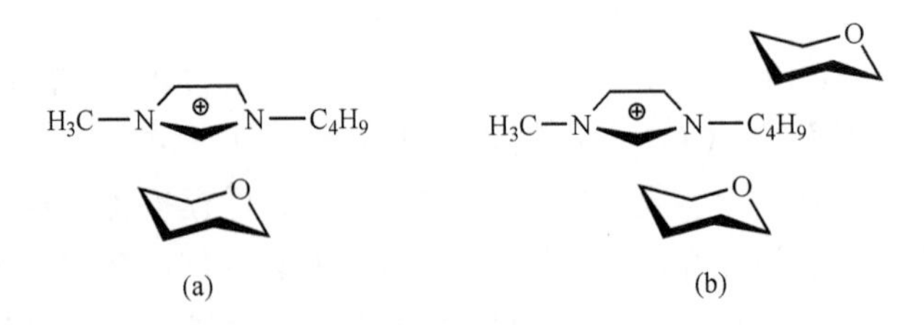

图 4-15　Mostofian 等提出的纤维素在离子液体中的溶解机理[66]

由于计算条件的限制，其所采取的模拟时间在 100ns 以下，因此上述机理均未研究纤维素在离子液体中溶解的全过程。2015 年，张锁江等采用 7（链）×8（环）纤维素模型研究了纤维素在[C_2mim][OAc]、[C_4mim]Cl、[C_2mim]Cl 和水中的溶解机理[67]。他们执行了 500ns 的动力学模拟，观察到了纤维素在离子液体中的溶解全过程。他们发现，阴、阳离子的协同作用可能是纤维素溶解过程中的决定性因素。阴离子插入到纤维素各链之间，与链上羟基形成强的氢键。然后，由于阳离子与阴离子的强烈相互作用，阳离子也会随着阴离子插入到纤维素链之间，从而将纤维素链分离，直至彻底溶解。

张锁江等也研究了纤维素在[C_2mim]Cl 中的溶解过程，揭示出单纯依赖阴离子与羟基的氢键相互作用，纤维素是不能在离子液体中快速溶解的，阴离子必须搭配合适的阳离子才能够快速有效地溶解纤维素。大量的实验表明，能够溶解纤维素的离子液体，其阳离子一般都含有不饱和芳杂环结构，而具有饱和环结构阳离子的离子液体一般对纤维素的溶解性能不佳。2017 年，他们[68]通过分子动力学模拟研究了离子液体中阳离子芳香结构对纤维素溶解能力的影响，认为：①不饱

和芳杂环的 π 电子的离域作用导致阳离子与纤维素的相互作用增强，能够为阴离子与纤维素的—OH 形成氢键提供更多的空间；②不饱和芳杂环阳离子相对较小的体积，也有利于阴、阳离子的移动，使纤维素的溶解变得更容易。综上所述，纤维素在离子液体中的溶解机理特别是阳离子在溶解中所起的作用依然有较大的争议。未来对更大的纤维素体系，更多种类的离子液体执行多尺度模拟和理论研究是非常必要的。这将有助于我们更深刻地理解纤维素在离子液体中的溶解过程，也可以为新型低价的离子液体设计提供恰当的建议。

目前由于咪唑类离子液体黏度大，熔点较高，溶解纤维素操作相对麻烦，特别是该类离子液体吸水能力强，影响溶解效果。更重要的是，此类离子液体价格昂贵，严重限制了离子液体预处理纤维素的工业化应用。而在现有离子液体的基础上加入共溶剂，稀释离子液体，不但可以降低离子液体的黏度和溶解温度，更重要的是减少了离子液体的使用量，可以有效地降低成本。研究发现，在离子液体中加入共溶剂（DMSO、DMF、DMI）后，纤维素的溶解度提高了 20%～60%，而且溶解温度显著降低。然而，DMSO 本身吸水性很强，且有较强的毒性。科研工作者在溶解纤维素的问题上引入离子液体的目的正在于离子液体具有环境友好的特征，如果为了增溶引入 DMSO，将严重增加后续处理的成本。因此，寻找或者设计新的共溶剂就很有必要。随后，研究发现，绿色溶剂 γ-戊内酯或 γ-丁内酯的加入，效率可达到 DMSO 的 75%，但却更加安全环保。关于 DMSO 的增溶机制，比较有代表性的观点由王键吉课题组[69]在 2013 年提出的，基于量化计算和分子动力学模拟，他们认为 DMSO 团簇将一部分阳离子锁定，从而使更多的阴离子游离出来。而阴离子在纤维素溶解中起决定性的作用，所以阴离子越多，混合溶剂的溶解能力越强（图 4-16）。

4.6.6　在酸性气体捕集中的应用

1. 离子液体吸收 CO_2

二氧化碳（CO_2）是主要的温室气体，其在烟气中的体积分数大约为 10%～15%。CO_2 的大量排放对我们的生存环境和人类健康造成重要的负面影响。因此，如何有效控制并减少 CO_2 的排放是 21 世纪人们所面临的严峻挑战之一。CO_2 的捕集和存储是减少 CO_2 排放的重要技术之一。离子液体的出现为 CO_2 的捕集和存储提供了新的吸收媒质。大量的研究已经表明，用于 CO_2 捕集和存储的离子液体主要分为常规离子液体、功能化离子液体、离子液体混合物和聚合离子液体四类。

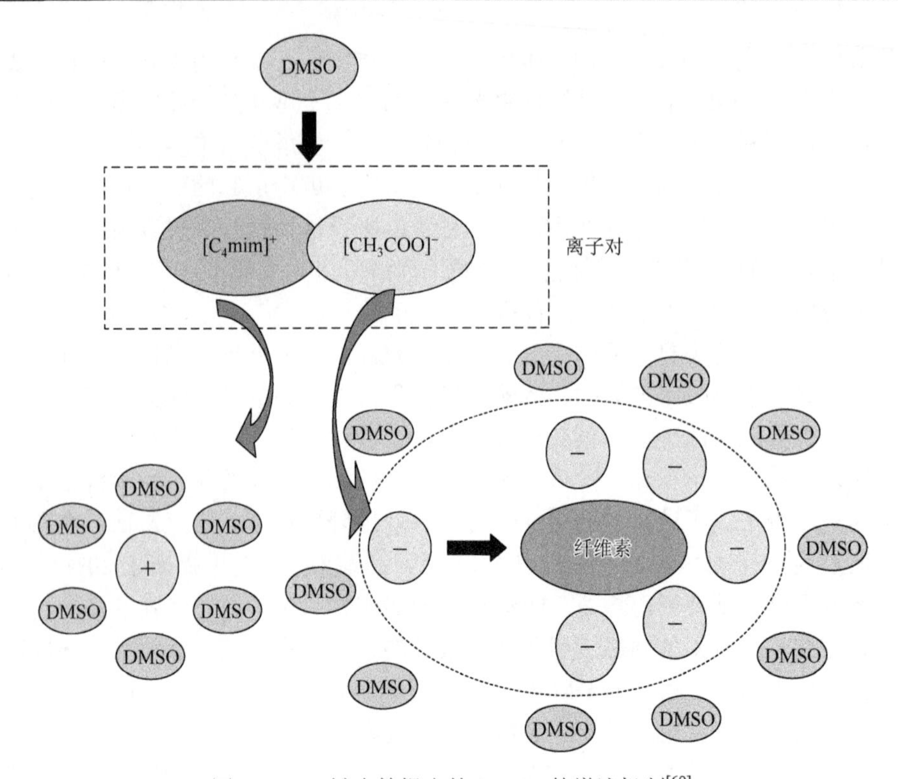

图 4-16 王键吉等提出的 DMSO 的增溶机制[69]

（1）常规离子液体吸收 CO_2

常规离子液体可分为咪唑类、吡咯类、吡啶类、铵盐类、氨基酸类、磺酸盐类等。咪唑类离子液体容易制得且结构易调控，是研究较早、最多的一类离子液体。常规离子液体吸收 CO_2 属于物理吸收，主要靠分子间的库仑力。所以阴阳离子的类型、体积大小和极性等因素影响 CO_2 的溶解性。另外，CO_2 在离子液体中的溶解度远大于在传统有机溶剂中的溶解度。但总体而言，CO_2 分子和常规离子液体阴、阳离子间的相互作用仍以物理吸附为主，与 CO_2 和醇胺类吸收剂氨基（—NH_2）间的化学吸附作用相比要弱得多。因此，以常规离子液体作为醇胺类吸收剂的替代品，仍难以较大改进和取代现行的 CO_2 吸收工艺。

（2）功能化离子液体吸收 CO_2

离子液体具有“可设计”的特性，可以根据设计搭配阴、阳离子，或引入有促进 CO_2 吸收作用的特征官能团，合成具有特定功能的功能化离子液体。将离子液体对 CO_2 的吸附从简单的物理吸附发展为物理和化学吸附的协同作用，有效提高吸附能力。例如，阳离子的侧链烷基末端含有氨基的功能化离子液体 [pabim][BF_4]，在饱和状态时可吸附 7.4%（质量分数）的 CO_2，接近理想吸收时物质的量比 1∶2[70]。在一定条件下，3h 内可以完全解吸，实现离子液体的重复利用。此项研究成果为离子液体的发展奠定了良好的理论基础，解决了常规型离子液体吸附容量的不足。随后，人们通过分子轨道理论对 CO_2 和—NH_2 之间的相互作用进行了研究，发现离子液体分子内部的氢键和与—NH_2 相连的电子基团能够提高—NH_2 与 CO_2 之间的分子轨道能量，从而提高—NH_2 与 CO_2 之间的相互作用力，这一研究结果为设计功能型离子液体提供了重要的理论指导。

2009 年，张锁江等[71]在阴、阳离子上都引入了氨基，制备了一系列双氨基功能化离子液体。该类离子液体对 CO_2 吸收的摩尔分数可达 1.0mol $CO_2 \cdot (mol\ IL)^{-1}$。分子轨道理论研究表明，离子液体的阴离子能够与阳离子上的—NH_2 通过氢键相互作用，引起黏度的增加，从而限制功能化离子液体在工业上的应用。根据缩短阳离子侧链取代基从而使黏度降低的规律，王键吉等[72]基于预组织和协同作用的理念，首次设计合成了酰亚胺类阴离子功能化离子液体。密度泛函理论（density functional theory，DFT）计算表明，直链型二乙酰基胺阴离子（diacetamide anion，[DAA]）只能形成一个顺式的 N—C ═ O 位点，该位点有利于与 CO_2 进行 1∶1 等计量比的作用；而基于预组织理念构建的环型丁二酰亚胺阴离子（succinimide anion，[Suc]）则能够形成两个顺式的 N—C ═ O 活性位点，可以与 CO_2 进行 1∶2 的作用。通过预组织与协同作用，在体积分数为 10%的低浓度 CO_2 条件下，每摩尔三丁基乙基鏻丁二酰亚胺离子液体（tributylethylphosphonium succinimide，$[P_{4442}]$[Suc]）可以捕集 1.65mol CO_2，捕集量高达 22%（质量分数），而且在碳捕集过程中体系的黏度明显降低。在连续进行的 16 次吸收-脱附过程中，捕集效率没有明显下降。DFT 计算、FT-IR 和 ^{13}C NMR 谱学研究表明，预组织阴离子[Suc]中两个顺式 N—C ═ O 活性位点与 CO_2 之间的协同作用，是达到高捕集量的主要原因。

综上所述，通过阴、阳离子的搭配合成低黏度、高吸附容量、低成本的离子液体，是未来功能化离子液体吸附 CO_2 的重点。

（3）离子液体混合物吸收 CO_2

离子液体黏度较大，极大程度上影响了气液传质，从而影响了 CO_2 的吸收分离进程。研究发现，离子液体分别与水、有机胺或其他离子液体形成的混合物比原离子液体的黏度低，对 CO_2 吸收性能更优。例如，氨基酸功能化季铵盐离子液体与水或甲基二乙醇胺（MDEA）复配形成了用于 CO_2 吸收的新型混合吸收剂，离子液体的加入能使 MDEA 溶液的 CO_2 吸收速率显著提高，含$[N_{1111}]$[GlY]混合吸收剂的再生效率可达 98%[73]。对于$[N_{1111}]$[GlY]和 MDEA 水溶液体系，在低于 60kPa 的压强范围内，温度对吸收容量无较大影响，但其吸收量随压强增加而有较大增加；在高于 100kPa 的压强下，混合吸收剂的吸收容量随压强增大而增加，随温度增加而减少。Yang 等[74]将离子液体$[C_4mim][BF_4]$与乙醇胺水溶液进行复配，研究了离子液体的添加对有机胺溶液吸收 CO_2 的吸收效率和再生能耗的影响。结果表明，30%（质量分数）MEA + 40%IL + 30%H_2O 溶液体系比对应的 30%的 MEA 水溶液有稍高的 CO_2 移除效率。但是，MEA 的损失由 $3.55kg·t^{-1}$ 下降到 $1.16kg·t^{-1}$，离子液体没有任何损失，复配后的吸收剂的再生能耗比 MEA 水溶液下降了 37.2%，且复配后的混合液的黏度比单一离子液体的黏度下降很多，有一定的工业化潜力。

（4）聚合离子液体吸收 CO_2

Tang 等[75]首次成功制成离子液体 1-(4-苯乙烯基)-3-丁基咪唑四氟硼酸盐（$[VBBI][BF_4]$）和[1-(4-苯乙烯基)-3-丁基咪唑六氟磷酸盐（$[VBBI][PF_6]$）的聚合物，并用于 CO_2 的吸收。实验证明，即使构成聚合离子液体的单体几乎不吸收 CO_2，通过聚合反应使得分子的形貌发生改变，促进了 CO_2 在本体中的扩散，使得离子液体聚合物表现出较大的吸附量。同时，通过 $CO_2/N_2/O_2$ 混合气体的吸附实验，发现聚合离子液体只对 CO_2 气体选择性吸附，并且对 CO_2 的吸附及解吸速度更快，吸附/解吸过程完全可逆。由于聚合离子液体在室温下呈固态或黏稠的液态，其与支撑液膜技术结合使用将会表现出很大的优势。

尽管功能化离子液体、离子液体混合物和聚合离子液体在吸收容量上有突破，离子液体的非挥发性和可循环使用的特性是其成为绿色溶剂的最大优势；但仍然要继续研究出更低黏度、更高吸收性能、更廉价的离子液体，逐步取代传统的有机溶剂。

2. 离子液体吸收 SO_2

对于高效吸收 SO_2 的离子液体的研究越来越受到科研人员的关注，目前研究的离子液体主要有胍盐类离子液体、醇胺类离子液体以及咪唑类离子液体，并通过对离子液体进行改性来提高其对 SO_2 的吸收，以达到最佳的吸收效果。

（1）不同类型的功能化离子液体对 SO_2 的吸收

1）胍盐类离子液体。

胍盐是一种非常重要的化合物，因其特殊的结构使正电荷分布在三个 N 原子和 Cl 原子上，所以有较高的热力学稳定性。胍盐类离子液体是用于吸收 SO_2 的最早的离子液体之一。韩布兴等[76]通过四甲基胍盐和酸发生中和反应生成了一类四甲基胍盐作为阳离子的离子液体，研究表明，四甲基胍乳酸盐对 SO_2 具有较好的吸收能力，且吸收形式主要是化学吸收，为烟道气脱硫提供了一种选择方案。当 CO_2 和 SO_2 混合气体通过胍类离子液体时，该离子液体能够选择性吸收 SO_2 气体。为能够进一步设计与开发出一种对 CO_2 和 SO_2 有高吸收率的新型离子液体，他们又研究了离子液体与二氧化碳和二氧化硫之间的分子作用模式。研究发现，CO_2 和 SO_2 在胍类离子液体中的溶解差异主要归因于胍类离子液体的阴离子。离子液体阴离子中的氧原子和 SO_2 分子中的硫原子之间存在着非常强的相互作用，同时离子液体阳离子中的—NHS 基团和 SO_2 分子之间也存在较强的氢键作用。

2）醇胺类离子液体。

Zhai 等通过水浴微波法合成了一系列醇胺类离子液体，并着重研究了乙醇胺乳酸盐对模拟烟气中 SO_2 的吸收[77]，考查了反应温度、反应时间和加热方式对 SO_2 的吸收与解吸的影响。研究发现，醇胺类离子液体对模拟烟气中二氧化硫吸收最适宜的吸收温度为25℃，解吸温度为90℃，解吸时间为60min，且采用水浴微波法可以加快二氧化硫的解吸过程。此外，三种醇胺离子液体 DBU（1, 8-二氮杂二环[5.4.0]十一碳-7-烯）的混合吸收液被用来吸收 SO_2，分别研究单一的醇胺类离子液体和混合吸收液对模拟烟气中 SO_2 的吸收性能与吸附机理。实验结果表明，醇胺离子液体和 DBU 混合液相比于单纯的醇胺离子液体对 SO_2 的吸收效果好，这说明 DBU 的加入能够大幅度提高吸收液的吸收容量而不改变其达到平衡的时间。单纯的醇胺离子液体对 SO_2 的吸收为物理吸收，混合吸收液对 SO_2 的吸收为物理吸收和化学吸收共同作用的结果。通过对 SO_2 的吸收-解吸循环实验的研究发现，两类吸收液稳定性比较好，可回收循环利用。

3）咪唑类离子液体。

咪唑类离子液体具有容易制备且性质稳定等优势，因而一直是研究的热点之一。研究发现，四种咪唑类离子液体的脱硫能力由强到弱依次为$[C_5mim]Cl$＞$[C_4mim]Cl$＞$[C_4mim]NO_3$＞$[C_4mim][BF_4]$。此外，对 1-丁基-3-甲基咪唑甲基硫酸盐（$[C_4mim][MeSO_4]$）对 CO_2 和 SO_2 的选择性吸收性能进行了研究，实验表明，在较高的 CO_2/SO_2 的物质的量比下，该离子液体对 SO_2 的吸收量显著提高，且$[C_4mim][MeSO_4]$比$[C_6mim][Tf_2N]$对 SO_2 的选择性吸收有更好的效果。

（2）离子液体吸收 SO_2 的改进方法

目前研究的离子液体对 SO_2 的吸收效果虽然已经相对较好，但为了进一步提高离子液体对 SO_2 的吸收效果，研究人员又做了很多工作，对离子液体进行不断完善，以达到最佳的吸收效果。对于提高离子液体吸收 SO_2 的方法主要包含离子液体的负载和增加离子液体的吸收位点。

离子液体负载到硅胶上后，离子液体对 SO_2 的吸收能力仍然很高，并且负载后的离子液体仍然表现出优良的循环吸收和解吸能力，经过 5 次循环，解吸率仍达 90%以上，平均每次循环过程中每克硅胶可分离出 0.41g 的 SO_2。为了提高常见离子液体（如$[C_4mim]Cl$）对 SO_2 的吸收能力，尝试将离子液体负载到多孔的硅胶纳米颗粒上。实验研究表明，离子液体负载到多孔硅胶上，增加了吸收的比表面积，从而提高了离子液体对 SO_2 的吸收能力。一类新型双硅氧烷咪唑离子液体固载于分子筛 SBA-15 的孔道骨架中，得到了有机-无机杂化材料。所得杂化材料的热稳定性良好。将该杂化材料应用于模拟烟气中 SO_2 的捕集，

SO_2的吸收量可达到35.99mL·g^{-1}ILs@SBA-15。此外，还通过调节杂化材料中离子液体的含量来调控SO_2的吸收容量。随着离子液体投料量的增加，其对SO_2的吸收容量呈现先增加而后逐渐减少的趋势。该有机-无机杂化材料也表现出了良好的循环使用性能，循环使用10次后该杂化材料对SO_2的吸收容量仍有33.77mL·g^{-1}ILs@SBA-15。

崔国凯[78]通过增加离子液体与SO_2的作用位点来高效可逆地捕集SO_2。在离子液体的阴离子上添加了新的（如卤素和氰基）作用位点，从而提高了离子液体对SO_2的捕集容量。并且通过谱学和量化计算进一步证明，正是其阴离子与SO_2之间的多作用位点使得唑基离子液体能够高容量地捕集SO_2。因为在离子液体阴离子上基团的增加可以通过离域作用降低中心原子的负电荷，从而降低了吸收焓。

4.6.7 在其他方面的应用

1）离子液体在生物催化中的应用。由于生物酶催化反应具有条件温和、速度快、选择性高、环境友好等诸多优点，因而生物催化成为催化学科的前沿领域。但是，生物酶催化存在底物的溶解度低等问题，且传统有机溶剂限制了酶的活性、选择性和稳定性。离子液体优良的溶解性能、疏水性与亲水性的可调节性使之在生物酶催化领域具有重要应用价值。2000年离子液体被首次应用于生物催化领域[79]，如葡萄糖在[momim][BF_4]中的区位选择性酰化反应，产率达到99%，选择性为93%，效果远远高于有机溶剂。另外，离子液体[C_4mim][PF_6]首次用于替代有机溶剂的酶催化氨解反应[80]。在[C_4mim][PF_6]/水体系中，以嗜热菌蛋白酶为催化剂合成了*Z*-天冬氨酰苯丙氨酸甲酯。结果表明，在该离子液体中，酶呈现出良好的活性，其活性与在传统体系中相当，收率可达95%。

2）离子液体在天然高分子化学中的应用。离子液体能够很好地溶解纤维素，并且还能够使纤维素均相衍生化。离子液体对甲壳素/壳聚糖和淀粉也有很好的溶解能力。此外，离子液体还可以用于再生纤维素材料和使再生纤维素功能化。

3）离子液体也被用作润滑添加剂、塑料增塑剂和药物储存剂等。

本章主要介绍了离子液体的物理化学性质、微观结构及其在化学反应、萃取分离、材料合成、电化学、纤维素溶解和酸性气体捕集等方面的应用。在这些方面离子液体表现出了独特的性能和广阔的应用前景，是一类最具代表性的绿色溶剂。然而，离子液体作为一类崭新的物质体系，迄今为止，人们对其认识还十分有限，还需要进行大量的实验研究来认识离子液体的本质，扩展其应用范围和推动其工业化应用。

参考文献

[1] 张锁江，孙宁，吕兴梅，等. 离子液体的周期性变化规律及导向图. 中国科学 B 辑，化学，2006，36（1）：23-35.

[2] 张锁江，吕兴梅，等. 离子液体——从基础研究到工业应用. 北京：科学出版社，2006.

[3] Lancaster N L，Welton T，Young G B. A study of halide nucleophilicity in ionic liquids. J Chem Soc Perkin Trans，2，2001，2267-2270.

[4] Wilkes J S，Levisky J A，Wilson R A，et al. Dialkylimidazolium choroaluminatemetls：a new class of room-temperature ionic liquids for electrochemistry，spectroscopy，and synthesis. Inorg Chem，1982，21（3）：1263-1264.

[5] Dzyuba S V，Bartsch R A. Influence of structural variations in 1-alkyl（aralkyl）-3-methylimidazolium hexafluorophosphates and bis（trifluoromethylsulfonyl）imides on physical properties of the ionic liquids. Chem Phys Chem，2002，47（2）：339-345.

[6] Reichardt C. Polarity of ionic liquids determined empirically by means of solvatochromicpyridinium *N*-phenolatebetaine dyes. Green Chem，2005，7（5）：339-351.

[7] Aki S N V K，Brennecke J F，Samanta A，et al. How polar are room temperature ionic liquids? Chem Commun，2001，（5）：413-414.

[8] Wakai C，Oleinikova A，Ott M，et al. How polar are ionic liquids? Determination of the static dielectric constant of an imidazolium-based ionic liquid by microwave dielectric spectroscopy. J Phys Chem B，2005，109（36）：17028-17030.

[9] Welton T. Room-temperature ionic liquids. Solvents for synthesis and catalysis. Chem Rev，1999，99（80）：2071-2084.

[10] Stassen H K，Ludwig R，Dupont J. Imidazolium salt ion pair in solution. Chem Eur J，2015，21（23）：8324-8335.

[11] Gordon C M，Holbrey J D，Kennedy A R，et al. Ionic liquid crystals：hexafluorophosphate salts. J Mater Chem，1998，8（12）：2627-2636.

[12] Ozawa R，Hayashi S，Saha S，et al. Rotational isomerism and structure of the 1-butyl-3-methylimidazolium cation in the ionic liquid state. Chem Lett，2003，32（10）：948-949.

[13] Henderson W A，Fylstra P，De Long H C，et al. Crystal structure of the ionic liquid $EtNH_3NO_3$-insights into the thermal phase behavior of protic ionic liquids. Phys Chem Chem Phys，2012，14（9）：16041-16046.

[14] Weingärtner H S，Merkel T，Käshammer S. The effect of short-range hydrogen-bonded interactions on the nature of the critical point of ionic fluids. Part I：general properties of the new system ethylammonium nitrate+*n*-octanol with an upper consolute point near room temperature. Ber Bunsen-Ges Phys Chem，1993，97（8）：970-975.

[15] Schröer W，Wiegand S，Weingärtner H S，et al. The effect of short-range hydrogen-bonded interactions on the nature of the critical point of ionic fluids. Part II：static and dynamic light scattering on solutions of ethylammonium nitrate in *n*-octanol. Ber Bunsen-Ges Phys Chem，1993，97（8）：975-981.

[16] Izgorodina E I，MacFarlane D R. Nature of hydrogen bonding in charged hydrogen-bonded complexes and imidazolium-based ionic liquids. J Phys Chem B，2011，115（49）：14659-14667.

[17] Gebbie M A，Valtiner M，Banquy X，et al. Ionic liquids behavie as dilute electrolyte solutions. Proc Natl Acad Sci USA，2013，110（24）：9674-9679.

[18] Weingärtner H S，Sasisanker P，Daguenet C，et al. The dielectric response of room-temperature ionic liquids：effect of cation variation. J Phys Chem B，2007，111（18）：4775-4780.

[19] Zhao W，Leroy F，Heggen B，et al. Are there stable ion-pairs in room-temperature ionic liquids? Molecular dynamics simulations of 1-*n*-butyl-3-methylimidazolium hexafluorophosphate. J Am Chem Soc，2009，131（43）：15825-15833.

[20] Lynden-Bell R M. Screening of pairs of ions dissolved in ionic liquids. Phys Chem Chem Phys，2010，12（8）：1733-1740.

[21] Fraser K J，Izgorodina E I，Forsyth M，et al. Liquids intermediate between "molecular" and "ionic" liquids：Liquid ion pairs? Chem Commun，2007，37（37）：3817-3819.

[22] Doi H，Song X，Minofar B，et al. A new proton conductive liquid with no ions：pseudo-protic ionic liquids. Chem Eur J，2013，19（35）：11518-11522.

[23] Evans D F，Chen S H，Schriver G W，et al. Thermodynamics of solution of nonpolar gases in a fused salt. "Hydrophobic bonding" behavior in a nonaqueous system. J Am Chem Soc，1981，103（2）：481-482.

[24] Fumino K，Wulf A，Ludwig R，et al. The potential role of hydrogen bonding in aprotic and protic ionic liquids. Angew Chem Int Ed，2009，48（17）：8790-8794.

[25] Dupont J. On the solid，liquid and solution structural organization of imidazolium ionic liquids. J Braz Chem Soc，2004，15（3）：341-350.

[26] Chen S M，Zhang S J，Liu J Q，et al. Ionic liquid clusters：structure，formation mechanism，and effect on the behavior of ionic liquids. Phys Chem Chem Phys，2014，16（1）：5893-5906.

[27] Kennedy D F，Drummond C J. Large aggregated ions found in some protic ionic liquids. J Phys Chem B，2009，113（17）：5690-5693.

[28] Fannin A A，King L A，Levisky J A，et al. Properties of 1，3-dialkylimidazolium chloride-aluminum chloride ionic liquids. 1. Ion interactions by nuclear magnetic resonance spectroscopy. J Phys Chem，1984，88（12）：2609-2614.

[29] Noda A，Hayamizu K，Watanabe M. Pulsed-gradient spin-echo ^{1}H and ^{19}F NMR ionic diffusion coefficient，viscosity，and ionic conductivity of non-chloroaluminate room-temperature ionic liquids. J Phys Chem B，2001，105（20）：4603-4610.

[30] Tokuda H，Hayamizu K，Ishii K，et al. Physicochemical properties and structures of room temperature ionic liquids. 2. Variation of alkyl chain length in imidazolium cation. J Phys Chem B，2005，109（13）：6103-6110.

[31] Margulis C J. Computational study of imidazolium-based ionic solvents with alkyl substituents of different lengths. J Mol Phys，2004，102（9-10）：829-838.

[32] Lopes J N A C，Pádua A A H. Nanostructural organization in ionic liquids. J Phys Chem B，2006，110（7）：3330-3335.

[33] Hardacre C，Holbrey J D，Nieuwenhuyzen M，et al. Structure and solvation in ionic liquids. Acc Chem Res，2007，40（11）：1146-1155.

[34] Bowers J，Butts C P，Martin P J，et al. Aggregation behavior of aqueous solutions of ionic liquids. Langmuir，2004，20（6）：2191-2198.

[35] Goodchild I，Collier L，Millar S L，et al. Structural studies of the phase，aggregation and surface behaviour of 1-alkyl-3-methylimidazolium halide+ water mixtures. J Colloid Interf Sci，2007，307（2）：455-468.

[36] Wang H，Wang J，Zhang S，et al. Structural effects of anions and cations on the aggregation behavior of ionic liquids in aqueous solutions. J Phys Chem B，2008，112（51）：16682-16689.

[37] Wang H，Zhang L，Wang J，et al. The first evidence for unilamellar vesicle formation of ionic liquids in aqueous solutions. Chem Commun，2013，49（45）：5222-5224.

[38] Shi L，Wei Y，Sun N，et al. First observation of rich lamellar structures formed by a single-tailed amphiphilic ionic liquid in aqueous solutions. Chem Commun，2013，49（97）：11388-11390.

[39] Rao K S，Gehlot P S，Gupta H，et al. Sodium bromide induced micelle to vesicle transitions of newly synthesized anionic surface active ionic liquids based on dodecylbenzenesulfonate. J Phys Chem B，2015，119（11）：4263-4274.

[40] Wang H，Tan B，Wang J，et al，Anion-based pH responsive ionic liquids：design，synthesis，and reversible self-assembling structural changes in aqueous solution. Langmuir，2014，30（14）：3971-3978.

[41] Wang H，Tan B，Zhang H，et al. pH triggered self-assembly structural transition of ionic liquids in aqueous solutions：smart use of pH-responsive additives. RSC Adv，2015，5（80）：65583-65590.

[42] Yang J，Wang H，Wang J，et al. Highly efficient conductivity modulation of cinnamate-based light-responsive ionic liquids in aqueous solutions. Chem Commun，2014，50（95）：14979-14982.

[43] Hallett J P，Welton T. Room-temperature ionic liquids：solvents for synthesis and catalysis. Part 2. Chem Rev，2011，111（5）：3508-3576.

[44] Itoh T. Ionic liquids as tool to improve enzymatic organic synthesis. Chem Rev，2017，117（15）：10567-10607.

[45] Lee J K，Kim M J. Ionic liquid-coated enzyme for biocatalysis in organic solvent. J Org Chem，2002，67（19）：6845-6847.

[46] Ventura S P M，Fa E S，Quental M V，et al. Ionic liquid mediated extraction and separation processes for bioactive compounds：past，present，and future trends. Chem Rev，2017，117（10）：6984-7052.

[47] Chen Y，Wang H，Pei Y，et al. pH-controlled selective separation of neodymium（III）and samarium（III）from transition metals with carboxyl-functionalized ionic liquids. ACS Sus Chem Eng，2015，3（12）：3167-3174.

[48] Chen Y，Wang H，Pei Y，et al. Selective separation of scandium（III）from rare earth metals by carboxyl-functionalized ionic liquids. Sep Purif Technol，2017，178：261-268.

[49] Kang X，Sun X，Han B. Synthesis of functional nanomaterials in ionic liquids. Adv Mater，2016，28（6）：1011-1030.

[50] Ge X，Gu C D，Lu Y，et al. A versatile protocol for the ionothermal synthesis of nanostructured nickel compounds as energy storage materials from a choline chloride-based ionic liquid. J Mater Chem A，2013，1（43）：13454-13461.

[51] Ding K，Lu H，Zhang Y，et al. Microwave synthesis of microstructured and nanostructured metal chalcogenides from elemental precursors in phosphonium ionic liquids. J Am Chem Soc，2014，136（44）：15465-15468.

[52] Imanishi A，Tamura M，Kuwabata S. Formation of Au nanoparticles in an ionic liquid by electron beam irradiation. Chem Commun，2009，（13）：1775-1777.

[53] Kim K S，Demberelnyamba D，Lee H. Size-selective synthesis of gold and platinum nanoparticles using novel thiol-functionalized ionic liquids. Langmuir，2004，20（3）：556-560.

[54] Shang W，Kang X，Ning H，et al. Shape and size controlled synthesis of MOF nanocrystals with the assistance of ionic liquid mircoemulsions. Langmuir，2013，29（43）：13168-13174.

[55] Zhang D，Chang W C，Okajima T，et al. Electrodeposition of platinum nanoparticles in a room-temperature ionic liquid. Langmuir，2011，27（23）：14662-14668.

[56] Giridhar P，El Abedin S Z，Bund A，et al. Electrodeposition of niobium from 1-butyl-1-methylpyrrolidinium bis（trifluoromethylsulfonyl）amide ionic liquid. Electrochimica Acta，2014，129：312-317.

[57] Zhang H，Ma X，Lin C，et al. Gel polymer electrolyte-based on PVDF/fluorinated amphiphilic copolymer blends for high performance lithium-ion batteries. RSC Adv，2014，4（64）：33713-33719.

[58] Kuberský P，Syrový T，Hamáček A，et al. Towards a fully printed electrochemical NO_2 sensor on a flexible substrate using ionic liquid based polymer electrolyte. Sens Actuators B，2015，209：1084-1090.

[59] Swatloski R P，Spear S K，John D，et al. Dissolution of cellulose with ionic liquids. J Am Chem Soc，2002，124（9）：4974-4975.

[60] Moulthrop J S，Swatloski R P，Moyna G，et al. High-resolution ^{13}C NMR studies of cellulose and cellulose oligomers in ionic liquid solutions. Chem Commun，2005，12（12）：1557-1559.

[61] Youngs T G A，Holbrey J D，Mullan C L，et al. Neutron diffraction，NMR and molecular dynamics study of glucose dissolved in the ionic liquid 1-ethyl-3-methylimidazolium acetate. Chem Sci，2011，2（8）：1594-1605.

[62] Xu A，Wang J，Wang H. Effects of anionic structure and lithium salts addition on the dissolution of cellulose in 1-butyl-3-methylimidazolium-based ionic liquid solvent systems. Green Chem，2010，12（2）：268-275.

[63] Ebner G，Schiehser S，Potthast A，et al. Side reaction of cellulose with common 1-alkyl-3-methylimidazolium-based ionic liquids. Tetrahedron Letters，2008，49（51）：7322-7324.

[64] Zhang J，Zhang H，Wu J，et al. NMR spectroscopic studies of cellobiose solvation in EmimAc aimed to understand the dissolution mechanism of cellulose in ionic liquids. J Phys Chem B，2010，12（8）：1941-1947.

[65] Wang H，Gurau G，Rogers R D. Ionic liquid processing of cellulose. Chem Soc Rev，2012，41（4）：1519-1537.

[66] Mostofian B，Smith J C，Cheng X，et al. Simulation of a cellulose fiber in ionic liquid suggests a synergistic approach to dissolution. Cellulose，2014，21（2）：983-997.

[67] Li Y，Liu X，Zhang S，et al. Dissolving process of a cellulose bunch in ionic liquids：a molecular dynamics study. Phys Chem Chem Phys，2015，17（27）：17894-17905.

[68] Li Y，Liu X，Zhang Y，et al. Why only ionic liquids with unsaturated heterocyclic cations can dissolve cellulose：a simulation study. ACS Sus Chem Eng，2017，5（4）：3417-3428.

[69] Zhao Y，Liu X，Wang J，et al. Insight into the cosolvent effect of cellulose dissolution in imidazolium-based ionic liquid systems. J Phys Chem B，2013，117（30）：9042-9049.

[70] Bates E D，Mayton R D，Ntai I，et al. CO_2 capture by a task-specific ionic liquid. J Am Chem Soc，2002，124（6）：926-927.

[71] Zhang Y，Zhang S，Lu X，et al. Dual amino-functionalised phosphonium ionic liquids for CO_2 capture. Chem Eur J，2009，15（12）：3003-3011.

[72] Huang Y，Cui G，Zhao Y，et al. Preorganization and cooperation for highly efficient and reversible capture of low-concentration CO_2 by ionic liquids. Angew Chem Int Ed，2017，129（43）：13478-13482.

[73] Zhang F，Fang C，Wang Y，et al. Absorption of CO_2 in the aqueous solutions of functionalized ionic liquids and MDEA. Chem Eng J，2010，160（2）：691-697.

[74] Yang J，Yu X，Yan，et al. CO_2 capture using amine solution mixed with ionic liquid. Ind Eng Chem Res，2014，53（7）：2790-2799.

[75] Tang J，Tang H，Sun W，et al. Poly（ionic liquid）s：a new material with enhanced and fast CO_2 absorption. Chem Commun，2005（26）：3325-3327.

[76] Gao H，Han B，Li J，et al. Preparation of room-temperature ionic liquids by neutralization of 1, 1, 3, 3-tetramethylguanidine with acids and their use as media for mannich reaction. Cheminform，2005，36（6）：3083-3089.

[77] Zhai L，Zhong Q，He C，et al. Hydroxyl ammonium ionic liquids synthesized by water-bath microwave：synthesis and desulfurization. J Hazard Mater，2010，177（1）：807-813.

[78] 崔国凯. 新型功能化离子液体的合成及其应用于二氧化硫捕集的研究. 杭州：浙江大学，2013.

[79] Cull S G，Holbrey J D，Vargas-Mora V，et al. Room-temperature ionic liquids as replacements for organic solvents in multiphase bioprocess operations. Biotechnology. Bioeng，2000，69（2）：227-233.

[80] Erbeldinger M，Mesiano A J，Russell A J. Enzymatic catalysis of formation of Z-aspartame in ionic liquid-an alternative to enzymatic catalysis in organic solvents. Biotechnol Prog，2000，16（6）：1129-1131.

第 5 章
低共熔溶剂

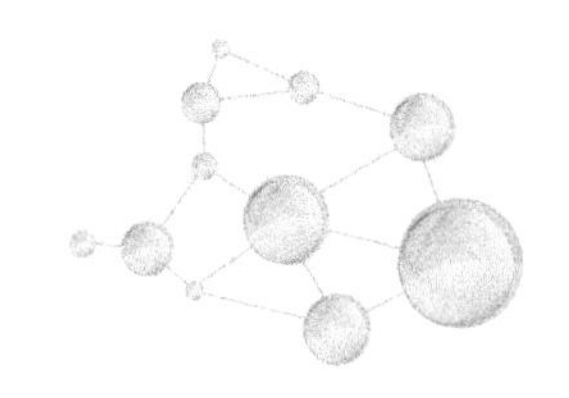

自 1991 年绿色化学的概念被提出以来，溶剂的绿色化一直备受关注。近十多年来，由于蒸气压极低、不可燃、溶解性强和导电性优良、电化学稳定窗口宽等独特的物理化学性质，离子液体在分离技术、生物催化、有机合成和电化学等领域得到了广泛应用[1]。然而，随着研究的不断深入，离子液体固有的一些缺点逐渐暴露出来，如合成过程比较复杂、提纯困难、成本较高等，这不利于其大规模工业化应用。此外，有关离子液体的毒性研究表明，吡啶和咪唑类离子液体并非完全“绿色”，其毒性与传统有机溶剂相当。因此，寻找合成方法简单、经济且更为绿色的替代溶剂具有十分重要的意义。

从 2001 年开始，Abbott 等[2-4]相继报道了由多种季铵盐分别与金属无水氯化物、水合金属盐、酰胺或羧酸类化合物等形成的低共熔混合物，由于其物理化学性质与离子液体极其相似，先后被称为离子液体类似物（ionic liquids analogues）和低共熔溶剂（deep eutectic solvent，DES）。与传统离子液体相比，低共熔溶剂制备简单、价格便宜，具有生物可降解性。从绿色化学角度来讲，低共熔溶剂更符合绿色溶剂的标准，引起了科学工作者的兴趣和关注。目前，低共熔溶剂已在分离过程、化学反应、功能材料和电化学等领域展示出良好的应用前景。

5.1 低共熔溶剂的概念

低共熔现象是指将两种或两种以上的固体物质按一定组成混合在一起，混合物的熔点低于任何单一组分熔点的现象时，对应此熔点的混合物称为低共熔混合物。在很长一段时间内，人们对低共熔现象的研究主要局限于无机盐混合物。直到 2003 年，低共熔现象的研究才拓展到有机盐领域，发现季铵盐可以和酰胺类化合物形成低共熔混合物，而且该低共熔混合物在室温附近是液体，所以称为低共熔溶剂[4]。因此，低共熔溶剂可以描述为：由两种或两种以上的物质按一定组成形成的混合物，其熔点明显低于任何单一组分的熔点，且在 100℃以下的温度范围内是液体，此时的混合物称为低共熔溶剂（图 5-1）。低共熔溶剂的主要特征是其熔点明显低于任一组分的熔点，并且可以在较宽的温度范围内以液态形式稳定存在[5]。

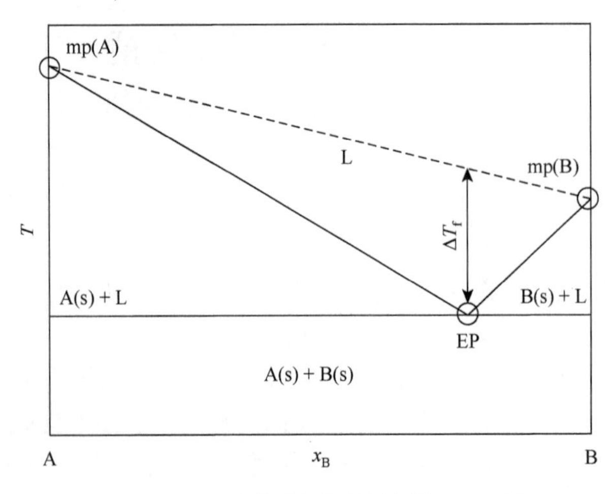

图 5-1　双组分体系低共熔溶剂的 T-x 相图

5.2　低共熔溶剂的分类

随着研究的逐渐深入，低共熔溶剂的种类不断得到扩展，但到目前还没有一个完整的、明确的分类方法。一般情况下，可以按照构成低共熔溶剂的组分的种类和低共熔溶剂的亲水/疏水性对低共熔溶剂进行分类。

5.2.1　按组分的种类划分

由于在较早的研究中，低共熔溶剂主要由季铵盐及其衍生物、季鏻盐分别与金属盐、水合金属盐或具有氢键供体的有机化合物组成，低共熔溶剂的通式可以描述为 $Cat^{+}X^{-}zY$，其中 Cat^{+} 表示任一铵盐及其衍生物、盐或硫鎓盐的阳离子，X^{-}为一种路易斯碱，通常为卤素阴离子，Y 为一种路易斯酸或布朗斯特酸，z 为 Y 分子与阴离子作用的数目。低共熔溶剂分为如下四类：

第Ⅰ类：Y = 金属盐（MCl_x）：M = Zn，Sn，Fe，Al，Ga，In；

第Ⅱ类：Y = 水合金属盐（$MCl_x·yH_2O$）：M = Cr，Co，Cu，Ni，Fe；

第Ⅲ类：Y = 氢键供体有机化合物：R—$CONH_2$，R—COOH，R—OH 等；

第Ⅳ类：金属盐 + 氢键供体有机化合物：MCl_x + R—$CONH_2$（或 R—OH），M = Al，Zn。

近年来，文献中报道的低共熔溶剂主要由季铵盐、季鏻盐等有机盐分别与羧酸、多元醇、尿素等有机化合物组成，前者作为氢键受体，后者作为氢键供体。

对于典型的由氢键受体和氢键供体所构成的低共熔溶剂，氢键供体和氢键受体组分的结构如图 5-2 所示[6]。这类由氢键构成的低共熔溶剂是本章讨论的重点。

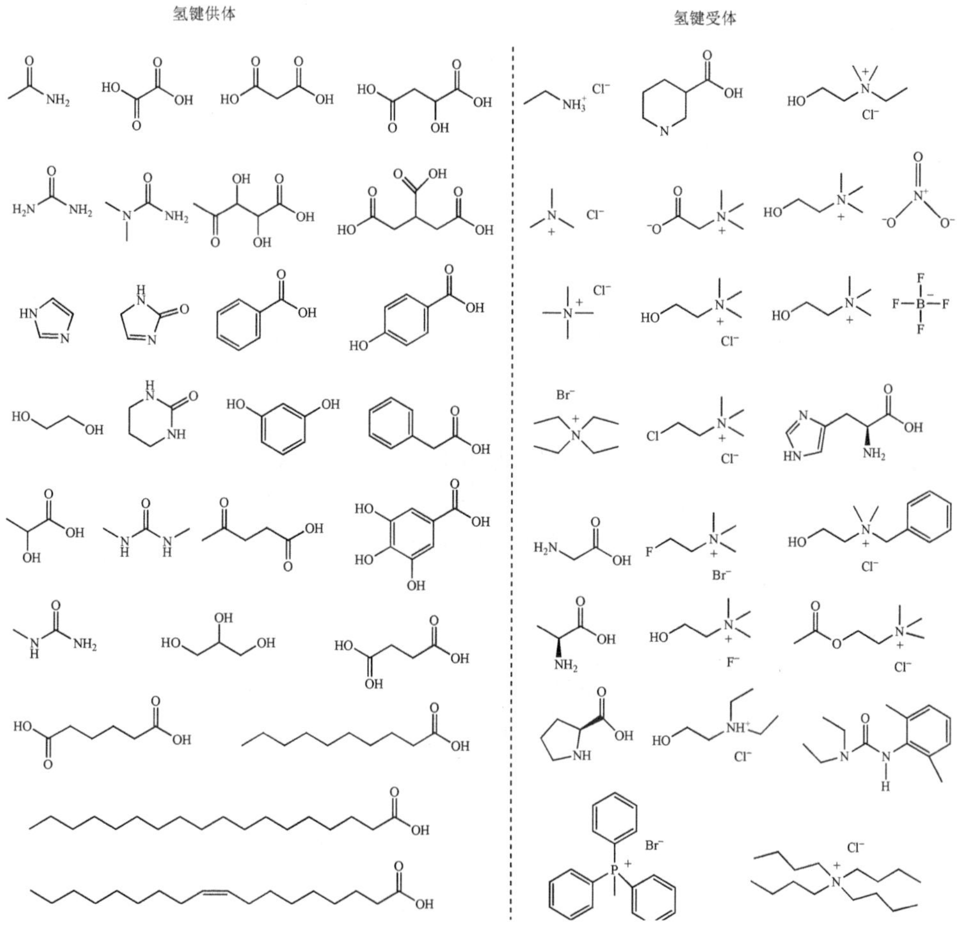

图 5-2 典型的季铵盐、季鏻盐氢键供体和氢键受体的结构

5.2.2 按低共熔溶剂的亲水/疏水性划分

按低共熔溶剂的亲水/疏水性划分，低共熔溶剂可分为亲水性低共熔溶剂和疏水性低共熔溶剂。最初文献中报道的低共熔溶剂都是亲水性的，主要由氯化胆碱及其衍生物分别与尿素、丙二醇、乙二醇或短链的羧酸组成。直到 2015 年，由长链的季铵盐和长链的羧酸组成的疏水性的低共熔溶剂才有报道。根据这样的分类，亲水性低共熔溶剂有可能在水中被破坏，只有疏水性低共熔溶剂才能应用于含水体系。

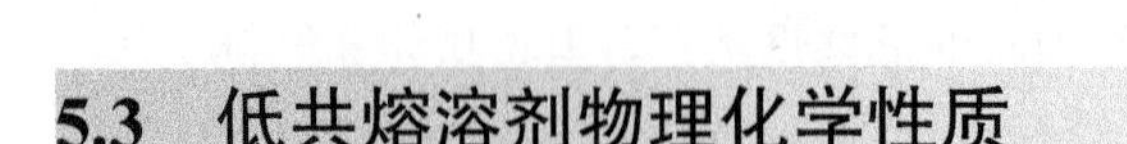

5.3 低共熔溶剂物理化学性质

低共熔溶剂的物理化学性质，如熔点、溶解度、密度、黏度、电导率、表面张力和电化学窗口等，均与它的组分的性质和低共熔溶剂的组成有关。通过选择合适的氢键受体和氢键供体，以不同的物质的量比混合，可以在较大的范围内调节低共熔溶剂的物理化学性质。

5.3.1 熔点

低熔点是低共熔溶剂的一个重要的物理特性，大部分低共熔溶剂的熔点在100℃以下，明显低于高温熔盐，这是由于低共熔溶剂中的氢键供、受体形成了氢键。表 5-1 列出了胆碱盐与部分氢键供体形成的低共熔溶剂的熔点。这些低共熔溶剂的熔点主要取决于胆碱盐与氢键供体的晶格能、阴离子与氢键供体的结合方式以及形成液体时的熵变[7]。胆碱盐中的阴离子与氢键供体形成氢键，导致电荷发生离域，形成氢键的能力越强，低共熔溶剂的熔点越低。从表 5-1 可以看出，F^-、NO_3^-、Cl^-、BF_4^- 这四种阴离子的季铵盐与尿素形成氢键的能力依次递减，导致形成低共熔溶剂的熔点依次增高，分别为 1℃、4℃、12℃和 67℃。因此，低共熔溶剂熔点的高低与氢键供体和氢键受体间形成的氢键强弱密切相关。

表 5-1 胆碱盐与部分氢键供体形成的低共熔溶剂的熔点（T_f）

阳离子	阴离子	氢键供体	物质的量比	T_f/℃
Ch^+	Cl^-	尿素	1∶2	12
Ch^+	BF_4^-	尿素	1∶2	67
Ch^+	NO_3^-	尿素	1∶2	4
Ch^+	F^-	尿素	1∶2	1
Ch^+	Cl^-	硫脲	1∶2	69
Ch^+	Cl^-	苯甲酰胺	1∶2	92
Ch^+	Cl^-	乙酰胺	1∶2	51
Ch^+	Cl^-	苯甲酰胺	1∶2	92
Ch^+	Cl^-	己二酸	1∶2	85
Ch^+	Cl^-	苯甲酸	1∶1	95
Ch^+	Cl^-	柠檬酸	1∶1	69[7]
Ch^+	Cl^-	丙二酸	1∶1	10
Ch^+	Cl^-	草酸	1∶1	34
Ch^+	Cl^-	草酸	1∶2	48

续表

阳离子	阴离子	氢键供体	物质的量比	T_f/℃
Ch^+	Cl^-	苯乙酸	1∶2	25
Ch^+	Cl^-	苯丙酸	1∶2	20
Ch^+	Cl^-	丁二酸	1∶1	71
Ch^+	Cl^-	丙三羧酸	1∶1	90
Ch^+	Cl^-	$ZnCl_2$	1∶2	23～25
Ch^+	Cl^-	$CrCl_3 \cdot 6H_2O$	1∶2	14

此外，从表 5-1 还可以看出，氯化胆碱与不同氢键供体分子形成的低共熔溶剂的熔点随组成的变化趋势。当氯化胆碱与 $ZnCl_2$、$CrCl_3 \cdot 6H_2O$、尿素、苯乙酸、苯丙酸的物质的量比为 1∶2 时，所形成的低共熔溶剂的熔点最低，而与草酸、丙二酸、丁二酸的物质的量比为 1∶1 时，低共熔溶剂的熔点最低，这主要与氢键供体的结构有关。草酸、丙二酸、丁二酸为二元酸，能够提供两个羧基，而苯乙酸、苯丙酸为一元酸，只能提供一个羧基。因此，低共熔溶剂的熔点主要取决于组分的分子结构及物质的量之比。

5.3.2 密度

对于溶剂而言，密度是最基础的物理化学性质之一。与离子液体类似，一般低共熔溶剂的密度比水的密度大，在 0.995～1.63g·cm^{-3}之间。表 5-2 列出了部分低共熔溶剂的密度数据，从表中可以看出，低共熔溶剂的密度受氢键供体和氢键受体结构的影响较大。例如，乙基氯化铵（$EtNH_3Cl$）与乙酰胺在物质的量比为 1∶1.5 时形成的低共熔溶剂的密度只有 1.041g·cm^{-3}，而与三氟乙酰胺在物质的量比为 1∶1.5 时形成的低共熔溶剂的密度为 1.273g·cm^{-3}。氢键供体和氢键受体的物质的量比对低共熔溶剂的密度也有较大的影响。例如，*N*, *N*-二乙基乙醇氯化铵[$Et_2(EtOH)NCl$]与丙三醇在物质的量比为 1∶2 时形成的低共熔溶剂的密度只有 1.17g·cm^{-3}，但与丙三醇在物质的量比为 1∶4 时形成的低共熔溶剂的密度为 1.22g·cm^{-3}。

表 5-2　25℃时部分低共熔溶剂的密度数据

有机盐	氢键供体	物质的量比	密度/(g·cm^{-3})
$EtNH_3Cl$	三氟乙酰胺	1∶1.5	1.273
$EtNH_3Cl$	乙酰胺	1∶1.5	1.041
$EtNH_3Cl$	尿素	1∶1.5	1.140

续表

有机盐	氢键供体	物质的量比	密度/($g \cdot cm^{-3}$)
ChCl	三氟乙酰胺	1∶2	1.342
AcChCl	尿素	1∶2	1.206
ChCl	尿素	1∶2	1.25
$Et_2(EtOH)NCl$	丙三醇	1∶2	1.17
$Et_2(EtOH)NCl$	丙三醇	1∶3	1.21
$Et_2(EtOH)NCl$	丙三醇	1∶4	1.22
$Et_2(EtOH)NCl$	乙二醇	1∶2	1.10
$Et_2(EtOH)NCl$	乙二醇	1∶3	1.10
$Et_2(EtOH)NCl$	乙二醇	1∶4	1.10
$Me(Ph)_3PBr$	丙三醇	1∶2	1.31
$Me(Ph)_3PBr$	丙三醇	1∶3	1.30
$Me(Ph)_3PBr$	丙三醇	1∶4	1.30
$Me(Ph)_3PBr$	乙二醇	1∶3	1.25
$Me(Ph)_3PBr$	乙二醇	1∶4	1.23
$Me(Ph)_3PBr$	乙二醇	1∶6	1.22
$Me(Ph)_3PBr$	三氟乙酰胺	1∶8	1.39

注：$EtNH_3Cl$，乙基氯化铵；ChCl，氯化胆碱；$Et_2(EtOH)NCl$，*N, N*-二乙基乙醇氯化铵；$Me(Ph)_3PBr$，甲基三苯基溴化鏻。

5.3.3 黏度

黏度也是低共熔溶剂的重要物性参数。从表 5-3 可以看出，与常规离子液体相似，大部分低共熔溶剂在室温附近具有较高的黏度（$>10^{-1}Pa \cdot s$），这主要是由于低共熔溶剂中氢键网络结构的形成。另外，低共熔溶剂的黏度随温度的升高而显著降低。

表 5-3　不同温度下部分低共熔溶剂的黏度数据

有机盐	氢键供体	物质的量比	黏度/($\times 10^{-3}Pa \cdot s$)	温度/℃
ChCl	尿素	1∶2	750	25
ChCl	尿素	1∶2	169	40
ChCl	乙二醇	1∶2	36	20
ChCl	乙二醇	1∶2	37	25
ChCl	乙二醇	1∶3	19	20
ChCl	乙二醇	1∶4	19	20

续表

有机盐	氢键供体	物质的量比	黏度/($\times10^{-3}$Pa·s)	温度/℃
ChCl	丙三醇	1∶2	376	20
ChCl	丙三醇	1∶2	259	25
ChCl	丙三醇	1∶3	450	20
ChCl	丙三醇	1∶4	503	20
ChCl	1, 4-丁二醇	1∶3	140	20
ChCl	1, 4-丁二醇	1∶4	88	20
ChCl	三氟乙酰胺	1∶2	77	40
ChCl	丙二酸	1∶2	1124	25
$EtNH_3Cl$	三氟乙酰胺	1∶1.5	256	40
$EtNH_3Cl$	乙酰胺	1∶1.5	64	40
$EtNH_3Cl$	尿素	1∶1.5	128	40
AcChCl	尿素	1∶2	2214	40

5.3.4　电导率

低共熔溶剂具有较好的导电性，其电导率一般在 0.1～10mS·cm^{-1} 范围内。表 5-4 列出了部分低共熔溶剂在不同温度下的电导率数据。温度对低共熔溶剂的电导率有较大的影响，温度越高，低共熔溶剂的电导率越大。这是由于随着温度的升高，低共熔溶剂的黏度下降，离子运动速度加快。此外，氢键供、受体的物质的量比对电导率也有较大的影响。例如，氯化胆碱/多元醇低共熔溶剂的电导率随着氯化胆碱含量的增加而明显增大。

表 5-4　不同温度下部分低共熔溶剂的电导率数据

有机盐	氢键供体	物质的量比	电导率/(mS·cm^{-1})	温度/℃
ChCl	尿素	1∶2	0.199	40
ChCl	乙二醇	1∶2	7.61	20
ChCl	丙三醇	1∶2	1.05	20
ChCl	1, 4-丁二醇	1∶3	1.64	20
ChCl	三氟乙酰胺	1∶2	0.286	40
$EtNH_3Cl$	三氟乙酰胺	1∶1.5	0.39	40
$EtNH_3Cl$	乙酰胺	1∶1.5	0.688	40
$EtNH_3Cl$	尿素	1∶1.5	0.348	40
AcChCl	尿素	1∶2	0.017	40

5.3.5 表面张力

目前，对低共熔溶剂表面张力的研究很少。据报道，20℃时氯化胆碱/丙二酸（1∶1）和氯化胆碱/苯乙酸（1∶2）低共熔溶剂的表面张力分别为 65.68mN·m^{-1} 和 41.86mN·m^{-1}；在相同温度下，氯化胆碱/乙二醇（1∶3）、氯化胆碱/丙三醇（1∶3）和氯化胆碱/1, 4-丁二醇(1∶3)低共熔溶剂的表面张力分别 45.4mN·m^{-1}、50.8mN·m^{-1} 和 47.6mN·m^{-1}[8]。可以看出，胆碱盐类低共熔溶剂的表面张力与[C_4mim][BF_4]（46.6mN·m^{-1}）等常规离子液体相差不大，这主要是由于低共熔溶剂的空穴/离子比值与咪唑类离子液体的相当。

5.3.6 电化学窗口

电化学窗口也称电势窗，是指溶剂开始发生氧化反应的电势与开始发生还原反应的电势的差值，是溶剂稳定存在的电势范围，其数值大小对溶剂的电化学应用非常重要。作为一种潜力巨大的绿色溶剂，低共熔溶剂也可以用作电解质的溶剂，大部分低共熔溶剂的电化学窗口为 3V 左右，稍小于离子液体（4V 左右）。但是，低共熔溶剂的还原电势较负，一般在−1.5～2V（相对 Ag/AgCl 电极）。电化学窗口越大，低共熔溶剂的电化学稳定性越好。

5.3.7 溶解度

与离子液体类似，低共熔溶剂具有较强的溶解能力，可溶解 CO_2、无机盐（如 LiCl、AgCl）、金属氧化物（如 Cu_2O、V_2O_5、CrO_3、MnO_2、Fe_3O_4、CoO、NiO、CuO、ZnO）、氨基酸以及药物等。目前，CO_2 在低共熔溶剂中的溶解度已有文献报道。例如，在温度为 40～60℃、压强为常压～13MPa 的条件下，CO_2 在氯化胆碱/尿素低共熔溶剂中的溶解度最高可达到 0.309（摩尔分数），且随温度的升高而降低[9]。当压强恒定时，CO_2 在氯化胆碱/丙三醇（1∶2）低共熔溶剂中的溶解度随温度的升高而下降；当温度一定时，CO_2 的溶解度随压强的增加而增大，且呈线性关系。在 30℃和 CO_2 的分压为 1.655MPa 时，生物相容性好的氯化胆碱/乳酸（1∶2）低共熔溶剂吸收 CO_2 的摩尔分数为 0.0496（质量分数为 0.71%）[10]。此外，由于氯化胆碱的吸水性较强，水分的存在会影响 CO_2 的溶解度。一般情况下，CO_2 在低共熔溶剂中的溶解度随水含量的增加而降低。

低共熔溶剂可以溶解某些金属盐或者金属氧化物。在氯化胆碱/尿素低共熔溶剂中，LiCl 的溶解度大于 2.5mol·L^{-1}，AgCl 的溶解度为 0.66mol·L^{-1}。表 5-5 列出了 17 种金属氧化物在氯化胆碱/尿素、氯化胆碱/丙二酸和氯化胆碱/乙二醇三种低共熔溶剂中的溶解度数据[11]。从表 5-5 可以看出，金属氧化物在氯化胆碱/丙二酸

（1∶1）低共熔溶剂中的溶解度大多大于它们在氯化胆碱/尿素（1∶2）和氯化胆碱/乙二醇（1∶2）低共熔溶剂中的溶解度，这是由于氯化胆碱/丙二酸（1∶1）低共熔溶剂可以为氧原子受体提供质子，改变金属的配位结构，从而改变了金属氧化物的溶解度。此外，50℃时 ZnO、CuO 和 Fe_3O_4 三种金属氧化物在氯化胆碱/羧酸低共熔溶剂中均具有较高的溶解度（0.071～0.554mol·L^{-1}）。

表 5-5　金属氧化物在胆碱类低共熔溶剂中的溶解度（ppm[①]）

金属氧化物	低共熔溶剂			温度/℃
	ChCl/丙二酸（1∶1）	ChCl/尿素（1∶2）	ChCl/乙二醇（1∶2）	
TiO_2	4	0.5	0.8	50
V_2O_3	365	148	142	50
V_2O_5	5809	4593	131	50
Cr_2O_3	4	3	2	50
CrO_3	6415	10840	7	50
MnO	6816	0	12	50
Mn_2O_3	5380	0	7.5	50
MnO_2	114	0.6	0.6	50
FeO	5010	0.3	2	50
Fe_2O_3	376	0	0.7	50
Fe_3O_4	2314	6.7	15	50
CoO	3626	13.6	16	50
Co_3O_4	5992	30	18.6	50
NiO_2	151	5	9.0	50
Cu_2O	18337	219	394	50
CuO	14008	4.8	4.6	50
ZnO	16217	1894	469	50

低共熔溶剂还可以溶解某些有机化合物和药物分子。据报道，对苯甲酸、达那唑、伊曲康唑、灰黄霉素和 AMG517 等药物在氯化胆碱/尿素和氯化胆碱/丙二酸低共熔溶剂中的溶解度比在传统水溶剂中高 5～22000 倍[12]。上述 5 种药物在低共熔溶剂水溶液中的溶解度明显高于在水中的溶解度，表明低共熔溶剂在药物增溶方面具有潜在的应用价值。

5.4　低共熔溶剂与离子液体的异同

虽然低共熔溶剂和离子液体具有相似的物理化学性质，但两者有本质上的区

① ppm 为 10^{-6}。

别：离子液体全部由离子组成，组分间的作用主要是静电作用，但低共熔溶剂是有机盐和中性分子的混合物，组分间的作用主要是氢键。因此，一般情况下离子液体的热稳定性和化学稳定性要远远高于低共熔溶剂。例如，离子液体已广泛应用于含水体系的萃取分离，但是低共熔溶剂在萃取分离方面的应用仍主要局限在非水体系。

但是，在制备方法和绿色性方面，低共熔溶剂则具有较大的优势。制备低共熔溶剂的原料多为常见的天然代谢产物，毒性小，廉价易得；低共熔溶剂的制备极为简单（均匀混合），合成过程的原子利用率达到 100%，且不需要纯化、分离。然而，合成离子液体的原料多为烷基取代咪唑、卤代烷烃类等有机物，其价格较高，且有毒、有害、易挥发；大多数离子液体的合成步骤比较复杂，所得产物需要多步纯化和分离。从上面的分析可以看出，低共熔溶剂与离子液体均为绿色溶剂，但前者更符合绿色化学的全过程绿色化要求。

5.5 低共熔溶剂的应用

低共熔溶剂具有蒸气压低、低毒可降解、合成过程简单、成本低、可设计、反应产物分离简单等优异的特性，使其应用领域日益扩展，成为绿色化学化工的研究热点。目前，低共熔溶剂已在混合物分离、有机合成、材料制备、电化学、摩擦润滑和生物质催化转化等领域展示出良好的应用前景。

5.5.1 在混合物分离中的应用

与离子液体类似，低共熔溶剂在混合物分离方面有广泛的应用。由于低共熔溶剂分为亲水性低共熔溶剂和疏水性低共熔溶剂，下面分别讨论亲水性低共熔溶剂在非水体系及疏水性低共熔溶剂和基于亲水性低共熔溶剂的双水相体系在含水体系液-液分离方面的应用。

1. 在非水体系分离中的应用

（1）油中酚类化合物的分离

酚类化合物是化工基础原料之一，主要来源于石油产品、煤焦油及煤液化产物。工业上从煤焦油和煤液化油中分离酚类化合物的常用方法是氢氧化钠洗脱法，该方法消耗大量无机碱和无机酸，不仅会产生大量含酚废水，而且含无机盐的浓度较高。同时，由于这种含酚废水毒性大，后续处理的成本较高。因此，开发新的分离方法分离煤焦油和煤液化油中的酚类化合物显得尤为重要。

低共熔溶剂用于煤焦油和煤液化油中酚类化合物分离的步骤如图 5-3 所示。在分离过程中模拟油中的苯酚类化合物与加入的季铵盐及其衍生物（氯化胆碱、四甲基氯化铵、四乙基氯化铵等）形成低共熔溶剂，该低共熔溶剂不溶于油相，从而实现了模拟油中苯酚类化合物的分离[13]。该方法萃取效率高，一次萃取率在80%～99%，而且季铵盐用乙醚再生后可循环使用，操作简单，无含酚废水产生。同样基于形成低共熔溶剂的分离原理，利用氯化胆碱衍生物可以从甲苯中分别分离 26 种苯酚类化合物，根据苯酚类化合物的结构，一次萃取率在 28.1%～94.7%范围内。远红外光谱和密度泛函理论计算结果表明，苯酚化合物的酚羟基（—OH）与氯化胆碱衍生物的阴离子所形成的氢键是分离的主要驱动力。此外，经乙醚洗涤后氯化胆碱衍生物和酚类化合物可以再生出来，氯化胆碱衍生物循环使用 5 次后萃取效率无明显变化。甜菜碱内盐和 L-肉碱内盐也可以用来从模拟油（甲苯）中分离苯酚。当 L-肉碱内盐和苯酚的物质的量比为 0.4 时，在常温下苯酚的一步萃取率可以达到 94.6%。红外光谱分析结果表明，当 L-肉碱内盐与酚类化合物形成低共熔溶剂时，两者之间形成了氢键[14]。另外，L-肉碱内盐循环使用 4 次后，对苯酚的萃取效率无明显减低，其化学结构也没有发生变化。

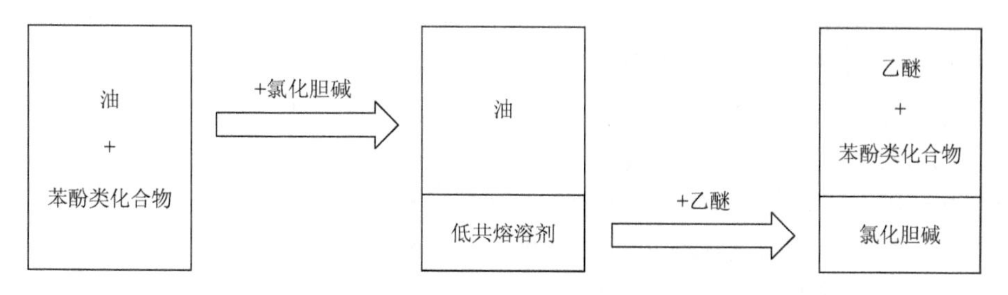

图 5-3 氯化胆碱低共熔混合物分离油中酚类化合物的原理示意图

（2）合成生物柴油过程中副产物的分离

生物柴油作为一种可再生能源日益受到广泛的关注，合理开发利用生物柴油有着重要意义。然而，将生物柴油作为一种可选择的燃料，目前存在的主要问题是生产过程中副产物甘油（丙三醇）与未反应物的分离。

利用低共熔溶剂分离生物柴油中的丙三醇，是近年来发展的新方法。从原理上讲，凡是能与丙三醇形成低共熔溶剂的组分，都可以用作此目的。例如，把氯化胆碱加入到反应体系，即与丙三醇形成低共熔溶剂，将丙三醇从生物柴油中分离出来。当氯化胆碱与丙三醇的物质的量比为 1∶1 时分离效果最好，并且氯化胆碱可以通过丁醇从低共熔溶剂中反萃取出来[15]。基于同样的原理，使用溴化甲基三苯基鏻盐能够很好地去除以棕榈油为原料生产生物柴油过程中的副产物丙三醇。

在碱催化合成生物柴油的过程中，碱会部分残留于生物柴油中，从而降低生物柴油的质量，因此碱催化脂交换反应后，除去催化剂是必不可少的步骤。然而，最近的研究发现，以氧化钙作为催化剂，通过转移酯化反应制备生物柴油时，加入的氯化胆碱与副产物甘油形成的低共熔溶剂能够有效激活该催化剂，提高反应产率。没有低共熔溶剂形成时，脂肪酸甲酯的产率只有 4.0%，形成低共熔溶剂后其产率可以达到 91.9%[16]。通过 X 射线衍射（XRD）、FTIR、扫描电子显微镜（SEM）技术研究了反应前后的氧化钙样品，发现氧化钙表面覆盖的一层碳酸钙和氢氧化钙抑制了氧化钙的活性，而低共熔溶剂的形成可以消除这个抑制层，从而提高催化剂的活性和反应产率。

（3）油中芳烃的分离

芳烃是一种重要的有机化工原料，主要来源于焦炉煤气、煤焦油和石油，与脂肪烃混合存在。芳烃的沸点与某些脂肪烃接近，甚至形成共沸物，使得精馏分离难以实现。利用甲基三苯基溴化鏻（MTPB）和乙二醇形成的低共熔溶剂可以有效地从苯/正己烷混合物中分离苯，在分离过程中乙二醇（氢键供体）起主要作用，而季鏻盐（氢键受体）的作用次之，但高萃取率和高选择性不能同时实现[17]。进一步的研究表明，利用乙基三苯基碘化鏻（EBPI）和环丁砜形成的低共熔溶剂也能有效地从模拟油（正庚烷与苯或甲苯）中分离苯、甲苯等芳烃。基于同样的原理，由 MTPB 和乙酰丙酸形成的新型低共熔溶剂可以成功地从油中分离芳烃，当甲苯的摩尔分数为 22%时，其选择性达到 57.8%，明显高于文献报道值（46.4%）。FTIR 分析结果表明，乙酰丙酸分子上的 2 个羰基（C═O）官能团与芳烃的大 π 键发生π-π相互作用，从而提高了芳烃的萃取率和选择性。此外，低共熔溶剂循环使用 4 次后，芳烃的选择性和萃取率没有明显变化。

（4）在萃取天然产物中的应用

低共熔溶剂的低价格、低毒性等特点，也逐渐被天然产物领域的研究工作者所重视。氯化胆碱分别与蔗糖、葡萄糖、山梨醇和 1, 2-丙二醇形成的低共熔溶剂已用于从红花中提取酚类化合物，萃取率可以达到 75%～97%，多变量实验数据分析表明，低共熔溶剂对极性和弱极性的酚类代谢物的溶解性比常规有机溶剂要好，低共熔溶剂中少量水的存在对酚类化合物的萃取效率有很大影响。此外，利用氯化胆碱分别与 1, 2-丙二醇、葡萄糖和苹果酸形成的低共熔溶剂以及葡萄糖分别与乳酸、果糖、蔗糖形成的低共熔溶剂，还可以从长春花中萃取花青素[18]。在优化条件下，低共熔溶剂和传统有机溶剂（如酸性甲醇）有相似的萃取率，但花青素在低共熔溶剂中比在传统有机溶剂中更稳定。

（5）在燃料脱硫中的应用

目前，燃料深度脱硫成为一个亟待解决的问题。低共熔溶剂的廉价、合成过程简单、脱硫效率高且环境友好等优点为燃料油脱硫提供了新的机会。以四丁基溴化铵/己内酰胺形成的低共熔溶剂作为催化剂，催化模型油中的噻吩与过氧化氢/乙酸的氧化脱硫反应，发现在 40℃时，反应 30min，模型油中硫的脱除率为 98.6%[19]。使用氯化胆碱、四甲基氯化铵、四丁基氯化铵作为氢键受体，丙二酸、甘油、四甘醇、乙二醇、聚乙二醇和丙酸盐作为氢键供体所形成的低共熔溶剂也可以高效萃取燃料油中的含硫化合物。例如，在优化条件下，四丁基氯化铵/聚乙二醇低共熔溶剂的单次脱硫效率高达 82.83%。定量 ^{1}H NMR 和 FTIR 分析表明，这是由于低共熔溶剂和苯并噻吩形成了氢键。此外，连续五次脱硫后，总的脱硫效率能够提升到 99.48%，燃料中的硫含量降低到 8.5ppm 以下，表明深度脱硫已经实现。此外，利用脯氨酸分别和草酸、丙二酸、戊二酸、对甲苯磺酸形成的低共熔溶剂作为催化剂，催化模型油中的二苯并噻吩与过氧化氢的氧化脱硫反应，也可以得到很好的效果。其中脯氨酸和对甲苯磺酸形成的低共熔溶剂具有最高的催化活性，在 60℃时反应 1h，二苯并噻吩的脱除率可以达到 99%[20]。

（6）在其他分离领域的应用

作为一种应用前景广泛的新型绿色溶剂，除了上述几种情况外，低共熔溶剂在其他分离过程中也有应用，如苯羧酸同分异构体的分离、庚烷和乙醇共沸物的分离等。目前，其应用范围正逐步向可再生能源、食品、生物质转化利用等领域延伸，相信随着研究工作的不断深入，低共熔溶剂的应用范围将会不断拓展。

2. 在含水体系分离中的应用

（1）疏水性低共熔溶剂

直到 2015 年，疏水性低共熔溶剂才有报道[21]。这些低共熔溶剂的氢键供体是癸酸，氢键受体为四丁基氯化铵等 6 种季铵盐，氢键供体与氢键受体的物质的量比为 2∶1。利用这些疏水性低共熔溶剂萃取水溶液中 1%的乙酸、丙酸、丁酸，其中 5 种低共熔溶剂对这 3 种羧酸的萃取效率均高于传统的有机溶剂三辛胺。同时，四庚基氯化铵也被证明分别与四种有机羧酸（醋酸、乳酸、月桂酸、丙酮酸）形成了疏水性低共熔溶剂，并成功地用于从水溶液中萃取咖啡因、色氨酸、间苯二甲酸和香草醛等[22]。

四庚基氯化铵与油酸、癸酸、月桂酸、布洛芬也可以形成疏水性低共熔溶剂。利用 4 种疏水性低共熔溶剂（四庚基氯化铵-布洛芬、四庚基氯化铵-油酸、四庚基氯化铵-癸酸、四庚基氯化铵-月桂酸，物质的量比依次为 7∶3、1∶2、1∶2 和 2∶1）作为萃取剂分别萃取盐酸水溶液或草酸水溶液中的金属铟，分配系数最高可达到 1700。进一步的研究工作表明，以癸酸为氢键供体、利多卡因为氢键受体，均能形成疏水性的低共熔溶剂。利用这些低共熔溶剂萃取模拟水体中的 Co^{2+}、Fe^{2+}、Mn^{2+}、Ni^{2+}、Zn^{2+}和 Cu^{2+}等 6 种过渡金属离子，萃取率大多能达到 99%以上，且达到萃取平衡所需时间极短，一般在 5s 内[23]。

最近，有报道表明，以甲基三辛基氯化铵为氢键受体、13 种不同烷基链长度的醇类化合物为氢键供体可以制备一系列疏水性的低共熔溶剂，并用于萃取青蒿叶中的活性化合物青蒿素。当甲基三辛基氯化铵与 1-丁醇的物质的量比为

1∶4 时，低共熔溶剂对青蒿素的萃取效率最高，在优化条件下，萃取量可以达到 $7.99mg \cdot g^{-1}$，明显高于使用传统有机溶剂石油醚的萃取效率[24]。

然而，到目前为止，所报道的疏水性低共熔溶剂存在一个关键性的问题，即疏水性低共熔溶剂在水溶液中是不是稳定。^{1}HNMR 研究表明，在以薄荷醇和季铵盐为氢键受体、有机酸为氢键供体形成的两个系列的疏水性低共熔溶剂中，只有当氢键供、受体均是疏水性时，所形成的疏水性低共熔溶剂在水中才是稳定的[25]。如果氢键供、受体两个组分中有一个是亲水性的，这个组分就会优先与水作用，使得两个组分在水中的溶解度出现较大的差别，从而改变了疏水性低共熔溶剂的原始组成。

（2）基于亲水性低共熔溶剂的双水相体系

虽然亲水性低共熔溶剂不能单独用于含水体系的分离，但是利用亲水性低共熔溶剂与无机盐或聚合物形成的双水相体系可以用于含水体系的分离。例如，利用氯化胆碱/丙三醇形成的亲水性低共熔溶剂与磷酸二氢钾形成的双水相体系，可以从水溶液中萃取生物分子，如牛血清白蛋白、胰岛素等。使用氯化胆碱/羧酸或氯化胆碱/尿素形成的低共熔溶剂分别与分子量为 400 的聚丙二醇形成的双水相体系，可以应用于水溶液中两种纺织染料苏丹III和 PB29 的选择性分离[26]。但是，在双水相体系的富低共熔溶剂相和富聚合物相中氢键供、受体的化学计量比与制备时的化学计量比不一致，表明此时的双水相并不是真正由低共熔溶剂形成的。当低共熔溶剂被溶解到聚丙二醇水溶液时，水分子会分别与低共熔溶剂的两个组分形成氢键，从而在一定程度上破坏了低共熔溶剂供、受体间的氢键，使季铵盐衍生物和羧酸（或尿素）游离出来。最近报道，利用氯化胆碱和葡萄糖以不同的物质的量比（2∶1, 1∶1 和 1∶2）形成的亲水性低共熔溶剂与分子量为 400 的聚丙二醇可以形成真正的低共熔溶剂双水相体系，并用于萃取生物碱、苯酚化合物和氨基酸等生物分子[27]。这说明形成真正的低共熔溶剂双水相主要取决于氢键供、受体的特性以及低共熔溶剂供、受体的物质的量比，如果氢键供、受体均具有较强的亲水特性，难溶于富聚合物相，就能保持低共熔溶剂最初的物质的量比与在低共熔溶剂-聚合物双水相体系平衡两相中的物质的量比一致。

5.5.2 在化学合成中的应用

寻找可替代合成化学中有毒、易燃、易挥发的反应介质和有害的催化剂是绿色化学的重要研究内容之一。作为一类新兴的绿色溶剂，低共熔溶剂不仅可以作为化学反应的溶剂，还可以作为催化剂。目前，低共熔溶剂作为反应介质或催化剂的化学反应主要包括：取代反应、加成反应、环化反应、酶催化反应、氧化反应、还原反应和多组分反应等。

1. 低共熔溶剂在取代反应中的应用

低共熔溶剂可以作为卤代反应的介质和催化剂。例如，以 1, 3-二氯-5, 5-二甲基乙内酰脲为氯源合成 *α*，*α*-二氯苯甲酮的反应可以在氯化胆碱/对甲苯磺酸（1∶1）低共熔溶剂中进行，在室温下 *α*，*α*-二氯化取代物的产率为 86%（图 5-4）[28]。反应结束后，使用甲基叔丁基醚作为萃取剂，很容易将产物和低共熔溶剂分离。该低共熔溶剂循环使用 5 次后，*α*，*α*-二氯苯甲酮的产率无明显变化。以氯化胆碱/尿素形成的低共熔溶剂作为 1-氨基蒽-9, 10-醌衍生物的溴化取代反应的介质和催化剂，在 80℃和 2.5 倍当量液溴的反应条件下，二溴取代产物的产率为 84%～95%（图 5-5）。与使用传统的有机溶剂（甲醇和氯仿）相比，反应条件更为简单，反应速率更快，产率也有所提高。氯化胆碱/尿素和氯化胆碱/甘油低共熔溶剂也可以作为制备单取代 *N*-芳烃胺的溶剂和催化剂，其中氯化胆碱/尿素低共熔溶剂对芳胺与卤代烷烃反应的催化效果最好，产物选择性好、反应时间短、条件温和，收率达到 78%（图 5-6）[29]。在反应结束后，使用乙酸乙酯可以将产物从低共熔溶剂中萃取分离出来，而且低共熔溶剂循环使用 5 次后，反应产率没有明显下降，克服了酶催化反应过程中由于循环使用而导致酶失活的缺点。

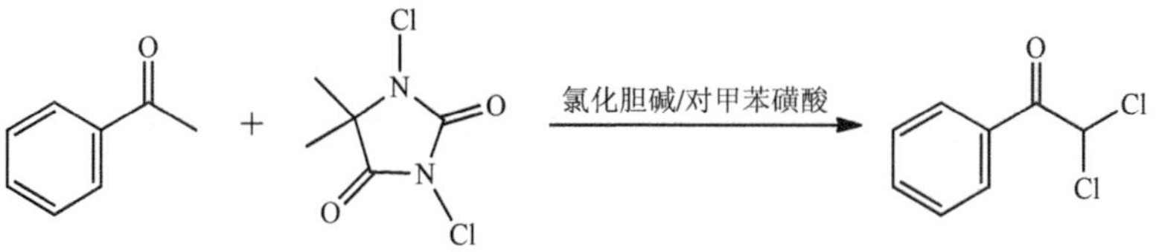

Cl
O
N
O
+
N
氯化胆碱/对甲苯磺酸
O
Cl
O
Cl
Cl

图 5-4 在氯化胆碱/对甲苯磺酸低共熔溶剂中合成 *α*, *α*-二氯苯甲酮

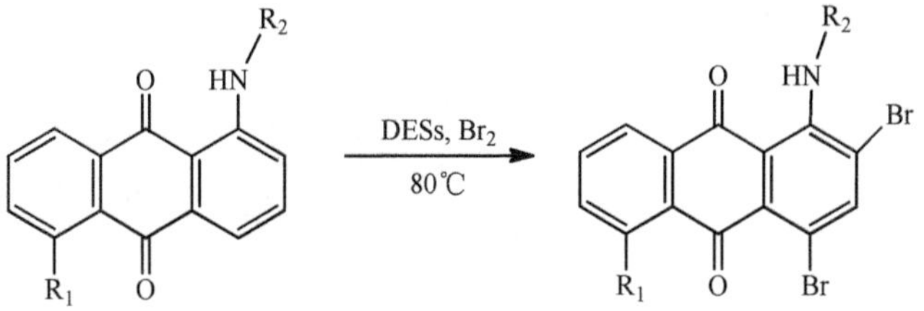

R_2
O HN
DESs, Br_2
80℃
R_1 O
R_2
O HN
Br
R_1 O Br

图 5-5 氯化胆碱/尿素低共熔溶剂中 1-氨基蒽-9, 10-醌衍生物的溴化反应

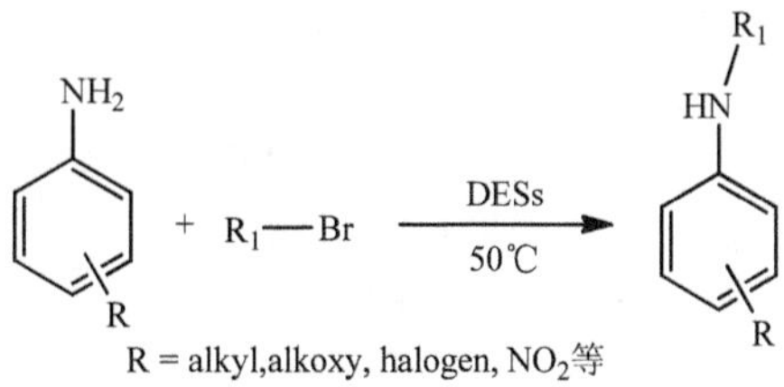

NH_2
+ R_1—Br
DESs
50℃
R
R = alkyl,alkoxy, halogen, NO_2等
R_1
HN
R

图 5-6 芳胺和烷基溴在低共熔溶剂中的烷基化反应

低共熔溶剂也可以作为醇类化合物亲核取代反应的溶剂和催化剂。例如，当氯化胆碱/$ZnCl_2$低共熔溶剂的使用量为1.5当量时，对硝基苯胺和二苯甲醇之间的反应（图5-7）效果最好，反应时间仅需要1h，反应收率可达到95%，并且无副产物出现[30]。此外，低共熔溶剂可以循环使用，其催化活性基本保持不变。可能的反应机理是，在反应过程中低共熔溶剂受到自身静电斥力的作用有序地排列在反应体系中，形成如半圆形的罩（图5-8）。在该环境下，二苯甲醇生成了二苯甲基碳正离子中间体，芳胺上的氮原子快速进攻碳正离子形成碳-氮单键，同时生成一分子的H_2O。低共熔溶剂吸收分子尺寸较小的水分子，不断替换出分子尺寸较大的二苯甲基碳正离子中间体，使得生成的产物游离出反应体系，达到两相分离的效果，从而更有利于反应的进行。

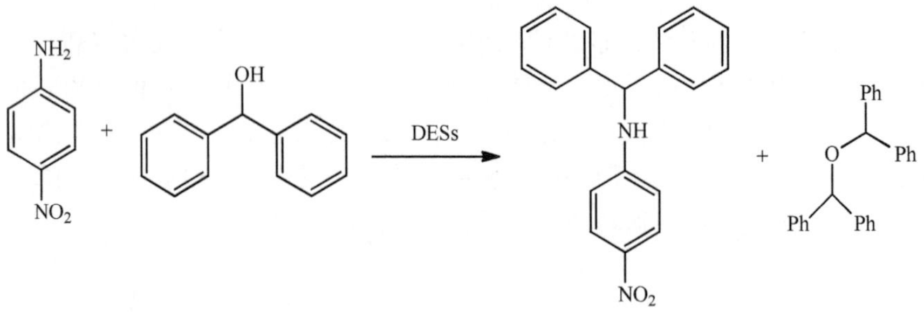

图5-7 醇与对硝基苯胺在低共熔溶剂中的亲核取代反应

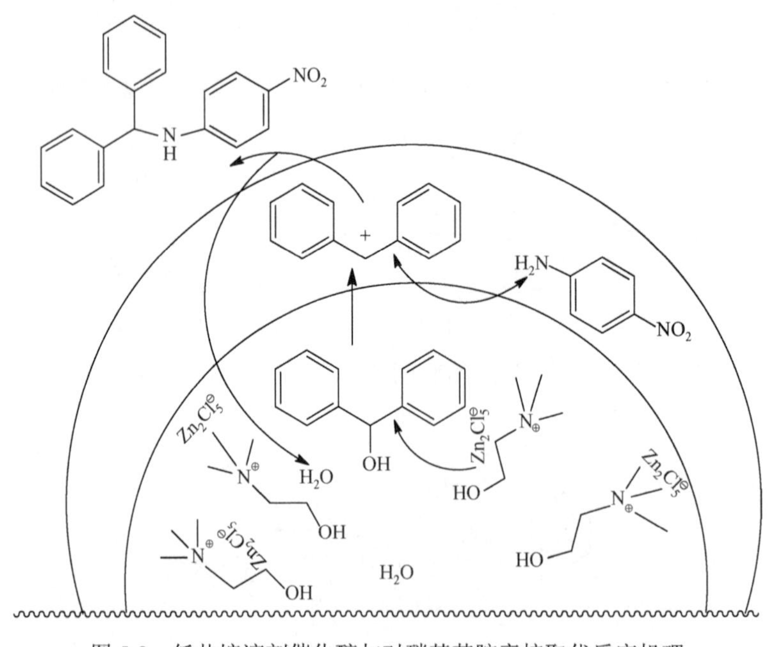

图5-8 低共熔溶剂催化醇与对硝基苯胺亲核取代反应机理

低共熔溶剂还可以作为酯化反应的溶剂和催化剂。以羧酸和醇类化合物的酯化反应为例，对甲基苯磺酸分别与三甲基环己基甲磺酸铵、三甲基苄基甲磺酸铵、正辛基三甲基甲磺酸铵所组成的一系列新型布朗斯特酸低共熔溶剂均可以作为该反应的溶剂和催化剂，但三甲基环己基对甲苯磺酸铵/对甲基苯磺酸低共熔溶剂的催化效果最好，产率达到 97%，并且反应条件温和、步骤简单、易分离[31]。此外，当低共熔溶剂循环使用 8 次后仍然具有良好的催化效果，产率仍高达 92%。

低共熔溶剂在 Friedel-Crafts 烷基化反应中也有重要应用。在无催化剂存在下，以芳香醛或脂肪醛、富电子的芳烃为原料的 Friedel-Crafts 烷基化反应可以在氯化胆碱分别与尿素、乙酰胺、乙二醇、己二醇以及氯化胆碱、四甲基氯化铵与 $ZnCl_2$ 形成的六种低共熔溶剂中进行。例如，在氯化胆碱/$ZnCl_2$ 低共熔溶剂中，反应温度为 60～100℃时，由芳香醛或脂肪醛、富电子的芳烃制备烷基化的芳香族化合物，产率最高可达到 94%（图 5-9），该催化体系在循环 5 次后产率仍能达到 89%[32]。

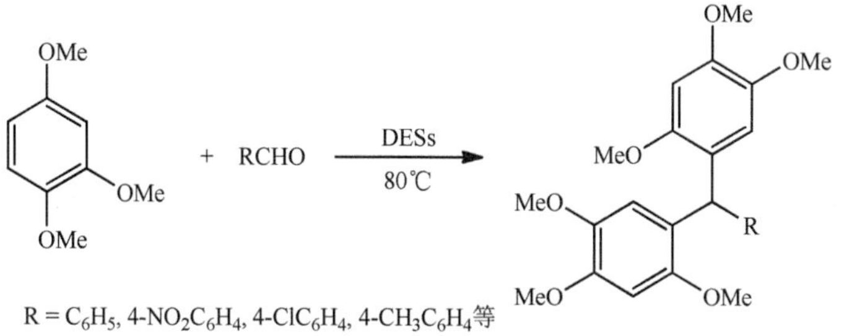

OMe OMe OMe + RCHO —DESs, 80℃→ (MeO, MeO, MeO, OMe, OMe, OMe, R)

$R = C_6H_5, 4\text{-}NO_2C_6H_4, 4\text{-}ClC_6H_4, 4\text{-}CH_3C_6H_4$等

图 5-9 芳香醛和 1, 2, 4-三甲氧基苯在低共熔溶剂中的 Friedel-Crafts 烷基化反应

2. 低共熔溶剂在加成反应中的应用

低共熔溶剂可以作为 Diels-Alder 环加成反应的有效介质和催化剂。例如，在果糖/二甲基脲、麦芽糖/二甲基脲/氯化铵、乳糖/二甲基脲/氯化铵、甘露醇糖/二甲基脲/氯化铵、葡萄糖/尿素/氯化钙、山梨糖醇/二甲基脲/氯化铵低共熔溶剂中进行的 Diels-Alder 环加成反应，产率在 72%～100%之间，而产物的内型-外型（*endo-exo*）结构的选择性比在 2.7∶1～5.0∶1 之间[33]。在果糖/二甲基脲（7∶3）低共熔溶剂中，于 71℃反应 8h 后产率可达到 95%，产物的内型-外型结构的选择性比为 3.0∶1（图 5-10）。进一步的研究表明，使用 L-肉碱/尿素（2∶3）低共熔溶剂催化 Diels-Alder 反应，在 80℃反应 4h 后，Diels-Alder 加成反应产物的产率高达 93%。

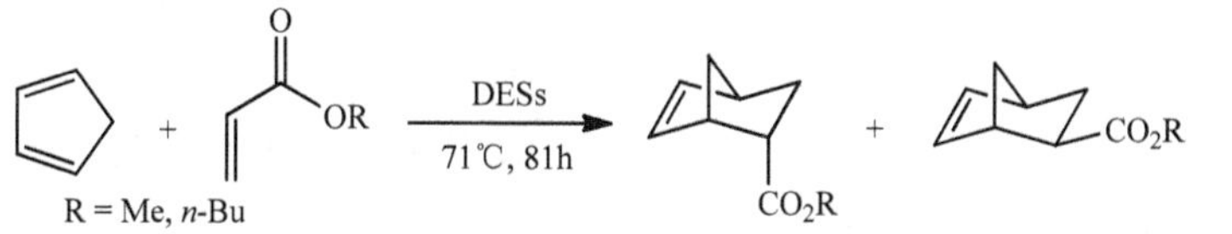

+ (O, OR) —DESs, 71℃, 81h→ (CO_2R) + (CO_2R)

R = Me, *n*-Bu

图 5-10 在低共熔溶剂中进行的 Diels-Alder 反应

将氯化胆碱/尿素（1∶2）低共熔溶剂固载在分子筛上，可以催化 CO_2 和环氧化物的环加成反应（图 5-11），产率高达 99%，并且低共熔溶剂循环使用 5 次后，催化活性没有明显变化[34]。可能的反应机理为：在反应过程中，低共熔溶剂与环氧化合物中的氧原子有氢键作用，使氧原子显负电性，相邻取代基较少的碳氧键容易断裂，氯负离子与碳正离子相连接，进而与 CO_2 发生亲核加成反应，电子转移到 CO_2 的氧原子上，经进一步分子内亲核取代反应得到目标化合物，同时释放出低共熔溶剂（图 5-12）。

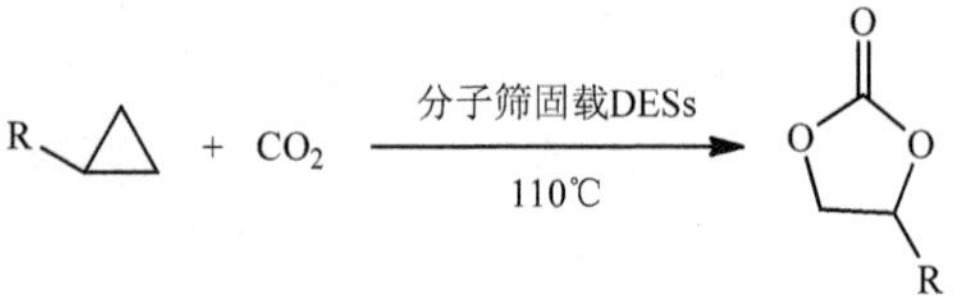

图 5-11　低共熔溶剂中的 CO_2 环加成反应

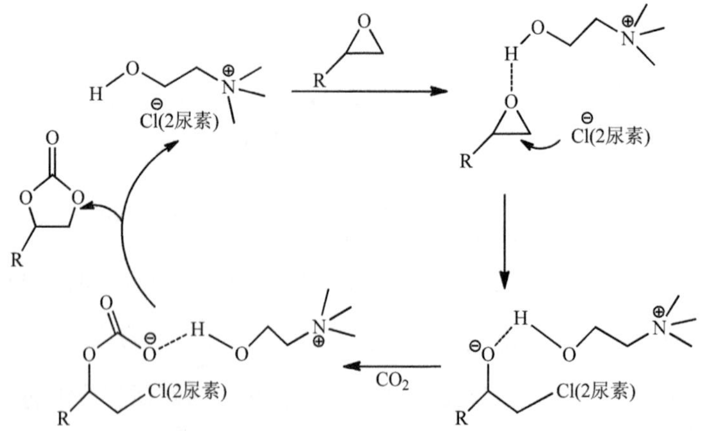

图 5-12　氯化胆碱/尿素（1∶2）低共熔溶剂催化作用下 CO_2 环加成反应机理[34]

以氯化胆碱/尿素（1∶2）低共熔溶剂作为溶剂和催化剂，通过 Perkin 反应可以合成肉桂酸衍生物（图 5-13），由于该低共熔溶剂本身显碱性，所以能够有效促进反应的进行。使用不同的底物、控制不同的反应温度和反应时间，得到的肉桂酸衍生物产率为 62%～92%。当以苯甲醛和乙酸酐为反应物时，产物的产率仍保持在 85%[35]。此外，氯化胆碱/尿素低共熔溶剂也可以作为溶剂和催化剂，通过 Knoevenagel 缩合反应高产率地合成香豆素苯乙烯基染料（图 5-14），对低共熔溶剂进行回收并循环使用后，产率仍可达到 75%。推测反应的机理是，在低共熔溶剂的作用下，乙酰乙酸乙酯和丙二腈处于互变共振异构平衡，低共熔溶剂中的氯负离子和氢键作用为反应的顺利进行发挥了主导作用（图 5-15）。同时，低共熔溶剂相当于相转移催化剂，进一步提高了催化活性。

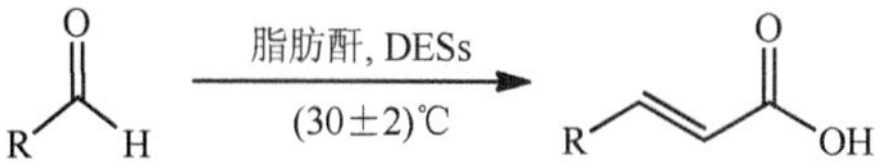

图 5-13　在 DESs 中合成肉桂酸衍生物

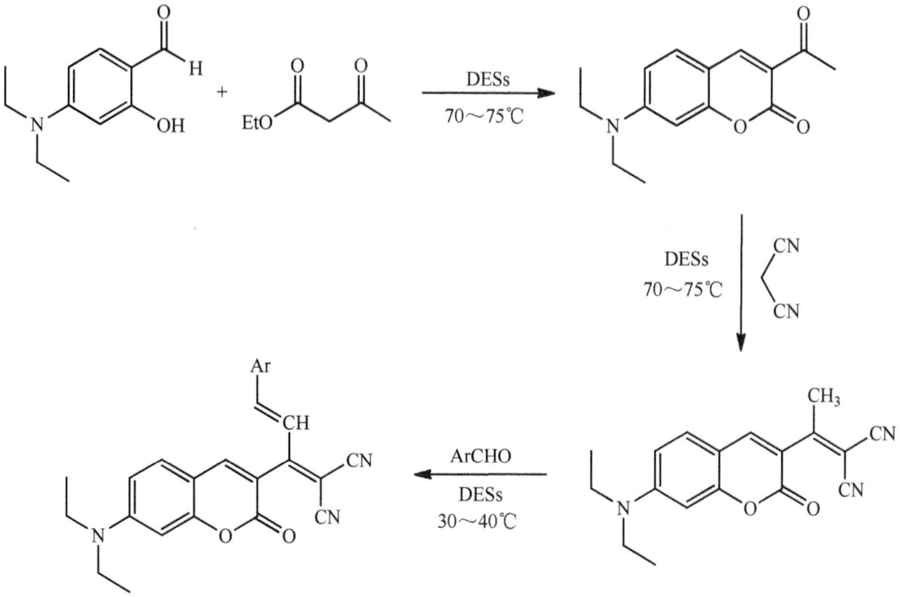

图 5-14　在低共熔溶剂中一锅法合成香豆素苯乙烯基染料

以氯化胆碱/$SnCl_2$ 低共熔溶剂作为催化剂，催化环氧化合物与芳胺、醇、硫醇、叠氮、氰化物开环加成反应（图 5-16 和图 5-17），取得了很好的效果。在室温下反应 30min，产品收率可以达到 95%，并且低共熔溶剂循环使用 4 次后催化效果依然显著[36]。此外，低共熔溶剂与纳米粒子相结合对于某些有机反应具有较好的催化效果。例如，以氯化胆碱/尿素（1∶2）低共熔溶剂作为反应介质，以醛或环氧化合物、氰化三甲基硅烷为原料，使用纳米级的磁性 Fe_3O_4 作为催化剂，在 60℃反应 30～200min，即可制备最高产率为 92%的 α-羟基腈或 β-羟基腈。由于 Fe_3O_4/低共熔溶剂比较稳定，催化剂循环使用 4 次后产率还能达到 85%。该反应体系最大的优势是反应时间短，反应条件温和，过程简单且绿色。

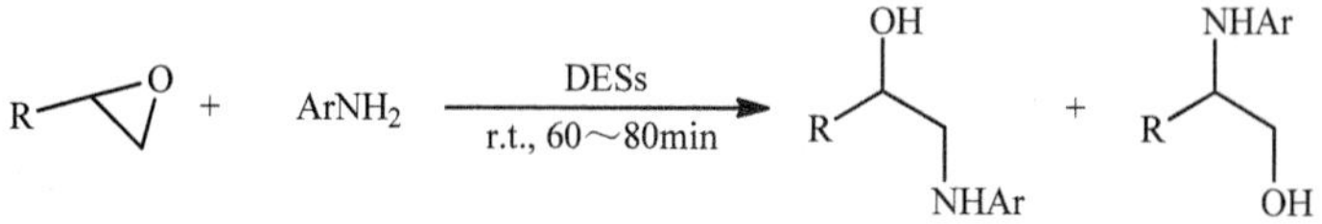

图 5-16　氯化胆碱/$SnCl_2$ 低共熔溶剂催化环氧化合物和芳胺的开环加成反应

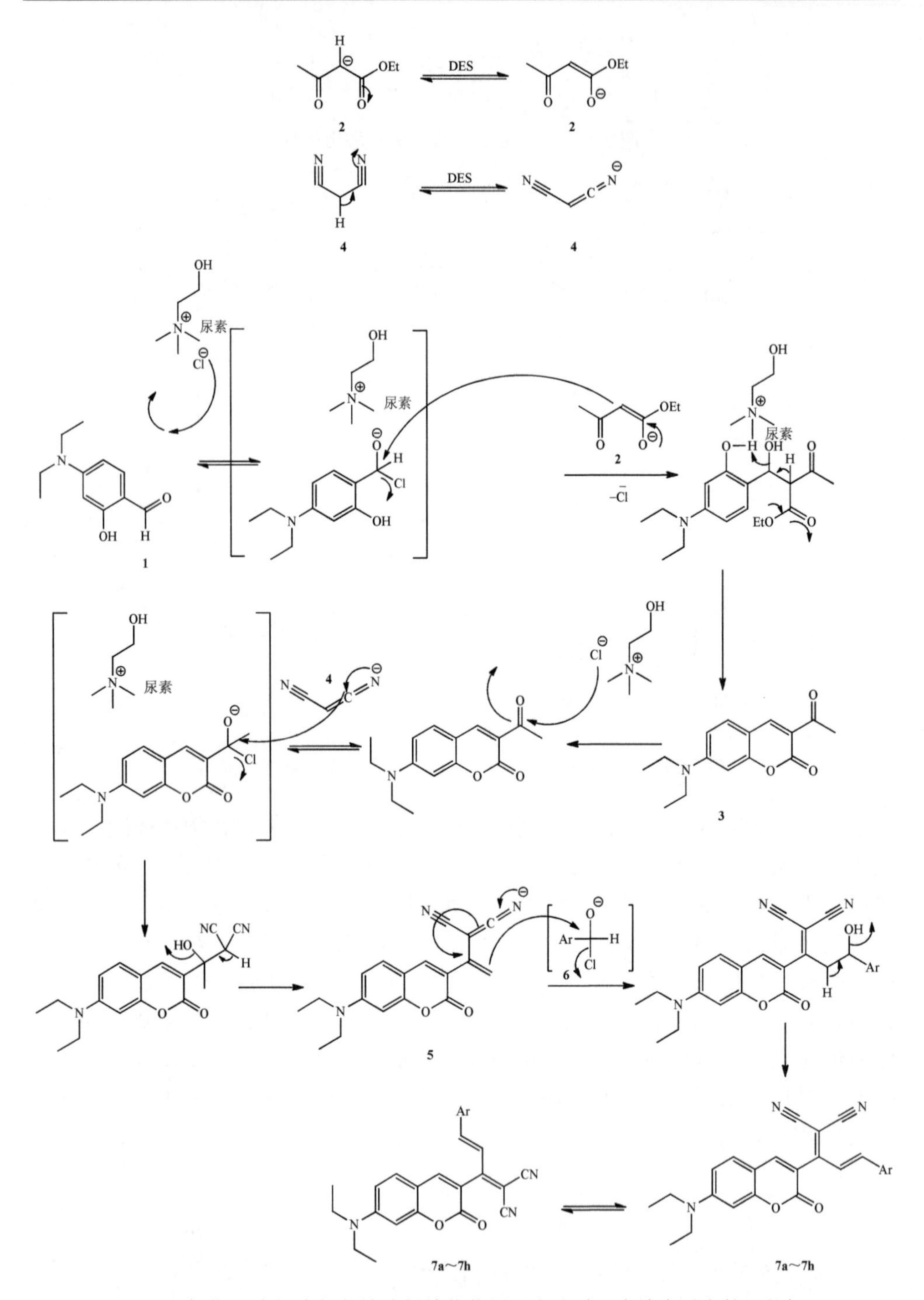

图 5-15 氯化胆碱/尿素低共熔溶剂催化作用下合成香豆素缩合反应的可能机理

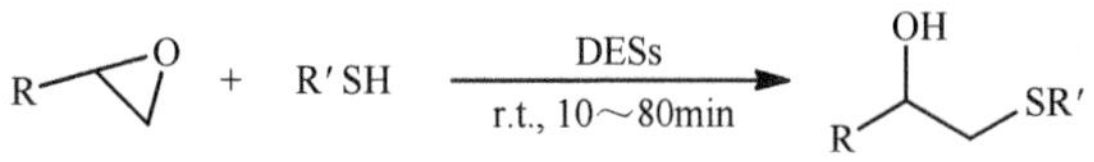

图 5-17 氯化胆碱/$SnCl_2$低共熔溶剂催化环氧化合物和硫醇的开环加成反应

3. 低共熔溶剂在环化反应中的应用

由于具有较好的生物活性，吲哚及其衍生物是重要的中间体，常应用于药物、染料、生物制剂的合成中。使用低共熔溶剂作为合成吲哚的介质/催化剂，克服了传统合成方法中使用大量有机溶剂和金属催化剂的缺点。以氯化胆碱/$ZnCl_2$（1∶2）低共熔溶剂为例，推测 Fischer 吲哚合成反应（图 5-18）的机理如图 5-19 所示[37]。首先，化合物 **1ab** 与低共熔溶剂作用形成亚胺正离子 **2ab** 和 $ZnCl_3^-$，由于 $ZnCl_3^-$ 在体系中不能稳定存在，需要夺取一个质子。路径 a 为 **2ab** 中的亚甲基失去一个活泼氢，路径 b 为 **2ab** 中的甲基失去一个活泼氢，经异构化分别得到锌烯胺类化合物 **3a** 和 **3b**，进一步经分子内重排、消除得到化合物 **4a** 和 **4b**。另外，利用柠檬酸/二甲基脲（4∶6）和 L-(+)酒石酸/二甲基脲（3∶7）低共熔溶剂作为溶剂和催化剂也可以实现 Fischer 吲哚的合成（图 5-20），其中 L-(+)酒石酸/二甲基脲低共熔溶剂的效果最好，反应条件温和，反应时间短，产率达到 97%。此外，低共熔溶剂循环使用 3 次，产率仍可达到 94%。

Paal-Knorr 反应是合成吡咯和呋喃类杂环化合物的一类重要反应，被广泛应用于药物和天然产物的合成等中。低共熔溶剂为这类反应提供了更加绿色的溶剂/催化剂。例如，以氯化胆碱/尿素和氯化胆碱/甘油低共熔溶剂作为溶剂和催化剂，通过 Paal-Knorr 反应合成吡咯和呋喃类杂环化合物，在优化条件下产率可以达到 99%（图 5-21）[38]。此外，由于这些低共熔溶剂溶于水而不溶于乙醚，可使用乙醚萃取产物，并通过分离回收水相，处理后使低共熔溶剂再生。

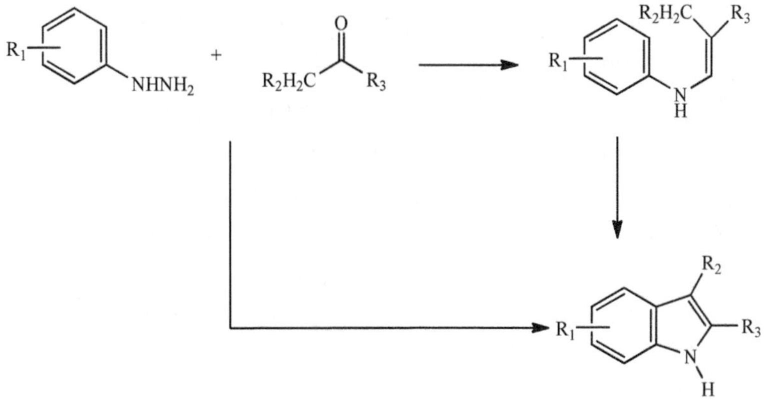

图 5-18 氯化胆碱/$ZnCl_2$低共熔溶剂作用下 Fischer 吲哚的合成

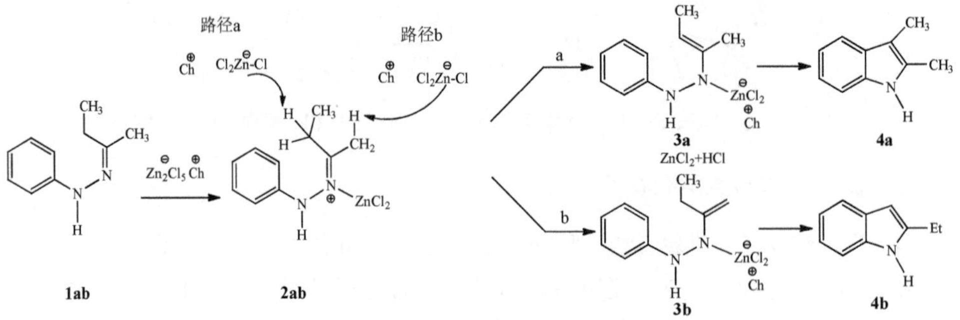

图 5-19 氯化胆碱/$ZnCl_2$低共熔溶剂作用下 Fischer 吲哚合成的反应机理[37]

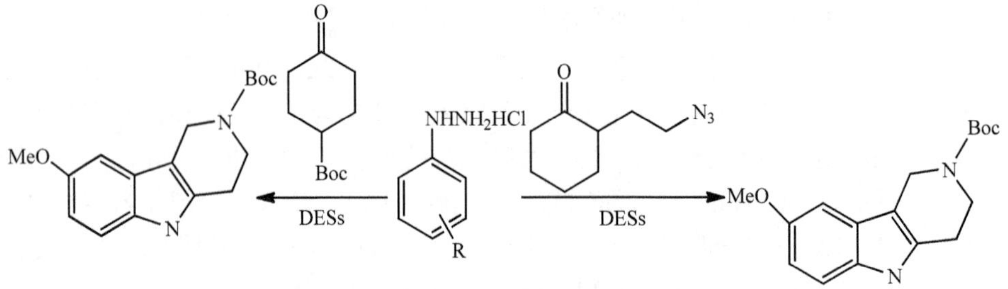

图 5-20 在低共熔溶剂中 Fischer 吲哚的合成

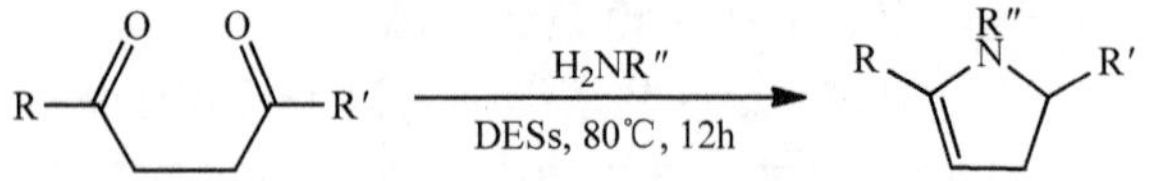

图 5-21 在低共熔溶剂中合成呋喃类杂环化合物

4. 低共熔溶剂在酶催化反应中的应用

低共熔溶剂作为酶催化反应的介质，有利于提升酶的稳定性和催化活性。例如，乙酸戊酯与丁醇之间的酯交换反应需要用 CALB 脂肪酶作为催化剂，在氯化胆碱/尿素低共熔溶剂中该脂肪酶非常稳定。由于尿素的存在，脂肪酶具有很高的催化活性[39]。在氯化胆碱/尿素低共熔溶剂中脂肪酶 Novozym®435 的活性很高（>1μmol·min^{-1}·g^{-1}），可用于山梨酸乙酯与 1-丙醇的酯交换反应，选择性大于 99%[40]。此外，使用同样的低共熔溶剂和酶催化剂，可以大豆油为原料制备生物柴油。最佳的反应条件是氯化胆碱/甘油（1∶2）与甲醇以 7∶3 的比例混合，在 50℃反应 24h，甘油三酯的产率为 88%。因此，利用胆碱类低共熔溶剂制备生物柴油，克服了成本高的问题，而且该低共熔溶剂无毒，与脂肪酶具有较好的生物相容性。

5. 低共熔溶剂在氧化反应中的应用

低共熔溶剂可作为氧化反应的介质和催化剂。例如，在无催化剂存在的情况下，使用 *N*-溴代丁二酰亚胺（NBS）作为氧化剂，在氯化胆碱/尿素、氯化胆碱/$SnCl_2$、氯化胆碱/$ZnCl_2$、氯化胆碱/$LaCl_3$、氯化胆碱/对甲苯磺酸等低共熔溶剂中可将醇类化合物氧化成醛或酮（图 5-22）[41]。在氯化胆碱/尿素溶剂中，25℃反应 40min 或在 60℃反应 5min，产率可达到 100%。此外，该方法还可以把仲醇选择性地氧化为酮。又如，以氯化胆碱/对甲苯磺酸（1∶1）低共熔溶剂为催化剂，H_2O_2 为氧化剂，可以成功地将二烷基硫氧化成二烷基亚砜（图 5-23）。在优化条件下，二烷基亚砜的产率为 97%。该反应使用的氧化剂不但廉价易得，而且环境友好（因为它产生的副产物只有水）。

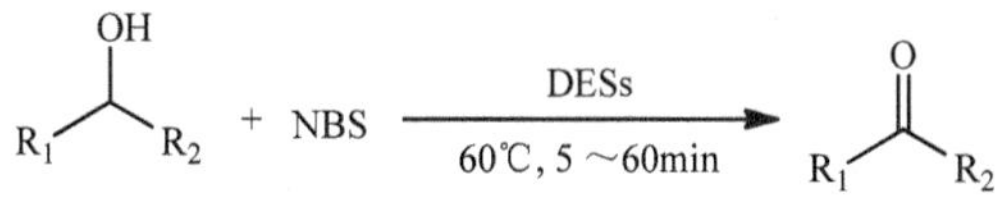

图 5-22 低共熔溶剂中醇的氧化反应

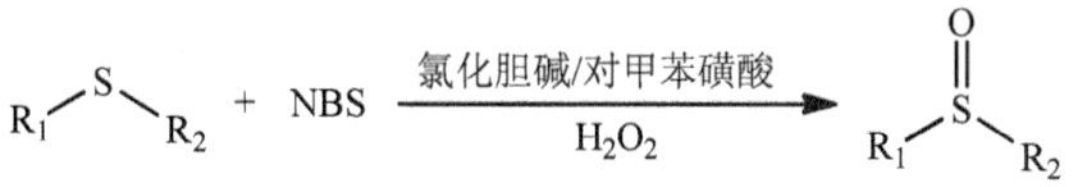

图 5-23 在氯化胆碱/对甲苯磺酸低共熔溶剂中硫化物的选择性氧化

6. 低共熔溶剂在还原反应中的应用

低共熔溶剂在还原反应中也有诸多应用。例如，在柠檬酸/二甲基脲、山梨糖醇/尿素/氯化铵、甘露醇/二甲基脲/氯化铵低共熔溶剂中，以钌络合物作为催化剂，可以将双键催化还原成单键（图 5-24），即使使用像山梨糖醇/尿素/氯化铵这样的手性低共熔溶剂，对产物的立体选择性也没有影响[42]。此外，在氯化胆碱/尿素低共熔溶剂中，以 $NaBH_4$ 作为催化剂，可以将醛类、酮类、环氧化合物还原。该方法反应条件温和、反应时间短、选择性好，收率达到 99%。还可以通过控制温度，对醛类、酮类、环氧化合物选择性地进行还原，如在室温时，只选择性地还原醛羰基，而在 60℃时，仅选择性地还原醛羰基和环氧化合物，且以醛羰基化合物为主（图 5-25）。

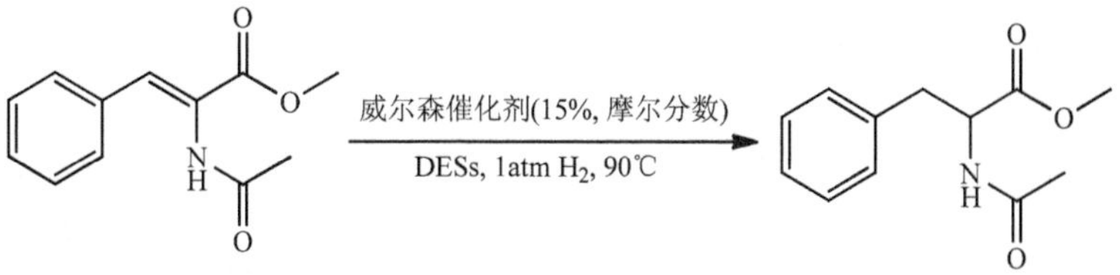

图 5-24 在低共熔溶剂中 α-肉桂酸甲酯的不对称还原反应

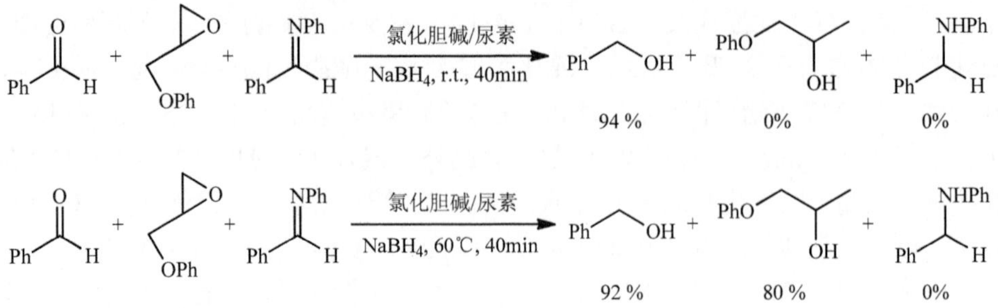

Ph–CHO + 环氧化合物(OPh) + Ph–CH=NPh —氯化胆碱/尿素, $NaBH_4$, r.t., 40min→ Ph–CH₂OH (94 %) + PhO–CH₂CH(OH)CH₃ (0%) + Ph–CH₂–NHPh (0%)

Ph–CHO + 环氧化合物(OPh) + Ph–CH=NPh —氯化胆碱/尿素, $NaBH_4$, 60℃, 40min→ Ph–CH₂OH (92 %) + PhO–CH₂CH(OH)CH₃ (80 %) + Ph–CH₂–NHPh (0%)

图 5-25　在氯化胆碱/尿素低共熔溶剂中醛、亚胺和环氧化合物的选择性还原

7. 低共熔溶剂在多组分反应中的应用

低共熔溶剂是许多多组分反应的溶剂和催化剂。例如，在氯化胆碱/尿素（1∶2）低共熔溶剂中，通过缩合反应可以由硫脲、氯乙酰氯和醛合成噻唑烷酮衍生物（图 5-26），产率可达到 94%[43]。在氯化胆碱/$ZnCl_2$（1∶2）低共熔溶剂中，通过三组分的一锅 Mannich 反应（图 5-27），可由醛、有机胺、酮（如丙酮和苯乙酮类化合物）制备一系列 β-氨基羰基化合物。在室温条件下，当氯化胆碱/$ZnCl_2$ 的用量为 5%（摩尔分数）时，产率为 52%～98%，并且低共熔溶剂循环使用 4 次后仍然具有良好的催化效果。

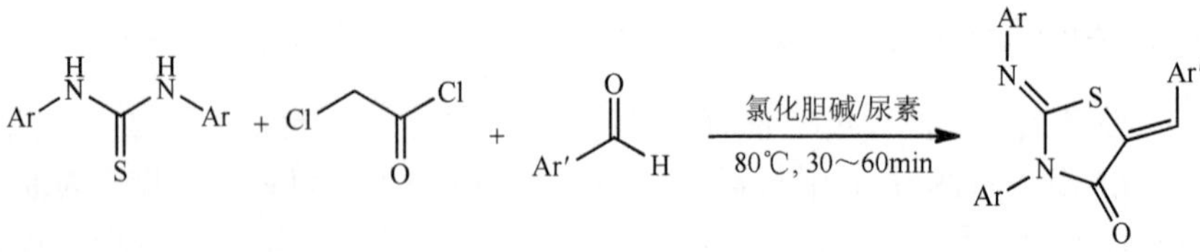

Ar–NH–C(=S)–NH–Ar + Cl–CH₂–C(=O)–Cl + Ar′–CHO —氯化胆碱/尿素, 80℃, 30～60min→ 噻唑烷酮衍生物 (Ar, Ar′)

图 5-26　在氯化胆碱/尿素中合成噻唑烷酮衍生物

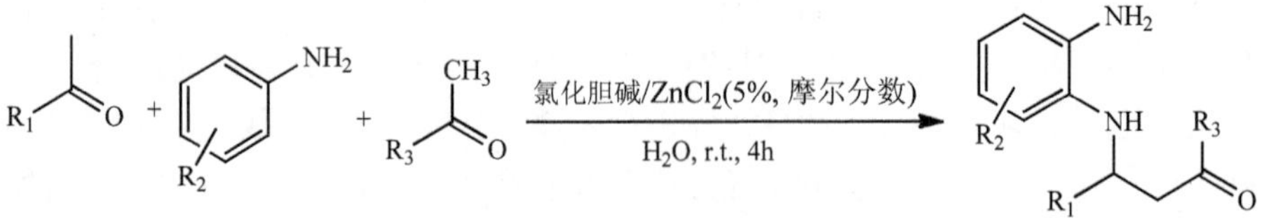

R_1–C(=O)–CH₃ + R_2–C₆H₄–NH_2 + R_3–C(=O)–CH_3 —氯化胆碱/$ZnCl_2$(5%, 摩尔分数), H_2O, r.t., 4h→ β-氨基羰基化合物 (NH_2, NH, R_1, R_2, R_3, O)

图 5-27　氯化胆碱/$ZnCl_2$ 催化合成 β-氨基羰基化合物

5.5.3　在材料制备中的应用

低共熔溶剂在纳米材料合成中展示了很多优势，既可以作为溶剂又可以作为结构导向剂，为纳米材料的制备提供了新的反应器。目前，低共熔溶剂主要用于制备沸石类似物、功能碳材料、金属无机材料等。以基于氯化胆碱的低共熔溶剂为例，利用氯化胆碱/尿素（1∶2）低共熔溶剂的分解产物作为模板剂可以制备微孔结晶沸

石类似物 $Al_2(PO_4)_3 \cdot 3NH_4$ 和 $Zn(O_3PCH_2CO_2) \cdot NH_4$，并实现了 $Zn(O_3PCH_2CO_2) \cdot NH_4$ 结晶化。采用氯化胆碱/草酸二水合物（1∶1）低共熔溶剂作为溶剂和结构导向剂可以制备含$[Ga_2\text{-}(HPO_3)_2(C_2O_4)(OH)(H_2O)]^-$的集成纳米管黄绿色荧光粉材料以及含$[Zn_3Cl(H_2O)(PO_4)_2]^-$的具有双光性能的层状锌磷酸盐发光材料。使用氯化胆碱/尿素低共熔溶剂作为溶剂，还可以制备新型多酸化合物$[(CH_3)_3N(CH_2)_2OH]_4[\beta\text{-}Mo_8O_{26}]$和$\{(N_2H_5CO)[(CH_3)_3N(CH_2)_2OH]_2\}[CrMo_6O_{24}H_6] \cdot 4H_2O$。在氯化胆碱/乙二醇（1∶2）低共熔溶剂中还可以制备碳纳米管，首先在低共熔溶剂中进行间苯二酚甲醛的缩聚反应，然后对得到的苯二酚甲醛凝胶进行炭化，即可制备多壁碳纳米管；利用氯化胆碱/对甲基苯磺酸（1∶1）低共熔溶剂催化糠醇的缩合反应，将制得的糠醇凝胶碳化后，也可以制备分层多孔多壁碳纳米管。

低共熔溶剂还可以用来制备金属纳米粒子。例如，在氯化胆碱/尿素低共熔溶剂中，可以制备粒径为 900nm 的单分散性的星状金纳米颗粒，加入一定量水后则可制得粒径为 300nm 的雪花状的金纳米颗粒，它对 H_2O_2 的电还原活性远远高于其他形貌的金纳米颗粒和多晶金。因此，通过调节低共熔溶剂中水的含量，可以实现对金纳米颗粒的可控合成。此外，以氯化胆碱/尿素低共熔溶剂作为溶剂，以乙醇和水的混合物作反溶剂，通过改变反溶剂中乙醇的含量和 ZnO 溶液的注入时间，也可以对 ZnO 纳米结构的形貌进行调控[44]。

5.5.4 在电化学中的应用

由于优良的溶解性和导电性、较宽的电化学窗口以及与离子液体相比更负的还原电势等，低共熔溶剂作为电解液在金属及其合金的电沉积领域引起了人们的极大兴趣。目前，已有多篇文献报道了在低共熔溶剂中电沉积制备 Cu、Co、Ni、Sn 和 Zn 等金属及其合金的研究。

1. 电沉积铜及铜合金

电沉积铜在许多工业中都有应用，尤其是电子产业。传统的铜电镀液含氰化物或强酸，具有毒性大，腐蚀性强，能耗高及污染严重等缺点。低共熔溶剂无毒、无污染，直接用于铜的电镀，有助于实现铜及其合金清洁、高效的电镀过程。例如，在氯化胆碱/尿素和氯化胆碱/乙二醇两种低共熔溶剂中，铜电沉积的电流效率都接近 100%，并且能够得到铜与 Al_2O_3 或 SiC 的复合物。计时电流法研究表明，铜的连续成核会产生纳米级明亮的沉积层，而在铜离子浓度较低时的瞬时成核会产生较粗糙的沉积。不同频率的超声波（20kHz 和 850kHz）对二价铜的电沉积行为有较大的影响，有超声波（20kHz 和 850kHz）存在时，在水溶液中电沉积的电流密度要比无超声波时高出 10 倍左右，而在氯化胆碱/丙三醇低共熔溶剂中只增加了 5 倍左右，这很可能是由于溶液黏度不同[45]。除此之外，电解液的稳定性也会对产品的电化学性能产生较大的影响。在氯化胆碱/乙二醇（1∶2，物质的量比）低共熔溶剂中，添加乙二胺后，电解液性能趋于稳定，抑制了铜的成核现象，可以得到更加平滑紧致的薄膜，使其具有更低的腐蚀电流密度和均匀的抗腐蚀性。在足够高超电势的存在下，铜在氯化胆碱/尿素（1∶2，物质的量比）低共熔溶剂中的电沉积也是瞬时成核的，并且沉积过程是受扩散控制的三维成核过程。

此外，在氯化胆碱/尿素（1∶2，物质的量比）低共熔溶剂中电沉积的 Cu-Ga 合金可以用来制备太阳能电池，通过化学计量法准确控制 Cu-Ga 的组成，可达到很高的电流效率，所制成的太阳能电池的功率转换效率为 4.1%，是电沉积退火处理太阳能电池的新纪录。在该低共熔溶剂中还可以电沉积光伏电池薄膜 Cu-In 合金，合金的形态和组成依赖于沉积电压和电解液的组成，但最终的薄膜并不致密，实验方案还需进一步改进。

2. 电沉积钴及钴合金

由于具有特殊的磁性，金属钴一直受到人们的关注。在水溶液中金属钴的电沉积已经研究得比较深入，应用也比较广泛。但是，在低共熔溶剂中电沉积金属钴及其合金的研究却相对较少。据报道，在氯化胆碱/尿素低共熔溶剂中利用电沉积法可以制备高纯度的金属态钴，得到的沉积物中钴的质量分数为 98%，并且在温度低、阴极电势更正的条件下形成的沉积物更加均匀致密。在同样的低共熔溶剂中通过电沉积法制备了 Co-Zn 合金，成核过程为瞬时成核，不存在异常共沉积现象，并且当阴极电势变负时钴的含量降低。

在同样的低共熔溶剂中利用电沉积法制备 Co、Sm 和 Sm-Co 合金，是一个典型的三维成核生长过程。对于 Sm 的电沉积，在低超电势下，发生还原反应时有些区域有较明显的导电性降低的现象。当电压变得更负时，Sm 开始正常沉积。这是因为在低共熔溶剂中电沉积 Sm 时，有 Sm 的中间体生成，从而降低了电极的导电性。对于 Co-Sm 合金的电沉积过程，当 Sm 与 Co 的比为 4∶1（物质的量比）时，Co-Sm 合金中 Sm 的质量分数可超过 70%，表明在低共熔溶剂中可得到高 Sm 含量的 Co-Sm 合金。磁性 Co-Sm 合金纳米膜和纳米线的电沉积也可以在这一低共熔溶剂中进行，当电流密度为 $0.05 \sim 0.15 A \cdot dm^{-2}$ 时，得到的均一沉积物具有磁各向异性的钴六边晶型，矫顽力为 250Oe（1Oe = 79.5775A/m），说明在低共熔溶剂中得到了 Sm 富集的具有硬磁性的 Co-Sm 合金。利用同样的低共熔溶剂，还可以将 Co-Pt 磁性合金电沉积在玻璃/ITO（铟锡氧化物）基体上，形成光亮的灰色合金沉积层，有小结节，其不均匀地分布在基体表面[46]。X 射线光电子能谱（XPS）分析表明，Co-Pt 合金没有被低共熔溶剂污染，可以直接在低共熔溶剂中制备合金，避免了后续退火处理。

3. 电沉积镍及镍合金

镍及其合金的电沉积在抗腐蚀表面的功能化、电催化及其电磁等方面的应用广泛，通常情况下，这些材料的电沉积都在水溶液中进行。低共熔溶剂的应用为镍及其合金的电沉积提供了新的电解液溶剂。例如，当温度为 60～80℃，电流密度为 4～15A·dm^{-2} 时，在氯化胆碱/尿素（或乙二醇）低共熔溶剂中电沉积可以得到 9.2～14.4nm 的 Ni 微晶，还可以得到含有纳米结构的 Ni-Mo 和 Ni-Sn 合金镀层[47]。使用氯化胆碱/尿素低共熔溶剂，在 NZ30K（Mg-3.0%Nd-0.2%Zn-0.4%Zr）合金的铜覆层上得到了纳米级的 Ni 镀层，该镀层在 3.5%NaCl 水溶液中产生了钝化膜，使得其抗腐蚀时间长达 336h，腐蚀电流降低了两个数量级，抗腐蚀性能明显优于在水溶液中制备的 Ni 镀层。在同样的低共熔溶剂中，还可以通过电沉积得到 Ni-Zn 合金，成核过程是从三维连续成核变为瞬时成核，此过程中锌的电沉积遵循扩散限制凝聚生长的过程，Ni 的沉积含量可以通过沉积电位和电流密度控制。当 Ni 的含量大于 87%时，电沉积层变得非常致密，使得合金的抗腐蚀性能最好。

除了二元镀层的电沉积之外，在氯化胆碱/乙二醇低共熔溶剂中电沉积可以得到 Fe-Ni-Cr 合金。当阴极超电势为−1.5V 时，可得到更加明亮致密的镀层，此时合金的组成为 54.6%Fe，30.8%Ni 和 14.5%Cr[48]。在同样的低共熔溶剂中通过电沉积还可以得到 Ni-Co-Sn 三元合金，其与二元合金相比具有更高的交换电流密度及更低的腐蚀电流密度，对析氢反应有更好的抑制作用。

4. 电沉积锡及锡合金

由于其优良的抗蚀性和可焊性，锡及其合金镀层已经广泛应用于电子工业作为电子元器件、线材、印制线路板和集成电路块的保护性和可焊性镀层。近年来，低共熔溶剂的应用也扩展到了锡及其合金的电沉积过程。以氯化胆碱/乙二醇低共熔溶剂为介质，在铜片上可以制备具有自组装分布构造的双连续多孔网状结构的锡膜，该锡膜由 200～300nm 的锡粒组成。薄膜为双层结构，表层为 SnO，底层为 Sn-Cu 合金。虽然随着循环次数的增加电容量衰减，但放电比容量保持在 300～350mAh·g^{-1}，能循环 50 次以上，表明具有潜在的应用价值[49]。以氯化胆碱/乙二醇（或丙二醇、尿素）低共熔溶剂作为介质，锡在玻璃碳电极表面的成核过程是受扩散控制的三维瞬时过程[50]。计时电流法表明，在较小的负电势下，扩散层重叠时间由大到小的顺序为尿素＞丙二醇＞乙二醇，与扩散系数相反。然而，从 SEM 图像中得到的结果与计时电流法相反，Sn 的沉积量按下列顺序增加：乙二醇＜丙二醇＜尿素。这是由于活性位点受氢键供体吸附能力的影响，从而导致了相反的结果，关于其电化学过程的模型及生长机理还需要进一步的研究。

以氯化胆碱/乙二醇低共熔溶剂为介质，也可以电沉积制备 Sn-Cu 合金。当阴极超电势为−0.36V 时，可获得厚度为 10μm 的明亮光滑的 Sn-Cu 沉积层[51]。阳极溶出伏安曲线表明，在−0.36V 时 Sn 与 Cu 发生共沉积，比 Sn 的还原电位低。XRD 分析结果表明，只在阴极超电势为−0.36V 处发生了锡、铜共沉积，当超电势更正时，氧、碳和氯也会发生沉积，在−0.36V 时合金是由大量的 Cu_3Sn 和部分 Cu_5Sn_6 组成。因此，Sn 与 Cu 共沉积的电势更负（与 Sn 的还原电位相比较），这是由于形成合金需要更多能量。

5. 电沉积锌及锌合金

在传统的镀锌工艺中，普遍存在着电解液毒性大，污染严重等问题。低共熔溶剂为电沉积锌及其合金提供了新的思路。例如，利用氯化胆碱/尿素和氯化胆碱/乙二醇低共熔溶剂，可以电沉积 Zn、Sn 以及 Zn-Sn 合金。从循环伏安曲线看出，Zn 和 Sn 的沉积动力学和热力学与在水溶液中不同。通过选择合适的低共熔溶剂，可得到不同组成和形貌的合金，如在氯化胆碱/尿素中合金的组成为 89% Zn 和 11% Sn，而在氯化胆碱/乙二醇电解液中合金的组成为 53% Zn 和 47% Sn。在低共熔溶剂中加入添加剂如乙腈、乙二胺或氨水可以优化锌的电镀层，使晶粒变大，得到结构类似于在水溶液中制备的沉积层，其中乙二胺和氨水对锌沉积是十分有效的光亮剂[52]。此外，电解质的浓度、温度和电压对电沉积 Zn-Ni 合金的表观形貌和抗腐蚀性能也有影响。在氯化胆碱/尿素低共熔溶剂中，反应条件为 55℃，0.8V，$0.45mol \cdot L^{-1}$Zn（Ⅱ）和 $0.05mol \cdot L^{-1}$Ni（Ⅱ）电解液中沉积的 Zn-Ni 合金具有最高的耐腐蚀性[53]。

5.5.5 其他应用

1. 摩擦润滑

氯化胆碱/尿素（1∶2）和氯化胆碱/乙二醇（1∶2）低共熔溶剂作为润滑剂，低共熔溶剂具有理想润滑剂所期望的主要性能，如优良的低温流动性、低蒸气压、良好的润滑性能等。在钢的表面上进行低速高载荷和高速低载荷的往复摩擦磨损试验，发现氯化胆碱/尿素（1∶2）在 $0.005m \cdot s^{-1}$/30N 条件下滑动 5m，仍表现出较好的润滑性能[54]。但由于该类低共熔溶剂的黏度大、可使用的温度不够高（温度上限为 150～200℃），且氯化胆碱/乙二醇低共熔溶剂能溶解不锈钢中的铁、铬等组分，因此寻找黏度更低、热分解温度更高、润滑性能更优异、耐腐蚀的低共熔溶剂对于传动部件的润滑及其运转具有重要的意义。

2. 生物质催化转化

低共熔溶剂可以作为生物质转化利用的介质、助溶剂及催化剂。例如，以氯化胆碱/$ZnCl_2$（1∶2）低共熔溶剂作为溶剂和催化剂能使单糖或纤维素高效乙酰化。以氯化胆碱/丙二酸（或草酸、柠檬酸）低共熔溶剂作为催化剂和反应溶剂，可将果糖转化为羟甲基糠醛，且转化率高于90%。氯化胆碱/甘油（1∶2）低共熔溶剂可以作为细菌的储存介质，有效地保持细菌的完整性和生物活性，这一发现为微生物在非水生物催化过程的应用提供了新的思路。

综上所述，低共熔溶剂具有优异的物理化学性质、廉价易得的原料、简便/高效的合成方法和良好的生物兼容性等鲜明的绿色化学特征，被广泛应用于化学反应、萃取分离、电化学以及材料制备等诸多领域，与离子液体互补，是具有广泛应用前景的绿色溶剂。

参 考 文 献

[1] Plechkova N V，Seddon K R. Applications of ionic liquids in the chemical industry. Chem Soc Rev，2008，37（1）：123-150.

[2] Abbott A P，Capper G，Davies D L，et al. Preparation of novel，moisture-stable，lewis-acidic ionic liquids containing quaternary ammonium salts with functional side chains. Chemcommun，2001，（19）：2010-2011.

[3] Abbott A P，Capper G，Davies D L，et al. Ionic liquid analogues formed from hydrated metal salts. Chem-Eur J，2004，10（15）：3769-3774.

[4] Abbott A P，Capper G，Davies D L，et al. Novel solvent properties of choline chloride/urea mixtures. Chem Commun，2003，（1）：70-71.

[5] Smith E L，Abbott A P，Ryder K S. Deep Eutectic Solvents（DESs）and their applications. Chem Rev，2014，114（21）：11060-11082.

[6] Francisco M，Van Den Bruinhorst A，Kroon M C. Low-transition-temperature Mixtures（LTTMs）：a new generation of designer solvents. Angew ChemInt Ed，2013，52（11）：3074-3085.

[7] Abbott A P，Boothby D，Capper G，et al. Deep eutectic solvents formed between choline chloride and carboxylic acids：versatile alternatives to ionic liquids. J Am Chem Soc，2004，126（29）：9142-9147.

[8] Abbott A P，Harris R C，Ryder K S. Application of hole theory to define ionic liquids by their transport properties. J Phys Chem B，2007，111（18）：4910-4913.

[9] Li X，Hou M，Han B，et al. Solubility of CO_2 in a choline chloride + urea eutectic mixture. J Chem Eng Data，2008，53（2）：548-550.

[10] Francisco M，Van Den Bruinhorst A，Zubeir L F，et al. A new low transition temperature mixture（LTTM）formed by choline chloride + lactic acid：characterization as solvent for CO_2 capture. Fluid Phase Equilibr，2013，340：77-84.

[11] Abbott A P，Capper G，Davies D L，et al. Solubility of metal oxides in deep eutectic solvents based on choline chloride. J Chem Eng Data，2006，51（4）：1280-1282.

[12] Morrison H G，Sun C C，Neervannan S. Characterization of thermal behavior of deep eutectic solvents and their

potential as drug solubilization vehicles. Int J Pharm，2009，378（1）：136-139.

[13] Guo W J，Hou Y C，Wu W Z，et al. Separation of phenol from model oils with quaternary ammonium salts via forming deep eutectic solvents. Green Chem，2013，15（1）：226-229.

[14] Yao C F，Hou Y C，Ren S H，et al. Efficient separation of phenol from model oils using environmentally benign quaternary ammonium-based zwitterions via forming deep eutectic solvents. Chem Eng J，2017，326：620-626.

[15] Abbott A P，Cullis P M，Gibson M J，et al. Extraction of glycerol from biodiesel into a eutectic based ionic liquid. Green Chem，2007，9（8）：868-872.

[16] Huang W，Tang S K，Zhao H，et al. Activation of commercial CaO for biodiesel production from rapeseed oil using a novel deep eutectic solvent. Ind Eng Chem Res，2013，52（34）：11943-11947.

[17] Kareem M A，Mjalli F S，Hashim M A，et al. Liquid-liquid equilibria for the ternary system（phosphonium based deep eutectic solvent-benzene-hexane）at different temperatures：a new solvent introduced. Fluid Phase Equilibr，2012，314：52-59.

[18] Dai Y T，Rozema E，Verpoorte R，et al. Application of natural deep eutectic solvents to the extraction of anthocyanins from catharanthus roseus with high extractability and stability replacing conventional organic solvents. J Chromatogr A，2016，1434：50-56.

[19] Zhao D，Sun Z，Li F，et al. Optimization of oxidative desulfurization of dibenzothiophene using a coordinated ionic liquid as catalytic solvent. Petr Sci and Technol，2009，27（17）：1907-1918.

[20] Hao L，Wang M，Shan W，et al. L-proline-based deep eutectic solvents（DESs）for deep catalytic oxidative desulfurization（ODS）of diesel. J Hazard Mater，2017，339：216-222.

[21] Van Osch D J G P，Zubeir L F，Van Den Bruinhorst A，et al. Hydrophobic deep eutectic solvents as water-immiscible extractants. Green Chem，2015，17（9）：4518-4521.

[22] Ribeiro B D，Florindo C，Iff L C，et al. Menthol-based eutectic mixtures：hydrophobic low viscosity solvents. ACS Sustain Chem Eng，2015，3（10）：2469-2477.

[23] Van Osch D J G P，Parmentier D，Dietz C H J T，et al. Removal of alkali and transition metal ions from water with hydrophobic deep eutectic solvents. Chem Commun，2016，52（80）：11987-11990.

[24] Cao J，Yang M，Cao F，et al. Well-designed hydrophobic deep eutectic solvents as green and efficient media for the extraction of artemisinin from artemisia annua leaves. ACS Sustain Chem Eng，2017，5（4）：3270-3278.

[25] Florindo C，Branco L C，Marrucho I M. Development of hydrophobic deep eutectic solvents for extraction of pesticides from aqueous environments. Fluid Phase Equilibr，2017，448：135-142.

[26] Passos H，Tavares D J P，Ferreira A M，et al. Are aqueous biphasic systems composed of deep eutectic solvents ternary or quaternary systems? ACS Sustain Chem Eng，2016，4（5）：2881-2886.

[27] Farias F O，Passos H，Lima Á S，et al. Is it possible to create ternary-like aqueous biphasic systems with deep eutectic solvents? ACS Sustain Chem Eng，2017，5（10）：9402-9411.

[28] Chen Z，Zhou B，Cai H，et al. Simple and efficient methods for selective preparation of α-mono or α，α-dichloro ketones and β-ketoesters by using DCDMH. Green Chem，2009，11（2）：275-278.

[29] Singh B，Lobo H，Shankarling G. Selective *N*-alkylation of aromatic primary amines catalyzed by bio-catalyst or deep eutectic solvent. Catal Lett，2011，141（1）：178-182.

[30] Zhu A，Li L，Wang J，et al. Direct nucleophilic substitution reaction of alcohols mediated by a zinc-based ionic liquid. Green Chem，2011，13（5）：1244-1250.

[31] De Santi V，Cardellini F，Brinchi L，et al. Novel Brønsted acidic deep eutectic solvent as reaction media for esterification of carboxylic acid with alcohols. Tetrahedron Lett，2012，53（38）：5151-5155.

[32] Wang A，Xing P，Zheng X，et al. Deep eutectic solvent catalyzed Friedel-Crafts alkylation of electron-rich arenes with aldehydes. RSC Adv，2015，5（73）：59022-59026.

[33] Imperato G，Eibler E，Niedermaier J，et al. Low-melting sugar-urea-salt mixtures as solvents for Diels-Alder reactions. Chem Commun，2005，（9）：1170-1172.

[34] Zhu A，Jiang T，Han B，et al. Supported choline chloride/urea as a heterogeneous catalyst for chemical fixation of carbon dioxide to cyclic carbonates. Green Chem，2007，9（2）：169-172.

[35] Pawar P M，Jarag K J，Shankarling G S. Environmentally benign and energy efficient methodology for condensation：an interesting facet to the classical Perkin reaction. Green Chem，2011，13（8）：2130-2134.

[36] Azizi N，Batebi E. Highly efficient deep eutectic solvent catalyzed ring opening of epoxides. CatalSci Technol，2012，2（12）：2445-2448.

[37] Calderon Morales R，Tambyrajah V，Jenkins P R，et al. The regiospecific Fischer indole reaction in choline chloride.2ZnCl$_2$ with product isolation by direct sublimation from the ionic liquid. Chem Commun，2004，（2）：158-159.

[38] Handy S，Lavender K. Organic synthesis in deep eutectic solvents：Paal-Knorr reactions. Tetrahedron Lett，2013，54（33）：4377-4379.

[39] Gorke J T，Srienc F，Kazlauskas R J. Hydrolase-catalyzed biotransformations in deep eutectic solvents. Chem Commun，2008，（10）：1235-1237.

[40] Zhao H，Baker G A，Holmes S. New eutectic ionic liquids for lipase activation and enzymatic preparation of biodiesel. Org Biomol Chem，2011，9（6）：1908-1916.

[41] Azizi N，Khajeh M，Alipour M. Rapid and selective oxidation of alcohols in deep eutectic solvent. Ind Eng Chem Res，2014，53（40）：15561-15565.

[42] Imperato G，Höger S，Lenoir D，et al. Low melting sugar-urea-salt mixtures as solvents for organic reactions—estimation of polarity and use in catalysis. Green Chem，2006，8（12）：1051-1055.

[43] Mobinikhaledi A，Amiri A K. Natural eutectic salts catalyzed one-pot synthesis of 5-arylidene-2-imino-4-thiazolidinones. Res Chem Intermediat，2013，39（3）：1491-1498.

[44] Dong J Y，Hsu Y J，Wong D S H，et al. Growth of ZnO nanostructures with controllable morphology using a facile green antisolvent method. J Phys Chem C，2010，114（19）：8867-8872.

[45] Pollet B G，Hihn J-Y，Mason T J. Sono-electrodeposition（20 and 850kHz）of copper in aqueous and deep eutectic solvents. Electrochimica Acta，2008，53（12）：4248-4256.

[46] Guillamat P，Cortés M，Vallés E，et al. Electrodeposited CoPt films from a deep eutectic solvent. Surf Coat Tech，2012，206（21）：4439-4448.

[47] Florea A，Anicai L，Costovici S，et al. Ni and Ni alloy coatings electrodeposited from choline chloride - based ionic liquids—electrochemical synthesis and characterization. Surf Interf Anal，2010，42（6 - 7）：1271-1275.

[48] Saravanan G，Mohan S. Electrodeposition of Fe-Ni-Cr alloy from deep eutectic system containing choline chloride and ethylene Glycol. Int J Electrochem Sci，2011，6：1468-1478.

[49] Gu C，Mai Y，Zhou J，et al. Non-aqueous electrodeposition of porous tin-based film as an anode for lithium-ion battery. J Power Sources，2012，214：200-207.

[50] Salomé S，Pereira N M，Ferreira E S，et al. Tin electrodeposition from choline chloride based solvent：influence of the hydrogen bond donors. J Electroanal Chem，2013，703：80-87.

[51] Ghosh S，Roy S. Codeposition of Cu-Sn from ethaline deep eutectic solvent. Electrochimica Acta，2015，183：27-36.

[52] Abbott A P，Barron J C，Frisch G，et al. The effect of additives on zinc electrodeposition from deep eutectic solvents. Electrochimica Acta，2011，56（14）：5272-5279.

[53] Fashu S，Gu C，Wang X，et al. Influence of electrodeposition conditions on the microstructure and corrosion resistance of Zn–Ni alloy coatings from a deep eutectic solvent.Surf Coat Tech，2014，242：34-41.

[54] Lawes S，Hainsworth S V，Blake P，et al. Lubrication of steel/steel contacts by choline chloride ionic liquids. Tribol Lett，2010，37（2）：103-110.

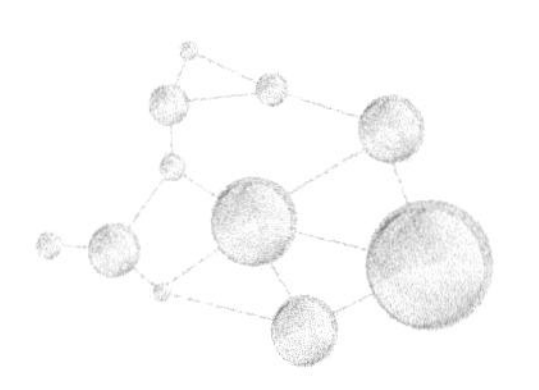

第 6 章

生物质基绿色溶剂

前面几章介绍了水、超临界流体、离子液体、低共熔溶剂等绿色溶剂及其在诸多领域中的应用，但是这些绿色溶剂在使用过程中也存在其自身的一些缺点。例如，水虽具有廉价易得的优点，但是很多有机化合物不溶于水，不少有机反应不易在水中进行；超临界流体的运用需要高压设备，在一定程度上增加了生产成本；离子液体具有蒸气压低、溶解性好、可操作温度范围宽等优点，但是离子液体的纯化步骤多、生产成本较高。在离子液体的合成过程中需要使用有机溶剂，还会产生有机废水，一方面增加了生产成本，另一方面也可能产生污染。另外，大部分离子液体的生物相容性也较差。近年来，化学家们一直在扩展绿色溶剂的种类，其中除了满足必需的基本物理和化学性质以外，还应该优先考虑那些可再生、可循环、可生物降解以及无毒或者低毒的溶剂。基于这种考虑，来源于生物质的绿色溶剂引起了学术和产业界的广泛关注。

生物质是指通过光合作用产生的各种有机体，即一切有生命的、可以生长的有机物质通称为生物质。由于生物质来源于空气中的水和 CO_2，燃烧后再生成 CO_2 和水，所以不会增加大气中 CO_2 的含量，属碳中性（carbon neutral）的物质。因此，相比于矿物质能源，生物质能源显得更为清洁。同时相对于太阳能、风能、水能等可再生能源，生物质资源是唯一可以转化为常规的固态、液态和气态燃料以及其他化学品的碳源，所以生物质作为化石燃料和化学品的理想替代物受到关注。随着人们对生物质利用的深入研究，生物质炼制出来的部分液体产物逐渐被证明可用作反应介质，即生物质基溶剂[1]。生物质基溶剂具有碳足迹轻、价格低廉、生物相容性好、原料可再生等优点。此外，生物质基溶剂的选择性和稳定性都比较好，可以重复利用，在催化和分离等方面具有重要的应用前景。近年来，生物质基溶剂迅速发展，已逐步成为新一代绿色溶剂。

6.1 生物质基绿色溶剂的种类及结构

与常规的有机和无机溶剂相比，生物质基溶剂具有不同的物理化学性质，如熔点低，在常温下呈现液体状态，蒸气压接近于零，几乎没有挥发性等。生物质基绿色溶剂的种类繁多，根据官能团的不同可以分为以下几类：醇类、酸类、糖类、酚类、酯类、醚类和其他绿色溶剂（图 6-1）。根据生物质基绿色溶剂的结构式可知，大多数生物质基绿色溶剂含有羟基，这使得这些溶剂具有较高的沸点和较好的亲水性，能够溶解多种物质，从而能够有效地应用于多种化学反应。

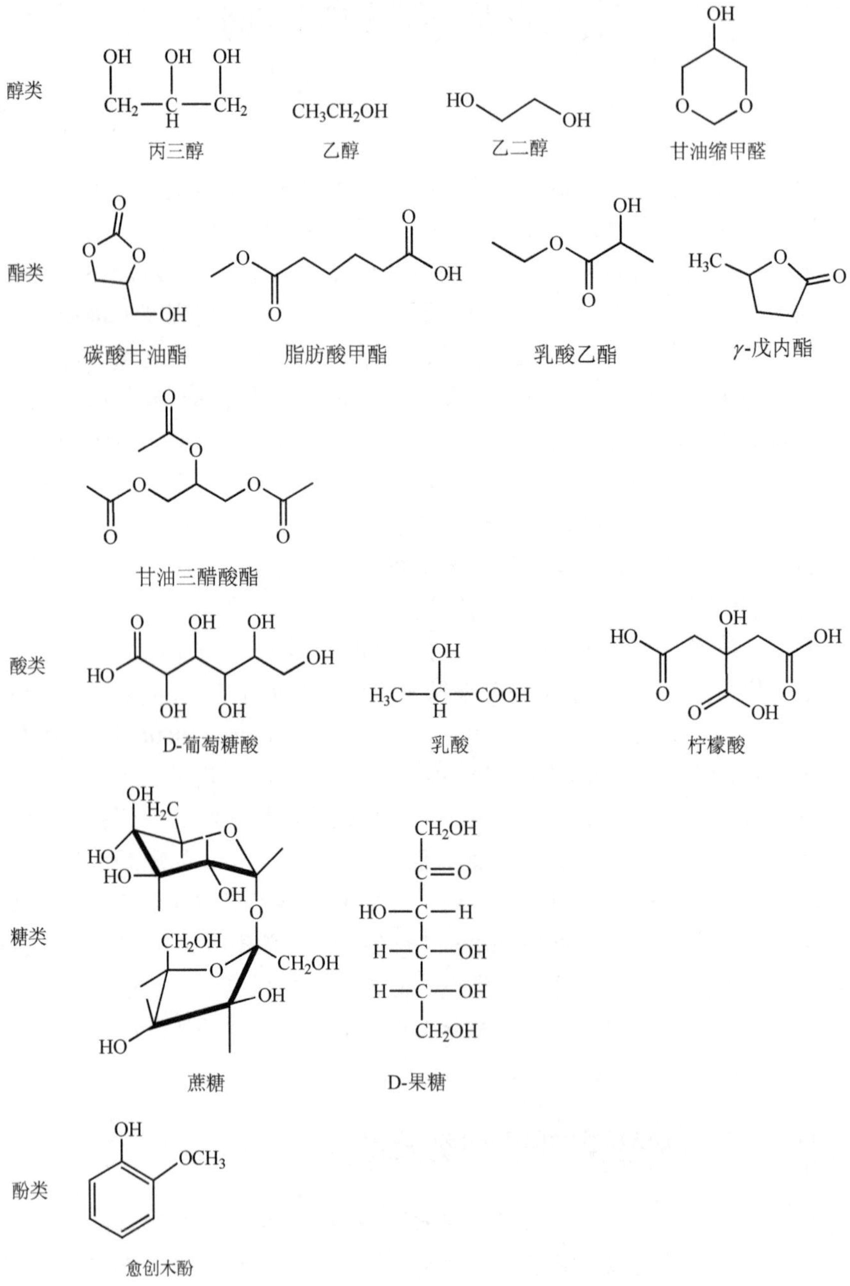

醇类

丙三醇　CH_3CH_2OH 乙醇　乙二醇　甘油缩甲醛

酯类

碳酸甘油酯　脂肪酸甲酯　乳酸乙酯　γ-戊内酯

甘油三醋酸酯

酸类

D-葡萄糖酸　乳酸　柠檬酸

糖类

蔗糖　D-果糖

酚类

愈创木酚

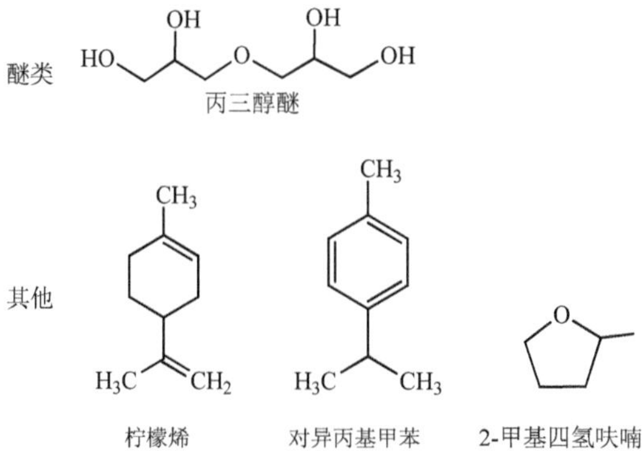

醚类

丙三醇醚

其他

柠檬烯　对异丙基甲苯　2-甲基四氢呋喃

图 6-1　生物质基绿色溶剂的种类和结构

6.2　生物质基绿色溶剂的主要来源及物理化学性质

生物质基溶剂的原料来源简单、制备条件温和、产品具有多样性，主要包括生物质基单体、生物质基聚合物、生物质功能高分子材料、油脂基功能材料、蛋白质材料等。目前研究的生物质基绿色溶剂主要包括甘油及其衍生物、乳酸及乳酸乙酯、2-甲基四氢呋喃、柠檬烯、木质素及其衍生物、脂肪酸甲酯、碳酸甘油酯、柠檬酸水溶液、葡萄糖酸水溶液等，这些生物质基绿色溶剂展现出诸多独特的优势和较大的开发潜力。根据生物质基绿色溶剂来源的不同，可以将其分为：①源于生物柴油的生物质基绿色溶剂，如甘油、脂肪酸甲酯、碳酸甘油酯等；②源于碳水化合物的生物质基绿色溶剂，如碳水化合物水溶液、碳水化合物形成的低共熔混合物和碳水化合物的转化产物γ-戊内酯、2-甲基四氢呋喃、乳酸乙酯、葡萄糖酸水溶液、柠檬酸水溶液、柠檬烯等；③源于木质素的生物质基绿色溶剂，如烷基酚类化合物等。

6.2.1　源于生物柴油的生物质基绿色溶剂

1. 甘油

甘油（glycerol）又称丙三醇，是无色、味甜、无臭、澄明黏稠状液体，是最简单的三羟基醇。甘油是生物柴油工业的主要副产物，具有低挥发、无毒、可回收、易生物降解等特点，对很多有机、无机化合物都具有较好的溶解能力。由于它的廉价、可再生、不易燃和良好的生物相容性等特点，甘油在绿色溶剂中发挥了重要的作用。自然界中的甘油主要以甘油酯的形式广泛存在于动植物体内，在棕榈油和其他极少数油脂中也少量存在。甘油的工业生产方法可分为两大类：以天然油脂为原料的生产方法，所得甘油称为天然甘油；以丙烯为原料的生产方法，所得甘油称为合成甘油。甘油的一些物理化学性质如表 6-1 所示。

表 6-1　甘油的物理化学性质

项目	数据
熔点/℃	18.18
沸点/℃	290.9
密度/($g·mL^{-1}$)	1.26331（20℃）
黏度/(mPa·s)	945（25℃）
饱和蒸气压/kPa	0.4（20℃）
溶解性	溶于乙醇，与水任意比例互溶，不溶于氯仿、醚、二硫化碳、苯、油类等

2. 碳酸甘油酯

碳酸甘油酯（glycerine carbonate）是甘油的一种衍生物，常温下为无色或微黄色的透明液体。由于碳酸甘油酯分子中含有羟基和羰基两种官能团，是具有双官能团的极性化合物，含有多个亲核位点，能被氧、氮、硫等亲核试剂取代[2]。同时，也可与硫、醇等反应，合成多种产物。碳酸甘油酯具有无毒、无味、无腐蚀、无污染、高沸点、低凝固点、低挥发性、易与水互溶、生物可降解性等优良特性，从这些特性中可以看出，碳酸甘油酯作为生物质基溶剂具有广阔的应用前景。此外，碳酸甘油酯还可以作为胶黏剂、表面活性剂、化妆品和润滑剂等广泛应用于食品、药品、化妆品、涂料、塑料、新能源等各个领域。与其他制取碳酸甘油酯的方法相比，以甘油为原料制取碳酸甘油酯的方法具有绿色、环保、反应条件温和等优点，是当前化学合成中应用较多的一种方法（图 6-2）。碳酸甘油酯的一些物理化学性质如表 6-2 所示。

表 6-2　碳酸甘油酯的物理化学性质

项目	数据
沸点/℃	350
凝固点/℃	−69
密度/($g·mL^{-1}$)	1.490（25℃）
黏度/(mPa·s)	44（25℃）
折射率（n_D^{20}）	1.469

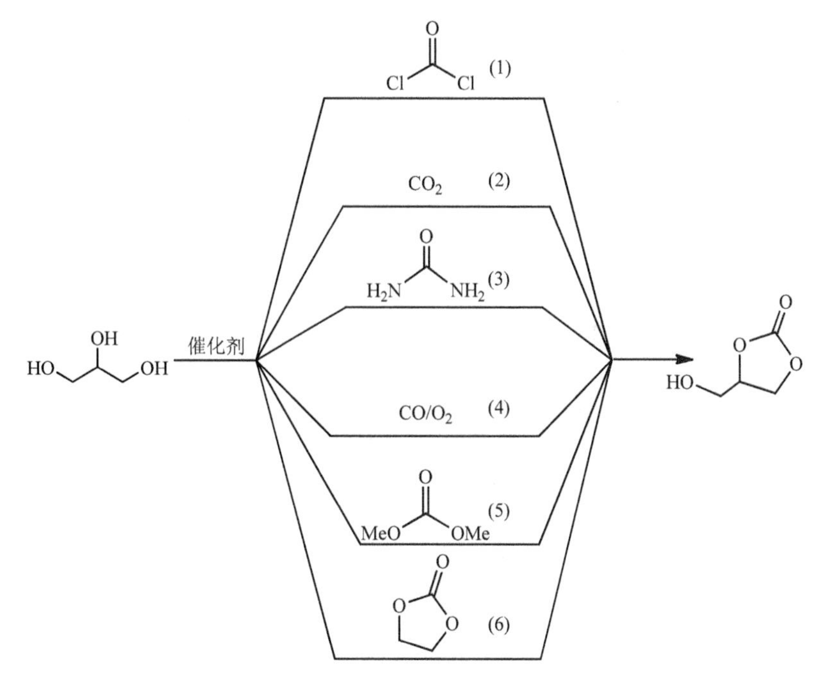

图 6-2　通过不同途径由甘油合成碳酸甘油酯

（1）甘油与光气（碳酰氯）之间的光气化反应；（2）羰基化的甘油与 CO_2 反应；（3）甘油与尿素的分解反应；（4）CO 和 O_2 在金属催化剂作用下与甘油反应；（5），（6）甘油与有机碳酸酯（如碳酸二甲酯、碳酸二乙酯和碳酸亚乙酯）之间的脂交换反应

3. 脂肪酸甲酯

脂肪酸甲酯（fatty acid methyl ester）为黄色澄清透明的液体（精馏后为无色），具有一种特有的温和气味，20℃时密度为 $0.8796g\cdot mL^{-1}$，它的结构稳定且没有腐蚀性。脂肪酸甲酯具有可生物降解、毒性低、沸点高等特点，已用于工业部件的清洗和脱脂反应中替代氯化和含氧石油基溶剂，因此被认为是环保的生物质基溶剂。目前，主要采用酯交换反应或者转酶反应合成脂肪酸甲酯，即用动物或植物油脂（主要成分是甘油三酯）与甲醇反应合成脂肪酸甲酯［反应（6-1）］。

$$\begin{array}{l} CH_2OCOR \\ | \\ CHOCOR \\ | \\ CH_2OCOR \end{array} + 3CH_3OH \xrightleftharpoons{\text{催化剂}} \begin{array}{l} CH_2OH \\ | \\ CHOH \\ | \\ CH_2OH \end{array} + 3RCOOCH_3 \qquad (6\text{-}1)$$

4. 甘油缩甲醛

甘油缩甲醛（glycerol formal）为无色透明黏稠状液体。当作为兽药的溶剂时，具有药物稳定性高，可增大药物溶解度、减少药物残留以及增强药效的作用。同时，因药效时间长、无副作用、无毒而备受兽药行业的欢迎。甘油缩甲醛还可用作农药注射剂的溶剂。传统合成甘油缩甲醛的方法是以甘油和甲醛溶液为原料，在酸性催化剂的作用下脱水发生缩合反应［反应（6-2）］。甘油缩甲醛的部分物理化学性质见表 6-3。

$$\begin{array}{l} H_2C-OH \\ \ \ | \\ HC-OH \\ \ \ | \\ H_2C-OH \end{array} + HCHO \xrightarrow{H^+} \text{(4-羟甲基-1,3-二氧戊环)} + \text{(5-羟基-1,3-二氧六环)} \qquad (6\text{-}2)$$

表 6-3　甘油缩甲醛的物理化学性质

项目	数据
沸点/℃	192～193
熔点/℃	未确定
密度/($g\cdot mL^{-1}$)	1.203（25℃）
溶解性	溶于水、醇、氯仿等
折射率（n_D^{20}）	1.451

5. 甘油三醋酸酯

甘油三醋酸酯（glycerol triacetate）又称三醋酸甘油酯、甘油三乙酸酯、三醋精，为无色油状液体，无毒，凝固点为−50～−35℃，沸点为 258～260℃，25℃时黏度为 16.7mPa·s，20℃时密度为 1.152～1.158$g\cdot mL^{-1}$，与甲醇、乙醇、丙酮、甲苯、醋酸、醋酸乙酯、氯仿等有机溶剂互溶，不溶于矿物油、大豆油等。甘油三醋酸酯作为一种安全、可持续、廉价易得的绿色溶剂被用作多种化学反应的介质。甘油三醋酸酯还是一种用途广泛的有机化工原料，在化学纤维工业中普遍用作丝束膨化剂和定型剂。工业上主要以丙三醇和醋酸在催化剂的作用下进行酯化反应，经脱水和减压精馏得到甘油三醋酸酯［反应（6-3）］产品。该方法工艺可靠、流程简短、操作容易控制、生产安全、不污染环境、原料简单易得。

$$\begin{array}{l} H_2C-OH \\ \ \ | \\ HC-OH \\ \ \ | \\ H_2C-OH \end{array} + 3CH_3COOH \xrightarrow{\triangle} \begin{array}{l} H_2C-O-C(=O)-CH_3 \\ \ \ | \\ HC-O-C(=O)-CH_3 \\ \ \ | \\ H_2C-O-C(=O)-CH_3 \end{array} + 3H_2O \qquad (6\text{-}3)$$

6.2.2 源于碳水化合物的生物质基绿色溶剂

1. 乳酸乙酯

乳酸乙酯（ethyl lactate）存在于苹果、柑橘、菠萝等水果以及啤酒、葡萄酒等酒类中。它的熔点为–26℃，沸点为 154℃，25℃时密度为 1.03g·mL^{-1}，饱和蒸气压为 0.5kPa。乳酸乙酯是无色液体，略有酯类物质特有的气味。与水互溶，可溶于醇、芳烃、酯、烃类等有机溶剂。乳酸乙酯作为一种无毒、不易挥发、高溶解性、高生物降解性的溶剂，广泛应用于工业生产并成为极具开发价值的绿色溶剂。我国从 20 世纪 80 年代开始大规模生产乳酸乙酯，其合成通常采用 Fischer 酯化法，即由乳酸与乙醇在质子酸（如浓硫酸）催化下脱水生成酯［反应（6-4）］。

$$H_3C-CH(OH)-C(=O)-OH + C_2H_5OH \rightleftharpoons H_3C-CH(OH)-C(=O)-OC_2H_5 + H_2O \quad (6\text{-}4)$$

2. 2-甲基四氢呋喃

2-甲基四氢呋喃（2-methyltetrahydrofuran）是无色液体，具有类似醚的气味，熔点为–137.2℃，沸点为 80℃，凝固点为–136℃，25℃时密度为 0.86g·mL^{-1}，折射率为 1.4025，饱和蒸气压为 0.5kPa，难溶于水，易溶于乙醇、乙醚、苯和氯仿等有机溶剂，并且具有优良的酶相容性。20 世纪 50～60 年代，2-甲基四氢呋喃的制备主要是以糠醛为基本原料，合成的 2-甲基呋喃在镍催化下加氢还原得到 2-甲基四氢呋喃［反应（6-5）］，收率可达到 90%以上。此时的反应温度为 150℃，压强为 15～20MPa。

$$\text{糠醛} \xrightarrow[\text{铜-铝}]{H_2} \text{2-甲基呋喃} \xrightarrow[\text{催化剂}]{H_2} \text{2-甲基四氢呋喃} \quad (6\text{-}5)$$

也可以采用 Raney 钯为催化剂，使 2-甲基呋喃液相加氢制备 2-甲基四氢呋喃［反应（6-6）］。此时温度应控制在 150℃，可得到收率为 100%的 2-甲基四氢呋喃。该方法工艺成熟，合成路线的成本相对较低，技术稳定，已经实现了大规模生产。

$$\text{2-甲基呋喃} \xrightarrow[\text{催化剂}]{H_2} \text{2-甲基四氢呋喃} \quad (6\text{-}6)$$

3. γ-戊内酯

γ-戊内酯（γ-valerolactone）又名 4-甲基丁内酯，是无色或浅黄色液体，具有香兰素和椰子芳香味，是一种在水果中发现的天然化学物质，可用作树脂溶剂及各种相关化合物的中间体。γ-戊内酯具有许多优异的性质（表 6-4）[3]：①低熔点（−31℃）、高沸点（207℃）、高燃点（96℃）；②独特的草药气味，能够很容易地识别泄漏和溢出，并且不会对人体造成危害；③低毒性和高水溶性（后者的性质使其生物降解性增强）；④低蒸气压（25℃时，蒸气压为 0.65kPa）；⑤良好的稳定性（在中性条件下，γ-戊内酯是相当稳定的）。这些优异的性质使 γ-戊内酯成为众多生物质绿色溶剂中的优秀一员。γ-戊内酯既可以通过乙酰丙酸及其酯类化合物直接还原加氢合成，也能通过生物催化和化学催化将纤维素和半纤维素转化为 γ-戊内酯[4]。

表 6-4　γ-戊内酯的物理化学性质

项目	数据
密度/($g·mL^{-1}$)	1.057
熔点/℃	−31
沸点/℃	207～208
折射率(n_D^{20})	1.432（20℃）
闪点/℃	96
在水中溶解度/%	100
黏度/(mPa·s)	2.1（40℃）

4. 葡萄糖酸水溶液

葡萄糖酸（gluconic acid）是一种温和的有机酸，对多种金属离子都有很好的螯合能力。葡萄糖酸在植物、水果和其他食品如大米、肉类、乳制品、葡萄酒（含量达到 0.25%）、蜂蜜（含量达到 1%）和醋中普遍存在。葡萄糖酸通常作水溶液使用，不仅是化工、医药和食品等产品的重要中间体，也是一种绿色、对环境无污染的生物质基溶剂。它在催化过程中具有反应条件温和、反应活性高、易与产物分离、可重复使用等优点，是一种很好的弱酸性催化剂和绿色溶剂。工业上生产葡萄糖酸一般是利用葡萄糖氧化酶将葡萄糖微生物发酵、氧化制得。

5. 柠檬酸

柠檬酸（citric acid）是白色晶体粉末，常含一分子结晶水，是一种重要的有机酸。它的熔点为 153℃，折射率为 1.493～1.509，25℃时密度为 $1.665g·mL^{-1}$，易溶于水和部分有机溶剂，水溶液呈酸性，加热可以分解成多种产物，与酸、碱、甘油等易发生反应。柠檬酸是一种天然化合物，广泛存在于柠檬、柑橘、桃、无花果等水果中，因其具有令人愉悦的酸味，入口爽快，安全无毒，已成为世界上生产量和消费量最大的食用有机酸。柠檬酸还可以作为催化剂，反应时间短、收率高、廉价易得。最近有报道称，柠檬酸-尿素、酒石酸-尿素等生物基材料都可以作为环境友好的有机反应的绿色溶剂。柠檬酸的生产有两条途径，一条途径是以淀粉及糖类为原料经微生物发酵制取，另一条途径是从含酸丰富的原料中提取。

6. 柠檬烯

柠檬烯（limonene）又称苧烯，呈橙红、橙黄色或无色澄清液体，是橘皮中一种著名的精油，有类似柠檬的香味，属单萜烯，是柑橘皮类挥发油的主要成分，以 D-柠檬烯为主。它的熔点为–74.3℃，沸点为 177℃，闪点为 46℃，折光率为 1.471～1.480，遇明火、高温、氧化剂较易燃。由于其无毒、无害的特性，柠檬烯在工业清洗中用来替代目前使用的传统化学溶剂，改变了传统有机溶剂有毒、有害的现状。它可以被全部降解，是一种绿色环保的脱脂溶剂。另外，柠檬烯具有极性较低、氢键结合力弱的特点，被认为是替代非极性有机溶剂较为理想的生物质绿色溶剂。柠檬烯可以从橙皮或柑橘皮中提取，也可以从其他食物废物中提取。

6.2.3 源于木质素的生物质基绿色溶剂

木质素（lignin）又称木素，与纤维素和半纤维素构成植物骨架的主要成分[5]（图 6-3）。木质素在自然界的储量排名第二，仅次于纤维素，而且是自然界中唯一能提供可再生芳香类化合物的非石油资源。它是由三种醇单体（对香豆醇、松柏醇、芥子醇）形成的一类复杂酚类聚合物。基于这些醇单体形成的烷基酚类化

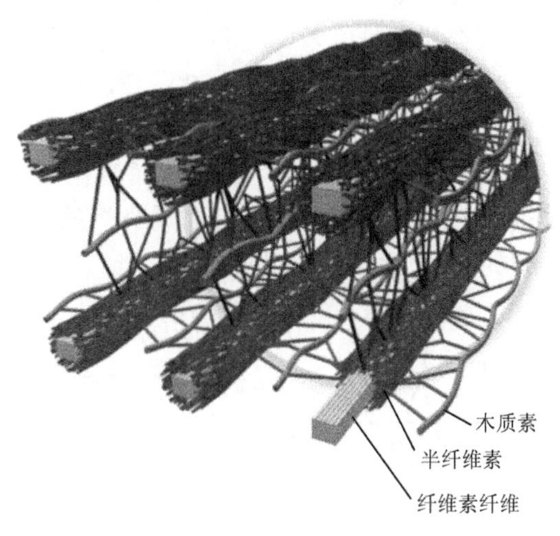

图 6-3　半纤维素和木质素包围的纤维素纤维[5]

合物通常具有较强的疏水性，因而可替代一些非极性的有机溶剂与水溶液形成两相体系，应用于生物质转化反应等。2012 年，Dumesic 等[6]从木质素中成功提取出三种有机溶剂［邻仲丁基苯酚（SBP）、4-正己基苯酚（NHP）和 4-丙基酚（PG）］，并用于生产糠醛和乙酰丙酸。使用这些溶剂不仅弥补了对大量石油基溶剂的迫切需要，减少了环境污染，而且显著提高了生产过程的可持续性。

6.3 生物质基绿色溶剂的应用

近年来，在化石能源日益紧张、环境与可持续发展之间矛盾突出的双重压力下，生物质基绿色溶剂因其生物相容性好、可回收、安全无毒、成本较低等优点得到迅速发展，并促进了这些溶剂在化学、生物医药、食品安全等方面的重要应用。例如，在化学反应中生物质基绿色溶剂既可以作为反应介质，又可以作为催化剂，反应结束后还可以回收循环利用，符合可持续发展的要求。下面简要介绍生物质基绿色溶剂在不同领域中的重要应用。

6.3.1 在化学反应中的应用

1. 丙三醇

丙三醇作为绿色溶剂可以应用于多种反应中。Wolfson 等[7]在丙三醇中首次实现了钯催化的碘苯、苯硼酸的 Suzuki 反应，丙烯酸丁酯与碘苯、溴苯的 Heck 反应，以及某些生物催化反应。在邻苯二胺与苯乙酮或苯甲醛的缩合反应中，以丙三醇作为反应溶剂，可得到高产率的苯二氮类和苯并咪唑化合物［反应（6-7）］[8]。在该反应中，丙三醇溶剂可重复使用，且产率没有降低。在催化剂氯化铈的作用下，使用丙三醇作为反应介质，可由苯二胺和二酮或芳香醛合成苯并咪唑类化合物［反应（6-8）］和喹喔啉类化合物［反应（6-9）］[9]，该反应中的催化剂和反应介质可以多次循环使用而活性不会明显降低。乙酰丙酮催化的苯胺、环己胺、哌啶和四氢吡咯的 *N*-芳基化反应［反应（6-10）］也可以在丙三醇溶剂中进行[10]。反应结束后，经乙醚液-液萃取即可进行产物和催化体系的回收，且回收的乙酰丙酮/丙三醇体系可循环利用 6 次而活性无明显降低。

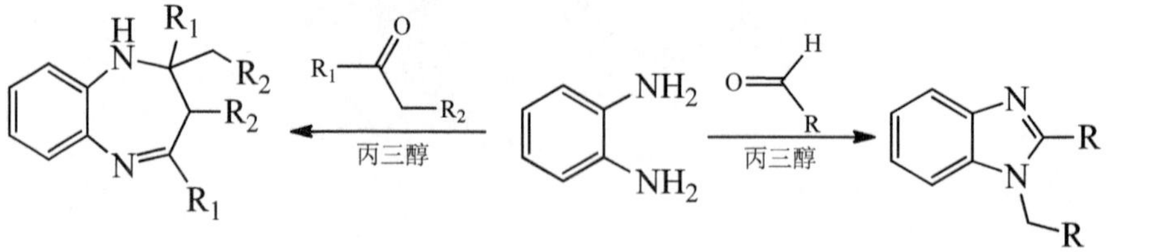

R_1, R_2, H, N, O, NH_2, NH_2, R, R, 丙三醇, 丙三醇

（6-7）

$$\text{邻苯二胺} + \text{苯甲醛} \xrightarrow{\text{丙三醇}} \text{1-苄基-2-苯基苯并咪唑} \quad (6\text{-}8)$$

$$\text{邻苯二胺} + PhCOCOPh \xrightarrow{\text{丙三醇}} \text{2,3-二苯基喹喔啉} \quad (6\text{-}9)$$

$$R_1\text{-}C_6H_4\text{-}X + R_2\text{—}NH_2 \xrightarrow[\text{丙三醇}]{\text{乙酰丙酮、铜、氢氧化钾}} R_1\text{-}C_6H_4\text{-}NH\text{-}R_2 \quad (6\text{-}10)$$

丙三醇也可以作为（*R*）-香茅醛和芳香胺的两组分串联反应的绿色溶剂［反应（6-11）］。在该反应过程中，苯胺和香茅醛发生了 Mannich 反应生成亚胺，亚胺进行分子内 Hetero-Diels-Alder 环加成反应得到八氢吖啶类化合物[11]。八氢吖啶不溶于丙三醇，反应完成后经倾析可分别得到产物并回收溶剂，且作溶剂使用的丙三醇可以直接用于下一步的 Hetero-Diels-Alder 环加成反应。

$$R\text{-}C_6H_4\text{-}NH_2 + (R)\text{-香茅醛 (CHO)} \xrightarrow{\text{丙三醇}} \text{八氢吖啶类化合物} \quad (6\text{-}11)$$

丙三醇作为反应溶剂，除了应用于上述反应外，也可以用于麦冬、多聚甲醛和苯乙烯的三组分反应［反应（6-12）］，并获得较高的产率[12]。由于反应过程中产生的中间产物容易发生副反应，为了使目标串联反应的选择性最大化，必须在不影响反应效率的前提下尽可能地抑制 Knoevenagel 反应的速率，并保证 Hetero-Diels-Alder 反应进行的速率足够快。在该串联 Knoevenagel/Hetero-Diels-Alder 反应中，丙三醇在控制反应的选择性上起到关键作用。在传统溶剂水、甲苯、硝基甲烷或者无溶剂条件下，由于缺乏选择性，几乎没有目标产物生成，只是观察到一种副产物。醛、苯胺衍生物与 2, 3-二氢呋喃或 3, 4-二氢-2*H*-吡喃的串联 Mannich/Imino-Diels-Alder 反应，也可以在丙三醇中进行，得到高产率的含氮多杂环化合物［反应（6-13）］[13]。

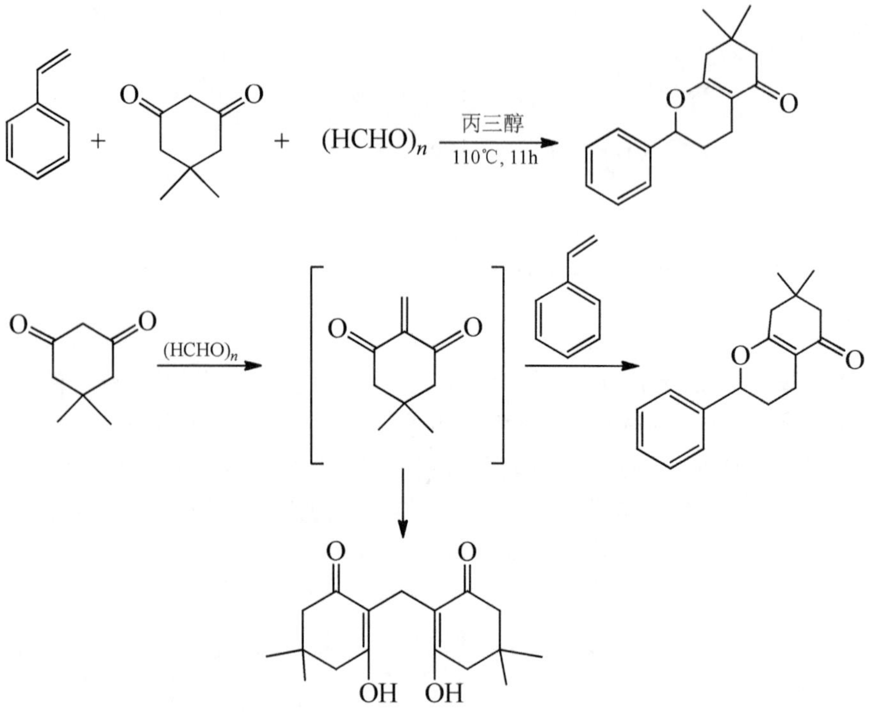

O O + $(HCHO)_n$ 丙三醇 110℃, 11h O O

O O $(HCHO)_n$ O O O O

O O OH OH

（6-12）

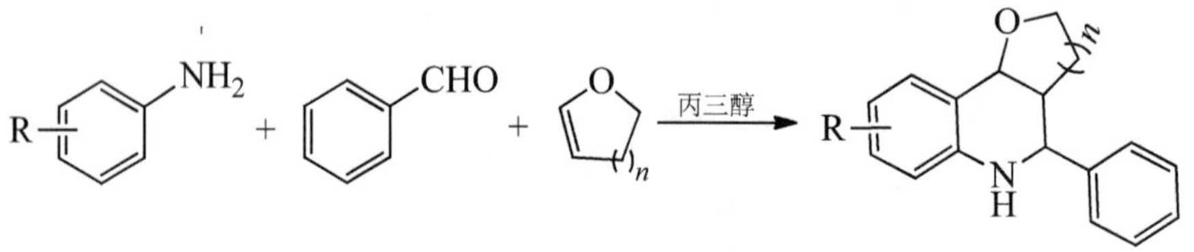

R NH_2 + CHO + O $)_n$ 丙三醇 R O $)_n$ N H

（6-13）

苯肼、β-酮羰基酯、甲醛和 α-甲基苯乙烯之间的一锅两步的四组分串联反应［反应（6-14）］也可以在丙三醇溶剂中进行[14]。该反应的第一步是以苯肼、4-甲氧基苯甲酰乙酸乙酯为底物，于 110℃在丙三醇介质中反应 4h，此时会得到吡唑啉酮类化合物。然后，向反应体系中加入多聚甲醛、α-甲基苯乙烯，继续反应 10h 后可以高产率（85%）地得到一种新型杂环吡唑衍生物。在丙三醇中以 $CeCl_3 \cdot 7H_2O$ 为催化剂，催化醛、乙酰乙酸乙酯和醋酸铵的准四组分反应，能够高效制备一系列 Hantzsch 吡啶化合物［反应（6-15）］[15]。

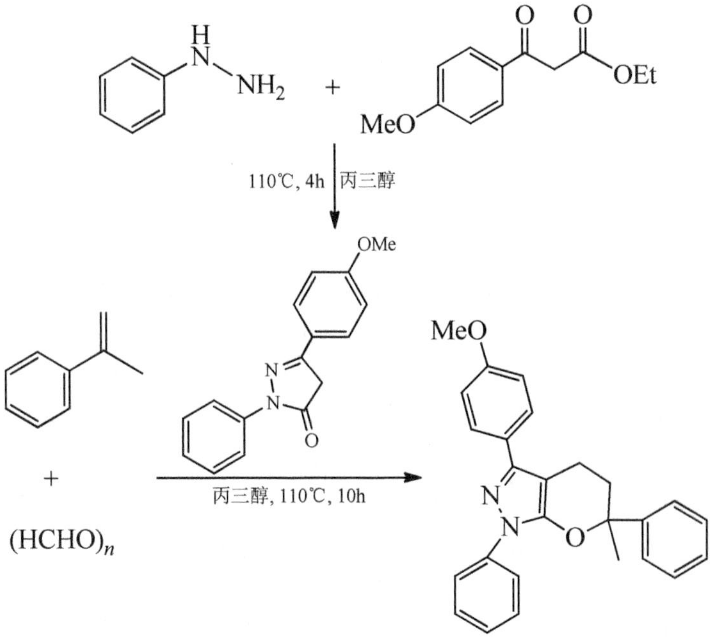

(6-14)

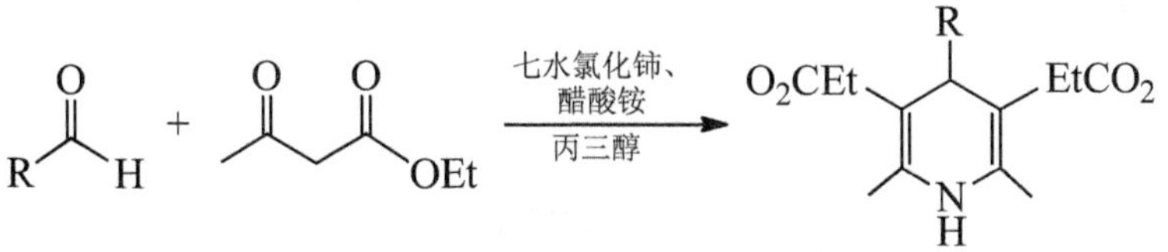

(6-15)

丙三醇可以通过氢键作用使醛类的羰基活化，促进酮或醛与亲核试剂的亲电反应，从而生成稳定的过渡态和中间体。考虑到这个特点，在无催化剂条件下，利用醛、靛红衍生物、苊醌和茚三酮等亲电试剂与 α-甲烯基的羰基化合物和烷基腈之间的三组分反应［反应（6-16）］，可以在丙三醇中一锅合成一系列的 4*H*-吡喃类化合物[16]。在该反应中，丙三醇可以循环使用多次且使用效率不会明显降低。上面这些例子清楚地表明，丙三醇是许多多组分反应不可或缺的介质。

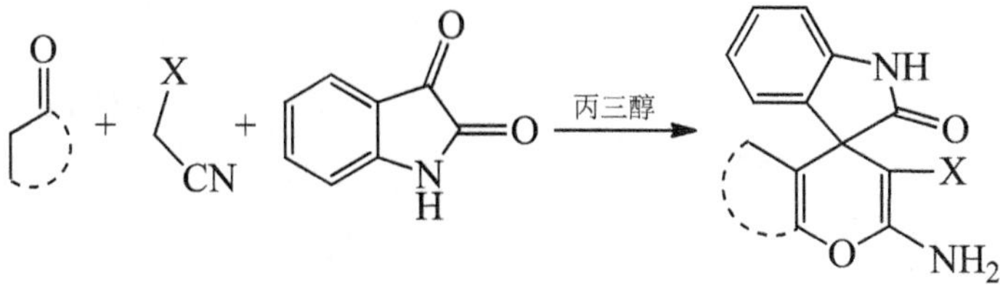

(6-16)

除了用作反应介质外，丙三醇还兼有催化剂的功能。例如，在常压和无催化剂的条件下，芳香胺和不饱和烯酮类化合物的 aza-Michael 反应［反应（6-17）］

即可在丙三醇中发生[17]，此时，丙三醇起到了催化剂的作用。但是，在传统的有机溶剂中，必须使用催化剂这种反应才能进行。

$$R_1-NH-R_2 + R_3C(=CH_2)COOR_4 \xrightarrow{\text{丙三醇}} R_1R_2N-CH_2-CH(R_3)-COOR_4 \quad (6\text{-}17)$$

顾彦龙课题组[18]在不使用任何外加催化剂的条件下，研究了在不同溶剂中进行的4-硝基苯甲醛和2-甲基吲哚的亲电烷基化反应。结果表明，在丙三醇中高产率地生成了二烷基吲哚类化合物，而在甲苯、乙酸丁酯、二甲基亚砜、二甲基甲酰胺等传统化石有机溶剂中只检测到微量的目标产物。基于丙三醇对醛的活化作用，也可在丙三醇中实现1, 3-环己二酮分别与醛、水杨醛衍生物的亲电活化反应［反应（6-18）］。在不使用催化剂的条件下，丙三醇还可以促进对甲氧基苯胺与丙烯酸正丁酯的aza-Michael反应［反应（6-19）］[19]。在纯丙三醇中，该反应于100℃进行20h后产率可达到80%以上。在相同的条件下，如果用水作溶剂或无溶剂时只能获得微量的产品，在甲苯、二甲基亚砜（DMSO）、二甲基甲酰胺（DMF）、1, 2-二氯乙烷等溶剂中检测不到产物的生成。

$$R-CHO + 2\ \text{(1,3-环己二酮)} \xrightarrow{\text{丙三醇}} \text{(9-R-四氢氧杂蒽-1,8-二酮)}$$

$$\text{R-水杨醛} + 2\ \text{(1,3-环己二酮)} \xrightarrow{\text{丙三醇}} \text{产物} \quad (6\text{-}18)$$

$$4\text{-}MeOC_6H_4NH_2 + CH_2=CHCOOBu^n \xrightarrow[100℃,\ 20h]{\text{丙三醇}} 4\text{-}MeOC_6H_4NH-CH_2CH_2COOBu^n \quad (6\text{-}19)$$

除了上述反应外，在以下反应中丙三醇也具有溶剂和催化剂双重作用。例如，在无催化剂存在下，使用邻氨基苯酚、邻苯二胺和醛、1, 2-二酮类化合物，在丙三醇中可以高效合成一系列苯并噁唑、苯并咪唑和喹喔啉类化合物[20]；在丙三醇中，邻苯二甲酸酐与芳香类伯胺能够高效合成*N*-芳基邻苯二甲酰亚胺类化合物[21]；在无催化剂条件下，通过有机腈和叠氮化钠的[2, 3]环加成反应，在丙三醇中可高产率（68%～95%）地制备5-取代-1*H*-四唑［反应（6-20）］[22]；在不使用任何催化剂的情况下，在丙三醇中可以通过一锅反应由2-氨基苯硫酚和芳香醛高效合成2-芳基苯并噻唑类化合物［反应（6-21）］[23]，而在丙酮、氯仿和水等溶剂中均未检测到反应产物。

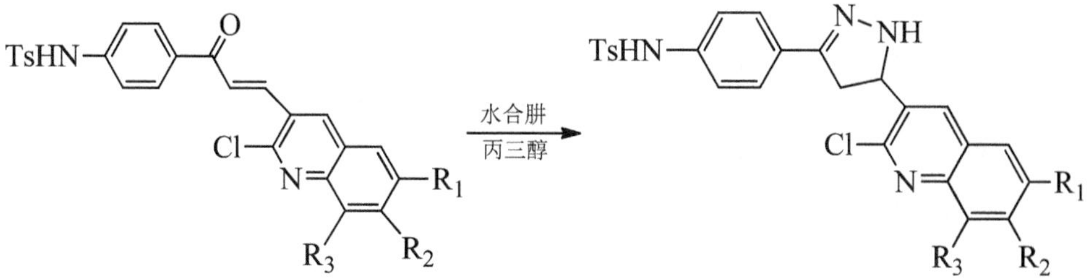

水合肼 / 丙三醇

（6-20）

丙三醇

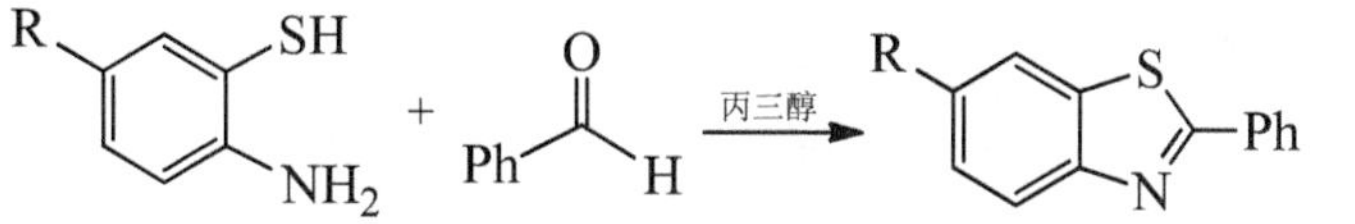

（6-21）

同样，不使用任何催化剂，在丙三醇中由二苯基乙二酮、芳香醛和醋酸铵或苯胺可以合成2, 4, 5-三芳基取代咪唑类化合物和1, 2, 4, 5-四芳基取代咪唑类化合物［反应（6-22）］[24]，而且该反应在丙三醇中比在传统有机溶剂中的产率更高。在丙三醇中还可以通过硫酚或乙二硫醇对芳香醛、脂肪醛和酮类化合物的羰基保护反应，得到一系列双缩硫醛、双缩硫酮化合物［反应（6-23）］[25]，该反应不需要催化剂，且反应后的丙三醇能够被循环利用。这些例子表明，丙三醇的溶剂/催化剂的双重功能，避免了催化剂的使用，简化了后续的处理程序。

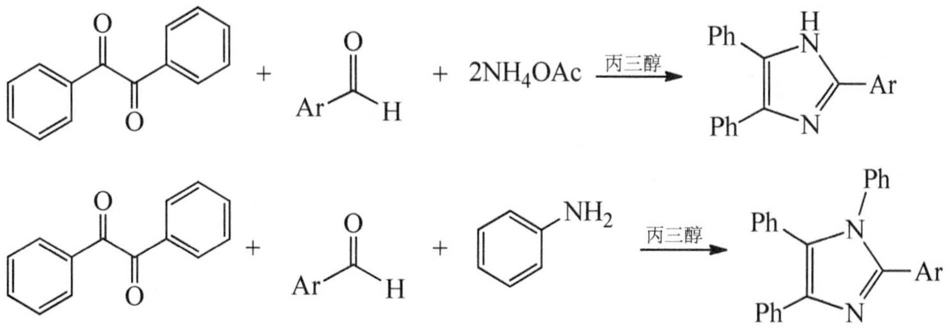

丙三醇

丙三醇

（6-22）

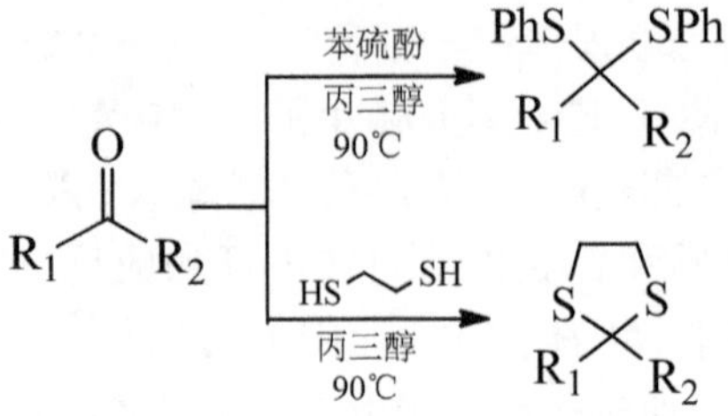

(6-23)

2. 甘油衍生物

(1) 甘油缩甲醛

在合成洛哌丁胺和哌咪清的反应［反应（6-24）］中，用甘油缩甲醛作为溶剂比用传统化石溶剂甲基异丁基酮具有如下优势：无机碱的用量从1.6倍、2.6倍当量降低至1.1倍当量，反应温度从120℃降低至60℃、90℃，反应时间从15h、65h分别降低至2h、7h，大幅度提高了合成效率[26]。

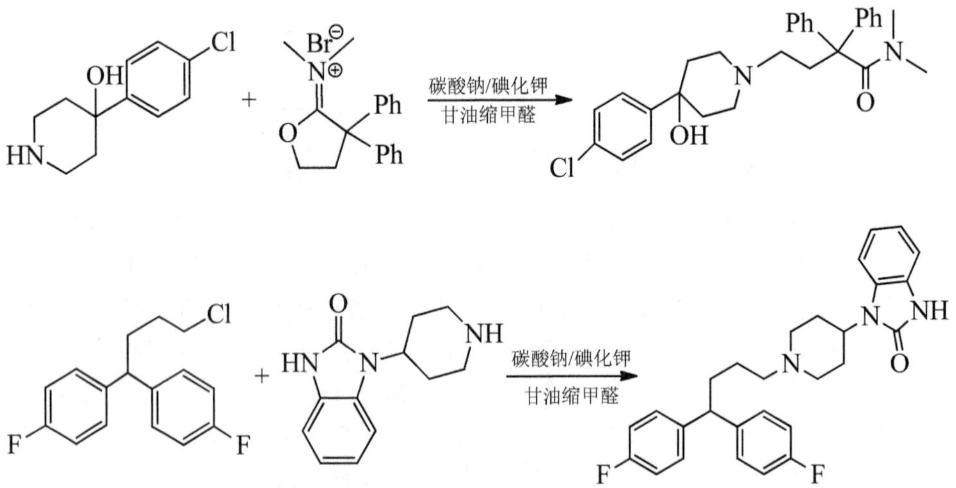

(6-24)

(2) 丙三醇醚

以二硒化物作催化剂，H_2O_2为氧化剂，环辛烯的环氧化反应能够在丙三醇醚溶剂中高效进行[27]。在类似的条件下，活性较低的环己烯的环氧化反应［反应（6-25）］也可以在丙三醇醚中进行[27]。丙三醇醚除了可以作为溶剂外，也可以与其他化合物形成催化体系。例如，在丙三醇醚/乙醇的混合溶剂中，已经实现了钴催化的不对称加氢反应[28]。这里的氟硼酸钴-配体-丙三醇醚催化体系稳定、活性高、对映选择性好，并且该体系可以循环使用。

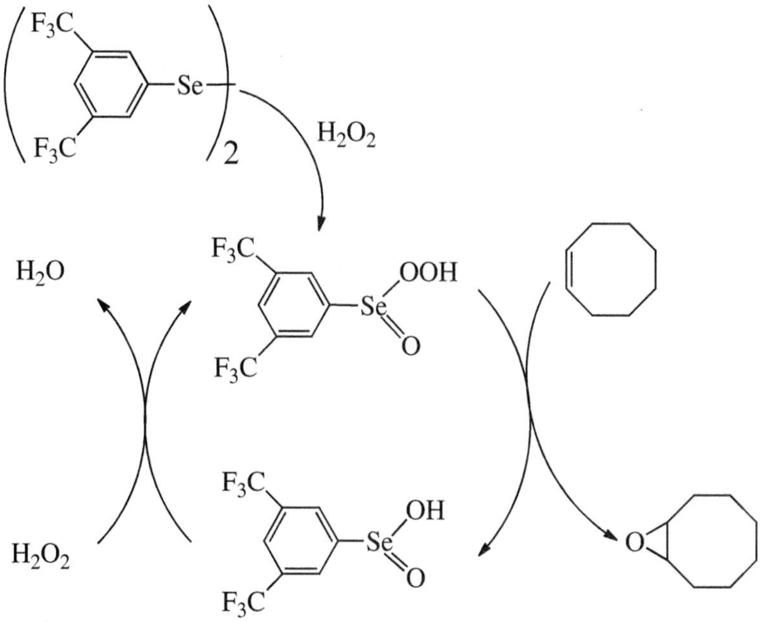

(6-25)

（3）碳酸甘油酯

丙三醇、碳酸甘油酯可以部分替代[C_4min]Cl 离子液体，用作 Amberlyst 70 催化果糖脱水反应的溶剂[29]。甘油的最大替代量为 35%（质量分数），碳酸甘油酯的最大替代量为 80%（质量分数），当碳酸甘油酯的替代量增加至 90%（质量分数）时，可采用两相体系（甲基异丁基甲酮为萃取相）或降低果糖含量来保证 5-羟甲基糠醛的产率。当离子液体/甘油（65∶35，质量比）作溶剂时，可采用相同的两相体系来抑制甘油的消耗，从而获得较高产率的 5-羟甲基糠醛。

碳酸甘油酯除了与离子液体一起作为反应溶剂外，也可单独作为反应溶剂。例如，以碳酸甘油酯的酯化物作为溶剂，实现了钯催化的 1, 3-丁二烯与二氧化碳合成 2-亚乙基-6-庚烯-5-内酯的反应［反应（6-26）］[30]。该反应在 60～100℃反应 4h，产率可达到 50%以上。当使用碳酸乙烯酯、碳酸丙烯酯、碳酸丁烯酯和碳酸甘油酯作为反应溶剂时，虽然在碳酸乙烯酯、碳酸丙烯酯和碳酸丁烯酯中目标反应的选择性和产率均略优于碳酸甘油酯，但是，只有高沸点的溶剂才能使产物更容易分离并且能够促进催化剂的循环使用。由于碳酸甘油酯的沸点较高，经蒸馏可实现产物与钯催化剂的回收，因此，碳酸甘油酯在大规模工业化生产中更具应用潜力。

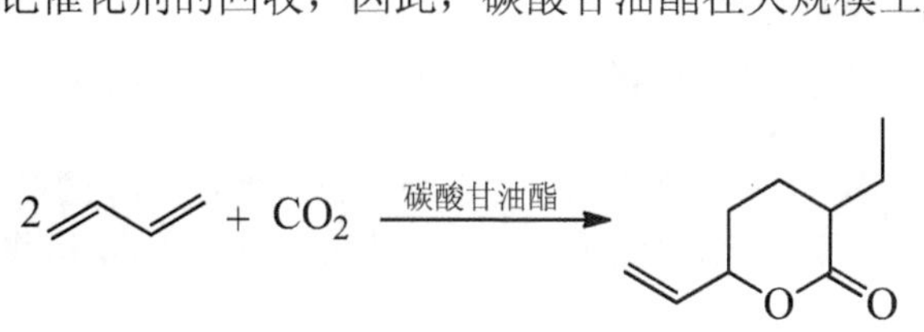

(6-26)

（4）甘油三醋酸酯

甘油三醋酸酯可作为酰基化试剂和反应溶剂。例如，在酸性离子交换树脂的作用下，以异戊醇为原料、Amberlyst 36 为催化剂，在甘油三醋酸酯中能够高产率合成乙酸异戊酯（97%）[31]。反应后，加入石油醚即可对反应产物进行液-液萃取分离。此外，在多种仲醇、仲胺、酯类的动力学拆分反应中，以南极假丝酵母脂肪酶（*Candida antarctica* lipase B）为催化剂，甘油三醋酸酯作为酰基化试剂和反应溶剂可得到高转化率、高对映选择性的产物，而且产物只需使用乙醚萃取就可分离[32]。

（5）脂肪酸甲酯

脂肪酸甲酯的沸点高于一般的有机溶剂，还有良好的溶解能力。根据这些特点，脂肪酸甲酯满足了均聚溶剂的所有要求，在高温下使用脂肪酸甲酯作为聚合反应的溶剂时，可以提高反应速率，从而提高产率[33]。脂肪酸甲酯也被认为是合成双酚 A 二缩水甘油醚、三缩水甘油基对氨基苯酚醚两种环氧树脂的最佳反应溶剂[34]。

3. 甘油低共熔溶剂

作为溶剂，甘油低共熔混合物在克服传质问题和提高速率方面起到了重要作用。例如，将 33%（摩尔分数）的氯化胆碱加入到甘油中，可以形成低黏度的甘油低共熔混合物，其黏度降低为原来的 1/3[35]。丙三醇和氯化胆碱的低共熔混合物可以作为生物转化反应和酯交换反应的溶剂。在丙三醇/氯化胆碱（2∶1）中将南极假丝酵母脂肪酶固定化，催化戊酸乙酯和 1-丁醇的酯交换反应，可以高产率地获得戊酸丁酯[36]。若将该低共熔溶剂用作水溶液的共溶剂，则可以大幅度提高水解酶催化反应的速率（大约 20 倍）。

甘油与甜菜碱盐酸盐（图 6-4）的低共熔溶剂在果糖的脱水反应中起到催化剂的作用。研究表明，虽然甜菜碱盐酸盐（BHC）不能直接被用作溶剂，但可以和其他物质如水、甘油、氯化胆碱等混合在一起作为促进果糖脱水生成 5-羟甲基糠醛（HMF）的反应溶剂［反应（6-27）］[37]。当 pK_a 值接近 1.9 时，BHC/甘油的催化活性最强，产物 5-羟甲基糠醛的产率达到 84%。在这些基于甜菜碱盐酸盐的反应溶剂中，使用甘油与甜菜碱盐酸盐低共熔溶剂时，反应在短时间内脱水就可以达到很好的效果。

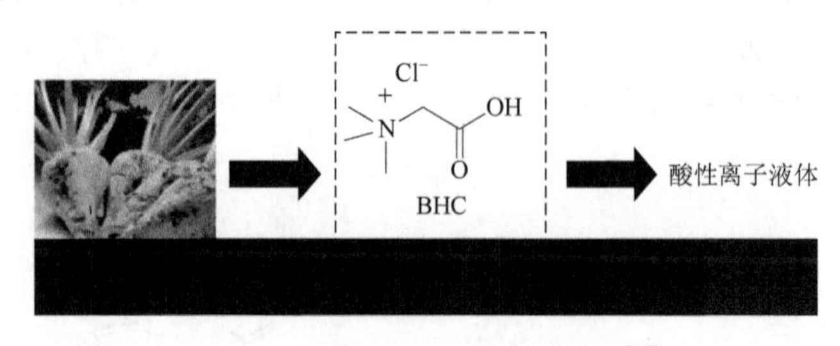

图 6-4　甜菜碱盐酸盐的化学结构[37]

甜菜碱盐酸盐/甘油

（6-27）

4. γ-戊内酯

在纤维素和半纤维素的水解反应中使用 γ-戊内酯和盐酸水溶液组成的两相体系作为绿色溶剂，既可提高反应的产率，又可简化回收过程。例如，对于在 428K 实现的纤维素水解制备乙酰丙酸和甲酸的反应[38]，可以使用盐酸水溶液（0.1～1.25mol/L）为反应相，γ-戊内酯为萃取相。在纤维素水解时，γ-戊内酯不断萃取水相中产生的甲酸和乙酰丙酸（＞75%）。然后，在活性炭担载的 Ru-Sn 催化剂的作用下，将乙酰丙酸转化为 γ-戊内酯，并将甲酸转化为 CO_2 和 H_2。这样，反应的最终产物即为反应溶剂，无需任何产物的回收操作。使用 γ-戊内酯作溶剂也可以减少将乙酰丙酸转化为 γ-戊内酯所需要的过滤步骤。γ-戊内酯还可以作为反应溶剂用于半纤维素的水解反应。在丝光沸石的存在下，半纤维素在含 γ-戊内酯的水溶液中高产率地转化为糠醛。在该体系中，溶剂中的水可以提高半纤维素水解产生木糖的能力，而木糖可水解为目标产物糠醛[39]。同时，水与糠醛又会发生副反应，降低反应的选择性和产率。

γ-戊内酯还可以用于磷脂酰化反应，是生物质转化的绿色溶剂。在 γ-戊内酯中磷脂酶 D 可以调节磷脂酰胆碱和 L-丝氨酸的磷脂酰化作用［反应（6-28）］[40]，该反应的产率高达 95%，而在水/乙酸乙酯体系中只有 74%，产率得到明显的提高。

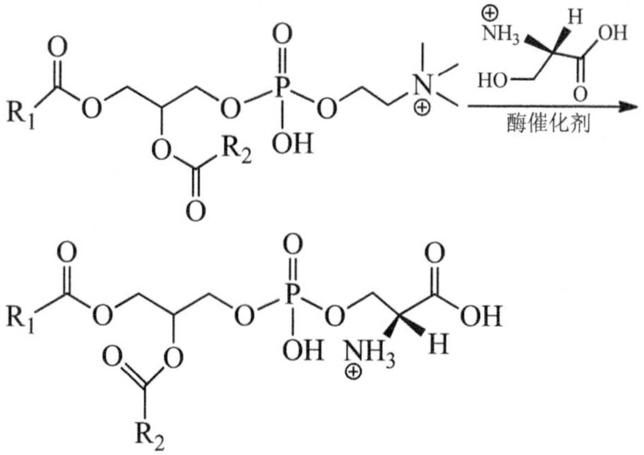

酶催化剂

（6-28）

5. 葡萄糖酸水溶液

考虑到葡萄糖酸的弱酸性，葡萄糖酸水溶液可以作为溶剂用于多种有机反应[41]。例如，在葡萄糖酸水溶液中，利用吲哚和 2-环戊烯酮的 Michael 加成反应可以制备吲哚甲烷及其衍生物［反应（6-29）］。在此基础上，发现吲哚与苄基醇在葡萄糖酸水溶液中也可以发生 Friedel-Crafts 烷基化反应［反应（6-30）］，该反应具有操作简便，反应完成后固体产物能结晶析出，葡萄糖酸水溶液可以重复使用等优点。

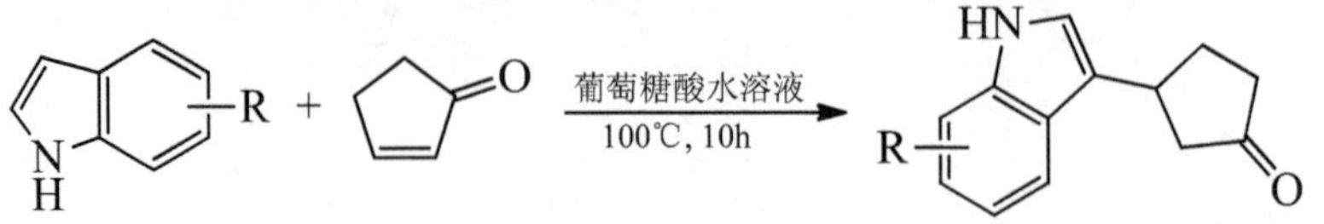

（6-29）

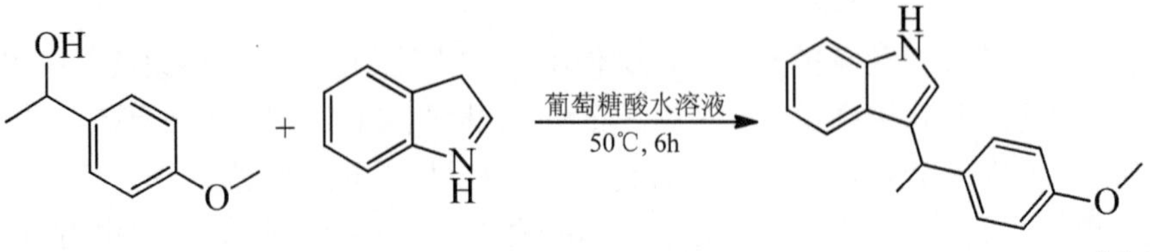

（6-30）

葡萄糖酸水溶液还可以在多组分反应中作绿色溶剂：①葡萄糖酸与葡甲胺的混合溶剂是一个新的生物质基溶剂，可用于甲醛与 β-酮砜的羟甲基化反应［反应（6-31）］[42]。在混合溶剂中的反应效果比单用葡萄糖酸或葡甲胺好，产物可以进一步与亲核试剂如硫醇、苯硫酚、苯乙烯、2-甲基呋喃等反应生成一系列含苯磺酰结构的吡喃类化合物，这就把甲醛与 β-酮砜的一步反应变成三组分反应[43]。②在不添加任何有机共溶剂的情况下，利用靛红、1, 3-环己二酮和巴比妥酸的三组分缩合反应可以在葡萄糖酸水溶液中合成螺环吲哚化合物［反应（6-32）］[43]。③对于胺、醛、1, 3-二羰基化合物、硝基甲烷的四组分反应，也可以使用葡萄糖酸水溶液作溶剂，高产率地获得多取代吡咯［反应（6-33）］[44]。其中葡萄糖酸水溶液可循环利用数次，不会显著影响反应效率。

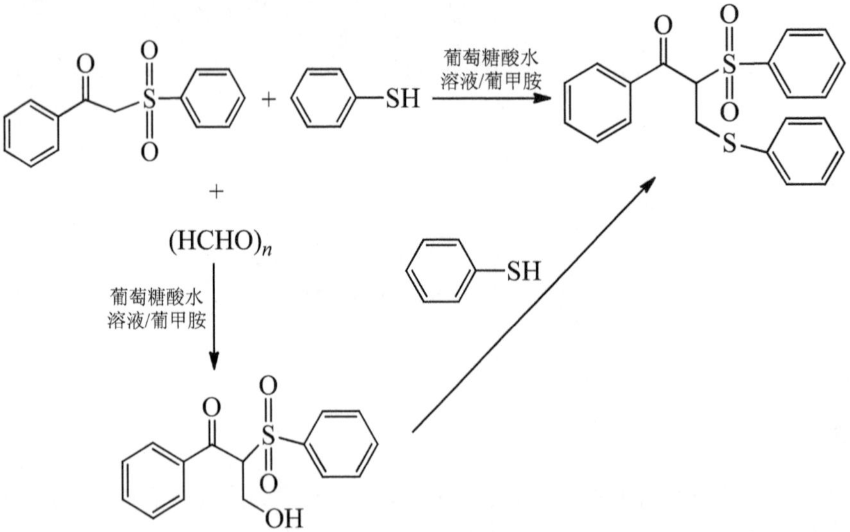

（6-31）

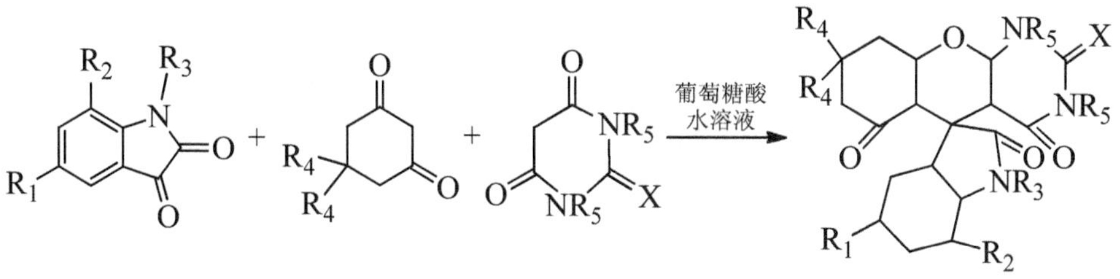

R_2 R_3 N O + O R_4 R_4 O R_1 O + O NR_5 O NR_5 X 葡萄糖酸水溶液 → R_4 R_4 O NR_5 X NR_5 O O O NR_3 R_1 R_2

（6-32）

R_1NH_2 + R_2CHO + O O R_3 + CH_3NO_2 葡萄糖酸水溶液 → R_3 O R_2 N R_1

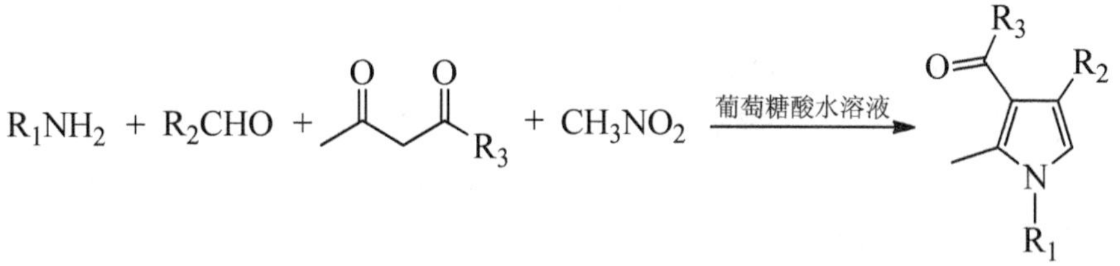

（6-33）

6. 乳酸及其衍生物

作为绿色溶剂，乳酸在下述三种类型的反应中展现了许多优点：①苯乙烯、甲醛和酚类化合物或 *N*, *N*-二烷基乙酰基乙酰胺的三组分反应［反应（6-34）］；②水杨醛与丁炔二酸二乙酯在苯胺催化下的缩合反应；③邻氨基苯乙酮和 1, 3-二羰基化合物之间的 Friedlander 环合反应［反应（6-35）］[44]。这些反应都具有较高的合成效率、简单的产物分离操作以及良好的循环再利用特性。利用乳酸作为反应溶剂不但丰富了生物质绿色溶剂的多样性，还为生物质化学品乳酸的利用开辟了新的途径。

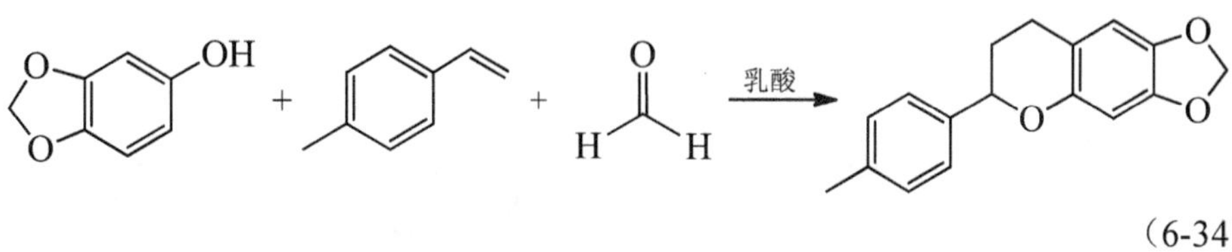

O O OH + + O H H 乳酸 → O O O

（6-34）

O NH_2 + O O 乳酸 → O N

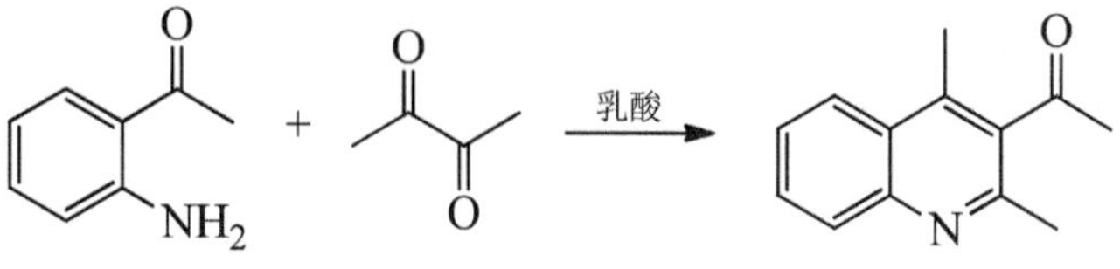

（6-35）

在苯胺、苯甲醛和丁炔二酸二乙酯的一锅三组分反应中，以乳酸或醋酸溶液作溶剂，可以得到吡咯酮衍生物［反应（6-36）］[45]。该方法与对甲基苯磺酸或 $SnCl_2$ 为催化剂的合成方法相比，具有反应时间短、产率高等优点。

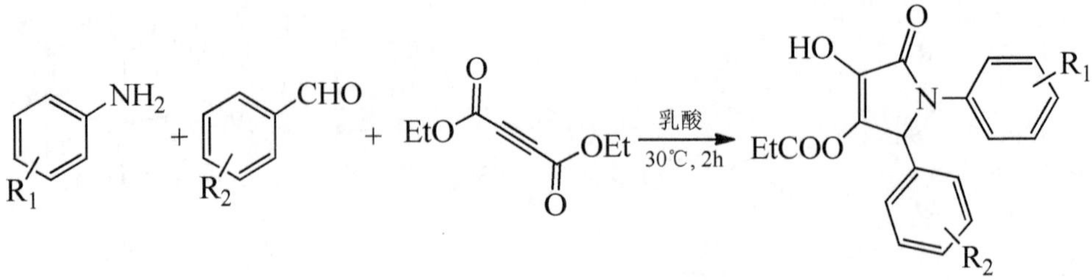

（6-36）

乳酸乙酯是乳酸的一种重要衍生物，可以作为一种绿色溶剂应用于多组分反应中。例如，在加有少量乳酸的乳酸乙酯中，通过1, 3-茚二酮、4-硝基苯甲醛和4-氨基香豆素的三组分反应，高产率地得到了茚并二氢吡啶类化合物［反应（6-37）］[46]。在相同条件下，该反应在水、乙腈、DMF、乙醇和乙二醇等溶剂中的效果都不甚理想。乳酸乙酯的水溶液也可以作为溶剂用于靛红、脯氨酸与萘醌的[1, 3]偶极环加成反应，生成一种极具药用价值的螺类衍生物［反应（6-38）］[47]，实际上乳酸乙酯也有效地促进了该反应的进行。然而，该反应在甲苯、乙腈、5-羟甲基糠醛、二甲基甲酰胺、甲醇、乙醇等传统有机溶剂中产率较低或者根本不能反应。

（6-37）

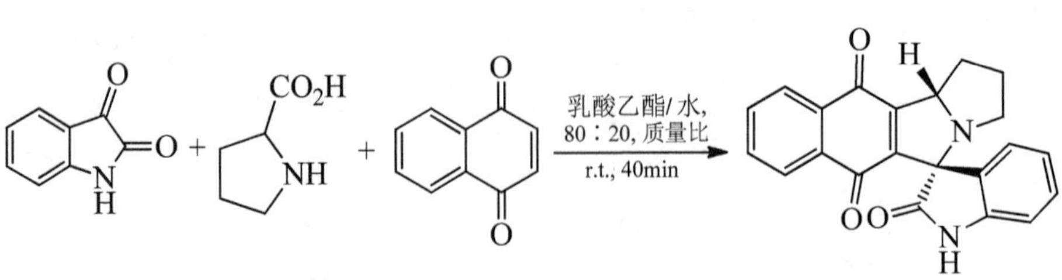

（6-38）

7. 2-甲基四氢呋喃

2-甲基四氢呋喃是一种基于现有成熟的生物质资源转化技术得到的商品化溶剂。从玉米芯、甘蔗渣、燕麦壳和糖蜜中分离获得的糠醛、乙酰丙酸都可以转化为 2-甲基四氢呋喃。2-甲基四氢呋喃是一种醚类溶剂，被认为是有机金属反应中可调节活性的良好溶剂。例如，在 α,β-不饱和化合物（酮类、醛类和亚胺类）与有机锂试剂的 1, 2-加成反应中，使用 2-甲基四氢呋喃作为溶剂，在 0℃可以得到较高产率的烯丙醇和烯丙胺[48]。2-溴丙烯酸甲酯与四甲基哌啶锂一锅制取 γ-羟基-α-β-炔酯的反应，也可以在 2-甲基四氢呋喃溶剂中进行［反应（6-39）］[49]。在该反应中，2-溴丙烯酸甲酯与四甲基哌啶锂反应脱去一分子溴化氢，形成丙炔酸甲酯中间体，然后再与各类醛发生亲电加成反应得到相应的产物。由于 2-甲基四氢呋喃与水很难互溶，所以不需要使用任何其他有机溶剂就可以把产物分离出来。在此之前，合成 γ-羟基-α,β-炔酯的反应需在低于−78℃的条件下进行，而且往往需要使用有毒有害的溶剂。在 2-甲基四氢呋喃介质中，反应温度只需低于−40℃。

O, OMe, Br + N, Li + PhCHO —2-甲基四氢呋喃→ OH, Ph, O, OMe （6-39）

2-甲基四氢呋喃对溴化镁有着良好的溶解能力，因此可以制备高浓度的均相溴化 Grignard 试剂。巧妙地利用这一特点，辅以适宜的催化剂和底物，在不添加任何助溶剂的条件下，即可在 2-甲基四氢呋喃溶剂中实现钯催化的 Grignard 试剂偶联反应[50]。2-甲基四氢呋喃还可以在不对称的 Aldol 反应中作为溶剂。例如，在脯氨酸芳基磺酰胺的催化作用下，环己酮和醛在 2-甲基四氢呋喃中发生了不对称 Aldol 反应［反应（6-40）］[51]，该反应具有良好的立体选择性和较高的产率。

O, R, R + O, H, R_1 —($C_{12}H_{25}$, O, NH, HN—SO_2) 2-甲基四氢呋喃→ O, OH, R_1, R, R （6-40）

对于 3-硝基水杨醛与溴代乙酸乙酯之间的 Knoevenagel 反应，以 2-甲基四氢呋喃作为溶剂，可以高选择性地得到醚类产物[52]，不发生分子内的 Knoevenagel 反应［反应（6-41）］。如果该反应在 70℃时反应 30min，产物的产率可达到 98%。并且在该反应中未检测到常见副产物苯并呋喃，这极大地降低了产物提纯的难度。

O, O, OEt, NO_2 ←碳酸钾，乙醇— CHO, OH, NO_2 + Br, OEt, O —2-甲基四氢呋喃, 70℃, 30min→ CHO, O, OEt, O, NO_2

（6-41）

2-甲基四氢呋喃可以代替一些醚类化合物作为酶催化反应的溶剂。例如，使用2-甲基四氢呋喃替代甲基叔丁基醚，可以实现施氏假单胞菌脂肪酶（*Pseudomonas stutzeri* lipase，PSL）催化的多种脂类化合物的胺解反应［反应（6-42）］[53]，高产率地获得酰胺类化合物。2-甲基四氢呋喃还可以替代甲基叔丁基醚、二甲基甲酰胺等作为酶催化水相反应的助溶剂［反应（6-43）］[54]，用于苯甲醛裂解酶催化的安香息缩合反应，定量得到立体选择性很高的产物。

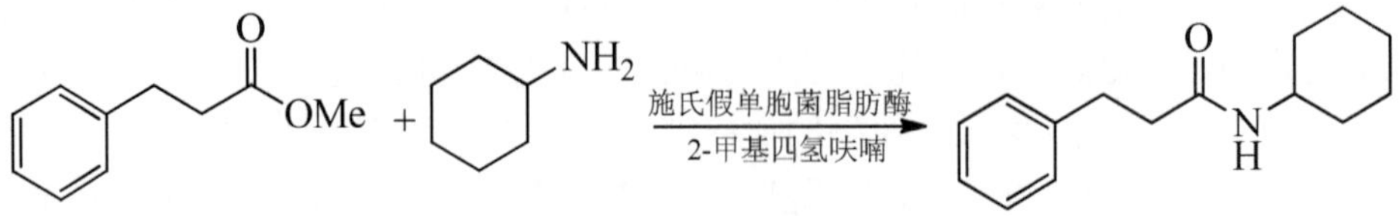

OMe　+　NH_2　施氏假单胞菌脂肪酶 / 2-甲基四氢呋喃　N H

（6-42）

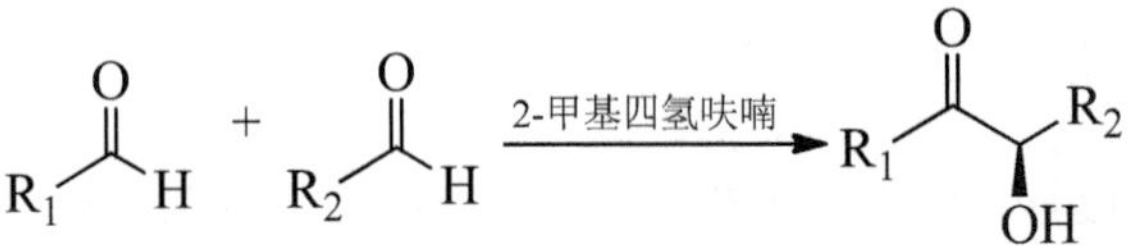

R_1 H　+　R_2 H　2-甲基四氢呋喃　R_1 R_2 OH　（6-43）

2-甲基四氢呋喃与水的两相体系可以促进木糖或木质纤维素的水解反应，有利于反应产物的分离。以 $FeCl_3·6H_2O$ 催化的木糖的脱水反应为例，反应过程中产生的脱水产物糠醛大部分被萃取至2-甲基四氢呋喃层，从而减少了腐殖质的产生。进一步的研究发现，该反应可直接在2-甲基四氢呋喃与海水组成的两相体系中完成。另外，以草酸为催化剂，在2-甲基四氢呋喃与 H_2O 组成的两相体系中可以实现木质纤维素的组分分离[55]。在该条件下，半纤维素逐渐被水解为木糖，并溶于水相；木质素溶解并被萃取至2-甲基四氢呋喃相，而纤维素无法被水解，只能以浆状存在于体系中，经过简单过滤即可收集。

8. 柠檬烯和对异丙基甲苯

作为一种生物质基溶剂，柠檬烯通过连续异构化可以定量地转化成对异丙基甲苯。柠檬烯或对异丙基甲苯可作为1-丁醇与丁酸酐酯化反应的溶剂，反应过程中丁醇脱去羟基上的氢，丁酸酐水解脱去右边含双键的碳上的—OH 基团，从而生成了脂类化合物［反应（6-44）］[56]。柠檬烯和对异丙基甲苯也可以作为由4-苯基丁酸和苄胺合成 *N*-苄基-4-苯基丁酰胺的反应介质［反应（6-45）］。

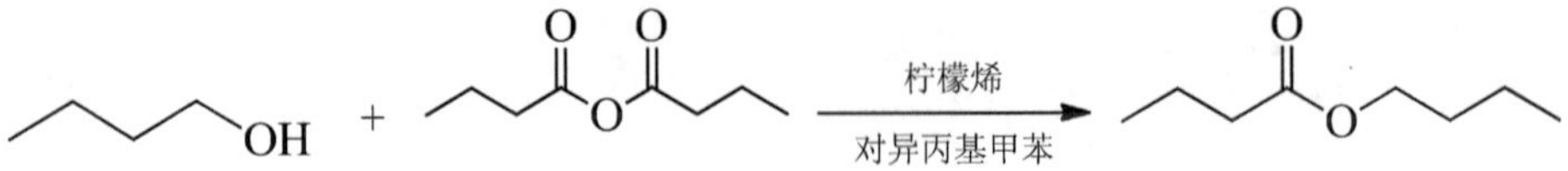

OH　+　O O O　柠檬烯 / 对异丙基甲苯　O O

（6-44）

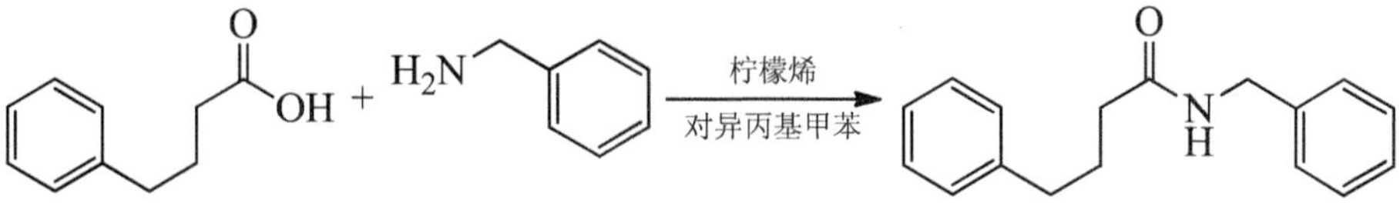

（6-45）

9. 碳水化合物

由于碳水化合物在各种生物质中占比很大，如果碳水化合物能够作为溶剂使用，对于化学化工的可持续发展将会起到积极的推动作用。考虑到大多数碳水化合物是固体或者高黏度的液体，直接使用碳水化合物作为溶剂是不现实的。目前，作为溶剂，碳水化合物主要以碳水化合物的水溶液以及它与尿素、酰胺、羧酸、盐等形成的低共熔溶剂两种形式使用。

大多数单糖和低聚糖的亲水性很强，易与水互溶。长期以来人们认为，使用这些碳水化合物的水溶液作为反应介质很难显著提高反应速率或选择性。但是，在某些碳水化合物水溶液中进行的多种有机催化反应改变了这一观点。例如，蔗糖、α-L-阿拉伯吡喃糖、烷基-β-D-呋喃果糖苷在水的存在下能够部分产生疏水区域[57]。因此，这些碳水化合物表现出两亲性，非极性有机化合物在含水介质中可与这些疏水区域相互作用。在（*R*）-3-吡咯烷醇为催化剂的情况下，环己酮与 3-硝基苯甲醛在 β-D-果糖吡喃糖苷水溶液中即可发生醛醇缩合反应［反应（6-46）］[57]，得到的产物的顺反选择性比例比在水中高出了 4 倍多。与没有使用碳水化合物得到的结果相比，果糖吡喃糖苷明显提高了反应的立体化学效果。

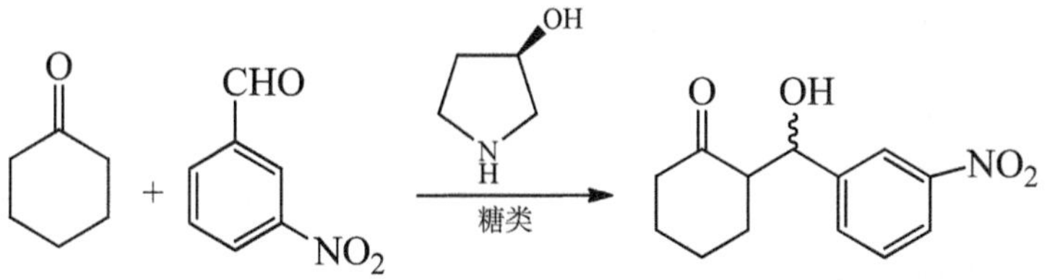

（6-46）

碳水化合物的低共熔混合物具有较强的极性和亲核特性，这为它作为金属催化反应的溶剂创造了条件。例如，在 Stille 烷基化反应中，简单烷基的转移通常需要某些特殊的溶剂或有机锡试剂（锡锑烷、单有机锡卤化物）才能有效。但是，在碳水化合物-尿素-无机盐的低共熔混合物中，不需要特殊的溶剂或有机锡试剂即可实现钯催化的 Stille 烷基化反应［反应（6-47）］，高产率地获得富含电子的芳基溴化物[58]。碳水化合物的低共熔混合物也可用于过渡金属催化反应，如金属 Pd 催化的 Suzuki 反应、Sonogashira 交叉偶联反应以及 Cu 催化的叠氮炔烃的[1, 3]偶极环加成反应［反应（6-48）］[59]。

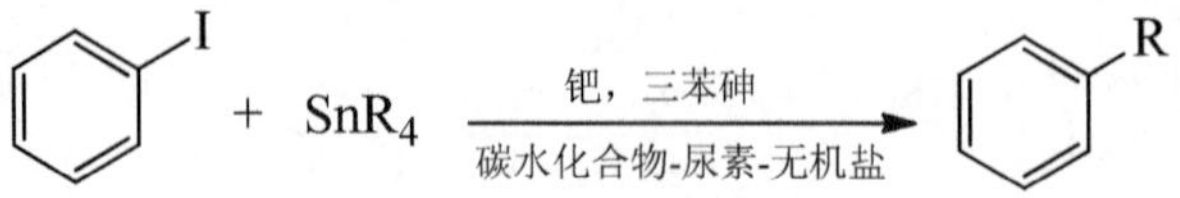

钯，三苯砷

碳水化合物-尿素-无机盐 （6-47）

铜

D-山梨糖醇-尿素-氯化铵 （6-48）

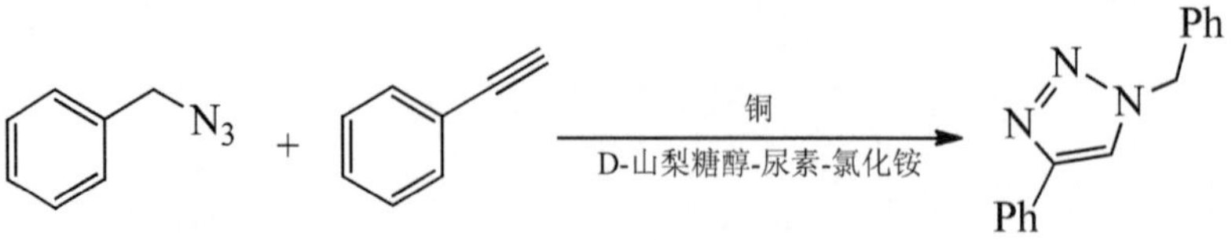

碳水化合物的低共熔混合物还可以在下述两种三组分反应中作溶剂：①利用麦芽糖-二甲基脲-NH_4Cl 的低共熔混合物作溶剂，在有氧和无催化剂的条件下，实现了 2-氨基芳基酮、乙酸铵和 4-硝基苯甲醛的三组分反应［反应（6-49）］，高产率地合成了喹唑啉衍生物[60]；②在酒石酸-1, 3-二甲基脲（DMU）低共熔物溶剂中，利用醛、乙酰乙酸乙酯的两组分反应，在无催化剂条件下合成了一系列 3, 4-二氢嘧啶-2-酮化合物［反应（6-50）］[61]。

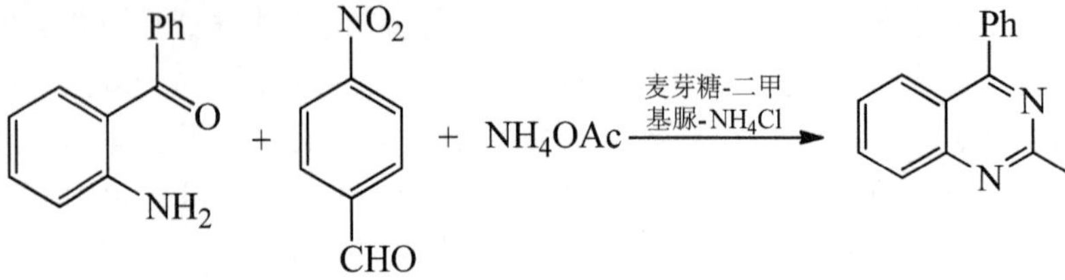

麦芽糖-二甲基脲-NH_4Cl （6-49）

酒石酸-二甲基脲 （6-50）

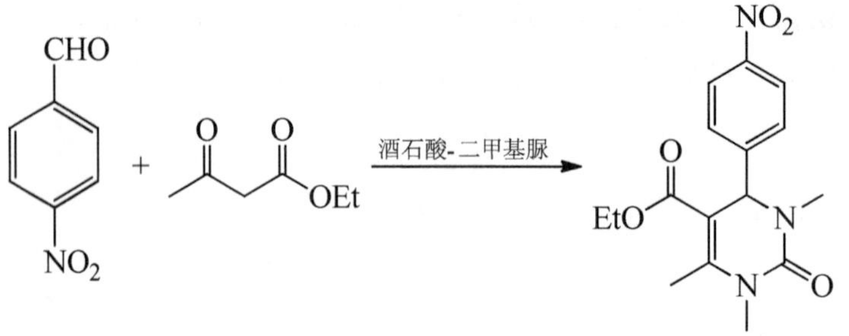

10. 木质素衍生溶剂

最近 Dumesic 等[62]提出了利用两相反应器溶解木质素以获取木质素衍生溶剂的方法，使用该方法得到的木质素衍生溶剂主要由丙基愈创木酚和丙基丁香醛组成。这类木质素衍生溶剂可以高效率地从含有无机酸的水溶液中提取糠醛、糠醇、乙酰丙酸和 γ-戊内酯，与最终产物相比，该木质素衍生溶剂具有更高的沸点，方便了产物的分离和木质素衍生溶剂的循环利用。从葡萄糖、木糖、5-羟甲基糠醛、糠醛的两相脱水到糠醇乙酰丙酸、5-羟甲基糠醛的两相水解等反应，木质素衍生溶剂的性能均优于常规有机溶剂。因此，使用木质素衍生物作为溶剂，不仅可以原位分离产物或反应物，还可以使水相中不期望的副反应产物最少化。这类溶剂如果得到广泛利用，将会有效丰富生物质基绿色溶剂的种类。另外，利用两相反应器与木质素的烷基酚溶剂可以将半纤维素转化为糠醛和乙酰丙酸（图 6-5）。通过这种方法，能够从酸性水溶液中选择性地区分呋喃化合物，并利用两相体系有效地萃取糠醛和乙酰丙酸[6]。

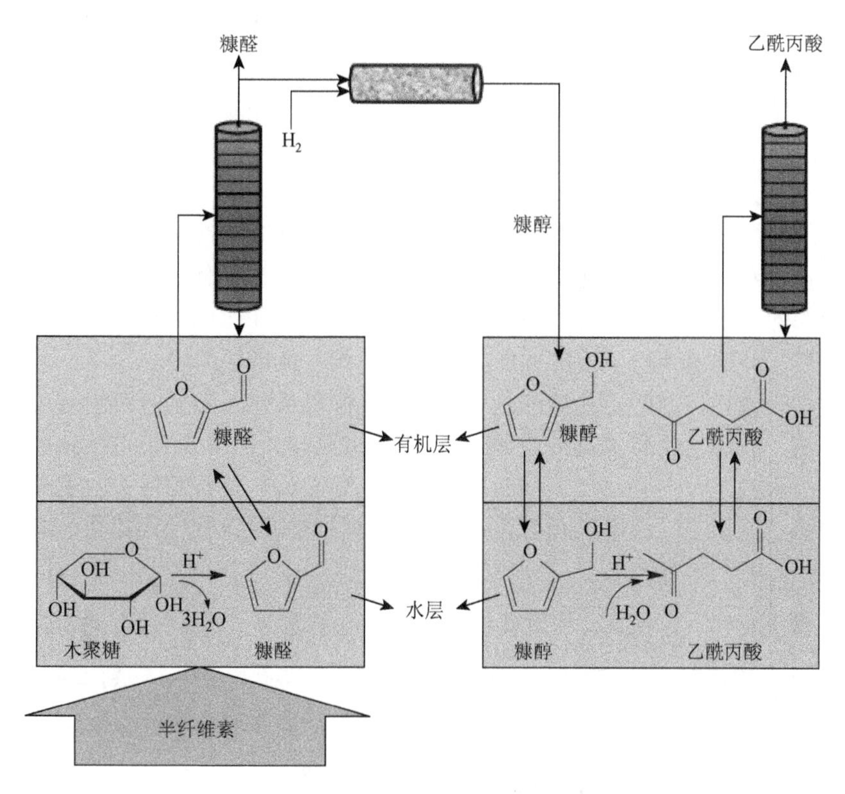

图 6-5 半纤维素转化为糠醛示意图[6]

6.3.2 在分离中的应用

生物质基绿色溶剂在萃取分离领域也有重要的应用。在各种不饱和有机化合物如醛类、酮类、烯烃类和亚硝基类等的催化转移加氢反应中，甘油作为溶剂有助于产品更好地分离。例如，以甘油作为溶剂通过脉冲超声技术可以制备新型含钯的氮杂环卡宾（NHC）的配合物，该配合物可用作各种芳基卤化物或酮类化合物的 Suzuki-Miyaura 偶联反应的催化剂。反应结束后，钯催化剂完全溶于甘油相，而形成的交叉偶联产物与甘油不混溶，这样有利于有机产物的收集与纯化。葡萄糖酸水溶液能有效地促进吲哚与 3, 4-二氢吡喃的亲电开环反应。在反应结束后，可以很容易地实现葡萄糖酸水溶液与产物的分离，回收的葡萄糖酸水溶液可以重复使用三次以上而活性没有明显降低。

2-甲基四氢呋喃是非质子溶剂，从某种意义上讲，它与甲苯的许多物理性质有相似之处。例如，它能与水形成 10.6%的共沸物，这种共沸物的形成不仅利于回收、干燥 2-甲基四氢呋喃，而且有利于该共沸物两相体系的分离。又由于它与水的混溶性较差，2-甲基四氢呋喃-水两相体系可以从水相中萃取有机衍生物，特别是从水中萃取极性有机化合物，其效果比使用甲苯更好。在氯化铜/配体催化的 Grignard 试剂与环己烯酮之间的 1, 4 加成反应中，2-甲基四氢呋喃作为介质显著提高了反应的对映选择性，而且该反应中 2-甲基四氢呋喃不溶于水，因此用它可以很容易地分离出产物，并且其萃取效率强于甲苯[63]。

乳酸与氯化胆碱的低共熔混合物能够溶解木质素，为纤维素和木质素的分离提供了环境友好的溶剂。通过对比研究发现，不同氢键受体的乳酸低共熔溶剂对杨木中的木质素具有不同的脱出率。随着温度的升高和时间的延长，木质素的脱出率升高，纤维素的得率下降，但其结晶构型没有被破坏[64]。

氯化胆碱和甘油的低共熔溶剂可用于纯化生物柴油，这是一种新的生物柴油纯化方法。通过向粗生物柴油中添加甘油/氯化胆碱（1∶1），可形成纯化生物柴油和甘油/氯化胆碱（约 2∶1）的两相体系（图 6-6），这样可除去生物柴油相中大于 99%的杂质[65]。这种纯化方法有望为生物柴油的工业化应用提供一条环境友好的途径。

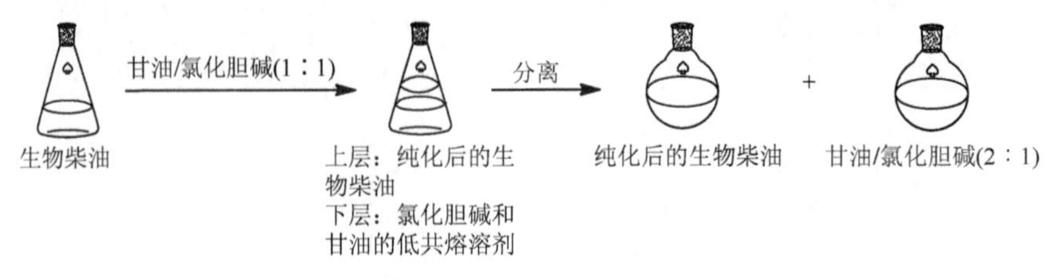

图 6-6 利用甘油/氯化胆碱除去生物柴油中的杂质

6.3.3 在其他方面的应用

生物质基绿色溶剂在生物医药方面具有重要的应用。例如，2-甲基四氢呋喃在生产抗生素方面具有重要应用。7-氨基头孢烷酸与 AE 活性酯［2-甲氧亚氨基-2-(2-氨基-4-噻唑基）-（*Z*）-硫代乙酸苯肼噻唑酯］在 2-甲基四氢呋喃溶剂中通过缩合反应制备头孢噻肟酸［反应（6-51）］，收率为 95%，该反应中的 2-甲基四氢呋喃和副产物 2-巯基苯并噻唑均可被回收利用[66]。与二氯甲烷等为溶剂的传统工艺相比，改进后的工艺操作简单，减少了环境污染，产品色级浅，适合于工业化生产。头孢噻肟酸也是制备头孢噻肟钠的主要原料，而头孢噻肟钠是临床上广泛应用的第三代头孢类抗生素。

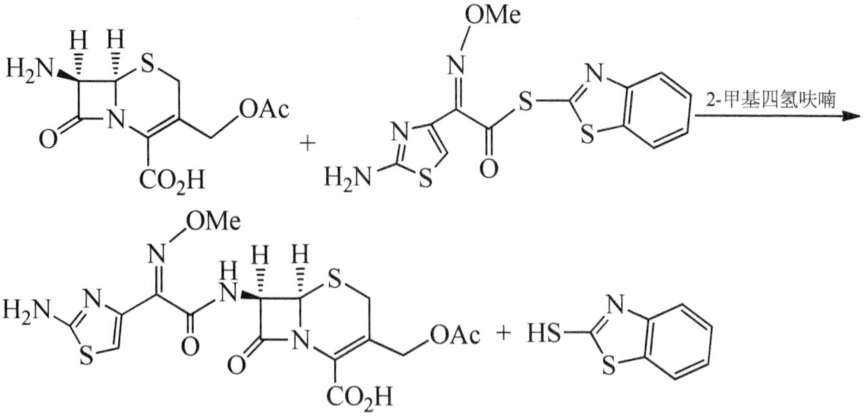

2-甲基四氢呋喃

(6-51)

甘油作为溶剂提高了北里链霉菌 ZY150504 生产吉他霉素的产率[67]。实验表明，发酵开始时，在发酵培养基中添加甘油，甘油起始浓度从原来的 $10.5mg \cdot mL^{-1}$ 增加到 $23.2mg \cdot mL^{-1}$ 后，吉他霉素的产量明显增加，可达到 $10847U \cdot mL^{-1}$。研究整个发酵过程后发现，添加甘油之后，发酵过程中脂肪酶活力较高，油脂利用较快，有机酸含量较高，促进了吉他霉素的生物合成。吉他霉素为大环内酯类抗生素，作用机制与抗菌谱和红霉素相似，临床上主要用于上呼吸道感染、肺炎、淋病、胆囊炎、百日咳、扁桃体炎及败血症等。

生物质基绿色溶剂在食品安全方面也具有重要应用。柠檬烯因具有似柠檬的香味，被广泛用于香精和香料工业，且被美国食品药品管理局认定为安全的化学品。例如，柠檬烯可以作为提取米糠油的萃取剂[68]。与己烷相比，柠檬烯作萃取剂获得的提取物的产率较高，而且提取物中游离脂肪酸和磷脂的含量也显著提高。尽管在萃取-回收循环中能观察到柠檬烯的氧化，但数量低于总量的 1%。

在化学工业方面，2-甲基四氢呋喃作为绿色溶剂在合成含硅芳炔树脂过程中具有重要作用。含硅芳炔树脂是一类引入硅元素的芳基多炔聚合物，具有优异的耐热性、可高温陶瓷化和独特的电性能等。它是以二乙炔基苯和二甲基二氯硅烷为原料在 2-甲基四氢呋喃为溶剂的条件下合成的[69]。

综上所述，生物质基溶剂是由生物柴油、碳水化合物及木质素等可再生资源得到的一类绿色溶剂。这类溶剂来源广泛，具有碳足迹轻、价格低廉、生物相容性好、原料可再生等优点，并在催化、分离等领域表现出良好应用前景。近年来，人们在生物质基溶剂研究方面已经取得了许多重要的进展。但是，由于发展时间较短，仍有许多问题需要解决。

参考文献

[1] Gu Y，Jérôme F. Bio-based solvents：an emerging generation of fluids for the design of eco-efficient processes in

catalysis and organic chemistry. Chem Soc Rev，2013，42（24）：9550-9570.

[2] Benjapornkulaphong S，Ngamcharussrivichai C，Bunyakiat K. Al_2O_3-supported alkali and alkali earth metal oxides for transesterification of palm kernel oil and coconut oil. Chem Eng J，2009，145（3）：468-474.

[3] Horváth I T，Mehdi H，Fábos V，et al. γ-Valerolactone-a sustainable liquid for energy and carbon-based chemicals. Green Chem，2008，10（2）：238-242.

[4] 魏珺楠，唐兴，孙勇，等. 新型生物质基平台分子γ-戊内酯的应用. 化学进展，2016，11（28）：1672-1681.

[5] Brandt A，Gräsvik J，Hallett J P，et al. Deconstruction of lignocellulosic biomass with ionic liquids. Green Chem，2013，15（3）：550-583.

[6] Gürbüz E I，Wettstein S G，Dumesic J A. Conversion of hemicellulose to furfural and levulinic acid in biphasic reactors with alkylphenol solvents. Chemsuschem，2012，5（2）：383-387.

[7] Wolfson A，Dlugy C，Tavor D，et al. Baker's yeast catalyzed asymmetric reduction in glycerol. Tetrahedron：Asymmetry，2006，17（14）：2043-2045.

[8] Radatz C S，Silva R B，Perin G，et al. Catalyst-free synthesis of benzodiazepines and benzimidazoles using glycerol as recyclable solvent. Tetrahedron Lett，2011，52（32）：4132-4136.

[9] Narsaiah A V，Kumar J K. Glycerin and $CeCl_3·7H_2O$：a new and efficient recyclable reaction medium for the synthesis of quinoxalines. Synth Commun，2012，42（6）：883-892.

[10] Khatri P K，Jain S L. Glycerol ingrained copper：an efficient recyclable catalyst for the *N*-arylation of amines with aryl halides. Tetrahedron Lett，2013，54（21）：2740-2743.

[11] Nascimento J E R，Barcellos A M，Sachini M，et al. Catalyst-free synthesis of octahydroacridines using glycerol as recyclable solvent. Tetrahedron Lett，2011，52（20）：2571-2574.

[12] Li M，Chen C，He F，et al. Multicomponent reactions of 1，3-cyclohexanediones and formaldehyde in glycerol：stabilization of paraformaldehyde in glycerol resulted from using dimedone as substrate. Adv Synth Catal，2010，352（2-3）：519-530.

[13] Somwanshi J L，Shinde N D，Farooqui M. Catalyst-free synthesis of furano and pyrano quinolines by using glycerol as recyclable solvent. Heterocyclic Lett，2013，3（1）：69-74.

[14] Tan J，Li M，Gu Y. Multicomponent reactions of 1，3-disubstituted 5-pyrazolones and formaldehyde in environmentally benign solvent systems and their variations with more fundamental substrates. Green Chem，2010，12（5）：908-914.

[15] Narsaiah A V，Ghogare R，Biradar D O. Glycerin as alternative solvent for the synthesis of Thiazoles. Org Commun，2011，4（3）：75-81.

[16] Safaei H R，Shekouhy M，Rahmanpur S，et al. Glycerol as a biodegradable and reusable promoting medium for the catalyst-free one-pot three component synthesis of 4*H*-pyrans. Green Chem，2012，14（6）：1696-1704.

[17] Ying A，Zhang Q，Li H，et al. An environmentally benign protocol：catalyst-free Michael addition of aromatic amines to alpha，beta-unsaturated ketones in glycerol. Res Chem Intermediat，2013，39（2）：517-525.

[18] He F，Li P，Gu Y，et al. Glycerol as a promoting medium for electrophilic activation of aldehydes：catalyst-free synthesis of di(indolyl) methanes，xanthene-1，8（2*H*）-diones and 1-oxo-hexahydroxanthenes. Green Chem，2009，11（11）：1767-1773.

[19] Gu Y，Barrault J，Jérôme F. Glycerol as an efficient promoting medium for organic reactions. Adv Synth Catal，2008，350（13）：2007-2012.

[20] Bachhav H M，Bhagat S B，Telvekar V N. Efficient protocol for the synthesis of quinoxaline，benzoxazole and benzimidazole derivatives using glycerol as green solvent. Tetrahedron Lett，2011，52（43）：5697-5701.

[21] Lobo H R，Singh B S，Shankarling G S. Deep eutectic solvents and glycerol：a simple，environmentally benign and efficient catalyst/reaction media for synthesis of *n*-aryl phthalimide derivatives. Green Chem Lett Rev，2012，5（4）：487-533.

[22] Nandre K P，Salunke J K，Nandre J P，et al. Glycerol mediated synthesis of 5-substituted 1*H*-tetrazole under catalyst free conditions. Chinese Chem Lett，2012，23（2）：161-164.

[23] Sadek K U，Mekheimer R A，Hameed A M A，et al. Green and highly efficient synthesis of 2-arylbenzothiazoles using glycerol without catalyst at ambient temperature. Molecules，2012，17（5）：6011-6019.

[24] Nemati F，Hosseini M M，Kiani H. Glycerol as a green solvent for efficient，one-pot and catalyst free synthesis of 2，4，5-triaryl and 1，2，4，5-tetraaryl imidazole derivatives. J Saudi Chem Soc，2016，20：S503-S508.

[25] Perin G，Mello L G，Radatz C S，et al. Green，catalyst-free thioacetalization of carbonyl compounds using glycerol as recyclable solvent. Tetrahedron Lett，2010，51（33）：4354-4356.

[26] Estévez C，Bayarri N，Castells J. Preparation of pharmaceutical active ingredients using a glycerol-derived solvent. PCT Int Appl，2008.

[27] García-Marín H，van der Toorn J C，Mayoral J A，et al. Glycerol-based solvents as green reaction media in epoxidations with hydrogen peroxide catalysed by bis[3，5-bis（trifluoromethyl）-diphenyl] diselenide. Green Chem，2009，11（10）：1605-1609.

[28] Aldea L，Fraile J M，García-Marín H，et al. Study of the recycling possibilities for azabis（oxazoline）–cobalt complexes as catalysts for enantioselective conjugate reduction. Green Chem，2010，12（3）：435-440.

[29] Benoit M，Brissonnet Y，Guélou E，et al. Acid-catalyzed dehydration of fructose and inulin with glycerol or glycerol carbonate as renewably sourced co-solvent. Chemsuschem，2010，3（11）：1304.

[30] Behr A，Bahke P，Klinger B，et al. Application of carbonate solvents in the telomerisation of butadiene with carbon dioxide. J Mol Catal A：Chem，2007，267（1-2）：149-156.

[31] Wolfson A，Saidkarimov D，Dlugy C，et al. Green synthesis of isoamyl acetate in glycerol triacetate. Green Chem Lett Rev，2009，2（2）：107-110.

[32] Dlugy C，Wolfson A. Lipase catalyse glycerolysis for kinetic resolution of racemates. Bioproc Biosyst Eng，2007，30（5）：327-330.

[33] Salehpour S，Dubé M A，Murphy M. Solution polymerization of styrene using biodiesel as a solvent：effect of biodiesel feedstock. Can J Chem Eng，2009，87（1）：129-135.

[34] Gonzalez M Y，de Caro P，Thiebaud-Roux S，et al. Fatty acid methyl esters as biosolvents of epoxy resins：a physicochemical study. J Solution Chem，2007，36（4）：437-446.

[35] Abbott A P，Harris R C，Ryder K S，et al. Glycerol eutectics as sustainable solvent systems. Green Chem，2011，13（1）：82-90.

[36] Gorke J T，Srienc F，Kazlauskas R J. Hydrolase-catalyzed biotransformations in deep eutectic solvents. Chem Commun，2008，10（10）：1235-1237.

[37] Vigier K D O，Benguerba A，Barrault J，et al. Conversion of fructose and inulin to 5-hydroxymethylfurfural in sustainable betaine hydrochloride-based media. Green Chem，2012，14（2）：285-289.

[38] Wettstein S G，Alonso D M，Chong Y，et al. Production of levulinic acid and gamma-valerolactone（GVL）from cellulose using GVL as a solvent in biphasic systems. Energy Environ Sci，2012，5（8）：8199-8203.

[39] Gürbüz E I，Gallo J M R，Alonso D M，et al. Conversion of hemicellulose into furfural using solid acid catalysts in gamma-valerolactone. Angew Chem Int Ed，2013，52（4）：1270-1274.

[40] Duan Z，Hu F. Highly efficient synthesis of phosphatidylserine in the eco-friendly solvent γ-valerolactone. Green

Chem，2012，14（6）：1581-1583.

[41] Zhou B，Yang J，Li M，et al. Gluconic acid aqueous solution as a sustainable and recyclable promoting medium for organic reactions. Green Chem，2011，13（8）：2204-2211.

[42] Yang J，Li H，Li M，et al. Multicomponent reactions of β-ketosulfones and formaldehyde in a bio-based binary mixture solvent system composed of meglumine and gluconic acid aqueous solution. Adv Synth Catal，2012，354（4）：688-700.

[43] Guo R Y，Wang P，Wang G D，et al. One-pot three-component synthesis of functionalized spirooxindoles in gluconic acid aqueous solution. Tetrahedron，2013，69（8）：2056-2061.

[44] Li B L，Li P H，Fang X N，et al. One-pot four-component synthesis of highly substituted pyrroles in gluconic acid aqueous solution. Tetrahedron，2013，69（34）：7011-7018.

[45] Yang J，Tan J，Gu Y. Lactic acid as an invaluable bio-based solvent for organic reactions. Green Chem，2012，14（12）：3304-3317.

[46] Paul S，Das A R. An efficient green protocol for the synthesis of coumarin fused highly decorated indenodihydropyridyl and dihydropyridyl derivatives. Tetrahedron Lett，2012，53（17）：2206-2210.

[47] Dandia A，Jain A K，Laxkar A K. Ethyl lactate as a promising bio based green solvent for the synthesis of spiro-oxindole derivatives via 1，3-dipolar cycloaddition reaction. Tetrahedron Lett，2013，54（30）：3929-3932.

[48] Pace V，Castoldi L，Hoyos P，et al. Highly regioselective control of 1，2-addition of organolithiums to α, β-unsaturated compounds promoted by lithium bromide in 2-methyltetrahydrofuran：a facile and eco-friendly access to allylic alcohols and amines. Tetrahedron，2011，67（14）：2670-2675.

[49] Pace V，Castoldi L，Alcántara A R，et al. Robust eco-friendly protocol for the preparation of γ-hydroxy-α, β-acetylenic esters by sequential one-pot elimination–addition of 2-bromoacrylates to aldehydes promoted by LTMP in 2-MeTHF. Green Chem，2012，14：1859-1863.

[50] Milton E J，Clarke M L. Palladium-catalysed Grignard cross-coupling using highly concentrated Grignards in methyl-tetrahydrofuran. Green Chem，2010，12（3）：381-383.

[51] Yang H，Mahapatra S，Cheong P H-Y，et al. Highly stereoselective and scalable anti-aldol reactions using *N*-（*p*-dodecylphenylsulfonyl）-2-pyrrolidinecarboxamide：scope and origins of stereoselectivities. J Org Chem，2010，75（21）：7279-7290.

[52] Giubellina N，Stabile P，Laval G，et al. Development of an efficient large-scale synthesis for a 4*H*-imidazo[5，1-*c*][1，4]benzoxazine-3-carboxamide derivative for depression and anxiety. Org Process Res Dev，2010，14（4）：859-867.

[53] van Pelt S，Teeuwen R L M，Janssen M H A，et al. *Pseudomonas stutzeri* lipase：a useful biocatalyst for aminolysis reactions. Green Chem.，2011，13（7）：1791-1798.

[54] Shanmuganathan S，Natalia D，van den Wittenboer A，et al. Enzyme-catalyzed C–C bond formation using 2-methyltetrahydrofuran（2-MTHF）as（co）solvent：efficient and bio-based alternative to DMSO and MTBE. Green Chem，2010，12（12）：2240-2245.

[55] vom Stein T，Grande P M，Leitner W，et al. Iron-catalyzed furfural production in biobased biphasic systems：from pure sugars to direct use of crude xylose effluents as feedstock. Chemsuschem，2011，4（11）：1592-1594.

[56] Clark J H，Macquarrie D J，Sherwood J. A quantitative comparison between conventional and bio-derived solvents from citrus waste in esterification and amidation kinetic studies. Green Chem，2012，14（1）：90-93.

[57] Bellomo A，Daniellou R，Plusquellec D. Aqueous solutions of facial amphiphilic carbonhydrates as media for organocatalyzed direct aldol reactions. Green Chem，2012，14（2）：281-284.

[58] Imperato G，Vasold R，König B. Stille reactions with tetraalkylstannanes and phenyltrialkylstannanes in low melting sugar-urea-salt mixtures. Adv Synth Catal，2006，348（15）：2243-2247.

[59] Ilgen F，König B. Organic reactions in low melting mixtures based on carbohydrates and l-carnitine-a comparison. Green Chem，2009，11（6）：848-854.

[60] Zhang Z H，Zhang X N，Mo L P，et al. Catalyst-free synthesis of quinazoline derivatives using low melting sugar-urea-salt mixture as a solvent. Green Chem，2012，14（5）：1502-1506.

[61] Gore S，Baskaran S，Koenig B. Efficient synthesis of 3，4-dihydropyrimidin-2-ones in low melting tartaric acid-urea mixtures. Green Chem，2011，13（4）：1009-1013.

[62] Azadi P，Carrasquillo-Flores R，Pagán-Torres Y J，et al. Catalytic conversion of biomass using solvents derived from lignin. Green Chem，2012，14（6）：1573-1576.

[63] Robert T，Velder J，Schmalz H G. Enantioselective Cu-catalyzed 1，4-addition of Grignard reagents to cyclohexenone using taddol-derived phosphine-phosphite ligands and 2-Methyl-THF as a solvent. Angew Chem Int Ed，2008，120：7832-7835.

[64] 李利芬. 基于氯化胆碱低共熔溶剂的木质素提取、改性和降解研究. 哈尔滨，东北林业大学，2015.

[65] Abbott A P，Cullis P M，Gibson M J，et al. Extraction of glycerol from biodiesel into a eutectic based ionic liquid. Green Chem，2007，9（8）：868-872.

[66] 洪玲娟，郑叶敏，汤有坚，等. 头孢噻肟酸的环境友好合成工艺. 浙江化工，2010，3（3）：15-17.

[67] 郑钱丽，高淑红，张静，等. 添加甘油对北里链霉菌 ZY150504 发酵生产吉他霉素的影响. 中国抗生素杂志，2016，41（8）：594-598.

[68] Mamidipally P K，Liu S X. First approach on rice bran oil extraction using limonene. Eur J Lipid Sci Tech，2004，106（2）：122-125.

[69] 程利，邓诗峰，杜磊，等. 含硅芳炔树脂合成工艺优化. 热固性树脂，2016，31（1）：34-38.

第 7 章 其他绿色溶剂

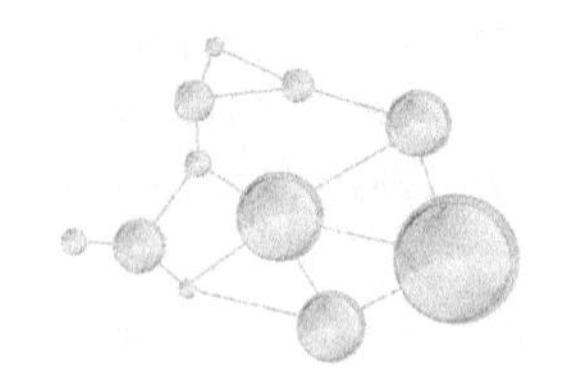

前几章介绍了水、超临界流体、离子液体、低共熔溶剂和生物质基绿色溶剂等典型的绿色溶剂。除此之外，常见的绿色溶剂还有聚乙二醇、聚丙二醇、醚类、酯类、全氟化碳类、硅氧烷类、亚砜类和萜类等。它们不仅具有独特的性质，而且符合绿色化学理念。本章将着重介绍这几类绿色溶剂的性质及应用。

7.1 聚乙二醇溶剂的性质及应用

聚乙二醇（polyethylene glycol，PEG），又称氧化聚乙烯、聚环氧乙烷或聚氧乙烯，是由环氧乙烷与水或用乙二醇逐步加成聚合而成的一类水溶性聚醚，通用分子式是 $HO(CH_2CH_2O)_nH$，其中 n 是重复氧乙烯基团的平均数（图 7-1）。根据分子量的不同，聚乙二醇可分为 PEG200、PEG300、PEG400、PEG600、PEG1000、PEG2000、PEG4000、PEG6000、PEG10000 等。分子量为 200～600 的聚乙二醇是液体，分子量为 1000 及以上者是固体。其由于具有优良的溶解性和生物降解性，在化妆品、制药、化纤、塑料、造纸、农药及食品加工等行业中均得到了广泛的应用。尤其是 PEG 具有毒性低、热稳定性高等性能，被作为绿色溶剂应用于萃取分离和化学合成中。

图 7-1 PEG 的结构式

7.1.1 聚乙二醇溶剂的性质

聚乙二醇易溶于极性溶剂，不溶于非极性溶剂。随着分子量的升高，聚乙二醇在极性溶剂中的溶解度逐渐减小。低分子量的聚乙二醇（分子量在 600 以下）可以与水任意混溶，且易溶于乙二醇、甘油、丙酮等溶剂中；而分子量在 10000 左右的聚乙二醇在水中的溶解度已降到 50%左右，在乙二醇、甘油、丙酮等溶剂中的溶解度更小。此外，聚乙二醇可生物降解，可在土壤微生物的作用下分解。PEG 分子含有化学性质不活泼的醚结构，故其性质稳定，耐热，不易发生化学反应，不易发霉，无毒性，无腐蚀性，对皮肤无刺激性。聚乙二醇两端具有羟基，不论其链段的长度如何，参与化学反应时均表现出脂肪族二元醇的性质，可以发生氰乙基化反应和酯化反应等。

7.1.2　聚乙二醇溶剂的应用

近年来，科学家开始探索环境友好的有机合成转化，寻找绿色反应介质去替代对环境构成严重威胁的有机溶剂。聚乙二醇（PEG）和改性的聚乙二醇衍生物具有无毒、生物相容和可生物降解等绿色性能，逐渐成为最受欢迎的反应介质。此外，PEG 低成本、可回收，因此，PEG 能作为可回收溶剂用于萃取分离和化学合成。

1. 聚乙二醇在萃取分离中的应用

（1）萃取脱硫

在含硫化合物的燃料燃烧过程中产生的 SO_x 造成了空气污染。将 PEG 作为绿色脱硫分子溶剂，从液体燃料中对苯并噻吩类化合物进行提取脱硫（EDS）[1]。如图 7-2 所示，PEG 显示出优异的 EDS 性能，并且对二苯并噻吩（DBT）的萃取效率（在 90s 内为 76%）比以 ILs（离子液体）为萃取剂的萃取效率有所提高。使用该提取剂，DBT 含量仅在三个萃取阶段从 512ppmw 降至 10ppmw（98%）。到目前为止，这是在最短时间内以最小循环次数实现深度脱硫的方法。

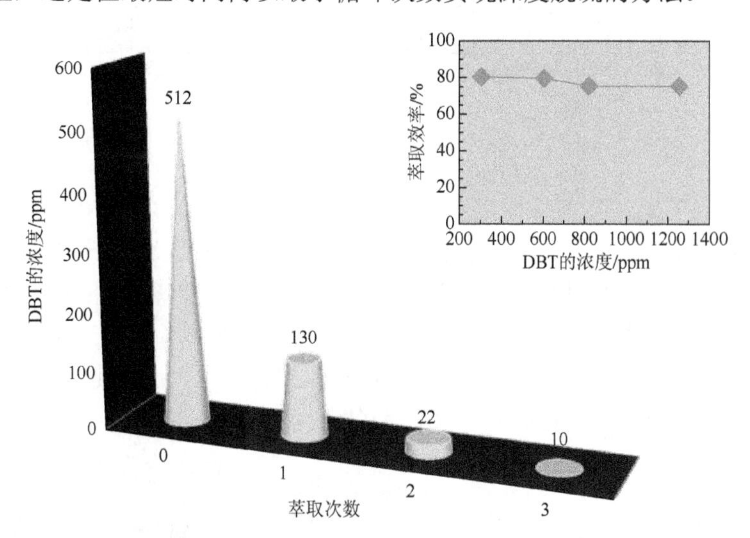

图 7-2　DBT 的浓度随萃取次数的变化趋势

内插图为 DBT 初始浓度对萃取效率的影响

（2）天然物的萃取分离

微波协同萃取（MAE）是一种快速有效的提取技术，已被应用于从不同的基质提取生物活性化合物[2]。与其他现代萃取技术如超临界流体萃取和加压液体萃取相比，MAE 操作简便、价格低廉。然而，由于使用的有机溶剂具有毒性、挥发性和易燃性，从草药中提取/分离生物活性化合物存在安全隐患。因此，安全、环保的提取溶剂和工艺设计在样品预处理和分离技术的发展中起着越来越重要的作用[3]。PEG 溶液具有良好的微波吸收性能，在 MAE 方法中具有显著的优势。使用聚乙二醇水溶液作为环境友好的溶剂，通过超声微波协同萃取（UMAE）开发了石榴皮多糖（PGP）的提取方法[4]。如图 7-3 所示，与其他溶剂相比，PEG，特别是 PEG400 显示出较高的萃取效率和回收率。在最优条件（超声功率为 240W，微波功率为 365W，PEG400 浓度为 30%，液体与原料比为 20mL·g^{-1}）下，获得了 7.94%±0.3%（$n = 3$）的提取率，比水作为溶剂高约 25%。PEG 溶液作为绿色溶剂，在从其他材料中提取多糖时具有较大的潜力。

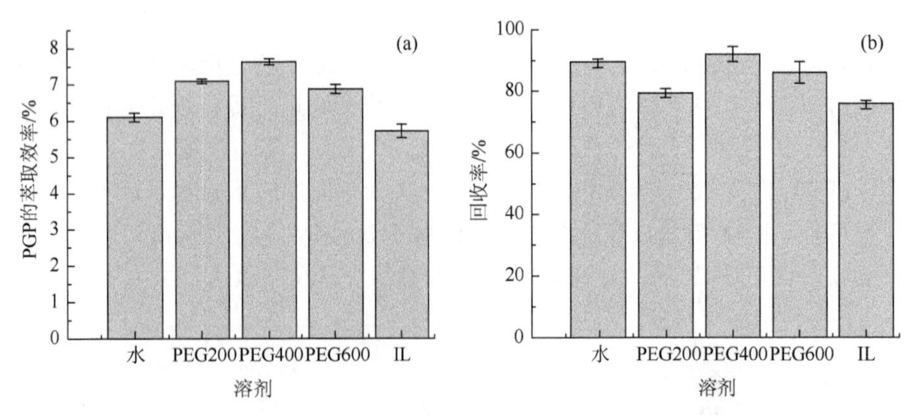

图 7-3　溶剂对 PGP 的萃取效率（a）和其回收率（b）的影响

另一个例子是，将 PEG 水溶液作为绿色溶剂，利用微波协同萃取法从药用植物中萃取黄酮和香豆素化合物。通过对样品大小、液固比、提取温度、提取时间和 PEG 的分子量及其摩尔分数进行优化。不同分子量的 PEG，提取效率如下：岩豆素从 41.8%降至 24.5%，七叶素从 51.8%降至 33.2%，秦皮乙素从 69.1%降至 51.9%。不同浓度 PEG200 对提取率的影响是，随着 PEG200 浓度的增加，岩豆素、七叶树素和秦皮乙素的提取率在早期增加，在后期略有下降（图 7-4）。

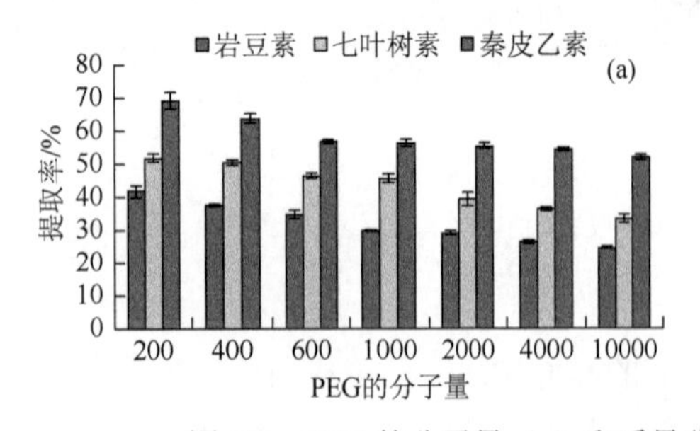

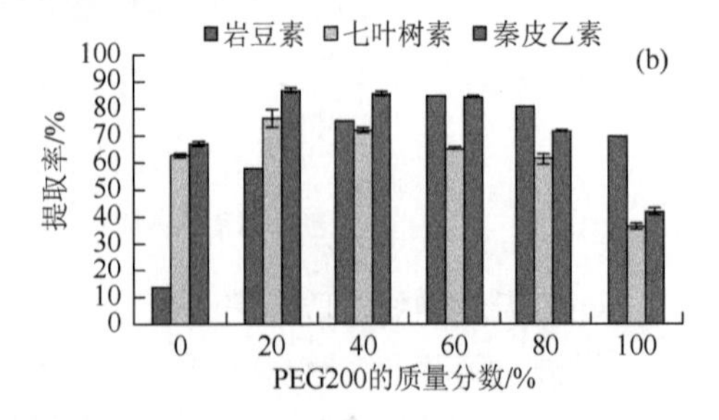

图 7-4　PEG 的分子量（a）和质量分数（b）对目标分子萃取效率的影响

与常规加热回流萃取和有机溶剂微波协同萃取相比，该方法具有更高的提取率、更少的萃取时间和更低的溶剂消耗[5]。

此外，PEG 与水和有机溶剂具有良好的混溶性，在各种有机化合物中具有良好的溶解性，且成本低、无毒[6]，还可作为环境友好的溶剂用于双水相体系萃取[7]和浊点萃取[8, 9]。例如，Falcon-Millan 等[10]构筑了 PEG + 硫酸钠双水相体系，并用于水溶液中磷酸的萃取分离，萃取效率为 75%。

2. 聚乙二醇在化学合成中的应用

吡唑并[3, 4-b]喹啉衍生物由于其药理活性，具有潜在的抗病毒和抗炎特性。PEG 具有良好的生物相容性和降解性，因此，可以作为替代传统溶剂的反应介质。通过醛、氨基吡唑和 1, 3-环己二酮的一锅三组分反应，合成吡唑并[3, 4-b]喹啉衍生物，该合成方案简单、有效和环保[11]，如图 7-5 所示。

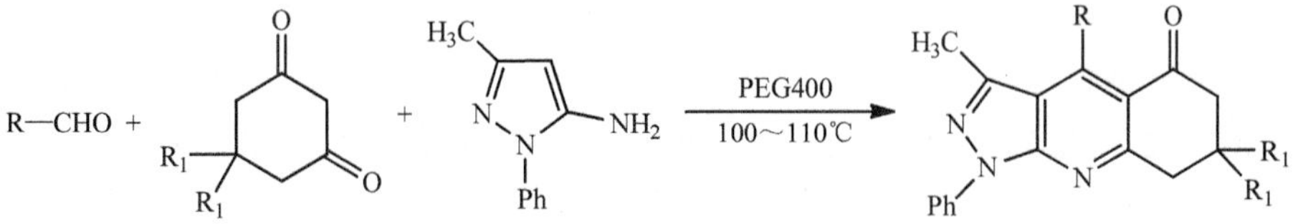

图 7-5 吡唑并[3, 4-b]喹啉衍生物的合成路线示意图

以 PEG400 为可再生溶剂[12]，通过优化反应条件，实现高效的不对称有机催化 Michael 加成反应：醛和反式 β-硝基苯乙烯的加成反应如图 7-6 所示。与其他环保溶剂相比，可以实现更快更高的立体选择性反应。此外，在用乙醚提取 Michael 加成产物之后，PEG 可有效地复原和重复使用。较好的 PEG 催化体系可以有效促进烯胺的 Michael 反应，有利于醛和反式 β-硝基烯烃的生成，并且提高了其产物的收率及立体选择性。

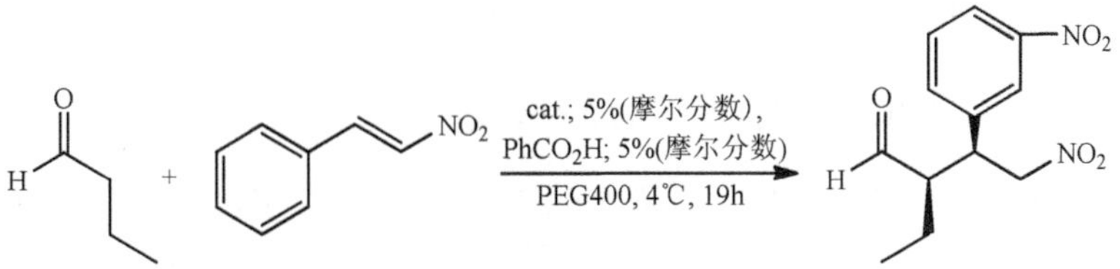

图 7-6 醛和 β-硝基苯乙烯的加成反应示意图

7.2 聚丙二醇溶剂的性质及应用

聚丙二醇（poly propylene glycol，PPG），又称聚氧化丙烯二醇，是丙二醇的

聚合物，由环氧丙烷与丙二醇在高压或酸性催化剂存在下缩合而得，即在分子两端具有羟基、主链为丙氧基重复结构单元的聚醚，分子式为$(C_3H_6O)_n \cdot H_2O$，结构式为 H—$(C_3H_6O)_n$—OH（图 7-7）。按照平均分子量来划分，可分为 PPG400、PPG425、PPG750、PPG1025、PPG1200、PPG2000、PPG2025、PPG3000 和 PPG4000。较低分子量的 PPG 聚合物能溶于水，较高分子量聚合物仅微溶于水，但溶于油、许多烃以及脂肪族醇、酮、酯等。PPG 具有成本低、热稳定性强、易回收、毒性低等优点，被作为绿色溶剂应用于萃取分离和化学合成中。

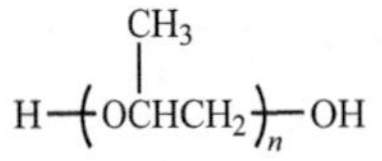

$$H\!-\!\left(OCH(CH_3)CH_2\right)_n\!-\!OH$$

图 7-7 PPG 的结构式

7.2.1 聚丙二醇溶剂的性质

PPG 通常是一种透明、无色或基本无色的黏稠液体，具有不挥发、无腐蚀性、有化学惰性和优良的热稳定性，可溶于甲苯、乙醇、三氯乙烯等有机溶剂。PPG200、PPG400、PPG600 可溶于水，具有润滑、增溶、消泡、抗静电性能。PPG200 可用于颜料的分散剂。在化妆品中，PPG400 用作润肤剂、柔软剂、润滑剂。由于 PPG 具有醇的化学性质，能与异氰酸酯反应生成氨基甲酸酯，可作聚氨基甲酸酯泡沫的原料。聚丙二醇比聚乙二醇更容易氧化，加热时会发生热解或氧化，但比天然油脂稳定。分子两端的羟基能酯化生成单酯或双酯，其单酯是非离子型的表面活性剂，也可与醇作用生成醚，可用于制备醇酸树脂、乳化剂、反乳化剂、润滑油和增塑剂等。

7.2.2 聚丙二醇溶剂的应用

聚丙二醇具有强力黏性、平滑性、耐油性、保护胶体性，经特殊处理具有耐水性，因此除了作化纤原料外，还被大量用于生产涂料、乳化剂、分散剂、软性泡沫等产品。PPG 还具有易得、成本低、热稳定性强、易回收、毒性低等优点，因而在萃取分离和化学反应中得到了广泛应用。

1. PPG 基双水相体系在微生物脂肪酶萃取中的应用

离子液体（IL）和盐可以形成双水相体系（ABS），也可与聚丙二醇（PPG）形成双水相体系。PPG 更疏水，且几乎无毒、挥发性低、熔点低、成本低、生物降解性高[13]，因此基于 PPG-IL 的 ABS 的液-液分离引起了人们更广泛的关注。

基于生物相容性离子液体（IL）和热敏聚合物形成的双水相体系可用于萃取微生物脂肪酶，如图 7-8 所示[14]。图中，离子液体由从天然来源的生物缓冲液中得到的胆碱阳离子和阴离子组成（即 BES，命名为[Ch][BES]），聚合物为平均摩尔质量为 $400g \cdot mol^{-1}$ 的聚丙二醇（PPG400）。通过对基于 IL/聚合物的

ABS 进行优化，能提高脂肪酶的回收率到 99.30%±0.03%。将两种成相组分再循环使用，与使用新鲜化学品的系统相比，使用再循环组分的净化结果没有明显差异。

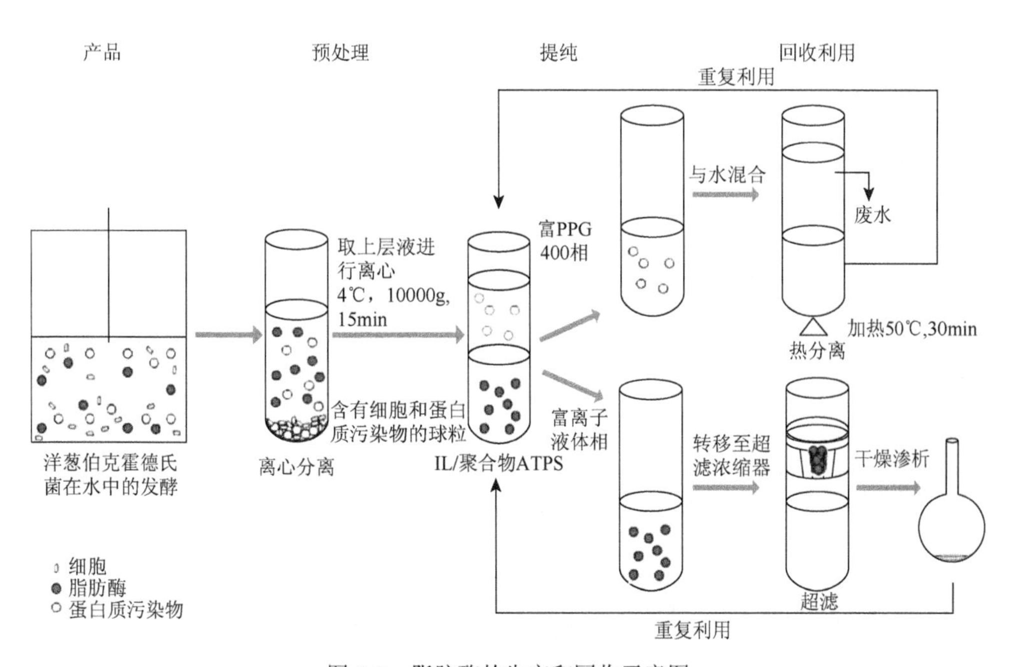

图 7-8　脂肪酶的生产和回收示意图

2. PPG 在萃取分离柠檬烯中的应用

橙皮中含有许多重要单萜类化合物，主要是柠檬烯，以及浓度较低的 α/β-蒎烯和 β-月桂烯。可以利用己烷、食用油（AO）、聚丙二醇（PPG）240 和聚乙二醇（PEG）300 对 D-柠檬烯进行萃取分离。提取物在萃取剂中的浓度见表 7-1。己烷对柠檬烯的萃取能力最强，然而，己烷是一种有毒的、极易挥发的溶剂。PPG240 和食用油对柠檬烯的萃取能力相当，但考虑到提取物从萃取剂中分离的难易程度以及提取物的回收率，PPG240 是萃取/分离过程中萃取溶剂的最佳候选物，使用 PPG240 进行萃取更简单、效率更高、操作更温和、选择性更高[15]。

3. PPG 在化学反应中的应用

PPG 具有易得、成本低、热稳定性强、易回收、毒性低等优点，因此能作为溶剂用于烯丙基胺的合成，如图 7-9 所示[16]。挥发性产物可以通过高真空蒸馏分离得到；挥发性较差的产物可以通过蒸馏除去 PPG 而分离出有机组分。这最大限度地减少了色谱技术的使用以及相关大量有机溶剂的使用。

表 7-1 不同提取物在己烷、食用油（AO）、聚丙二醇（PPG）240 和聚乙二醇（PEG）300 中的浓度（$mg\cdot L^{-1}$）

提取物	己烷	AO	PPG240	PEG300
α-蒎烯	203.4	474.3	403.4	230.8
β-蒎烯	83.1	134.4	134.6	—
月桂烯	446.2	206.5	146.9	9.1
辛醛	497.2	371.6	371.6	37.5
3-蒈烯	239.8	459.2	456.4	—
柠檬烯	19877	12703.8	10414.8	484.8
辛醇	177.4	162.5	141.0	—
橙花醇	122.5	209.7	209.2	—
芳樟醇	332.4	—	515.0	85.1
松油醇	60.0	—	—	—
水	49.1	1383.3	10672.2	315613.0

图 7-9 PPG 中烯丙基仲胺的合成示意图

7.3 醚类溶剂的性质及应用

醚（ether）是分子中含有—C—O—C—基团的化合物，由一个氧原子连接两个烷基或芳基形成，通式为 R—O—R′，还可看作醇或酚羟基上的氢被烃基所取代的化合物。根据烃基的结构，醚类可以分为脂肪醚和芳香醚。醚类溶剂分子中醚链上的氧原子可以和氢原子结合形成氢键，因而具有亲水性；而分子中又含有亲油基，所以有横跨亲油亲水两个区域的宽的溶解范围。醚类中最典型的化合物是乙醚，它常用作有机溶剂与医用麻醉剂。

7.3.1 醚类溶剂的性质

在醚的分子结构中，氧原子是 SP^3 杂化，醚键的键角接近于 109.5°，同时氧原子上还有两对孤对电子，因此醚类是极性化合物，偶极矩约在 1deb（1deb =

$3.33564 \times 10^{-30} C \cdot m$）左右。除某些环醚外，醚键是比较稳定的，在一般情况下，与活泼金属、碱、氧化剂、还原剂都不发生作用。醚能溶于冷的浓强酸，可以分离醚与烃、卤代烃。醚是重要的有机溶剂，可以溶解许多有机化合物。常见的醚类溶剂的物理性质见表 7-2。

表 7-2 常见的醚类溶剂的物理性质

名称	沸点/℃	熔点/℃	比重（d_{20}^{4}）	折射率（n_{D}^{20}）
甲醚	−23	−138.5	0.661	—
甲乙醚	10.8	—	0.7252	1.3420
乙醚	34.5	−116.2	0.7137	1.3526
正丙醚	91	−112	0.7360	1.3809
正丁醚	142	−95.3	0.7689	1.3992
二苯醚	257.9	26.8	1.0748	1.5787
苯甲醚	155	−37.5	0.9961	1.5179
环氧乙烷	13.5	−111	0.8824	1.3579
环氧丁烷（四氢呋喃）	67	−65	0.8892	1.4050
1, 4-二氧六环	110	11.8	1.0337	1.4224

7.3.2 醚类溶剂的应用

醚类溶剂溶解能力强，有些醚可溶解水溶性化合物，而另一些醚可溶解憎水性化合物。另外，醚的化学稳定性好，不易被氧化和还原、分解，因而作为绿色溶剂而被广泛应用于材料制备、涂料生产和电化学电解液的制备中。

1. 醚类溶剂在材料制备中的应用

SiO_2 基气凝胶是具有独特性质的介孔固体材料，具有低密度（高达 99%的体积是空气）、大比表面积、高热稳定性等优点[17]。特别是 SiO_2-TiO_2 复合气凝胶，被认为是烯烃异构化和环氧化的催化剂[18]。在甲基叔丁基醚和异丙醇中，可以制备含有晶态二氧化钛的二氧化钛气凝胶；而在二氧化碳中，可以制得组分分布均匀的无定形 SiO_2-TiO_2 气凝胶[19]。在乙醚、甲基叔丁基醚（MTBE）或六氟异丙醇中，通过超临界干燥法制备的基于 SiO_2、Al_2O_3 和 ZrO_2 的气凝胶的比表面积约为在乙醇中干燥制备的气凝胶的比表面积的两倍。

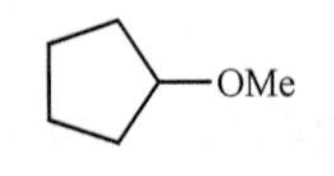

图 7-10 CPME 的结构式[21]

环戊基甲基醚（CPME）是一种新型的疏水性醚类溶剂（图 7-10）。根据葛兰素史克（GlaxoSmithKline）的溶剂选择指南，CPME 在环境、健康和安全方面均超过其他醚类溶剂[20]，因此 CPME 得到了广泛的应用。由于自由基反应通常是在高温下于苯、甲苯或其他芳香烃中进行的，所以 CPME 相对高的沸点（沸点 106℃）和可回收性使其成为这些有机溶剂的最合适的替代者[21]。

2. 醚类溶剂在涂料生产中的应用

醇醚类溶剂又称溶纤剂，溶解能力强，蒸发速度慢，在涂料中加入一定量的醇醚类溶剂能控制涂料溶剂系统的挥发速度，并且它与水有很好的相溶性，所以被广泛地用于水性涂料，作助溶剂，起偶联作用。常用的有乙二醇醚类和丙二醇醚类两大系列。丙二醇醚类溶剂的性能与相应的乙二醇醚类溶剂极为相似，且毒性很低，属微毒类，而乙二醇醚属低毒类。醇醚溶剂不同于一般涂料溶剂的两个显著特点是：溶解能力强和挥发慢，因而能提高涂膜的流平性、光泽度和丰满度，克服各种常见的涂膜弊病，是硝化纤维、酚醛树脂、环氧树脂、氨基醇酸树脂和丙烯酸树脂等涂料的优良溶剂和助溶剂[22]。它们对水和树脂都有较好的溶解性，因而也是水溶性涂料和乳胶漆的优良助溶剂，此外还是脱漆剂的良好组成溶剂。因此，醚类溶剂在涂料工业上有着十分广泛的用途，是一类具有发展前途的新型溶剂。

3. 醚类溶剂在电化学中的应用

双（2, 2, 2-三氟乙基）醚（BTFE，结构见图 7-11）可作为防止 Li-S 电池自放电的共溶剂[23]。使用 BTFE 与 $LiNO_3$ 共溶剂可以有效地降低电池 2 周高温储存后的自放电，这是由于在阳极上形成更坚固的保护层。含有 BTFE 和 $LiNO_3$ 的电解质能用来降低在 45℃储存 2 周的 Li-S 电池的低负荷（$<1mg\cdot cm^{-2}$）和高负荷（约 $5mg\cdot cm^{-2}$）硫阴极的自放电。这是由于 BTFE 和 $LiNO_3$ 一起在电池的阳极上形成具有保护作用的固体电解质界面膜，从而减缓多硫化物穿梭并降低自放电。通过进一步选择合适的氟化醚助溶剂，能够建立减少 Li-S 电池自放电的可能方案。

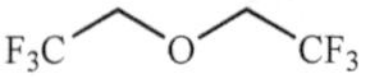

F_3C O CF_3

图 7-11 BTFE 的结构式

7.4 酯类溶剂的性质及应用

酯（ester）是羧酸中羟基的氢原子被一个烷基所取代得到的一种化合物，分子式为 $C_nH_{2n}O_2$，结构式为 R—COOR′。酯类溶剂和酮、醇、醚类溶剂等都是常用的含氧溶剂。酯类溶剂主要是低碳酸的酯，以乙酸的一元醇酯、二元

醇酯、二元醇醚酯为主，还有丙酸酯、丁酸酯和乳酸酯以及二元酸酯。根据酸种类的不同，酯类溶剂可分为无机酸酯和有机酸酯；根据烃基的种类可分为脂肪酯、芳香酯和环酯。酯类溶剂作为一种低毒的绿色环保型溶剂而在萃取分离、涂料生产和电化学领域得到广泛应用。作为酯类的一种，脂肪酸基酯类兼具酯类和脂肪酸特有的性质，所以大多数脂肪酸基酯类溶剂易溶于水，无毒且易挥发，这些优良的特性使得脂肪酸基酯类溶剂成为了一种绿色、环保、高效的溶剂。

7.4.1 酯类溶剂的性质

酯是一种重要的有机溶剂及合成原料，它的化学性质与酰卤酸酐相似，容易发生水解、醇解和氨解反应，酸性条件下酯的水解不完全，碱性条件下酯的水解趋于完全。低级的酯类是芳香易挥发的无色液体，高级酯则是固体。低分子量酯是无色、易挥发的芳香液体。酯基带来很弱的亲水性，因此通常酯类溶剂毒性较低、不溶于水、熔点低、沸点高、具有淡淡酯的芳香味，也正是因为具有芳香气味，其被广泛应用在香精的制备中。酯类溶剂通常具有极性，溶解力很强，可以溶解油脂类，用作油脂的溶剂；能溶解硝酸纤维素和多种合成树脂，是纤维素涂料的主要溶剂。乙酸甲酯、乙酸乙酯、乙酸正丙酯是代表性的酯类溶剂，它们的主要性质见表 7-3、表 7-4。

表 7-3 酯类溶剂的典型物性 1

酯类溶剂	分子量	沸点/℃	凝固点/℃	饱和蒸气压/kPa	相对密度	闪点/℃
乙酸甲酯	74.1	58	−99	13.3（9.4℃）	0.92	−10
乙酸乙酯	88.1	76～78	−84	9.7	0.90	−3
乙酸丙酯	102.1	99～103	−92	3.1	0.89	13
乙酸异丙酯	102.1	85～90	−73	6.3	0.87	2
乙酸丁酯	116.2	124～129	−77	1.3	0.88	28
乙酸异丁酯	116.2	112～119	−99	1.7	0.87	21
乙酸正戊酯	130.2	142.0	−71	1.2（40℃）	0.87	25
乙酸异辛酯	172.3	199～205	−93	53Pa	0.87	71
异丁酸异丁酯	142.2	144～151	−80	0.43	0.86	40
乙二醇甲醚乙酸酯	118.1	143	−70	0.27	1.01	44
乙二醇乙醚乙酸酯	132.2	156	−62	0.4	0.97	51
乙二醇丁醚乙酸酯	160.2	186～194	−64	40Pa	0.94	71
丙二醇甲醚乙酸酯	132.2	140～150	<−55	0.46	0.97	48

续表

酯类溶剂	分子量	沸点/℃	凝固点/℃	蒸气压/kPa	相对密度	闪点/℃
二甘醇乙醚乙酸酯	176.2	214～221	−25	7Pa	1.02	107
二甘醇丁醚乙酸酯	204.3	235～250	−32	5Pa	0.99	105
二丙二醇甲醚乙酸酯	190.2	205		7Pa	0.98	186
乙二醇二乙酸酯	146.1	187～193	−42	27Pa	1.11	88

注：饱和蒸气压、相对密度为 20℃的数据。

表 7-4 酯类溶剂的典型物性 2

酯类溶剂	缩写	表面张力/(mN·m^{-1})	折射率（20℃）	水溶性/%	相对挥发速率
乙酸乙酯	EtAc	23.9	1.3718	7.4	4.1
乙酸丙酯	PrAc	24.3	1.38	2.3	2.3
乙酸异丙酯	IPAc	22.1	1.38	2.9	3.0
乙酸丁酯	BuAc	25.1	1.394	0.7	1.0
乙酸异丁酯	IBAc	23.7	1.40	0.7	1.4
乙酸异辛酯	EHA	25.8	1.41	0.03	0.03
异丁酸异丁酯	IBIB	23.2	1.400	<0.1	0.43
乙二醇丁醚乙酸酯	EBA	30.3	1.4142	1.1	0.03
丙二醇甲醚乙酸酯	PMA	27.4	1.400	20	0.39
二甘醇乙醚乙酸酯	DEA	31.7	1.420	完全	0.008
二甘醇丁醚乙酸酯	DBA	30.0	1.430	6.5	0.002
二丙二醇甲醚乙酸酯	DPMA	28.3	1.414	12	<1
乙二醇二乙酸酯	EGDA	33.7	1.4159	16.4	0.02

注：水溶性指在 20℃水中的溶解度。

7.4.2 酯类溶剂的应用

随着对环境影响因素的深入研究，人们发现甲苯、二甲苯、重芳烃等有较高的光化学活性，造成二次光化学污染；而高含氧溶剂主要是乙酸酯类、羟酸酯类和丙二醇醚酯类等，其光化学活性都较低，不易造成二次光化学污染。此外，酯类溶剂还具有较低的毒性，因而作为一种绿色环保型溶剂在萃取分离、涂料生产和电化学领域得到广泛应用。

1. *酯类溶剂在萃取分离中的应用*

2-乙基己基磷酸单 2-乙基己酯（P507）是一种典型的酸性有机磷酸萃取剂，其由于较高的萃取效率，被广泛用于稀土分离[24]。镧系元素在过去几十年中，由于其独特的性能得到了广泛的应用，特别是在冶金、陶瓷工业和核燃料控制方面[25]。作为最丰富的稀土资源之一，钕目前带来了很大的商业利益，镨可用于原子电池的生产。溶剂萃取经常被用于在工业规模上分离和纯化稀土元素，但 P507 所需的高剥离酸度使其在工业应用中受到一定的限制。8-氢喹啉（HQ）和 8-氢喹啉与 P507 的混合物均可以用于分离 Pr（Ⅲ），Nd（Ⅲ）和 La（Ⅲ）[26]。将 P507 掺入 HQ 可提高 HQ 的提取效率和分离选择性，并降低 P507 对 Pr（Ⅲ）和 Nd（Ⅲ）的剥离酸度。从图 7-12 中可以看出，HQ 和 P507 混合物中 Pr（Ⅲ）的分配系数远远高于单独使用 P507 的分配系数。如图 7-13 所示，在 pH 小于 5.0 时，单独使用 HQ 的提取效率为零。因此，P507 与 HQ 之间有明显的协同作用。当 HQ 与 P507 的浓度比等于 3∶7 时（图 7-14），可以获得最明显的协同效应；在 pH＝3.5 时萃取

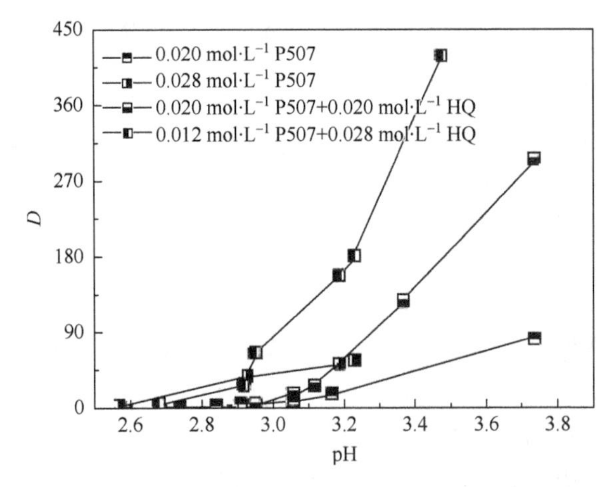

图 7-12　pH 对提取 Pr 和不加 P507 作为增效剂的 Pr 的影响

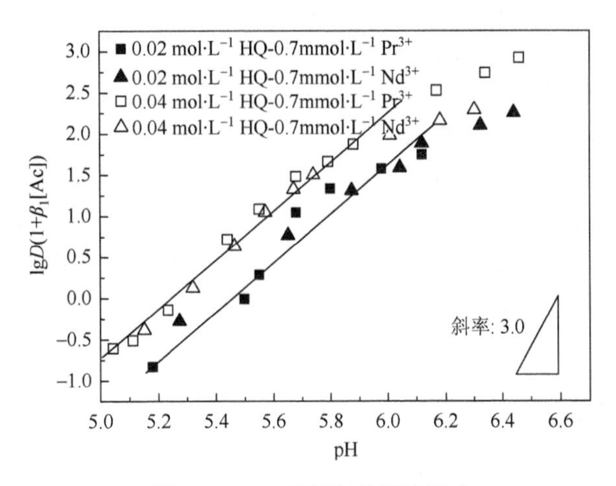

图 7-13　pH 对萃取效果的影响

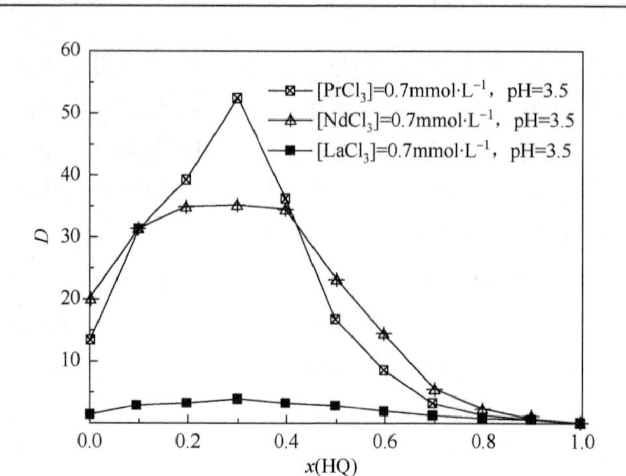

图 7-14 用 HQ 和 P507 混合物协同萃取 Pr(Ⅲ)、Nd(Ⅲ)和 La(Ⅲ)；[HQ] + [P507] = 0.02mol·L^{-1}

Pr（Ⅲ），Nd（Ⅲ）和 La（Ⅲ）的最大协同增强因子（$R = D_{\text{mixture}}/D_{\text{HQ}} + D_{\text{P507}}$）分别为 5.49、3.37 和 2.87。因此，P507 作为增溶剂，能与 HQ 产生协同作用，提高对 Pr（Ⅲ），Nd（Ⅲ）和 La（Ⅲ）的萃取性能。除了萃取镧系元素外，酯类溶剂也可以用于过渡金属元素的萃取[27]。

2. 酯类溶剂在涂料生产中的应用

在释放出的挥发性有机化合物中，涂料溶剂释放的占比大于 25%。虽然随涂料技术发展，目前水性涂料、UV 涂料、粉末涂料、高固体分涂料等技术日益成熟，但国内溶剂型涂料占比仍在 50%左右。因此，选用低毒无毒溶剂替代有毒有害溶剂是我国涂料生产企业重点研究的方向。丙二醇甲醚乙酸酯（PMA）是具有多功能的环保型溶剂，不仅是涂刷液、树脂、染料、黏液剂生产的优良溶剂，还是提高涂膜强度的不可缺少的辅助剂[28]。PMA 在涂料工业中有多种用途：①溶剂型清漆和色漆的溶剂和助溶剂。可以增加树脂的溶解均匀性，促进涂料各组分间的偶联，调节涂料溶解的挥发速率，改进涂膜的涂刷性，改进涂膜的流平性和光泽，克服橘皮等涂膜弊病。②脱漆剂的组成溶剂。溶解脱漆剂中纤维素等增稠剂，增强脱漆剂在旧漆中的渗透性，使旧漆树脂膨胀。③水溶性树脂助溶剂。使树脂和水偶联，调节涂料黏度，改进涂料的流平性，提高涂层光泽度等。④木器染色涂料。完全溶解着色染料，使着色均匀，控制蒸发速度，保证染色均匀、无搭接痕迹，增强对木材的渗透性，使木纹清晰。

3. 酯类溶剂在电化学中的应用

电化学电容器（electrochemical capacitor，EC），又称超级电容器（supercapacitor），是一种介于传统固态电解质电容器和电池之间的新型储能器件[29]。酯类溶剂可以作为电解质溶液的溶剂改善电容器的电化学性能。例如，以 3-氰基丙酸甲酯（CPAME）作为溶剂与 1-丁基-1-甲基吡咯四氟硼酸盐（$[Pyrl_4][BF_4]$）混合作为电解液制得的超级电容器的电化学窗口高达 3.0V，溶液的黏度和离子电导率随着盐浓度的增加而增加，电导率的增加可以提高电容器的电化学性能[30]。CPAME 为溶剂与$[Et_4N][BF_4]$组合而成的电解液所构筑的超级电容器的比电容保持率为 52.4%，电化学性能大大提高。

4. 脂肪酸基酯类在溶解多环芳烃中的应用

脂肪酸基酯类溶剂在环境治理方面得到了广泛的应用。多环芳烃是一种重度污染物，具有高致病性。近年来，煤气厂、焦炭厂、油田、化工厂场地及其周边地区土壤多环芳烃污染呈现加重的趋势，我国污染情况尤为明显。目前关于土壤淋洗修复的方法很多，但大都存在着破坏土壤结构、对土壤造成二次污染以及不可回收利用等缺点。脂肪酸基酯类溶剂低碳、流动性大、对难溶性有机物溶解性强，利用其作为溶剂来溶解多环芳烃可以达到保护土壤的目的。

5. 脂肪酸基酯类在医药生产中的应用

联合国粮食及农业组织（FAO）以及世界卫生组织（WHO）分别在 1969 年和 1980 年将脂肪酸基酯批准为食品添加剂。高酯化的脂肪酸基酯具有良好的保健作用，进入人体后，能以胶束的形式将血液中的胆固醇带出体外，因此可防治多种心血管疾病[31]。此外，蔗糖多酯具有食用油脂的表观性能和口感，食用后不产生热量，是较好的预防和控制肥胖食品、治疗与预防高胆固醇疾病的食品添加剂。

在医药行业中，蔗糖脂肪酸酯用作增溶剂、分散剂和渗透剂、乳化剂；还可作药片的包覆剂、崩解剂、润滑光泽剂以及内服药与外用药的助剂[32]。蔗糖脂肪酸酯不仅具有优良的表面活性，同时与药物有良好的配伍作用，可加快药物释放速度，促进分散均匀，防止结晶沉淀，并能延长药物保质期限。另外，蔗糖脂肪酸酯作为静脉注射液，可降低血清中的胆固醇[33]。尤其是近几年，蔗糖脂肪酸酯作为生理活性物质在抗癌、增强免疫力等方面的研究初见成效，更引起了广泛的注意。

7.5 全氟化碳类溶剂的性质及应用

全氟化碳（PFC，C_nF_{2n+2}）是由氟和碳两种元素组成的化合物。全氟化碳可以通过电解氟化法或 CoF_3 法制得，也可通过直接氟化法制得。它可分为脂肪族和芳香族两类。脂肪族的全氟化碳有四氟化碳、四氟乙烯、全氟环丁烷、全氟（甲基环己烷）等；芳香族的全氟化碳有六氟化苯、全氟萘烷等。

7.5.1 全氟化碳类溶剂的性质

全氟化碳具有高密度、低溶剂强度、高蒸气压等特性。其分子间力非常小，是非极性的，与烃和水基本上是不混溶的。由于氟是电负性最大的元素，通常全氟化碳化学稳定性好、表面活性强和耐热性能好。基于此，它作为一种优良的绿色溶剂，可用于萃取分离、化学合成、环境治理等。

7.5.2 全氟化碳类溶剂的应用

全氟化碳类溶剂被称为惰性溶剂，早于20世纪中叶就已研制成功，应用于化工、生物等领域。特别是由于其稳定的化学性能，全氟化碳类溶剂作为绿色溶剂也得到了广泛的应用。

1. 全氟化碳在化学反应中的应用

Aldol缩合反应是重要的合成反应。在经典方法中，该反应是在有机溶剂中，并且在强酸或碱存在下进行的。在全氟化碳溶剂中，在金属离子催化下，该反应能在中性条件下进行。另一方面，全氟化碳溶剂，特别是全氟烷烃类溶剂具有一些独特的性质，成为传统有机溶剂的最佳替代品。采用氟相分离技术，选取酸性更强的路易斯酸 $RE(OPf)_3$ 作为催化剂，能够实现稀土（Ⅲ）全氟辛烷磺酸盐催化醛酮缩合的绿色过程[34]，如图7-15所示。

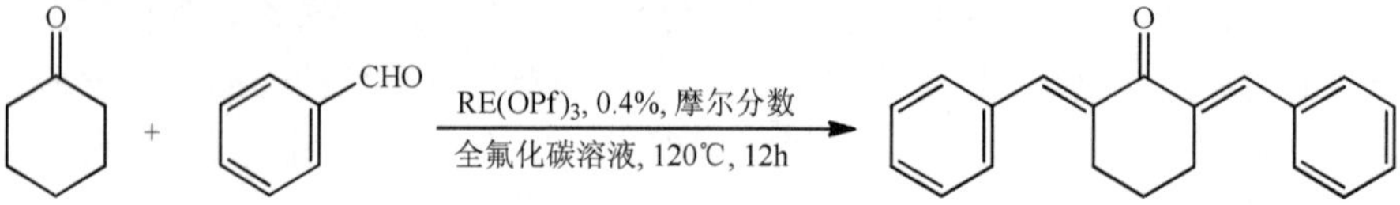

O
CHO
$RE(OPf)_3$, 0.4%, 摩尔分数
全氟化碳溶液, 120℃, 12h

图7-15 醛酮的缩合反应

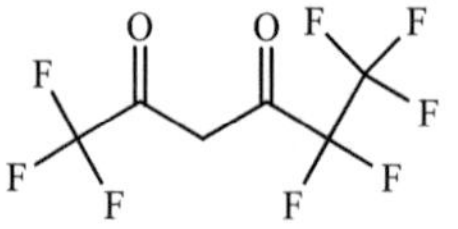

O O F F
F F
F F F F

图7-16 全氟化 β-二酮（1, 1, 1, 5, 5, 6, 6, 6-八氟-2, 4-己二酮）的分子结构

2. 全氟化碳在萃取分离中的应用

氟溶剂能够应用于分离萃取中。全氟化碳基液-液萃取体系能选择性地将金属离子从水相或有机相萃取到全氟化碳相。例如，使用全氟化 β-二酮（1, 1, 1, 5, 5, 6, 6, 6-八氟-2, 4-己二酮，其结构见图7-16）作为萃取剂，可将水相（乙酸盐缓冲液，pH = 4）中的 Cu^{2+} 萃取出来[35]。在萃取过程中，全氟化 β-二酮与 Cu^{2+} 发生络合，进而达到高效萃取。

3. 全氟化碳在电化学中的应用

全氟化碳类溶剂具有非常低的极化率，分子之间的范德华力非常弱，是非极性溶剂。三甘醇二甲醚是用于非水锂空气电池的典型溶剂，而 PFCs 作为新型的溶剂可以增加锂空电池中的氧气的利用率。举例说明如下：基于经典的原子力场计算得到 O_2 在纯三甘醇二甲醚和 PFC 中的扩散系数，获得了氧分子在三甘醇二甲醚和两种 PFC 型液体中的时间平均均方根位移与时间的关系曲线，如图 7-17 所示[36]。对于 C_6F_{14}、C_8F_{18} 和三甘醇二甲醚，得到的 O_2 扩散常数分别为 $7.3\times10^{-5}cm^2\cdot s^{-1}$、$5.1\times10^{-5}cm^2\cdot s^{-1}$ 和 $1.9\times10^{-5}cm^2\cdot s^{-1}$。与三甘醇二甲醚相比，$C_8F_{18}$ 中 O_2 的扩散速率更高，说明在两个特定的 PFC 分子（C_6F_{14} 和 C_8F_{18}）中的 O_2 扩散显著快于三甘醇二甲醚。此外，O_2 在 C_8F_{18} 中的溶解度比在三甘醇二甲醚中的高得多，Li^+ 比 PFC 更易溶于三甘醇二甲醚，而 O_2 更易溶于 PFC 而不是三甘醇二甲醚。因此，两种液体之间的界面上将具有足够多的 O_2 和 Li^+，O_2 分子利用率的增加可以提高电极表面过氧化锂（Li_2O_2）的形成，提高放电反应速率，从而提高锂空气电池的电化学性能。

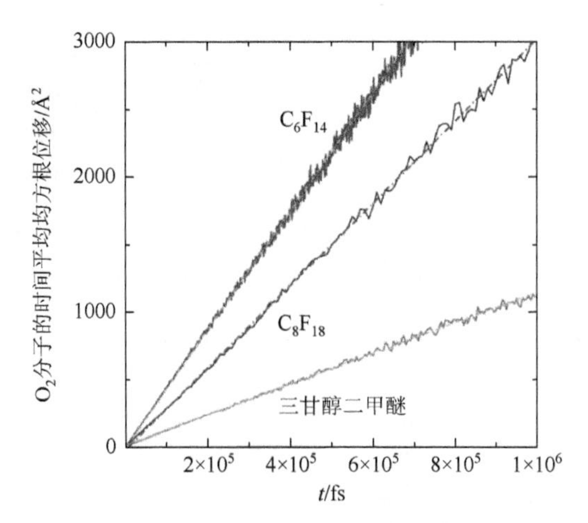

图 7-17 对于 C_6F_{14}，C_8F_{18} 和三甘醇二甲醚中的单个 O_2 分子的时间平均均方根位移与时间的关系

4. 全氟化碳在药物检测中的应用

具有生物相容性的 PFC 液滴作为体内造影剂在超声、磁共振和 X 射线成像等方面具有悠久的历史[37]。1991 年就曾使用 BA1112 横纹肌肉瘤和 EMT6 乳房肿瘤来检查浓缩的全氟辛基溴化物乳液对实体肿瘤的放射敏感性和氧合作用的影响[38]。

近来，人们发现 PFC 成像信号的可检测性和潜在的治疗癌症特异性的疗效。通过模块化结合 PFC 液滴内的其他补充药物，可大大提高其药物疗效。基于成像或治疗的多功能药物，将纳米颗粒（NPs）分散到全氟化碳（PFC）液滴中是最有希望研制出用于癌症检测和治疗的新型药物。如图 7-18 所示[39]，通过使用一种可移除的共溶剂，含有 NPs 的单分散液滴的体积是前驱体微液滴的 1/165。在纳米尺寸

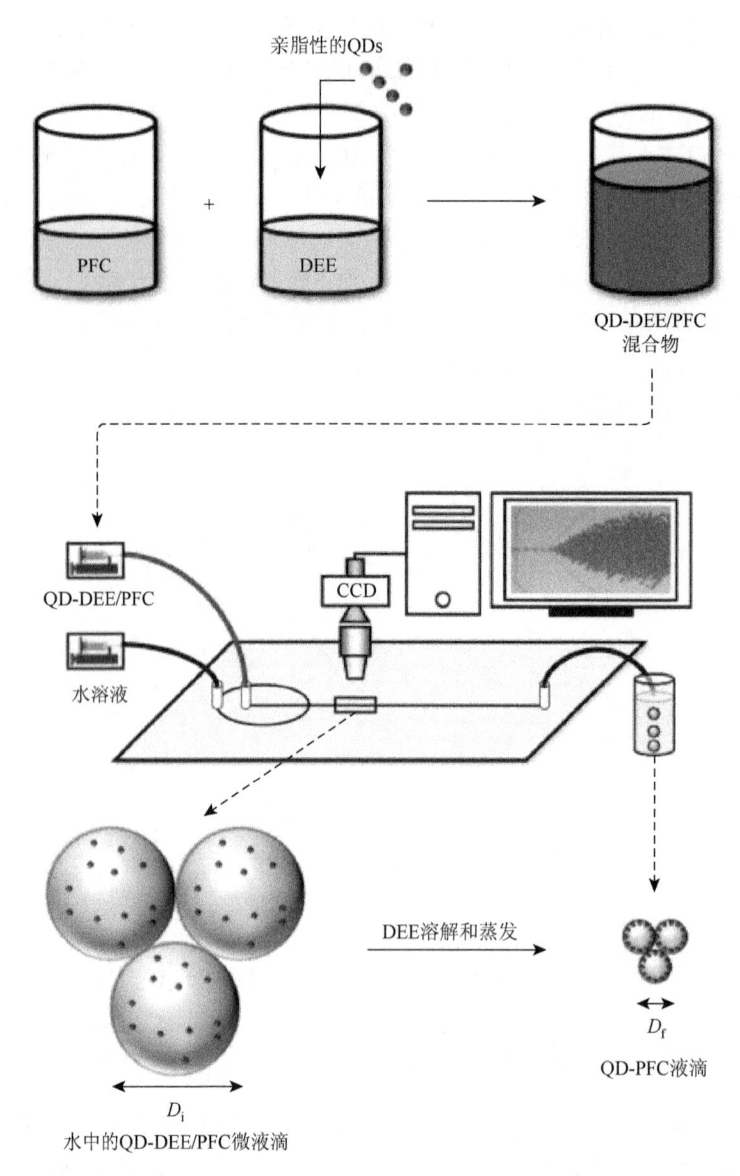

图 7-18　通过使用二乙醚（DEE）作为共溶剂来形成含有纳米颗粒的单分散全氟化碳液滴

范围内，成功生产的单分散 PFC 液滴（尺寸为 470nm），远低于标准微流体装置的尺寸限制。这种方法用途广泛，有助于设计可纳入其他亲脂性纳米颗粒和分子的 PFC 液滴，在该领域具有广泛的应用前景。

7.6 硅氧烷类溶剂的性质及应用

硅氧烷（polydimethylsiloxane，PDMS）又称聚二甲基硅氧烷，是含有—Si—O—Si—结构的有机硅化物。其可聚合成链状、环状或网状，习惯上又称有机硅或聚硅醚，分子式为$(R_2SiO)_x$。PDMS 的种类很多，按产品的化学结构和性能主要分为三类：①硅油，为低分子量线形结构聚合物；②硅橡胶，是分子量很大的线形结构聚合物；③硅树脂，是含有活性基团，可进一步固化的线形结构聚合物。PDMS 是由多个硅原子构成的螺旋结构，其中的甲基面向外侧，呈鞘状覆盖于螺芯部的硅氧主链。作为侧链的甲基的表面能很低，它们遮盖了高极性的硅氧主链，导致 PDMS 的分子间力很弱，表面张力非常低。

7.6.1 硅氧烷类溶剂的性质

聚硅氧烷具有很多优异的物理化学性能，如耐高温性、耐辐射性、耐氧化性、高透气性、憎水性以及生理惰性等。构成聚硅氧烷主链的—Si—O—Si—键的键角较大，原子与原子之间的距离较长，具有较大的自由度，使得—Si—O—Si—键容易旋转。此外，Si—O 键键长可达 0.193nm，使得聚二甲基硅氧烷为代表的聚硅氧烷类化合物，不易发生结晶化。分子间作用力小及分子呈高柔顺态，导致聚硅氧烷具有低的玻璃态转化温度、表面张力及表面能。它的主链结构与硅酸盐相同，由硅氧键连接而成，而硅原子上又接有烷基、苯基等构成的侧链，故其具有半无机半有机的高分子构造。因此，其容易透过氧气、氮气甚至水蒸气等气体分子，用其处理后的纤维制品具有良好的通气透湿性。聚硅氧烷现已在电器、化工、冶金、建筑、航天、航空、医用材料等众多领域中得到广泛的应用。

7.6.2 硅氧烷类溶剂的应用

1. 硅氧烷类溶剂在工业生产中的应用

硅氧烷表面活性剂，也称有机硅表面活性剂，即聚二甲基硅氧烷上的部分甲基被其他的有机基团取代。有机基团和硅氧烷链形成 Si—C 键或 Si—O—C 键，

Si—O—C 键在酸性（pH＜4）或碱性（pH＞10）条件下均容易水解，所以形成 Si—C 键的取代更加稳定。基于硅氧烷所具有的以上特性，将改性硅氧烷用在织物调理剂中，这些织物调理剂具有一些优异的性能，如耐高剪切性及高剪切条件下的低泡性、耐冻融稳定性等。此外，硅氧烷表面活性剂还可以作为消泡剂，通常加入聚醚类的非离子表面活性剂可作为分散剂，使消泡剂更好地分散到泡沫介质中，以提高消泡效果。

2. 硅氧烷类溶剂在农药生产中的应用

我国一直面临着农药利用率低的问题，将农药喷洒到植物上时，一些植物难以被喷洒液润湿，大量药液以水珠的形式从叶片上滚落，只有少量的药液黏着在叶面上；另一些植物极易被喷洒液润湿，但叶面上只有很薄的一层水膜，大量药液从叶缘滴落。除了喷洒器具、喷洒方式等因素外，农药制剂本身和制剂的性质也是导致农药利用率低的原因之一。而有机硅类表面活性剂，特别是聚醚改性三硅氧烷表面活性剂具有优良的展着性、润湿性、渗透性，能极大地促进药液扩展，甚至使药液通过气孔进入植物组织内，从而有效减少农药流失、减小农药用量、降低用药成本以及减少农药对环境的污染[40]。因此，选择合适的聚醚结构以获得水解稳定性较好的聚醚改性三硅氧烷表面活性剂很有必要。目前聚醚改性三硅氧烷表面活性剂的合成方法主要有缩合法和硅氢加成法。缩合法制备的聚醚改性有机硅类表面活性剂中，聚醚链段和硅氧烷链段连接方式为 Si—O—C 型，其易于水解，稳定性差；硅氢加成法制备的聚醚改性有机硅类表面活性剂中，聚醚链段和硅氧烷链段连接方式为 Si—C 型，其不易水解，稳定性好，应用广泛[41]。

3. 硅氧烷类溶剂在日化用品中的应用

硅氧烷对人类健康和环境无害，因而被当作化妆用品的原料。它们用作止汗剂的挥发性载体、护肤香脂、洗涤剂、洗发剂和其他护发用品的调节剂。聚硅氧烷及其改性产品能赋予化妆品各种优异的性能，因而成为化妆品的重要组分。聚二甲基硅氧烷产品铺展性好，可改善膏霜类化妆品的搽抹性。作为有机溶剂的代用品，硅氧烷可以有效地除掉油脂斑迹而不留痕迹或条痕，同有机溶剂配合可提供优良的扩散性能，增强溶剂的清洗作用。挥发性环状硅氧烷（结构式如图 7-19 所示）的清洗效果等于或大于一般有机溶剂，不会使表面饰层暗淡失色，不会在织物上留下环状污迹，也不会损伤织物（表 7-5），所以具有改进家用清洗剂的潜力。

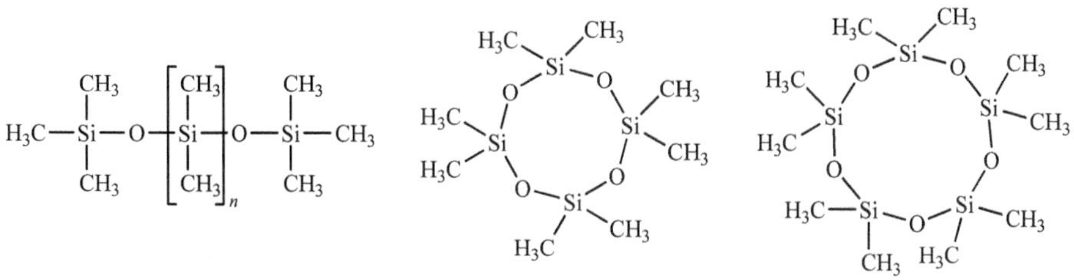

图 7-19　聚二甲基硅氧烷的结构式

表 7-5　不同清洗液对油污布料的清洗效果

清洗液	清洗效果
挥发性环状硅氧烷（四聚物）	$\frac{5}{4.9}$
挥发性环状硅氧烷（五聚物）	$\frac{4.9}{4.9}$
矿油精	$\frac{4.8}{4.9}$
全氯乙烯	$\frac{5}{4}$

注：清洗效果 = $\frac{第一次清洗}{第二次清洗}$。

7.7　亚砜类溶剂的性质及应用

亚砜是指由亚硫酰基（ $\rangle S=O$）与烃基 R 以共价键相结合而成的化合物的总称，通式为 R—SO—R′。分子中含有的半极性的 $\rangle S=O$ 基团，能有效地与金属离子生成配位化合物或溶剂化物。常用的亚砜类萃取剂有二烷基亚砜和石油亚砜两大类。

7.7.1　亚砜类溶剂的性质

一般亚砜溶于水、乙醇、乙醚，能溶于稀酸，部分溶于碱性溶液。在有机溶剂中的溶解程度常因所结合的功能基的种类而异。亚砜中的氧原子呈负离子状态，且不受两个 R 基的影响，有很强的极性、强氧化性，能被还原剂还原成硫醚，被氧化剂氧化成砜，还能与硝酸成盐。亚砜类化合物可能具有光学活性，在低温下为固体，低级脂肪族亚砜在相对低温下为熔融状态。几种亚砜类的熔点及沸点列于表 7-6。

表 7-6 几种亚砜类的熔点及沸点

名称	英文名	结构式	熔点/℃	沸点/℃
二甲基亚砜	sulfinylbismethane	$(CH_3)_2SO$	18.55	189.0
1, 1-二乙基亚砜	1, 1-sulfinylbisethane	$(C_2H_5)_2SO$	15	88～90（2.0kPa）
1, 1-二丙基亚砜	1, 1-sulfinylbispropane	$(n\text{-}C_3H_7)_2SO$	18	
1, 1-二丁基亚砜	1, 1-sulfinylbisbutane	$(n\text{-}C_4H_9)_2SO$	32	
1, 1-双（2-氯乙基）亚砜	1, 1-sulfinylbis（2-chlorethane）	$(ClCH_2CH_2)_2SO$	110.2	
1, 1-二苯基亚砜	1, 1-sulfinylbisbenzene	$(C_6H_5)_2SO$	70.5	340（缓慢分解）
甲基苯基亚砜	methylsulfinylbenzene	C_6H_5S（O）CH_3	30～30.5	139～140
苯甲基苯基亚砜	phenylmethylsulfinylbenzene	C_6H_5S（O）$CH_2C_6H_5$	125.5	
1, 1-双（苯甲基）亚砜	1, 1-sulfinylbis（methylenebenzene）	$(C_6H_5CH_2)_2SO$	135	

7.7.2 亚砜类溶剂的应用

DMSO 是典型的极性非质子溶剂，具有较大的介电常数和偶极矩。因而在生物、医药、化学、材料等领域都有着广泛的应用。

1. 亚砜类溶剂在医药生产中的应用

DMSO 是一种医药研究中广泛应用的非水溶性药物有机溶剂。在抗肿瘤药物的体外筛选中，许多水溶性较差的脂溶性的待筛选样品，尤其是植物提取物，需借助有机溶剂才能溶解，而大多数有机溶剂存在较强的非特异性细胞毒性。因此，选择适合肿瘤细胞的有机溶剂及最佳的溶剂体积分数至关重要。DMSO 不仅能与培养液更好地互溶，而且不会因有机溶剂的毒性造成药物筛选中的假阳性结果[42]，因此成为溶解抗肿瘤药物的最佳有机溶剂。

2. 亚砜类溶剂在化学反应中的应用

DMSO 可以作为乙酸合成双乙烯酮的反应溶剂，大大提高反应的转化率，而双乙烯酮是合成久效磷、嘧啶磷、地亚农等杀虫剂的重要中间体。在由对氯硝基苯制备对氟硝基苯（制备氟化除草醚等农药的中间体）时，使用 DMSO 作为溶剂能将反应收率由 50%提高到了 74%以上[43]。由卤代烷烃与无机氰化物反应制备烷基腈，用亚硝酸钠将卤代烷烃或 α-卤代酯转化为硝基化合物[44]等反应中，DMSO 的使用都明显提高反应的速率。在亲核取代反应中，作为强极性非质子偶极型溶剂的 DMSO 能大大加快反应的速率。这主要是由于 DMSO 能使阳离子或带正电荷的基团发生强烈的溶剂化，但却不能使负离子很好地溶剂化，因此这些负离子在 DMSO 中就显得非常活泼，成为较强的亲核试剂。这样就大大加快了亲核取代的反应速率，所以 DMSO 对亲核取代反应非常有效。

此外，DMSO 在亲电取代反应、双键重排、酯缩合反应等方面都有十分广泛的应用。如癸醇-环丁砜双相反应介质可被用于癸基-D-木糖苷的生产，其反应时间短，产率高。并且环丁砜易于通过液-液分离回收并重复利用，符合绿色溶剂的理念[45]。

3. 亚砜类溶剂在防腐中的应用

二甲基亚砜由于高沸点（在 760mmHg①时为 189℃）和非常低的蒸气压（在 25℃下为 0.6mmHg）而成为有毒溶剂的替代物。它作为绿色溶剂用于制备新型防腐蚀环氧涂料（图 7-20）[46]，能大幅降低挥发性有机化合物的含量。其热性能和机械性能均优于传统的环氧涂层，在防腐材料的制备中具有广阔的应用前景。

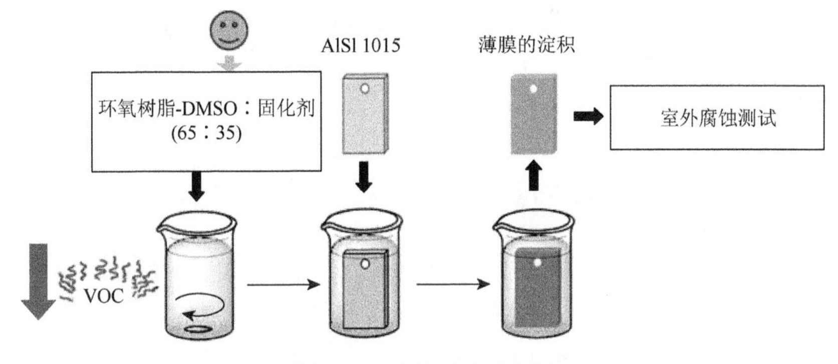

图 7-20　腐蚀试验示意图

4. 亚砜类溶剂在电化学中的应用

Herr 等[47]分别研究了不同有机溶剂（1, 3-二氧戊环、四氢呋喃、乙酰丙酮和二甲基亚砜）在四丁基六氟磷酸铵中的非水乙酰丙酮酸钒（III）[$V(acac)_3$] 氧化还原液流电池的电化学行为。采用循环伏安法测定非水乙酰丙酮酸钒（III）氧化还原液流电池的动力学行为和电位窗口。研究结果如图 7-21 所示，在 1, 3-二氧戊环、四氢呋喃和乙酰丙酮的循环伏安曲线中存在两个明显的氧化还原对和一个额外的高峰，在二甲基亚砜中没有检测到这个额外的峰值。此外，动力学研究表明，基于乙酰丙酮酸钒 [$V(acac)_3$] 的所有使用的溶剂中都呈现出可逆行为，二甲基亚砜是所有溶剂中可逆性最高的。液流电池的电位窗口取决于所使用的溶剂。图 7-22

① 1mmHg = 1.33322×10^2Pa。

显示了在不同溶剂中的 EIS 测量结果。从图中可以看到，在高、中和低频范围

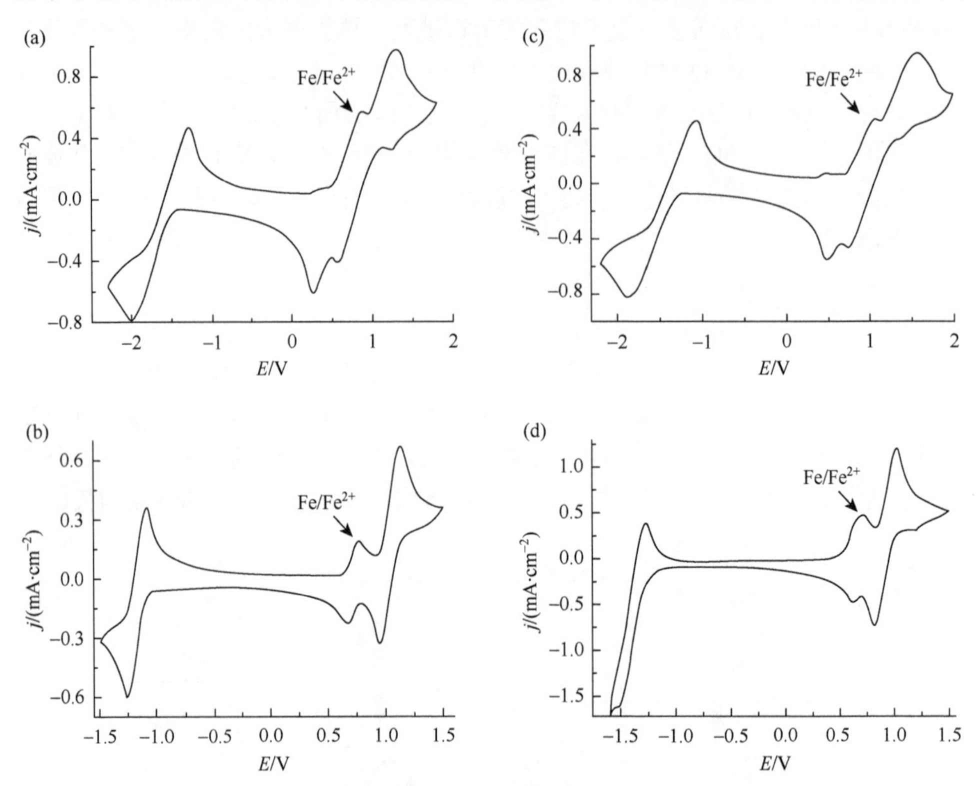

图 7-21 在 $100mV·s^{-1}$ 的扫描速率下以玻碳电极（$A = 0.07cm^2$）和二茂铁银丝作为内标测量的循环伏安曲线

（a）1, 3-二氧戊环；（b）DMSO；（c）四氢呋喃；（d）乙酰丙酮

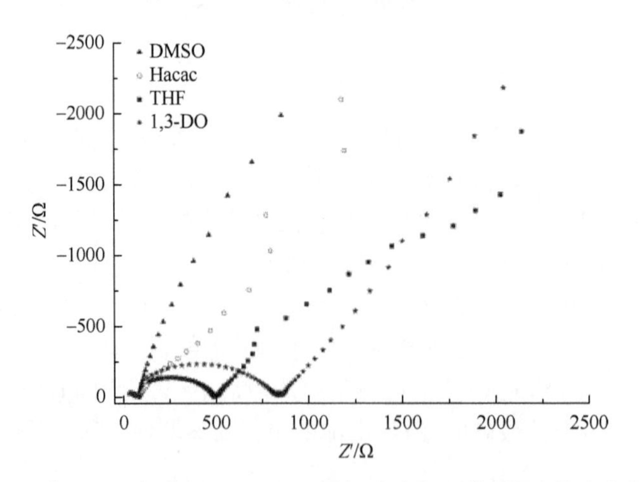

图 7-22 在 1, 3-二氧戊环、DMSO、四氢呋喃和乙酰丙酮中的奈奎斯特图

内显示三个不同的区域，且用 DMSO、乙酰丙酮作为溶剂产生的电解质电阻最小，在 DMSO 和乙酰丙酮中反应是限速步。在 DMSO 溶剂中，放电功率密度最高，电阻最低。DMSO 还显示较高的效率以及较好的物理性能，且价格比丙烯腈（AN）低。

7.8　萜类溶剂的性质及应用

萜类是分子式为异戊二烯的整数倍的烯烃类化合物，通式为$(C_5H_8)_n$，结构式见图 7-23。它广泛存在于植物体内，可从许多植物，特别是针叶树得到。

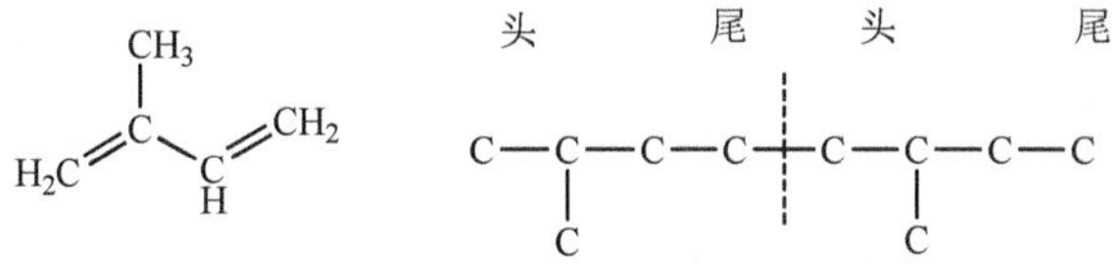

图 7-23　异戊二烯及异戊二烯链萜的结构式

可以根据分子中包括异戊二烯单位的数目对萜类进行分类，如表 7-7 所示。也可根据萜的分子中各异戊二烯单元的连接方式不同，将萜类化合物分为开链萜（如月桂烯）、单环萜（如薄荷醇）和双环萜（如 α-蒎烯）等。

表 7-7　萜类化合物的分类与分布

类别	碳原子数目	异戊二烯单位数	分布
半萜	5	1	植物叶
单萜	10	2	挥发油
倍半萜	15	3	挥发油
二萜	20	4	树脂、叶绿素、植物醇
二倍半萜	25	5	海绵、植物病菌、昆虫代谢物
三萜	30	6	皂苷、树脂
四萜	40	8	胡萝卜素
多聚萜	$7.5\times10^3\sim3\times10^5$	n	橡胶、硬橡胶

7.8.1　萜类溶剂的性质

萜类化合物大多不溶于水，易溶于有机溶剂。萜类化合物大多具有手性碳原子，具有光学性能。低分子萜类化合物大多有很高的折射率。此外，萜类化合物对高温、光、酸和碱较敏感，长时间接触，常会发生氧化、重排及聚合反应，导

致结构改变。多数的萜类化合物因还有双键和醛、酮等基团，可与卤素、卤化氢、亚硝酰氯、亚硫酸氢钠、硝基苯肼和吉拉德等试剂发生加成反应。

7.8.2　萜类溶剂的应用

萜类化合物作为一种新型的绿色溶剂已经得到了广泛的应用。

1. 萜类溶剂作为萃取剂的应用

许多萜烯是无环的、双环的或单环的，在物理性质上有所不同。在许多工业应用中它们是石油溶剂的最佳替代品。柠檬烯（苎烯）是一种低成本、低毒性的生物可降解萜烯，存在于来自柑橘皮的农业废物中。因此，这种试剂是经济的可再生原料。其由于被广泛地应用而被誉为万能的化学品。鉴于人们对其清洁和脱脂质量的认可，人们对柠檬烯的研究兴趣日益增加。将柠檬烯作为有机溶剂萃取剂的替代品，可以从含油的物质中提取石油。以柠檬烯为萃取剂与以正己烷为萃取剂得到的原油的产量和质量相当[48-50]。α-蒎烯是从松节油中提炼出来的一种天然的萜烯烃。作为可再生资源的松节油已成为溶剂中非常重要的材料，可以用于稀释油基油漆和生产清漆。从松树获得的松节油，曾用于生产高质量的 α-蒎烯、β-蒎烯、松油、萜品醇等萜烯。对伞花烃是一种芳香族碳氢化合物，广泛存在于树的叶油中。它是化学工业中重要的产品和有价值的中间体。除此之外，它还被用作染料和清漆的溶剂、传热介质、香水和麝香香水中的添加剂。

利用从可再生原料获得的萜烯作为溶剂替代有毒有害的正己烷从微藻中提取油（图 7-24）。使用索氏萃取法来研究来自微藻类的油的萃取步骤，并且使用

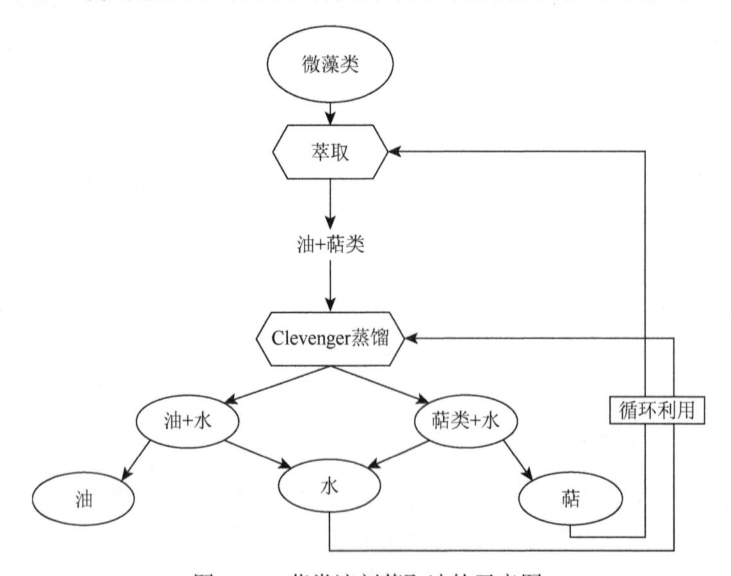

图 7-24　萜类溶剂萃取油的示意图

Clevenger 蒸馏从介质中除去溶剂。将提取的油与用正己烷获得的油进行比较，说明萜类作为溶剂的萃取方法绿色、清洁和高效[51]。

2. 萜类溶剂在生物转化中的应用

聚苯乙烯（PS）广泛用于包装和建筑材料以及电绝缘和绝热中。右旋柠檬烯，是柑橘类精油的主要成分，可作为回收 PS 的一种溶剂。其中，利用柠檬烯回收 PS 已在工业规模上得到了应用。其他单萜也能溶解 PS。冷杉红和桉树叶油，其生长速度快，含有许多单萜。这些油和萜烯与 D-柠檬烯相比是丰富的。PS 在这些天然溶剂中的溶解能力强，其溶解度如表 7-8 所示[52]，为实现聚苯乙烯的绿色回收提供了可能。

表 7-8　聚苯乙烯在萜类溶剂中的溶解度

溶剂	溶解度/(g·100g^{-1} 溶剂)
α-松油烯	130.2
γ-松油烯	130.6
D-柠檬烯	126.7
异松油烯	125.2
醋酸香叶酯	174.4
乙酸龙脑酯	67.2
1, 8-桉叶素	54.8
α-蒎烯	43.8

3. 萜类溶剂在有机光电器件中的应用

为了保护环境，绿色溶剂对于溶液加工光电子器件的商业化至关重要。天然产物 D-柠檬烯可以作为非芳族和非氯化溶剂用于加工聚合物发光二极管（PLED）和有机场效应晶体管（OFET）[53]。D-柠檬烯可以作为溶剂用于溶解 PLED 的发蓝光聚芴基无规共聚物，以及用于溶解 OFET 的具有高空穴迁移率的交替共聚物 FBT-Th4（1, 4）。在比较两种共轭聚合物的常规溶剂浇铸薄膜时，基于 UV-vis 吸收光谱和通过原子力显微镜（AFM）的观察，所得的 D-柠檬烯沉积的薄膜可以显示可比的薄膜质量。以 D-柠檬烯作为处理溶剂，具有（0.16, 0.16）的 CIE 坐标，最大外部量子效率为 3.57%，发光效率为 3.66cd·A^{-1}，并且具有优异空穴迁移率（1.06cm^{2}·V^{-1}·s^{-1}）的 OFET。D-柠檬烯是一种很有前途的非芳香族和非氯化溶剂，用于光电子器件中共轭聚合物和分子的溶液加工。

本章所介绍的八类绿色溶剂，根据其所具有的独特性质，在不同的领域表现出独特的应用价值。它们不仅可以替代传统的有毒易挥发有机溶剂，为化学反应提供适宜的环境，提高选择性和转化率，而且还能作为绿色溶剂用于分离萃取等过程以提高分离萃取效率。相信随着人们对绿色化学理念认识的加深，开发和利用更多新型绿色溶剂的热潮会与日俱增。

参 考 文 献

[1] Kianpour E，Azizian S. Polyethylene glycol as a green solvent for effective extractive desulfurization of liquid fuel at ambient conditions. Fuel，2014，137（4）：36-40.

[2] Xiao X H，Wang J X，Wang G，et al. Evaluation of vacuum microwave-assisted extraction technique for the extraction of antioxidants from plant samples. Journal of Chromatography A，2009，1216（51）：8867-8873.

[3] Fan L. Simultaneous analysis of coumarins and secoiridoids in Cortex Fraxini by high-performance liquid chromatography-diode array detection-electrospray ionization tandem mass spectrometry. Journal of Pharmaceutical & Biomedical Analysis，2008，47（1）：39-46.

[4] Zhou X Y，Liu R L，Ma X，et al. Polyethylene glycol as a novel solvent for extraction of crude polysaccharides from Pericarpium granati. Carbohydrate Polymers，2014，101（1）：886-889.

[5] Zhou T，Xiao X，Li G，et al. Study of polyethylene glycol as a green solvent in the microwave-assisted extraction of flavone and coumarin compounds from medicinal plants. Journal of chromatography A，2011，1218（23）：3608-3615.

[6] Chandrasekhar S，And S J P，Rao C L. Poly（ethylene glycol）（400）as superior solvent medium against ionic liquids for catalytic hydrogenations with PtO_2. Cheminform，2006，37（28）：2196-2199.

[7] Bulgariu L，Bulgariu D. Extraction of metal ions in aqueous polyethylene glycol-inorganic salt two-phase systems in the presence of inorganic extractants：correlation between extraction behaviour and stability constants of extracted species. Journal of Chromatography A，2008，s 1196-1197（2）：117-124.

[8] Liang R，Wang Z，Xu J H，et al. Novel polyethylene glycol induced cloud point system for extraction and back-extraction of organic compounds. Separation & Purification Technology，2009，66（2）：248-256.

[9] Wang Z，Xu J H，Zhang W，et al. *In situ* extraction of polar product of whole cell microbial transformation with polyethylene glycol-induced cloud point system. Biotechnology Progress，2008，24（5）：1090-1095.

[10] Falcon-Millan G，Pilar Gonzalez-Muñoz M，Durand A，et al. Phosphoric acid partition in aqueous two phase systems. Journal of Molecular Liquids，2017，241：967-973.

[11] Karnakar K，Murthy S N，Ramesh K，et al. Polyethylene glycol（PEG-400）：an efficient and recyclable reaction medium for the synthesis of pyrazolo 3，4-b quinoline derivatives. Tetrahedron Letters，2012，53（23）：2897-2903.

[12] Feu K S，Del T A F，Alexander F，et al. Cheminform abstract：polyethylene glycol（PEG）as a reusable solvent medium for an asymmetric organocatalytic michael addition. application to the synthesis of bioactive compounds. Green Chemistry，2014，16（6）：3169-3174.

[13] Li Z，Liu X，Pei Y，et al. Design of environmentally friendly ionic liquid aqueous two-phase systems for the efficient and high activity extraction of proteins. Green Chemistry，2012，14（10）：2941-2950.

[14] Lee S Y，Khoiroh I，Ling T C，et al. Enhanced recovery of lipase derived from Burkholderia cepacia from fermentation broth using recyclable ionic liquid/polymer-based aqueous two-phase systems. Separation and Purification Technology，2017，179：152-160.

[15] Kulkarni P S，Brazinha C，Afonso C A M，et al. Selective extraction of natural products with benign solvents and recovery by organophilic pervaporation：fractionation of D-limonene from orange peels. Green Chemistry，2010，12（11）：1990-1994.

[16] Andrews P C，Peatt A C，Raston C L. Indium metal mediated synthesis of homoallylic amines in poly（propylene）glycol（PPG）. Green Chemistry，2004，6（2）：119-122.

[17] Pierre A C，Pajonk G M. Chemistry of aerogels and their applications. Chemical Reviews，2003，34（4）：4243.

[18] Dutoit D C M，Göbel U，Schneider M，et al. Titania-silica mixed oxides：V. effect of sol-gel and drying conditions on surface properties. Journal of Catalysis，1996，164（2）：433-439.

[19] Yorov K E，Sipyagina N A，Malkova A N，et al. Methyl *tert*-butyl ether as a new solvent for the preparation of SiO_2-TiO_2 binary aerogels. Inorganic Materials，2016，52（2）：163-169.

[20] Soete W D，Dewulf J，Cappuyns P，et al. Exergetic sustainability assessment of batch versus continuous wet granulation based pharmaceutical tablet manufacturing：a cohesive analysis at three different levels. Green Chemistry，2013，15（11）：3039-3048.

[21] Kobayashi S，Kuroda H，Ohtsuka Y，et al. Evaluation of cyclopentyl methyl ether（CPME）as a solvent for radical reactions. Tetrahedron，2013，69（10）：2251-2259.

[22] 杨向宏. 中国涂料业溶剂使用及发展趋势. 建筑，2009，（18）：60-61.

[23] Gordin M L，Dai F，Chen S，et al. Bis（2，2，2-trifluoroethyl）ether as an electrolyte co-solvent for mitigating self-discharge in lithium-sulfur batteries. Acs Applied Materials & Interfaces，2014，6（11）：8006-8010.

[24] Rao，Biju T P，Nair V M. Ultratrace analysis of individual rare earth elements in natural water samples. Reviews in Analytical Chemistry，2002，21（3）：233-243.

[25] Rao T P，Biju V M. Trace determination of lanthanides in metallurgical，environmental，and geological samples. Critical Reviews in Analytical Chemistry，2000，30（2-3）：179-220.

[26] Wu D，Zhang Q，Bao B. Solvent extraction of Pr and Nd（III）from chloride-acetate medium by 8-hydroquinoline with and without 2-ethylhexyl phosphoric acid mono-2-ethylhexyl ester as an added synergist in heptane diluent. Hydrometallurgy，2007，88（1）：210-215.

[27] Zheng L. Impurity removal and cobalt-nickel separation from sulphate solution by solvent extraction with B312 ☆. Hydrometallurgy，1990，24（2）：167-177.

[28] 黄英姿. 丙二醇甲醚醋酸酯在涂料中的应用. 化工新型材料，2007，35（9）：83-83.

[29] Wang G，Zhang L，Zhang J. A review of electrode materials for electrochemical supercapacitors. Chemical Society Reviews，2012，41（2）：797-828.

[30] Schütter C，Passerini S，Korth M，et al. Cyano ester as solvent for high voltage electrochemical double layer capacitors. Electrochimica Acta，2017，224：278-284.

[31] 严量，郑彤，周志勇，等. 无溶剂法合成高纯度蔗糖脂肪酸酯. 化工生产与技术，2010，17（4）：23-24.

[32] 李尊江，邢德娜. 蔗糖脂肪酸酯的制备应用及发展. 精细石油化工进展，2003，4（5）：16-18.

[33] 刘小杰，何国庆，袁长贵，等. 糖酯的合成工艺及其应用研究. 食品与发酵工业，2001，27（11）：64-69.

[34] Yi W B，Cai C. Aldol condensations of aldehydes and ketones catalyzed by rare earth（III）perfluorooctane sulfonates in fluorous solvents. Journal of Fluorine Chemistry，2005，126（11-12）：1553-1558.

[35] Thomas M M D，Weerman M V D B，Johan F B，et al. Perfluorocarbon-based liquid-liquid extraction for separation of transition metal ions. Analytical Sciences the International Journal of the Japan Society for Analytical Chemistry，2007，23（7）：763-765.

[36] Kuritz N，Murat M，Balaish M，et al. PFC and triglyme for Li-air batteries：a molecular dynamics study. J Phys

Chem B，2016，120（13）：3370-3377.

[37] Riess J G. The design and development of improved fluorocarbon-based products for use in medicine and biology. Artificial Cells Blood Substitutes & Immobilization Biotechnology，1994，22（2）：215-234.

[38] Rockwell S，Kelley M，Irvin C G，et al. Modulation of tumor oxygenation and radiosensitivity by a perfluorooctylbromide emulsion. Radiotherapy & Oncology，1991，22（2）：92-98.

[39] Seo M，Matsuura N. Direct incorporation of lipophilic nanoparticles into monodisperse perfluorocarbon nanodroplets via solvent dissolution from microfluidic-generated precursor microdroplets. Langmuir the Acs Journal of Surfaces & Colloids，2014，30（42）：12465-12473.

[40] Deng F J，Cao S S，Wen Y Q. Progress in studies on organosilicon surfactant for agrochemical. Chemical Research & Application，2002，14（6）：723-724.

[41] 安秋凤，李歌，杨刚. 聚醚型聚硅氧烷的研究进展及应用. 化工进展，2008，27（9）：1384-1389.

[42] 纪舒昱，翁稚颖，周轶平，等. 8 种有机溶剂对肿瘤细胞的细胞毒作用. 云南大学学报：自然科学版，2001，23（6）：457-460.

[43] 张海滨. 二甲亚砜在农药领域的应用. 江苏化工，2004，32（5）：22-23.

[44] 徐兆瑜. 前景广阔的二甲诺亚砜. 河北化工，2000，（3）：10-12.

[45] Ludot C，Estrine B，Le Bras J，et al. Sulfoxides and sulfones as solvents for the manufacture of alkyl polyglycosides without added catalyst. Green Chemistry，2013，15（11）：3027-3030.

[46] Martí M，Molina L，Alemán C，et al. Novel epoxy coating based on DMSO as a green solvent，reducing drastically the volatile organic compound content and using conducting polymers as a nontoxic anticorrosive pigment. ACS Sustainable Chemistry & Engineering，2013，1（12）：1609-1618.

[47] Herr T，Noack J，Fischer P，et al. 1，3-Dioxolane，tetrahydrofuran，acetylacetone and dimethyl sulfoxide as solvents for non-aqueous vanadium acetylacetonate redox-flow-batteries. Electrochimica Acta，2013，113：127-133.

[48] Mamidipally P K，Liu S X. First approach on rice bran oil extraction using limonene. European Journal of Lipid Science & Technology，2004，106（2）：122-125.

[49] Liu S X，Mamidipally P K. Quality comparison of rice bran oil extracted with d-limonene and hexane. Cereal Chemistry，2007，82（2）：209-215.

[50] Virot M，Tomao V，Ginies C，et al. Green procedure with a green solvent for fats and oils' determination：microwave-integrated Soxhlet using limonene followed by microwave Clevenger distillation. Journal of Chromatography A，2008，s 1196-1197：147-152.

[51] Dejoye T C，Abert V M，Ginies C，et al. Terpenes as green solvents for extraction of oil from microalgae. Molecules，2012，17（7）：8196-8205.

[52] Hattori K，Naito S，Yamauchi K，et al. Solubilization of polystyrene into monoterpenes. Advances in Polymer Technology，2008，27（1）：35-39.

[53] Zhu Y，Chen Z，Yang Y，et al. Using d-limonene as the non-aromatic and non-chlorinated solvent for the fabrications of high performance polymer light-emitting diodes and field-effect transistors. Organic Electronics，2015，23：193-198.

第 8 章
重要混合绿色溶剂体系

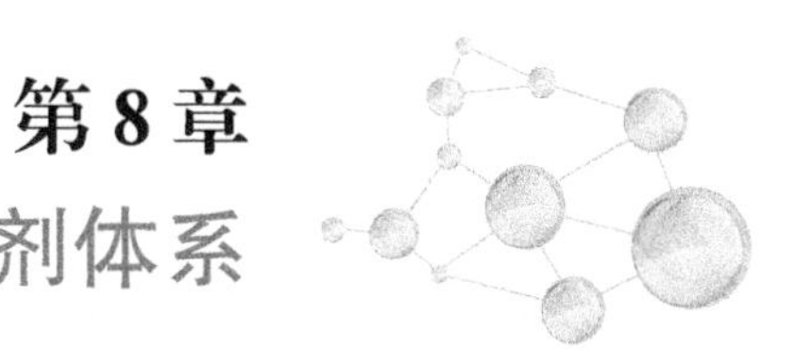

Anastas 和 Waner 所提出的绿色化学十二条原则之一就是尽可能避免使用溶剂，或者尽可能使用无毒无害的溶剂[1]。因此，开发无毒或低毒性的溶剂成为化学以及相关学科的重要任务之一。目前应用较多的绿色溶剂主要包括以下几种：水、超临界流体、离子液体、低共熔混合物、全氟溶剂、聚乙二醇等。每一种溶剂都有各自的优点，而它们构成的混合溶剂则会表现出一些特殊的性质。实际上，许多混合溶剂体系已被广泛应用于催化反应、材料制备等领域中，并得到了较理想的转化率、选择性和材料性能[2]。本书前几章已经分别介绍了几类代表性的绿色溶剂，本章选取几类典型的混合绿色溶剂体系，介绍它们的物理化学性质、溶剂特性、实际应用等方面的研究进展。

8.1 超临界 CO_2/水体系的性质及应用

超临界二氧化碳（supercritical CO_2，SC-CO_2）是研究最多的超临界体系[3]，它有以下几个优点：①CO_2 廉价易得，利用许多工业过程都可以得到 CO_2；②无毒无害；③不燃烧，相对惰性；④CO_2 的临界温度和临界压强都比较低（31.1℃和 7.38MPa），应用起来比较方便等。水是自然界大量存在的生命体不可缺少的物质，因此水也是一类绿色的溶剂。因此首先介绍 SC-CO_2 + 水混合体系的性质和应用。

8.1.1 CO_2/水体系的性质

1. CO_2/H_2O 体系的酸性

溶到水中的 CO_2 是一个弱的氢键接受体，因此它的水化能力较弱，CO_2 在水中可变成 H_2CO_3、HCO_3^- 和 CO_3^{2-}。软 X 射线吸收光谱表明，H_2CO_3 可以提供两个较弱的氢键从而形成水化分子[4]。H_2CO_3 解离后可形成对应的酸根，溶解平衡后可用下式表示。

$$CO_2 \xrightleftharpoons{H_2O} CO_2 \cdot H_2O \rightleftharpoons H_2CO_3 \xrightleftharpoons{-H^+} HCO_3^- \xrightleftharpoons{-H^+} CO_3^{2-} \quad (8\text{-}1)$$

在高压下，如果水被CO_2所饱和，则平衡向生成H_2CO_3的方向进行，从而导致溶液的酸性增强。CO_2/H_2O 体系的酸性一般随温度和压强而变化，例如在相同的压强下，当体系温度从 35℃升高到 150℃，其 pH 值逐渐升高，主要原因是高温不利于CO_2在水中的溶解，使得反应(8-1)中的平衡向左移动，导致体系中H^+减少。同理，在相同温度下，pH 值随着压强的升高而降低，即酸性增强，其原因是，高压下 CO_2 在水中的溶解度增大，酸性增强。从整体看，CO_2/H_2O 体系的 pH 值均在 3.0 左右，属于酸性较强的体系，略强于甲酸的酸性（甲酸的 $pK_a \approx 3.8$）。

2. CO_2与 H_2O 的互溶度

CO_2为直线形分子，它的永久偶极矩为零（非极性分子）。因此，超临界CO_2对极性物质以及大分子化合物的溶解性能较差。然而其局部仍带有极性，通常用四偶极矩来衡量这种极性的大小，CO_2 的四偶极矩在非极性分子中相对较大，因此它可以和极性物质相互作用，这也就是它能够溶解部分极性溶质的原因。此外，CO_2的溶解能力取决于压强的大小，因此可以通过压强的大小来调控气体在CO_2中的溶解度，以取得最佳的效果。CO_2和水也有一定的互溶度。在较低压强下，CO_2在水中的溶解度遵循亨利定律，但是当压强升高到 10MPa 后，亨利定律开始出现偏差，CO_2在水中的溶解度随着压强的升高而单调增加。图 8-1 表示的是水和CO_2在 12～110℃、常压～60MPa 范围内的互溶度[5]，左侧为不同温度和压强下水在CO_2中的溶解度数据，右侧为不同温度和压强下CO_2在水中的溶解度数据。

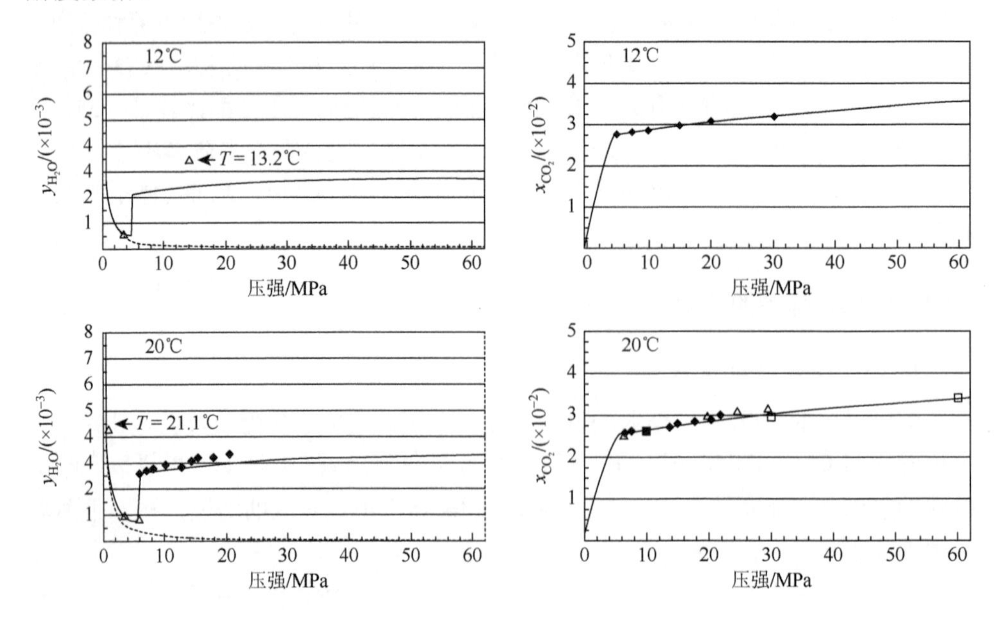

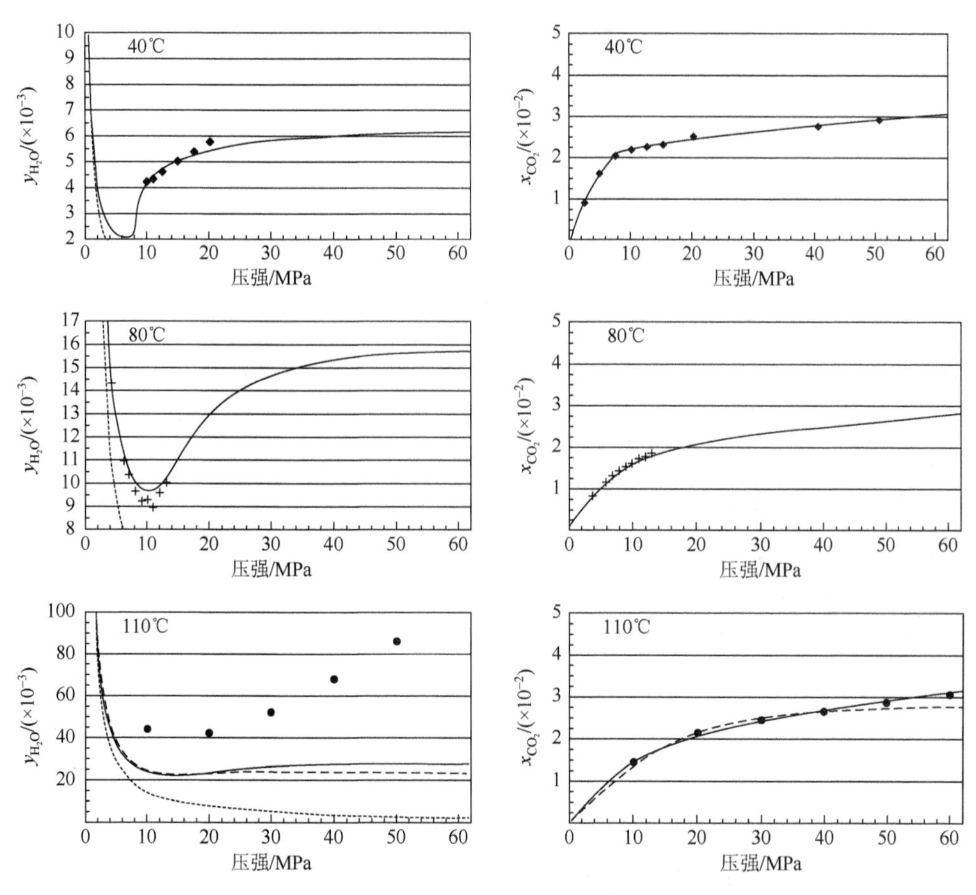

图 8-1　CO_2/H_2O 体系的互溶度（摩尔分数）

常温常压下，CO_2 以气体形式存在，分子间的作用力主要是范德华力。较低的温度有利于 CO_2 液化，同时，增加压强也有利于 CO_2 的液化。较高的温度会导致分子的热运动加剧，此时对分子间的范德华力会起到一定的削弱作用，所以此时需要更高的压强才能将其液化。但是，当温度超过临界温度 31℃后，CO_2 气体则很难被液化。从图 8-1 可以看出，CO_2 在水中的溶解度曲线可以分为两部分，在较低的压强下，CO_2 在水中的溶解度曲线斜率较大，温度升高后斜率逐渐变小；当压强增加后，CO_2 在水中的溶解度曲线逐渐变得平缓（斜率变小）。在第一阶段，CO_2 分子主要以气体形式存在。在第二阶段，低于临界温度时 CO_2 分子部分被液化。气体分子在水中的溶解度规律遵循亨利定律，当 CO_2 液化后，CO_2 在水中的溶解度与压强关系较小，此时取决于液态 CO_2 和水的互溶度。

另一方面，水在 CO_2 中的溶解度表现出了不同的规律。在低压时水在 CO_2 中的溶解度随着压强的升高急剧降低，但随着压强的持续增加，水在 CO_2 中的溶解度又平缓上升。低压时 CO_2 主要以气体存在，在最低点以后，CO_2 则以液体存在，

此时水在 CO_2 中的溶解度随着压强的升高而平缓增加。这里的最低点则为 CO_2 气态和液态的转折点，此转折点的位置随着温度的升高而向右移动，即移向更高压强。但是，当温度超过临界温度 31℃后，溶解度变化不太显著。从图上可以看出，水在超临界 CO_2 气体中的溶解度随着压强的升高而降低，但是水在超临界 CO_2 液体中的溶解度随着压强的升高而升高，而且这个最低转折点也是随着温度的升高而向高压方向移动。

3. CO_2/H_2O 体系的密度和黏度

由于水在 CO_2 中的溶解度很小，所以 CO_2 相的密度和纯 CO_2 的密度基本一样，但是纯态 CO_2 的密度随着压强的升高而增加。溶解了 CO_2 的水相的密度则变化比较明显，压强越高，CO_2 在水中的溶解度越大，会导致水的密度增加。在 CO_2 的临界点之前，水的密度增加比较明显，但是在临界点之后，CO_2 以液态存在时水的密度增加则变得缓慢[6]。这种现象可以用 CO_2 在水中的溶解度来解释。与液态 CO_2 在水中的溶解度随压强的变化趋势相比，压强对气态 CO_2 在水中的溶解度影响更为显著。CO_2/H_2O 体系的黏度变化规律与密度类似。在较低的温度下（如 23℃），当 CO_2 的浓度接近饱和时，体系的黏度比纯水提高大约 10%；但是在较高的温度下（如 176℃），黏度变化不超过 1%[6]。

4. CO_2/H_2O 体系的介电常数

通常情况下介电常数高的溶剂其极性也大，介电常数低的溶剂一般为非极性溶剂。在高压下，CO_2 的分子结构有一定程度的“扭曲”，这将导致分子极性的变化，如高压会导致电子能级的变化，与电子结构有关的物理性质也将随之发生变化。在固定的温度下，纯态 CO_2 的介电常数随着压强的升高而增加，而温度越高则介电常数越低。液态 CO_2 的介电常数大约为 1.5，而超临界 CO_2 的介电常数在 1.1～1.5 之间。较低的介电常数对于 CO_2 的应用是不利的，如对于极性物质溶解性能不好，想得到更大的溶解度只能提高压强。液态 CO_2 的介电性质类似于小分子的脂肪烃、芳香烃、卤代烃、醛、醚、酮以及一些短链醇类化合物，这些物质和液态 CO_2 都有较好的互溶性。

CO_2/H_2O 体系的介电性质比较复杂，CO_2 溶于水后形成 H_2CO_3，它的介电性质随着外界 CO_2 的压强而变化，由于 CO_2 的介电常数很低，所以溶到水中后水溶液的介电常数要低于纯水的介电常数。文献中没有 CO_2/H_2O 两相体系中水相或者 CO_2 相直接的介电常数实验数据，但是根据 Kirkwood 方程可以对 CO_2/H_2O 二元体系的介电常数进行预测[7]。

$$\frac{(\varepsilon-1)(2\varepsilon+1)}{9\varepsilon}=\rho\frac{P_{H_2O}x_{H_2O}+P_{CO_2}x_{CO_2}}{M_{H_2O}x_{H_2O}+M_{CO_2}x_{CO_2}} \tag{8-2}$$

式中，ρ 为混合物的密度；P_i 为组分 i 的摩尔极性；x_i 为组分 i 的摩尔分数；M_i 为组分 i 的分子量。在给定温度和压强下，CO_2 和 H_2O 的摩尔极性可由以下方程求出。

$$\frac{(\varepsilon_{H_2O}-1)(2\varepsilon_{H_2O}+1)}{9\varepsilon_{H_2O}}=\rho_{H_2O}\frac{P_{H_2O}}{M_{H_2O}} \tag{8-3}$$

$$\frac{(\varepsilon_{CO_2}-1)(2\varepsilon_{CO_2}+1)}{9\varepsilon_{CO_2}}=\rho_{CO_2}\frac{P_{CO_2}}{M_{CO_2}} \tag{8-4}$$

根据不同温度和压强下纯 CO_2 和 H_2O 的介电常数以及对应的密度，利用上述公式可预测 CO_2/H_2O 体系的介电常数。CO_2/H_2O 体系中水相的介电常数要低于纯水的介电常数，随着压强的升高非极性的 CO_2 溶解度增大，因此水相的介电常数持续降低。同理，CO_2/H_2O 体系中 CO_2 相的介电常数高于纯态的 CO_2，而且随着压强的升高介电常数逐渐增大。总之，由于溶解了 CO_2 的水的极性降低了，有机物在水相中的溶解度会有所增加；溶解了水的 CO_2 的相极性增加，使得极性物质在 CO_2 中的溶解度也有所增加。

8.1.2　超临界 CO_2/水体系的应用

由于 CO_2 的廉价易得和较低的临界温度和临界压强，超临界 CO_2 是一种研究最多的超临界流体。超临界 CO_2/水混合体系可形成均相和两相系统，这类混合体系在有机反应、萃取分离、材料制备等领域有着重要的应用，其研究和应用范围涵盖了化学、化工、生物、医药、环境等。

1. 超临界 CO_2/水体系在化学反应中的应用

由于 CO_2 溶于水后会形成酸性的环境，它比较适合作酸催化反应的介质。同时，与有机溶剂/水两相体系相比，CO_2/水体系还可以避免交叉污染问题。此外，由于该体系的物理性质可以通过压强/温度进行调节，因此它为有机化学反应提供了一个可调控的反应介质。自从 20 世纪 90 年代中期发现了“亲 CO_2”的金属有机催化剂以来，CO_2 作为反应溶剂在金属有机催化反应中得到了快速应用。目前，超临界 CO_2 作为反应介质已经涉及几乎所有的基本有机化学反应[8]。

在经典的均相催化反应中，催化剂的分离和回收是一个难题。通过设计两相体系作为反应介质可以解决这个难题，此时产物留在一个相，催化剂和未反应的反应物则进入另一相，然后通过简单的分离即可分别得到产物和催化剂。如设计超临界 CO_2/水两相体系，超临界 CO_2 作为亲催化剂相，水相作为连续相，用铑膦催化剂催化氢化甲酰化极性底物，产物主要在水相，催化剂主要在 CO_2 相，而且不会对产物相造成污染[9]。在该体系中也可以进行手性选择性氢化衣康酸为甲基琥珀酸的反应，所用催化剂为$[Rh(cod)_2][BF_4]$（cod = 1，5-环辛二烯），利用非手性的亲CO_2膦配体来优化反应条件，可获得较高的转化率和手性选择性[10]。

芳香亚胺还原反应也可以在超临界CO_2/水介质中进行，以*N*-苯亚甲基苯胺的还原反应为例，没有CO_2时反应不发生，当温度固定时，随着压强的升高其产率逐渐增加，当压强达到8MPa时产率最高，继续增加压强产率没有明显增加，最优化的条件为80℃和8MPa，反应时间为6.5h，产率受取代基电子云密度的影响较大。此外，在相同的介质中金属锌和铁催化的芳硝基化合物的选择性还原反应表明，CO_2的压强对反应影响较大，在120℃、7.0MPa，反应8h产率接近100%，继续增加压强产率缓慢降低。其原因是：在较高压强下更多的反应物被萃取到气相，不利于与催化剂接触，对反应不利，同时溶液的酸性随压强的增大而增大，副反应增强，使产率降低。在优化条件下，CO_2压强为7.0MPa，温度为120℃，反应时间为8h，铁催化剂与对氯硝基苯物质的量比为3∶1时，还原反应产率为99%。反应体系通过释放CO_2自动变为中性，是一种环境友好的芳硝基化合物还原反应体系。

调控CO_2的压强可以高选择性得到不同的产物，如5-羟甲基糠醛的加氢还原反应。在80℃，反应时间为2h，氢气压强为0.2～1MPa的实验条件下，当CO_2压强小于10MPa时，主要得到5-甲基-2-呋喃甲醇；压强为10MPa时，主要得到2, 5-二甲基呋喃；压强大于10MPa时，主要得到2, 5-二甲基四氢呋喃[11]。超临界CO_2/水也可作为催化加氢水解生物质生成高附加值二酮化合物的介质[12]，所用催化剂为炭负载的钯催化剂。在CO_2压强为4MPa，温度为150℃，反应15h后可以从二甲基呋喃高效率、高选择性地得到2, 5-己二酮；在CO_2压强为3MPa、氢气压强为1MPa、温度为150℃时，反应15h后2-甲基-5-羟甲基呋喃或2, 5-二羟甲基呋喃可以转化为2, 5-己二酮和2-甲基-5-羟甲基四氢呋喃，或者转化为1-羟基己烷-2, 5-二酮；除此之外，在CO_2压强为3.5MPa、氢气压强为0.5MPa、温度为120℃时，反应15h后5-羟甲基糠醛转化为1-羟基己烷-2, 5-二酮；最后，果糖和菊粉（天然果糖聚合物）也成功地被催化转化为1-羟基己烷-2, 5-二酮。这个方案为生物质转化为高附加值的二酮衍生物提供了一种新的方法。

醇氧化反应也可以在超临界CO_2/水介质中进行[13]。所用的醇类化合物包括脂肪醇、丙烯基醇、杂环醇和苯甲醇等，即使在室温条件下选择性也可以达到99%，所使用的催化剂为2, 2, 6, 6-四甲基哌啶-1-氧基（TEMPO）功能化的咪唑盐[Imim-TEMPO]Cl/$NaNO_2$，这些催化剂可以选择性地催化伯醇为醛，而不能催化仲醇为酮，此外少量水的加入会增大反应速率。该体系中醇类氧化具有以下几个优点：不用传统的酸作为催化剂，消除了不必要的副产物，反应原位产生的酸能自中和，催化剂和产物易分离等。

超临界CO_2/水两相体系也可用于H_2O_2的催化合成，反应示意图见图8-2[14]。

和经典的有机溶剂/水体系相比，该反应的原料 H_2 和 O_2 与超临界 CO_2 互溶，而钯催化剂也在 CO_2 相中，因此提高了传质效率和反应速率，得到的产物 H_2O_2 直接用水萃取即可，产物可直接用于丙烯的合成和一些具有手性选择性的磺化氧化酶催化反应。但是，两相反应体系的缺点是反应物质在两相间传质能力较差，从而导致反应速率降低，此时可以加入一些相转移试剂，如季铵盐或冠醚，使物质在两相间的传输速率加快。

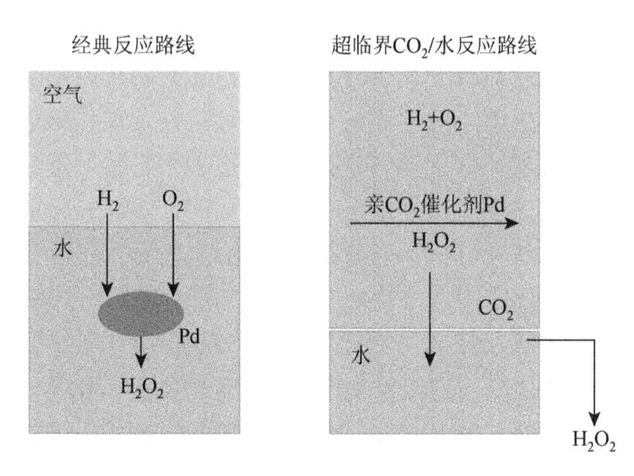

图 8-2　超临界 CO_2/水中 H_2 和 O_2 反应生成 H_2O_2

除了加入相转移催化剂之外，还可以设计 CO_2 包水乳液来增加传质效率[15]，一般情况下，需要加入表面活性剂来形成乳液，最常见的有如下三类表面活性剂，分别为：①阴离子型全氟聚醚羧酸铵表面活性剂 PFPE-COO$^-$ NH_4^+（分子量为 740，2500g·mol^{-1}）；②阳离子型表面活性剂 Lodyne 106A［$C_6F_{13}(CH_2)_2SCH_2CH(OH)CH_2N^+(CH_3)_3Cl^-$，分子量为 531.5］；③非离子型表面活性剂聚氧乙烯-聚氧丁烯共聚物 PBO-PEO［poly（butylene oxide）-*b*-poly（ethylene oxide），分子量为 860-*b*-660］，它们和 CO_2 形成的乳液均提高了传质效率。以水溶性的铑膦配合物 RhCl(tppds)$_3$［tppds = tris（3, 5-disulfonatophenyl）phosphine］作为催化剂，催化氢化苯乙烯，在温度为 40℃，CO_2 压强为 28MPa 的实验条件下，氢化反应的反应速率比较高，产物溶解在高压 CO_2 相中，通过减压即可实现产物的分离；其他疏水性烯烃（1-辛烯、1-癸烯和 1-二十烯）的氢化速率小于苯乙烯，主要是由于它们在水中的溶解度较低，但是由于反应主要在 CO_2/水界面上而不是在水相中进行，所以反应速率降低不多。除此之外，疏水性的苄基氯和亲水性的亲核试剂 KBr 之间的亲核取代反应也可以在 CO_2 包水和水包 CO_2 微乳液中进行，所使用的表面活性剂为阴离子型 PFPE-COO$^-$ NH_4^+和非离子型聚二甲基硅氧烷-聚氧乙烯共聚物，CO_2 压强为 28MPa，反应温度为 45℃，反应 5h 时产率只有 5%～7%，但是在 65℃时产率提高到 29%～47%。此方法的优点是通过减压很容易使乳液破乳，从而使产品易于分离。

除了以上提到的几类代表性有机反应外，还有其他类型的反应均可在该体系中进行，在此不再一一赘述。总之，超临界CO_2/水反应介质有许多优点，在绿色化学发展中还将发挥重要的作用。

2. 超临界CO_2/水体系在萃取分离中的应用

超临界CO_2萃取技术（supercritical CO_2 extraction，SCE）是超临界CO_2最重要的应用之一。超临界CO_2萃取的基本原理为：待萃取分离的溶质在超临界CO_2中的溶解度随温度和压强而改变，通过调控温度和压强，控制溶质在超临界CO_2中的溶解度，然后通过减压、降温将超临界CO_2释放到常压成为普通气体，从而将目标产物萃取分离出来。由于该方法没有使用有机溶剂，而且最后CO_2和目标萃取物容易分离，因此 SCE 应用最多的是天然产物有效成分的提取分离。1978年，德国举办了首届超临界流体萃取专题研讨会。之后，德国 Hag 公司建立了第一家利用超临界流体从咖啡中脱去咖啡因的新方法。20 世纪 80 年代，国际上超临界流体萃取分离技术进入较热门的研究阶段，80 年代末期，我国开始进行相关研究并将其实现了工业化[8]。超临界CO_2萃取技术涵盖了食品、香料、医药、石油煤炭加工、环境等领域，也有很多的综述和专著发表[16]。下面将选取几个代表性的例子简要介绍超临界CO_2/水在萃取分离中的应用。

食品是人类生活离不开的基本物质，超临界CO_2是一种公认的绿色溶剂，将其用于食品工业可以实现萃取过程低温、无毒、无溶剂残留，充分保证了食品的安全以及天然、营养价值。目前，超临界CO_2萃取技术在食品工业中的应用主要包括以下几个主要方面[8]：①动物油脂分离，如脂肪酸、鱼肝油和鱼油等；②植物油脂分离，如大豆油、葵花籽油、花生油、芝麻油、菜籽油、辣椒油和棕榈油等；③茶叶和咖啡豆中咖啡因和茶多酚的去除；④食品原料的油脂脱除，如小麦、乳制品的油脂；⑤天然香料提取，如香草精油、丁香油、肉豆蔻油、芹菜籽油、姜油、薄荷油等；⑥天然色素提取，如辣椒红色素、橘黄素、番茄红素等。超临界CO_2应用最成熟的工艺是咖啡因和啤酒花的萃取，传统的萃取方法一般用二氯甲烷、乙酸乙酯等有机溶剂，工艺复杂，效率低，残留溶剂较多。超临界CO_2对咖啡因的选择性较高，同时具有溶解度大、无毒、廉价等优点。

由于CO_2的极性很小，所以超临界CO_2流体在萃取非极性物质时有较高的萃取效率，但是在对强极性物质的萃取方面效果不好，从而限制了超临界CO_2流体在很多工业领域的应用。例如，超临界CO_2流体无法直接萃取碱金属离子，因此在应用超临界CO_2流体萃取碱金属等带正电荷的离子时，必须加入一定量的络合剂（如冠醚等），该络合剂能与碱金属离子配位形成能溶在超临界 CO_2流体中的中性配合物，然后再用超临界CO_2流体技术萃取出来。常见的金属离子如K^+、

Na^+、Ag^+、Cd^{2+}、Zn^{2+}、Pb^{2+}、Cu^{2+}、Hg^{2+}、Ni^{2+}、Zn^{2+}、Fe^{3+}、Cr^{3+}、La^{3+}、Eu^{3+}、Lu^{3+}等均可通过加入适当的络合剂利用超临界 CO_2 从水相中分离。

超临界 CO_2/水的另一个重要应用领域是医药工业，尤其是天然产物有效成分的提取分离方面[17]。中草药在我国具有悠久的历史，但是随着现代医药学的发展，理解和掌握中草药的药理、药效等问题产生了很大困难。因此，研究开发中草药有效成分分离提取技术是中药学发展的重要途径。天然中草药植物的主要成分大致可分为以下几类：糖类化合物、氨基酸、酶、有机酸、黄酮、皂苷、树脂、色素、鞣质、生物碱、萜及挥发油等。具有明显的医疗作用和生物活性的成分称为有效成分，一般是指单体化合物。国际上最早使用超临界萃取中草药成分的国家是日本，20 世纪 90 年代末期该技术已经大量投入工业化应用。我国在 80 年代后期开展了超临界萃取中草药成分的研究，目前已经工业化的领域有很多，最成功的当属青蒿素和丹参酮的提取。但是利用纯 CO_2 直接萃取受到了很大限制，因为 CO_2 是非极性分子，许多物质在其中的溶解度很低，因此在使用时必须加入一定量的提携剂，以改变其极性特征。加入的提携剂一般是纯物质或者混合物，常见的有水、乙醇、丙酮、乙酸乙酯等。

3. 超临界 CO_2/水体系在材料制备中的应用

超临界 CO_2/水体系的另一个重要应用是先进材料的制备。一般情况下，超临界 CO_2 可以和水、乙醇等极性溶剂构成两相体系，然后借助于表面活性剂或者聚合物形成微纳米级的乳液或微乳液，为材料制备提供一个微纳米反应器，如图 8-3 所示[18]。微反应器的结构和性质可以通过调控 CO_2 的压强和温度来实现，

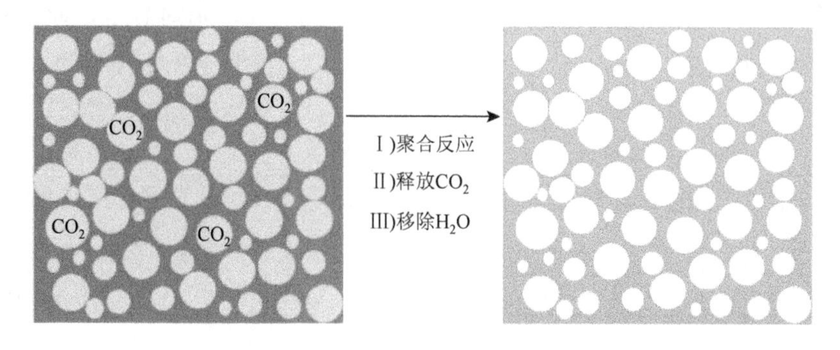

图 8-3　水包 CO_2 乳液合成多孔材料示意图

是一种非常好的材料合成介质。因此，下面主要围绕 CO_2-水乳液体系简要介绍其在纳米材料制备中的应用。

CO_2-水乳液体系的第一个重要的应用就是合成金属或者无机纳米材料。纳米尺寸的金属粒子具有特殊的力学、磁学、催化及其他性能，在许多领域都具有良

好的应用前景。表 8-1 列出了一些代表性的制备金属和无机氧化物的实例[19, 20]，其中绝大多数都是使用 CO_2 包水型微乳液，这类微乳液是以增溶到 CO_2 相中的水核作为纳米反应器，它的优点是一些极性的前驱体，如 $AgNO_3$ 等可以溶到极性水核中，通过调节表面活性剂的种类或者水和表面活性剂的比例来调节水核的直径，然后加入还原剂或者改变其他条件让反应在水核中完成，从而得到不同粒径的纳米材料。反应完成后，可以通过降压法将 CO_2 释放，纳米材料一般沉降在水相底部，然后通过乙醇、丙酮等将表面活性剂和其他物质洗涤掉，即可得到纳米粒子。

表 8-1　超临界 CO_2/水乳液体系制备微纳米材料

纳米粒子	尺寸	还原剂	反应介质
Ag	5～15nm	$NaBH(OAc)_3$	CO_2 包水，35℃，40MPa，AOT + PFPE-PO_4
Ag，Cu	5～15nm	$NaBH_3CN$ 四甲基对苯二胺	CO_2 包水，40℃，20MPa，AOT + PFPE-PO_4
Ag	(3.8±2.4) nm	$NaBH_4$	CO_2 包水，37℃，20MPa，AOT + PFPE-NH_4
CdS	0.9nm，1.8nm	—	CO_2 包水，45℃，34.5MPa，PFPE-NH_4
CdS，ZnS	1.4nm，1.7nm	—	CO_2 包水，20MPa，AOT
CuS	4～6nm		CO_2 包水，25℃，30MPa，二(2, 2, 3, 3, 4, 4, 5, 5-八氟-1-戊烷)-2-磺基琥珀酸钠
AgX	3～15nm		CO_2 包水，20MPa，AOT + PFPE-PO_4
TiO_2	8～12nm		CO_2 包水，25℃，20.7MPa，PFPE-NH_4
Ag，AgI	5.7nm，6.0nm	$NaBH(OAc)_3$	CO_2 包水，38℃，27MPa，AOT + 2, 2, 3, 3, 4, 4, 5, 5-八氟-1-戊醇
SiO_2	5～10μm，孔径 4～6nm		水包 CO_2，PEO-PPO-PEO，40℃，20MPa
Ag，Cu，Ag_2S，CdS，PbS	4.3～9.5nm	$NaBH_4$	CO_2 包水，13.8MPa，PFPE-NH_4
Ag_2S	5.9nm		CO_2 包水，38℃，34.5MPa，AOT + 2, 2, 3, 3, 4, 4, 5, 5-八氟-1-戊醇
Ag	5～10nm	光解	CO_2 包水，38℃，36.3MPa，PFPE-NH_4
Si 包覆 Pd	2.4nm		水包 CO_2，40℃，4.0～13.6MPa
Pt	50nm	$NaBH_4$	CO_2 包水，AOT + 戊醇，40℃，25MPa
石墨烯量子点	2～4nm		超临界 CO_2/水，AOT + 戊醇，42℃，20MPa

该介质在材料制备中的另一个重要应用就是多孔状聚合物的合成。单体一般很难溶于连续相中（如 CO_2），但是可以溶在非连续的乳液或者微乳液内核中（内核一般都是表面活性剂形成的胶束）。如果引发剂溶到连续相中形成自由基，或者通过热、辐射、氧化还原等引发形成自由基，自由基会扩散到胶束表面，引发胶束内部的单体聚合。文献中使用较多的是反相乳液，即水作为极性内核，CO_2 作

为连续相，水溶性的单体存在于内核中，如甲基丙烯酸、甲基丙烯酰胺、乙烯吡咯烷酮、*N*-乙烯甲酰胺、乙烯基磺酸等。一般表面活性剂都是全氟烷烃、丙烯酸盐和聚醚类高聚物。

首次以 CO_2/水乳液为介质进行聚合反应的是丙烯酰胺的乳液聚合[21]，所使用的表面活性剂为全氟聚醚类（PFPE）表面活性剂，其主要由聚六氟环氧丙烷羧酸和氨反应得到带有酰胺键的聚六氟环氧丙烷。将固体丙烯酰胺溶到水中作为极性相，在 60℃和 34.5MPa，乳液聚合的收率要高于无表面活性剂时的收率。表面活性剂的种类和水相的黏度影响乳液的稳定性，有时需加入聚乙烯醇以保持动力学稳定，但是 PFPE 类表面活性剂价格较高，而且生物降解性不好，此外丙烯酰胺有一定的毒性，得到的材料生物相容性欠佳，而且该方法使用的压强较高（30MPa）。该体系还可以进行改进，如使用相对廉价的烷烃类表面活性剂，如 Tween-40 等，在 20℃，压强为 6～7MPa 时，可以得到多孔、低密度的聚丙烯酰胺，平均孔体积为 $5.22cm^3·g^{-1}$，平均孔直径为 9.72μm，密度为 $0.14g·cm^{-3}$。此方法也可用在其他的多孔聚合物的合成中，如水凝胶和生物材料等。电化学聚合反应也可在水包 CO_2 乳液介质中进行，如对甲基苯磺酸作为支撑电解质溶液，所使用的表面活性剂为聚氧乙烯十二烷基醚，反应温度为 35℃，压强为 12MPa，吡咯单体可在铂电极上形成一层黑色的聚吡咯膜，它的电导率可以达到 $10.0S·cm^{-1}$，和经典溶剂中合成的聚吡咯相近。

无表面活性剂的水包 CO_2 乳液可以作为模板来合成聚乙烯醇水凝胶，在适当的温度和压强下，聚乙烯醇中的少量聚乙酸乙烯酯充当了表面活性剂的角色，在较低温度时，不需加入额外的表面活性剂即可获得相对稳定的乳液，而且增加了反应物质在 CO_2 中的溶解度，在此条件下可得到多孔状的水凝胶聚合物，并将其用于医学领域的人造器官材料研究。以苯乙烯/十六烷/Dowfax 8390（二烷基二磺酰化联苯氧化醚钠）/水乳液为介质，在引发剂偶氮二咪唑啉基丙烷二盐酸盐（VA-044）作用下，通过在乳液中加入高压 CO_2 来研究苯乙烯的多相聚合反应。没有 CO_2 存在时，聚合物颗粒大约为 20～90nm，随着 CO_2 的加入，乳液稳定性增强，同时聚合物的颗粒尺寸下降，但是有少量 120～125nm 的大粒径出现，反应机理和单纯在乳液中聚合是不一样的[22]。

8.2 超临界 CO_2/离子液体体系的性质及应用

离子液体又称室温离子液体，是另外一类研究较多的绿色溶剂。离子液体是一类低温有机熔盐，其熔点在室温或者接近室温的温度范围内（一般指低于 100℃），与传统的有机溶剂相比，离子液体有许多优点，如蒸气压极低、熔点低、不易燃、结构和性质可调控等。因此，离子液体被认为是传统挥发性有机溶剂的理想替代

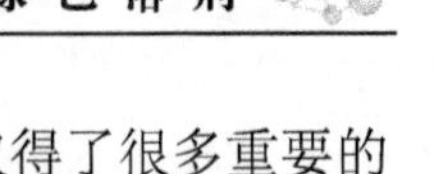

品。近二十年来，离子液体的基础和应用研究蓬勃发展，并且取得了很多重要的进展。其研究和应用领域已从最初的合成和催化化学发展到过程工程、产品工程、材料、资源环境、生物医药等领域，尤其是离子液体与超临界流体、电化学、生物、纳米等技术相结合，进一步拓展了离子液体的发展空间。本节主要介绍超临界 CO_2/离子液体混合体系的物理化学性质及相关的应用。

8.2.1 超临界 CO_2/离子液体体系的性质

1. 超临界 CO_2 和离子液体的互溶度

超临界 CO_2 与离子液体的结合最早出现在 1999 年，Brennecke 等[23]较早研究了超临界 CO_2 和离子液体 1-丁基-3-甲基咪唑六氟磷酸盐（$[C_4mim][PF_6]$）的相平衡性质，发现 CO_2 可以大量溶解到离子液体中，如在 8MPa 下溶解度可以达到 0.6（摩尔分数），而离子液体几乎不溶于 CO_2 中，这一方面与其蒸气压接近零有关，另一方面与非极性的 CO_2 对离子的溶解能力弱有关。此外，在 8MPa 下溶解了大量 CO_2 的离子液体相的体积也只膨胀了 10%～20%，与传统的有机溶剂相比小很多。这些特性为 CO_2 的吸收以及反应-分离偶合体系的应用提供了新的途径。表 8-2 列出了 CO_2 在一些代表性的离子液体中的溶解度数据[24]。

表 8-2　CO_2 在离子液体中的溶解度

离子液体	温度/K	压强/MPa	溶解度（摩尔分数）
$[C_4mim][Tf_2N]$	279.98～453.15	0.06753～49.99	0.01488～0.8041
$[C_2mim][Tf_2N]$	283.43～453.15	0.01～43.2	0.0001～0.782
$[C_6mim][Tf_2N]$	278.12～413.2	0.0089～45.28	0.001～0.8333
$[C_{10}mim][Tf_2N]$	298.15～322.2	1.439～20.15	0.257～0.878
$[P_{6,6,6,14}][Tf_2N]$	293.35～373.35	0.53～22.2	0.3606～0.848
$[C_4mpyrr][TfO]$	303.15～373.35	1.88～70.2	0.2583～0.7058
$[C_8mim][Tf_2N]$	297.55～353.15	0.1123～34.8	0.0311～0.8456
$[C_4mim][PF_6]$	282.05～295.05	0.00969～73.5	0.0006～0.729
$[C_4mmim][Tf_2N]$	298.15～343.15	0.0099～1.8997	0.002～0.382
$[P_{6,6,6,14}][Tf_2N]$	292.88～363.53	0.106～72.185	0.169～0.879
$[P_{6,6,6,14}]Cl$	302.55～363.68	0.168～24.57	0.119～0.8
$[C_6mim][PF_6]$	298.15～373.15	0.296～94.6	0.058～0.727
$[P_{6,6,6,14}]Br$	303.19～363.44	0.876～12.998	0.114～0.694
$[P_{6,6,6,14}][N(CN)_2]$	271.11～363.4	0.304～90.248	0.111～0.843
$[P_{6,6,6,14}][phos]$	283.21～363.39	0.163～61.172	0.15～0.895
$[C_8mim][PF_6]$	303.15～363.27	0.1287～10.516	0.0231～0.755

续表

离子液体	温度/K	压强/MPa	溶解度（摩尔分数）
$[C_2mim][PF_6]$	308.14～366.03	1.49～97.1	0.104～0.619
$[C_9mim][PF_6]$	293.15～298.15	0.86～3.54	0.197～0.554
$[C_2mim][BF_4]$	298.15～343.2	0.251～4.329	0.0156～0.2406
$[C_6C_2mim][BF_4]$	303.15～353.15	0.114～1.194	0.004～0.102
$[C_6mim][BF_4]$	293.18～373.15	0.312～86.6	0.071～0.703
$[N_{4,1,1,1}][Tf_2N]$	282.94～343.07	0.03606～20.37	0.01424～0.879
m-2-HEAF	293.21～363.42	0.494～52.91	0.057～0.534
m-2-HEAA	312.93～363.61	0.84～80.5	0.157～0.5
$[C_6mim]Br$	313.15～333.15	3.09～14.891	0.132～0.468
$[C_6mim][MeSO_4]$	303.15～373.15	0.3～50.14	0.158～0.602
$[C_2mim][EtSO_4]$	298.04～348.15	0.352～9.461	0.0174～0.457
$[C_4mim][BF_4]$	278.47～383.15	0.0097～67.62	0.001～0.61
$[C_8mim][BF_4]$	307.79～363.29	0.571～85.8	0.1005～0.7523
$[C_2mim][TfO]$	303.85～344.55	0.8～37.8	0.1794～0.6268
$[C_4mim][TfO]$	303.85～344.55	0.85～37.5	0.2182～0.672
$[C_8mim][TfO]$	303.85～344.55	0.68～34	0.2166～0.7414
$[C_6mim][TfO]$	303.15～373.15	1.25～100.12	0.267～0.816
$[C_2mim][SCN]$	303.15～373.15	1.3～95.34	0.169～0.474
$[C_2mim][N(CN)_2]$	303.15～373.15	0.88～96.2	0.171～0.585
$[C_2mim][C(CN)_3]$	303.15～373.15	0.59～88.29	0.17～0.703
$[TDC][N(CN)_2]$	313.15～333.15	0.01～1.9007	0.00175～0.272
$[EMMP][Tf_2N]$	313.15～333.15	0.0098～1.9	0.00182～0.3165
$[TDC][Tf_2N]$	313.15～333.15	0.0097～1.8998	0.0023～0.36
$[C_4mmim][Tf_2N]$	298.15～343.15	0.0099～1.8997	0.002～0.382
$[C_5mpyrr][Tf_2N]$	298.15～343.15	0.0097～1.9002	0.002～0.406
$[P_{1,4,4,4}][Tf_2N]$	298.15～343.15	0.0099～0.8999	0.003～0.393
$[C_4mim][Ac]$	283.1～353.24	0.0101～75	0.063～0.599
$[C_2mim][Ac]$	298.1～348.2	0.01～1.9998	0.094～0.428
$[C_4mim]Cl$	353.15～373.15	2.454～36.946	0.1306～0.406
$[C_4mim][MeSO_4]$	293.2～413.1	0.908～9.805	0.03185～0.4524
$[P_{6,6,6,14}]Cl$	313.2～323.2	8.21～20.71	0.714～0.824
$[C_4mpyrr][Tf_2N]$	313.2～323.2	8.06～20.38	0.65～0.853
$[N_{1,8,8,8}][Tf_2N]$	313.2～323.2	8.08～20.56	0.789～0.907

续表

离子液体	温度/K	压强/MPa	溶解度（摩尔分数）
[C_3mpyrr][Tf_2N]	303.15～373.15	0.52～47.1	0.186～0.787
[C_5mpyrr][Tf_2N]	303.15～373.15	0.27～55.1	0.198～0.785
[C_9mpyrr][Tf_2N]	303.15～453.15	0.26～100.12	0.323～96.81
[C_7mpyrr][Tf_2N]	303.15～373.15	0.26～72.24	0.302～0.853
[C_4mpyrr][Tf_2N]	303.15～373.15	0.68～62.77	0.2276～0.8029
[C_4mpyrr][$MeSO_4$]	303.15～373.15	3.07～97.3	0.2871～0.6049
[C_6mpyrr][Tf_2N]	303.15～373.15	1.06～47.55	0.2778～0.8105
[C_8mpyrr][Tf_2N]	303.15～373.15	0.51～35.92	0.2409～0.8176
[C_4mim][$N(CN)_2$]	293.36～363.25	1.018～73.64	0.2～0.601
[C_2mim][TFA]	298.1～348.2	0.01～1.9996	0.001～0.282
[HEA]	298.15～328.15	0.116～10.98	0.0081～0.4009
[BHEAA]	298.15～328.15	0.125～1.505	0.0089～0.0905
[HHEMEA]	298.15～328.15	0.124～1.516	0.0045～0.0761
[HEL]	298.15～328.15	0.127～10.09	0.0034～0.2442
[BHEAL]	298.15～328.15	0.121～1.598	0.0035～0.0738
[HHEMEL]	298.15～328.15	0.154～1.535	0.0062～0.0776
[C_4mim]$Cl_{0.75}$[Tf2N]$_{0.25}$	353.12～393.22	1.04～15.03	0.0398～0.4312
[C_4mim]$Cl_{0.50}$[Tf2N]$_{0.50}$	352.94～393.13	0.99～14.98	0.0513～0.5397
[C_4mim]$Cl_{0.25}$[Tf2N]$_{0.75}$	353.05～393.21	1.10～15.05	0.0736～0.6084

注：[C_4mim][Tf_2N]，1-丁基-3-甲基咪唑双三氟甲烷磺酰亚胺盐；[$P_{6,6,6,14}$][Tf_2N]，三己基十四烷基鳞双三氟甲烷磺酰亚胺盐；[C_4mpyrr][TfO]，1-丁基-1-甲基吡咯烷三氟甲基磺酸盐；[$P_{6,6,6,14}$][$N(CN)_2$]，三己基十四烷基鳞双氰胺盐；[$P_{6,6,6,14}$][phos]，三己基十四烷基鳞双（2, 4, 4-三甲基戊基）次磷酸盐；[C_6C_2mim][BF_4]，1-己基-2-乙基-3-甲基咪唑四氟硼酸盐；[$N_{4,1,1,1}$][Tf_2N]，三甲基丁基铵双三氟甲烷磺酰亚胺盐；m-2-HEAF，*N*-甲基-2-羟基乙胺甲酸盐；m-2-HEAA，*N*-甲基-2-羟基乙胺乙酸盐；[C_6mim][$MeSO_4$]，1-己基-3-甲基咪唑硫酸甲酯；[C_2mim][$EtSO_4$]，1-乙基-3-甲基咪唑硫酸乙酯；[C_2mim][SCN]，1-乙基-3-甲基咪唑硫氰酸盐；[C_2mim][$C(CN)_3$]，1-乙基-3-甲基咪唑三氰基甲烷；[TDC][$N(CN)_2$]，1, 2, 3-三（二乙胺基）环丙烯双氰胺盐；[EMMP][Tf_2N]，二甲基乙基丙基铵双三氟甲烷磺酰亚胺盐；[C_4mmim][Tf_2N]，1-丁基-2, 3-二甲基咪唑双三氟甲烷磺酰亚胺盐；[C_4mim][Ac]，1-丁基-3-甲基咪唑乙酸盐；[C_2mim][TFA]，1-乙基-3-甲基咪唑三氟乙酸盐；[HEA]，乙酸乙醇胺；[BHEAA]，乙酸二乙醇胺；[HHEMEA]，*N*-甲基二乙醇胺乙酸盐；[HEL]，乳酸乙醇胺；[BHEAL]，乳酸二乙醇胺；[HHEMEL]，*N*-甲基二乙醇胺乳酸盐。

CO_2在离子液体中的溶解度受离子液体结构影响较大。在40℃、9.3MPa时，CO_2在[C_4mim][PF_6]中的溶解度可到 0.72（摩尔分数），在同一温度下，随着压强的升高 CO_2 的溶解度不断增加。此外，在相同的压强下，温度对溶解度的影响较小。在相同的温度和压强下，CO_2在不同离子液体中的溶解度遵循如下顺序：[C_4mim][PF_6] > [C_8mim][PF_6] > [C_8mim][BF_4] > [*N*-bupy][BF_4] > [C_4mim][NO_3] >

[C_2mim][$EtSO_4$]。在 40℃，当烷基链的长度相同时，CO_2 在[$C_n$mim][PF_6]中的溶解度比在[$C_n$mim][BF_4]中大 8%；当使用[C_4mim][NO_3]代替[C_4mim][PF_6]时，CO_2 的溶解度大约下降 25%，在含氟阴离子的离子液体中具有较大的溶解度。当阳离子的结构不同时，溶解度变化较大，如 CO_2 在[C_8mim][BF_4]中的溶解度比在[*N*-bupy][BF_4]中大 20%。当阳离子为咪唑离子时，碳链的增长对溶解度的影响不大。红外光谱证实，CO_2 分子可以和离子液体的含氟阴离子形成 Lewis 酸碱络合物[X-CO_2]（X 为离子液体的阴离子），[BF_4-CO_2]络合物的碱性要强于[PF_6-CO_2]和[Tf_2N-CO_2]，因此[BF_4]离子液体在催化环加成 CO_2 反应中具有较高的催化活性。分子动力学模拟方法也用于研究 CO_2 在离子液体中的溶解机理，实验结果表明，离子液体的阴离子对 CO_2 的吸收起着重要的作用，而阳离子的作用次之；$[Tf_2N]^-$ 与 CO_2 分子之间的作用力最强。根据亨利常数，离子液体阴离子的影响规律遵循如下顺序：$[BF_4]^-<[TfO]^-<[TfA]^-<[PF_6]^-<[Tf_2N]^-<[methide]^-<[C_7F_{15}CO_2]^-<[eFAP]^-<[bFAP]^-$[25]；只有当阳离子的烷基链增长到一定程度时，亨利常数才出现较明显的变化，如 CO_2 在[$N_{1,4,4,4}$][Tf_2N]中的亨利常数约为在[$P_{6,6,6,14}$][Tf_2N]中的 2 倍。

除了温度、压强和离子液体的结构影响 CO_2 的溶解度之外，外来溶剂的加入也会引起 CO_2 溶解度的增加，这种溶剂一般称为共溶剂。共溶剂效应是超临界流体的重要研究内容之一。通常情况下，离子液体[C_4mim][PF_6]在 CO_2 中的溶解度可以忽略不计，加入共溶剂后，离子液体在 CO_2/共溶剂中的溶解度增大。但是以非极性的正己烷为共溶剂时，离子液体的溶解度影响很小，导致这种现象的原因是极性溶剂和离子液体的作用较强。

2. 超临界 CO_2/离子液体体系的黏度和电导率

离子液体溶解大量 CO_2 后，其黏度、电导率等物理性质一般都会发生较大的变化。如 CO_2 + 离子液体[C_4mim][PF_6]体系，当 CO_2 的压强小于 4.0MPa 时，黏度随着压强的增大而急剧下降；当压强高于 4.0MPa 时，黏度随着压强的增大下降缓慢。阴离子为$[Tf_2N]^-$的咪唑类离子液体的黏度变化规律与此类似[26]，如在 25℃和常压下，纯离子液体[C_{10}mim][Tf_2N]的黏度为 106.5mPa·s，当压强增加至 10.6MPa 时，[C_{10}mim][Tf_2N]的黏度降低为 5.33mPa·s；纯[C_2mim][Tf_2N]的黏度为 33.8mPa·s，当压强增加至 9.35MPa 时，[C_2mim][Tf_2N]的黏度降低为 3.73mPa·s。从整体看，低压时（如 25℃，小于 6.0MPa）离子液体的黏度下降明显，继续增加压强则黏度变化不大。当 CO_2 溶解到离子液体时，它会破坏离子液体阴、阳离子之间的相互作用，从而降低离子的运动阻力，降低黏度。这种现象将会增加 CO_2/离子液体体系作为反应介质时的传质效率。

离子液体溶解大量 CO_2 后的电导率一般随着 CO_2 压强升高而增大，如在 40℃

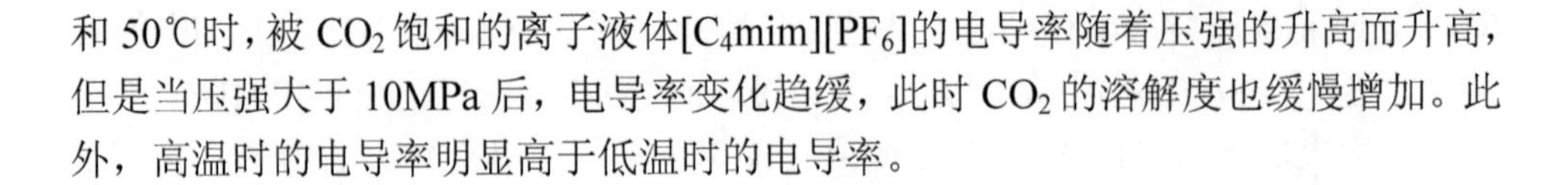

和 50℃时，被 CO_2 饱和的离子液体[C_4mim][PF_6]的电导率随着压强的升高而升高，但是当压强大于 10MPa 后，电导率变化趋缓，此时 CO_2 的溶解度也缓慢增加。此外，高温时的电导率明显高于低温时的电导率。

3. 超临界 CO_2 对离子液体熔点的影响

一般 CO_2 压强升高可以降低离子液体的熔点，如压强为 7MPa 时，[C_{16}mim][PF_6]的熔点从 75℃降到 50℃。表 8-3 列出了不同结构的离子液体熔点的下降数据[27]，可以看出，在 CO_2 存在下，室温下为固体的离子液体的熔点都会有不同程度的下降。从整体上看，季鏻离子液体的熔点下降值比季铵离子液体更明显，而咪唑离子液体的下降值则较小。离子液体的阴离子对其熔点也有较大的影响，当阳离子相同时，阴离子为[BF_4]$^-$时熔点下降明显，如在 15MPa CO_2 下，四丁基铵四氟硼酸盐[TBAM][BF_4]的熔点下降了约 120℃，而阴离子为 Br^-的离子液体的熔点只下降了 23.3℃。在压强为 3.48MPa 时，阴离子为三（全氟乙基）三氟磷酸盐的离子液体[TBAM][$TFEPF_3$]的熔点下降了约 36.7℃。表 8-4 列出了三种代表性离子液体的熔点随 CO_2 压强的变化，可以看出随着压强升高，离子液体熔点下降增多，在相同条件下[TBAM][BF_4]的熔点下降最多，四辛基溴化铵[TOAM]Br 的熔点下降最少。当压强高于 15MPa 时，熔点下降逐渐减缓。当 CO_2 溶到离子液体后，由于 CO_2 和离子液体之间特定的相互作用，体系会出现对拉乌尔定律的负偏差。

表 8-3 离子液体熔点下降数据

离子液体	结构	压强/MPa	熔点（T_m）/℃	熔点（T_{slv}）/℃	熔点降低值（ΔT）
[C_4mim]Cl	Cl^-	15	69	58.8	10.2
[C_4mim][CH_3SO_3]	$CH_3SO_3^-$	15	72	52.4	19.6
[C_4mim][Tosyl]		15	67	40～42	25.8
[EEMPy][$EtSO_4$]		15	68	48.5	19.5

续表

离子液体	结构	压强/MPa	熔点（T_m）/℃	熔点（T_{slv}）/℃	熔点降低值（ΔT）
[HDPy]Cl	吡啶鎓 N—$C_{16}H_{33}$ Cl^-	15	79～82	71～75	约 7
[TBP]Br	$\overset{+}{P}$(丁基)$_4$ Br^-	15	103.5	60.0	42.4
[TBAM]Br	$\overset{+}{N}$(丁基)$_4$ Br^-	15	102～105	80.2	23.3
[TBAM][Tosyl]	$\overset{+}{N}$(丁基)$_4$ 对甲苯磺酸根 $-SO_3^-$	15	71.5	37.7	33.8
[TBAM][BF_4]	$\overset{+}{N}$(丁基)$_4$ BF_4^-	15	156	36.2	119.8
[TBAM][PF_6]	$\overset{+}{N}$(丁基)$_4$ PF_6^-	15	244～246	＞100	—
[TBAM][$TFEPF_3$]	$\overset{+}{N}$(丁基)$_4$ $PF_3^-(CF_2CF_3)_3$	3.48	54	17.3	36.7
[TPAM]Br	$N^+(C_5H_{11})_4\ Br^-$	15	100～101	81.7	18.8
[THexAM]Br	$N^+(C_6H_{13})_4\ Br^-$	15	99	27.3	71.2
[THepAM]Br	$N^+(C_7H_{15})_4\ Br^-$	15	90	48.1	40.2
[TOAM]Br	$N^+(C_8H_{17})_4\ Br^-$	15	97.5	60.4	37.6
[MTOAM]Br	$-N^+(C_8H_{17})_3\ Br^-$	4	57.2	19	38.2
[BDMDDAM]Br	苄基-N^+(二甲基)—$C_{12}H_{25}$ Br^-	5	48～52	22～27	23
[EP][TfO]	HO, 苯基, $\overset{+}{N}$(甲基)$_3$ $CF_3SO_3^-$	15	118	91.0	27
[AB][TfO]	OH, 乙基, $\overset{+}{N}$(甲基)$_3$ $CF_3SO_3^-$	4	48.3	17	31.3

续表

离子液体	结构	压强/MPa	熔点（T_m）/℃	熔点（T_{slv}）/℃	熔点降低值（ΔT）
[TBMP][TfO]	$CF_3SO_3^-$	15	119	40.3	78.7
[TBMAM][TfO]	$CF_3SO_3^-$	5	83	40.4	42.6
[TiBMAM][TfO]	$CF_3SO_3^-$	15	135.5	54.1	81.4
[MTOAM][TfO]	$CF_3SO_3^-$	3.5	52～60	23.4	25
[MTOA][+ MS]	OH, OSO_3	15	82	67.5	14.5
		35	82	60.2	21.8
[IHETMAM][Tf$_2$N]	$F_3C-SO_2-\bar{N}-SO_2-CF_3$	2	42.1	−1	43.1
[TMSfn][Tf$_2$N]	$F_3C-SO_2-\bar{N}-SO_2-CF_3$	1.5	39.8	21	18.8
[TEAM][Tf$_2$N]	$F_3C-SO_2-\bar{N}-SO_2-CF_3$	3.5	102	20.0	82

表 8-4　三种离子液体的熔点随 CO_2 压强的变化

[TBAM][BF$_4$]/CO$_2$			[TOAM]Br/CO$_2$			[TBMPhos][TfO]/CO$_2$		
P_{slv}/MPa	T_{slv}/℃	ΔT	P_{slv}/MPa	T_{slv}/℃	ΔT	P_{slv}/MPa	T_{slv}/℃	ΔT
33.5	27.2	128.8	35	59.4	38.1	35	33.1	85.9
25	30.0	126	30	60.3	37.2	30	35.0	84.0
20	33.4	122.6	25	61.3	36.2	25	36.7	82.3
15	36.1	119.9	20	61.6	35.9	20	38.8	80.2
10	40.5	115.5	15	61.8	35.7	15	40.4	78.6

续表

$[TBAM][BF_4]/CO_2$			$[TOAM]Br/CO_2$			$[TBMPhos][TfO]/CO_2$		
P_{slv}/MPa	T_{slv}/℃	ΔT	P_{slv}/MPa	T_{slv}/℃	ΔT	P_{slv}/MPa	T_{slv}/℃	ΔT
8.5	87.3	68.7	12.5	64.3	33.2	12.5	44.3	74.7
7.8	100.0	56	10	66.8	30.7	10	52.5	66.5
0.1	156.0	0	8.6	71.7	25.8	9	68.0	51.0
			7.5	75.5	22.0	8	77.5	41.5
			0.1	97.5	0	0.1	119.0	0

4. CO_2在离子液体中的扩散系数

利用扩散系数研究分子在离子液体中的扩散现象具有重要的意义。一般情况下，气体分子在离子液体中的扩散随着黏度的降低而增加。以咪唑类离子液体 1-(2-乙基磺酰）-乙基-3-甲基咪唑三氟甲磺酸盐[DESmim][TfO]、$[C_2mim][Tf_2N]$、$[C_2mim][BETI]$（BETI = 双全氟乙基磺酰亚胺）、$[C_4mim][PF_6]$和$[C_2mim][TfO]$以及三己基十四烷基氯化鏻（$[P_{6,6,6,14}]Cl$）为例，这些离子液体涵盖的黏度范围是 10～1000 mPa·s，CO_2在其中的扩散速度可以达到 $10^{-6}cm^2 \cdot s^{-1}$，比传统的有机溶剂和水低 1～2 个数量级。CO_2在离子液体中的扩散系数按照如下顺序递减：$[C_2mim][Tf_2N]$ > $[C_2mim][BETI]$ > $[C_4mim][PF_6]$ > $[C_2mim][TfO]$ > $[P_{6,6,6,14}]Cl$ > [DESmim][TfO]，这和离子液体的黏度顺序基本一致。但是温度对扩散系数的影响更大，以$[C_2mim][Tf_2N]$为例，从 40℃升高至 70℃，扩散系数从 $0.82\times10^{-5}cm^2 \cdot s^{-1}$ 增加至 $1.66\times10^{-5}cm^2 \cdot s^{-1}$。

5. 超临界CO_2/离子液体（微）乳液

超临界CO_2和离子液体属于部分互溶的双液系，该体系中加入适当的表面活性剂后可以形成乳液或者微乳液，这类体系具有纳米级的微聚集环境，可以为反应提供微反应器。韩布兴课题组[28]首次报道了不同温度和 CO_2 压强下环己烷 + $[C_4mim][BF_4]$ + Triton X-100 微乳液体系对$[C_4mim][BF_4]$的增溶能力。当表面活性剂的浓度为 $0.3mol \cdot L^{-1}$ 时，压缩 CO_2 可以增加离子液体在表面活性剂反胶束中的溶解度；当离子液体和表面活性剂的物质的量比固定时，胶束的尺寸随着压强的增大而减小，但是随着离子液体和表面活性剂物质的量比的增加，胶束尺寸增加，表明胶束增溶了更多的离子液体。之后该课题组报道了在氟表面活性剂 *N*-乙基全氟辛基磺酰胺（*N*-EtFOSA）的作用下，离子液体 1, 1, 3, 3-四甲基胍醋酸盐（TMGA）、1, 1, 3, 3-四甲基胍乳酸盐（TMGL）或 1, 1, 3, 3-四甲基胍三氟醋酸盐

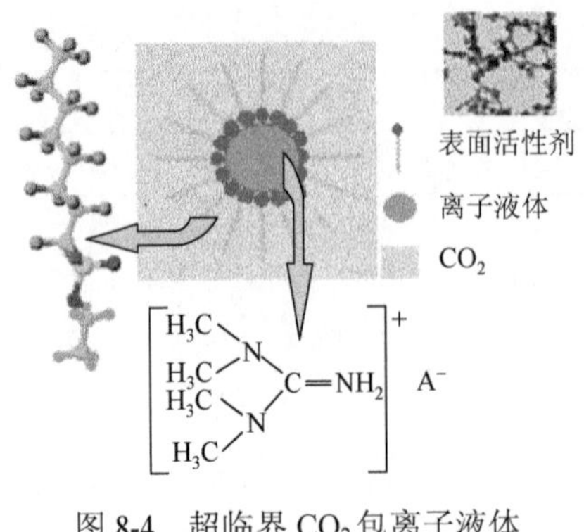

图 8-4　超临界 CO_2 包离子液体形成示意图

（TMGT）在超临界 CO_2 中形成 CO_2 包离子液体的微乳液，如图 8-4 所示[29]。胍类离子液体阳离子头基中的 $=NH_2^+$ 和氟表面活性剂中 S=O 之间的强氢键相互作用以及 CO_2 与表面活性剂碳氟链之间的疏水相互作用是超临界 CO_2 包离子液体微乳液形成的驱动力。当用[C_4mim][BF_4]或[C_4mim][PF_6]代替胍类离子液体时，在同样的实验条件下不能形成微乳液，因为[C_4mim][BF_4]或[C_4mim][PF_6]与氟表面活性剂中的 S=O 之间不存在强氢键相互作用。他们利用该离子液微乳液，通过改变增溶 $HAuCl_4$ 的量，可以得到 Au 纳米颗粒或 Au 网络结构。分子动力学模拟结果表明，离子液体阴离子和表面活性剂之间的相互作用是微乳液稳定的主要原因，离子液体阴离子为卤素离子、乙酸根离子和硝酸根离子时所形成的微乳液的稳定性要强于阴离子为[BF_4]$^-$或[PF_6]$^-$的离子液体所形成的微乳液。

使用离子液体 1, 1, 3, 3-四甲基胍醋酸盐（TMGA）和表面活性剂 *N*-乙基全氟辛基磺酰胺［表面活性剂在离子液体中的浓度为 3.0%（质量分数）］，在 20℃，CO_2 的压强为 0～10MPa 时，也可以形成离子液体包 CO_2 微乳液[30]。冷冻蚀刻电子显微镜照片显示，该体系形成了 10～20nm 左右的微乳液滴。小角 X 射线散射（SAXS）结果表明，随着压强的升高，CO_2 相的直径线性增大，说明高压时更多的 CO_2 被增溶到表面活性剂的胶束中。他们利用该微乳液作为微反应器，用硝酸镧［$La(NO_3)_3 \cdot 6H_2O$］和苯三甲酸（H_3BTC）为原料合成了孔状 La-BTC MOF 材料，其孔径为 20～50nm，和微乳液的粒径大小一致，说明该体系是一个很好的纳米级反应器。

8.2.2　超临界 CO_2/离子液体体系的应用

离子液体和超临界 CO_2 同属于绿色溶剂，这两类绿色溶剂的结合必将为反应分离带来一些新的契机。从本质上讲，离子液体是非挥发性的，它的极性很强，而 CO_2 是挥发性的，又是非极性的，它们两者的结合将会提供一些特殊的性质。1999 年，Brennecke 等研究发现，离子液体几乎不溶于 CO_2，而 CO_2 可以大量溶解到离子液体中。他们将这种特性用于离子液体中萘的萃取，萘被萃取到 CO_2 相，然后通过释放 CO_2 可以得到纯品萘，而不受离子液体的污染，该体系为反应分离过程提供了一个清洁的方案。此后，有关超临界 CO_2/离子液体体系的研究有许多报道，并展现出了一定的优势，本小节简要介绍一些代表性的应用领域。

1. 超临界 CO_2/离子液体在有机反应中的应用

化学反应是目前超临界 CO_2/离子液体体系应用最多的一个领域，许多文献综述和著作已做了详尽的评述[31]，这里仅简要介绍一些典型的应用实例。与均相催化相比，多相催化的优点是可以实现产品和催化剂的有效分离，但是传质效率降低引起反应速率下降，如何实现均相反应、异相分离是我们面临的一个严峻挑战，超临界 CO_2/离子液体体系则提供了新的选择。如图 8-5 所示[32]，可以首先将催化剂溶解在离子液体中，然后将反应物直接加入到离子液体中或通过 CO_2 带入到离子液体中，进行均相催化反应，经过一段时间的反应后，反应产物可以通过 CO_2 带出，从而实现异相分离和反应过程的连续化。其中离子液体作为催化反应的介质，保持了催化剂的活性和稳定性。较早在超临界 CO_2/离子液体两相催化体系中进行的反应为癸烯和环己烯的催化加氢[33]。催化剂为 $RhCl(PPh_3)_3$，该催化剂不溶于超临界 CO_2，但溶于离子液体[C_4mim][PF_6]中，反应温度为 50℃，在氢气压强为 4.8MPa，总压强为 20.7MPa 时，反应 1h 后癸烯反应生成癸烷的转化率为 98%，其 TOF（turnover frequency）为 $410h^{-1}$。在相同条件下反应 2h，环己烷的转化率为 82%，反应 3h 后转化率为 96%，其 TOF 为 $220h^{-1}$。反应后产物溶于 CO_2 相，催化剂保留在离子液体相，即可实现产物分离，然后再次充入反应物、氢气和 CO_2，可继续进行反应，反应 4 次后每次转化率均在 98%。离子液体的结构也会影响反应的选择性和转化率，如在 70℃，8MPa，反应 2h 后，超临界 CO_2/[C_4mim][BF_4]体系中苯乙烯和三乙氧基硅烷的硅烷化加氢反应的选择性和转化率均低于在 CO_2/[C_4mim][PF_6]中，主要原因是[BF_4]的亲核性强于[PF_6]，减小了硅烷在[C_4mim][PF_6]中的溶解度。在反应过程中，反应物随着超临界 CO_2 进入离子液体相，产品最后可以通过超临界 CO_2 萃取进行分离，离子液体和催化剂可以重复使用。

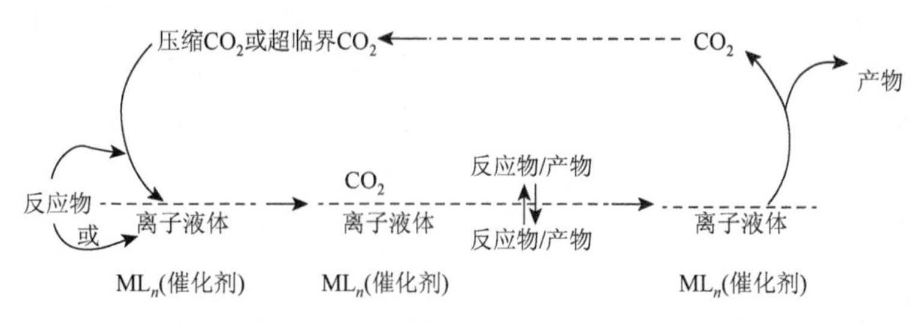

图 8-5 超临界 CO_2/离子液体两相催化体系示意图

此外，超临界 CO_2/离子液体两相体系也可以作为介质进行烯烃氢甲酰化反应[34]。如将 $Rh_2(OAc)_4$ 与离子液体[C_3mim][$PhP(3\text{-}C_6H_4SO_3)_2$]（[$C_3$mim] = 1-丙基-3-甲基咪唑）络合生成催化剂，再将此催化剂溶解于离子液体[C_4mim][PF_6]中，进行均相催化烯烃氢甲酰化反应。反应物和气体（CO 和 H_2）溶解在 CO_2 中，由 CO_2 带入反应器，产物随着超临界 CO_2 流出反应器，原料气 CO 和 H_2 的压强为 4MPa，总压强为 18.5～20MPa，反应温度为 100℃，反应时间 1h，催化剂使用 12 次后，活性仍然很高（TOF = 160～320h^{-1}），Rh 在产品中的流失量小于 1ppm。另一种改进的方法是将[Rh(acac)$(CO)_2$]（acac = 2, 4-戊二酮）、离子液体[C_3mim][$Ph_2P(3-C_6H_4SO_3)$]和[C_8mim][Tf_2N]固定在硅藻土上，形成一个固定床反应器，底物和气体随超临界二氧化碳进入连续反应器，分散于硅胶表面，烯烃氢甲酰化反应在硅胶表面的离子液体相中进行，在反应温度为 100℃，压强为 10MPa 的条件下，转化率大于 95%，TOF 可达到 500h^{-1}，40h 内催化剂活性不变，催化剂流失只有 2～4ppm。另外，可以利用离子液体[C_4mim][HSO_4]和商业化的钯催化剂作为 CO_2 的捕集剂，超临界 CO_2 作为绿色反应溶剂，由木质纤维素氢化制备乙醇等化学品[35]。当氢气压强为 2MPa 时，没有反应发生，压强升高至 4MPa 时，转化率达到 52.2%，其中产物乙醇的选择性为 26.9%，9-硫二环[3.3.1]壬烷-2, 6-二酮（9-thiabicyclo[3, 3, 1]nonane-2, 6-dione）的选择性为 73.1%；当压强为 6MPa 时，转化率为 27.3%，其中乙醇的选择性为 8.1%，9-硫二环[3.3.1]壬烷-2, 6-二酮的选择性为 91.9%。

另一个较典型的例子是在离子液体中进行的 Heck 反应，例如，以 $PdCl_2/Et_3N$（三乙基胺）为催化剂，在 60℃反应 1h，在[C_4mim][PF_6]中碘苯与烯烃的 Heck 反应的转化率为 99%[36]。当温度为 40℃时，相同条件下产率只有 75%，反应结束后，利用超临界 CO_2 从离子液体中将产物萃取出来，催化剂可以得到回收使用，至少循环四次催化剂的活性并未降低。此外，离子液体的含水量对反应产率影响很大，当离子液体的含水量小于 50ppm 时，25℃反应产率可达到 90%以上。该反应体系可在室温下进行，为实现可持续的 Heck 反应向前迈进了一步。

离子液体/超临界 CO_2 两相体系中丙烯酸甲酯的二聚反应也是一个典型的应用实例[37]，钯催化剂被固定在离子液体[C_4mim][PF_6]中，其催化活性比在传统溶剂中有很大的提升，底物和产品分布于不同的相中，在优化的反应条件下，催化剂的 TON 可达到 560，TOF 达到 195h^{-1}，尾-尾二聚物的选择性大于 98%。当压强大于 15.0MPa 时，产物在超临界 CO_2 中具有很高的溶解度，这样可以用超临界 CO_2 萃取产物，同时使该反应在离子液体/超临界 CO_2 连续反应体系中的进行变成了可能。

超临界 CO_2 除了作为溶剂外，还可以作为反应物参与反应，如 CO_2 的固定和转化过程等。在这方面，CO_2 与环氧化物加成合成环状碳酸酯是一种较好的 CO_2 转化方法。可以将离子液体（[C_4mim]X，X = Br^-，BF_4^- 和 PF_6^-）固定在硅藻土上[38]，在超临界 CO_2/离子液体中催化合成环状碳酸酯，此时 CO_2 既作溶剂也作反应物，离子液体阴离子的活性顺序为 BF_4^- ＞PF_6^- ＞Br，优化条件下反应在 4h 内完成，且分离过程简单，硅藻土负载的离子液体只需过滤便可回收，重复利用 4 次不会丧失催化活性，对产品的选择性保持在 99%。

超临界 CO_2/离子液体体系的另一个重要应用就是酶催化反应。Lozano[39] 较早提出了超临界 CO_2/离子液体体系作为绿色连续酶反应器的概念，其中均相的酶溶液被固定在离子液体相（催化反应相），而底物和产品则留在超临界 CO_2 相（萃取相），有利于产品的分离。超临界 CO_2/离子液体两相体系中代表性的酶催化反应如表 8-5 所示。大多数酶催化反应都具有较好的转化率和选择性，如用丁酸乙烯酯和 1-丁醇催化合成丁酸丁酯，酶的活性随着温度升高而增加，温度为 100℃、压强为 15MPa 时选择性可达到 99%，即使在 40℃时选择性仍有 96%，转化率高于 50%，而酶的活性没有丧失。较高温度时的高选择性主要是由于此时离子液体中水含量低，其中 CO_2 存在时酶的活性提高了 10 倍。

表 8-5 超临界 CO_2/离子液体两相生物催化过程

反应	离子液体	条件
合成丁酸丁酯	$[C_2mim][Tf_2N]$，$[C_4mim][Tf_2N]$	12.5～15MPa，40～100℃
苯乙醇的动力学拆分	$[C_2mim][Tf_2N]$	10～15MPa
	$[C_4mim][Tf_2N]$	10～15MPa
	$[N_{1,1,1,4}][Tf_2N]$	10～15MPa
	$[N_{1,8,8,8}][Tf_2N]$	10～15MPa
缩水甘油的动力学拆分	$[C_2mim][Tf_2N]$	10MPa，50℃
	$[C_4mim][Tf_2N]$	10MPa，50℃
	$[N_{1,8,8,8}][Tf_2N]$	10MPa，50℃
	$[C_4mim][PF_6]$	10MPa，50℃
烷基酯类的合成（如乙酸丁酯）	$[HOPrtma][Tf_2N]$	10MPa，50℃
	$[CNPrtma][Tf_2N]$	10MPa，50℃
	$[N_{1,1,1,4}][Tf_2N]$	10MPa，50℃
	$[CNPtma][Tf_2N]$	10MPa，50℃
	$[N_{1,1,1,6}][Tf_2N]$	10MPa，50℃
三油酸甘油酯的丁醇醇解	$[N_{1,8,8,8}][TFA]$	8.5MPa，35℃
2-辛醇的动力学拆分	$[C_8mim][PF_6]$	11MPa，35℃
	$[C_8mim][Tf_2N]$	11MPa，35℃
合成月桂酸香茅酯	$[C_4mim][PF_6]$	10MPa，60℃
	$[C_4mim][BF_4]$	10MPa，60℃
2-苯基-1-丙醇的动力学拆分	$[C_4mim][PF_6]$	10MPa，35℃

续表

反应	离子液体	条件
苯乙醇的动态动力学拆分	$[C_2mim][Tf_2N]$	10MPa，50℃
	$[C_4mim][PF_6]$	10MPa，50℃
	$[N_{1,1,1,4}][Tf_2N]$	10MPa，50℃
合成丙酸香茅酯	SILP	10MPa，40～100℃

注：HOPrtma，3-羟基丙基三甲基铵；CNPrtma，3-氰基丙基三甲基铵；CNPtma，3-氰基戊基三甲基铵。

2. 超临界 CO_2/离子液体在萃取分离中的应用

超临界 CO_2/离子液体在萃取分离中的应用主要包括有机物的萃取、金属离子的萃取和反应分离偶合过程。1999 年，Brennecke 等首次将超临界 CO_2 和离子液体结合，用于萘的萃取，这种方法不产生交叉污染，为超临界 CO_2/离子液体在分离过程中的应用做了一个开创性的尝试。超临界 CO_2 还可以将多种有机物从 $[C_4mim][PF_6]$ 中萃取出来，萃取率大于 95%，而且所有的溶质都是在没有离子液体污染的情况下被萃取的。这些溶质具有不同的结构：有些是极性的，有些是非极性的；有些属于芳香族化合物，有些属于脂肪族化合物。大量实验结果证明，利用超临界 CO_2 从离子液体中萃取有机物是没有交叉污染的绿色过程。此外 CO_2 还可以作为相分离开关[40]，将甲醇/$[C_4mim][PF_6]$分为三相，一相为富离子液体相，一相为富甲醇相，CO_2 单独一相。在 CO_2 的临界点之后，CO_2 和甲醇互溶，但其中不含离子液体，这个结果为开发绿色的超临界 CO_2 分离体系提供了新的思路。

超临界 CO_2/离子液体在萃取分离中的另一个重要应用是金属离子的萃取分离。例如，利用超临界 CO_2 从离子液体$[C_4mim][Tf_2N]$中直接萃取三价金属离子镧和铕[41]，一次萃取率可以达到 90%～99%，利用超临界 CO_2/离子液体混合体系从硝酸水溶液中萃取镧和铕，得到了相似的高萃取效率。超临界 CO_2/离子液体还可以从硝酸水溶液中直接萃取铀酰离子（$[UO_2]^{2+}$），所用离子液体为$[C_4mim][Tf_2N]$，并在其中加入 30%（体积分数）的磷酸三丁酯（TBP）作为萃取剂，然后将离子液体相与含铀酰离子的硝酸水溶液混合，TBP 和铀酰离子发生络合形成$[UO_2(NO_3)_2(TBP)_2]$，然后将 40℃和 20MPa 的超临界 CO_2 与离子液体混合，此时$[UO_2(NO_3)_2(TBP)_2]$进入超临界 CO_2 相，即可实现金属离子的萃取分离。

3. 超临界 CO_2/离子液体在材料制备中的应用

超临界 CO_2/离子液体作为介质在材料合成中也有重要的应用。例如，硅酸甲酯（tetramethyl orthosilicate，TMOS）在超临界 CO_2/离子液体中的溶胶-凝胶过程[42]，避免了有机溶剂的使用。所用离子液体为$[C_4mim][BF_4]$、$[C_4mim][PF_6]$、

$[C_4mim][Tf_2N]$、$[C_6mim][BF_4]$、$[C_8mim][BF_4]$和$[C_4mim][TfO]$，即使加入少量的离子液体也会加快 TMOS 的凝胶过程。离子液体在凝胶过程中起到了催化的效果，其中离子液体的阴离子起着重要的作用，而阳离子烷基链长度的作用很小。加入 CO_2 后进一步改进了凝胶过程，其原因是 CO_2 的加入降低了体系的黏度。超临界 CO_2 和离子液体体系也可用于处理纤维素得到微纳米材料，例如，可以将纤维素用氯化 1-烯丙基-3-甲基咪唑（[Amim]Cl）溶解，再用水或者甲醇再生得到水凝胶和甲醇凝胶，然后将液体混合物真空蒸馏，得到的凝胶用超临界 CO_2（温度 80℃，压强 6.5～12.5MPa）进行处理即可得到微孔（＜2nm）和介孔（2～50nm）材料，凝胶材料的表面积可达到（315±35）$m^2 \cdot g^{-1}$。

韩布兴课题组在该领域做出了许多创新性的工作。例如，他们利用超临界 CO_2 包四甲基胍类离子液体微乳液合成了 Au 纳米颗粒或 Au 网络结构[29]；利用离子液体包 CO_2 微乳液合成了孔状的 La-BTC MOF 材料[30]，其孔径为 20～50nm；制备了 Zn-MOF 纳米球[43]，其直径为 80nm，孔径和壁厚分别为 3.0nm 和 2.5nm，表面积和孔体积分别为 $756m^2 \cdot g^{-1}$ 和 $0.53cm^3 \cdot g^{-1}$。其形成机理为：表面活性剂分子首先自组装成柱状胶束，CO_2 加入后进入到胶束内部，反应底物在离子液体中开始形成框架结构，最后通过释放 CO_2 即可得到孔状材料。2013 年，他们在离子液体 $[C_4mim][NO_3]$包 CO_2 乳液中进行了聚丙烯酰胺的聚合反应[44]，所使用的表面活性剂为 *N*-乙基全氟辛基磺酰胺，温度为 25℃，压强为 10～16MPa。将含有丙烯酰胺、苯甲酮和亚甲基双丙烯酰胺的乳液体系置于紫外光下照射 1h，然后将 CO_2 释放，即可得产品。电镜结果显示，得到的聚合物大孔分布均匀，其孔径为 3.5μm，大孔分布来自于 CO_2 液滴的模板效应。将合成的聚合物作为钯催化剂的支撑材料，用于苯乙烯的加氢反应，在氢气压强为 2MPa、反应温度为 30℃时，反应 10min 后苯乙烯即可全部转化为乙苯，其 TOF 为 $18000h^{-1}$，催化剂循环使用 2 次活性没有丧失。

利用超临界 CO_2 和离子液体的双模板效应可以合成层状的介孔-微孔金属有机骨架材料（MOFs）[45]，如图 8-6 所示。所用的体系为超临界 CO_2 和离子液体形成的乳液体系，离子液体为 1, 1, 3, 3-四甲基胍乙酸盐，表面活性剂为 *N*-乙基全氟辛基磺酰胺，以硝酸钴［$Co(NO_3)_2 \cdot 6H_2O$］和邻苯二甲酸钾为原料，在 80℃，压强为 16MPa，反应 24～48h 制备了 Co-MOF。CO_2 在离子液体中形成了微液滴反应池，Co-MOF 在反应池中成核长大，CO_2 溶胀的胶束起到了外壳的作用，合成出的 Co-MOF 纳米球的直径大约为 50nm，孔径和壁厚约为 2～3nm，其孔径和性质可以通过调节 CO_2 的压强来实现。BET 氮气吸附实验表明，其表面积、总孔体积和介孔体积分别为 $720m^2 \cdot g^{-1}$，$0.49cm^3 \cdot g^{-1}$ 和 $0.131cm^3 \cdot g^{-1}$。其形成机理为：表面活性剂分子首先在离子液体中自组装形成柱状胶束，当通入 CO_2 后，CO_2 分子进入胶束内部发生溶胀，然后钴离子和羧酸在离子液体相中发生反应生成微孔框架结晶，当 CO_2 常压释放后形成层状的微孔和介孔。

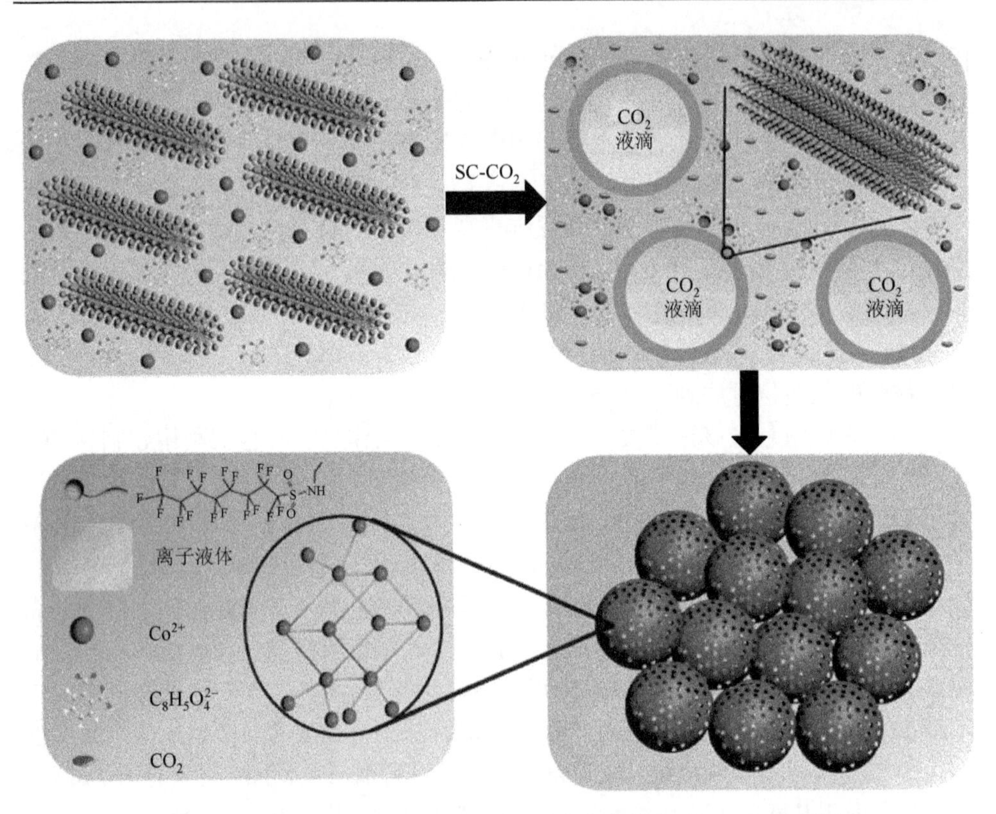

图 8-6 超临界 CO_2/离子液体乳液体系中合成介孔 Co-MOF 示意图

8.3 超临界 CO_2/PEG 体系的性质及应用

聚乙二醇［poly（ethylene glycol），PEG］是一种不挥发的聚合物，具有不同的分子量（200～6000），在室温下分子量小于 600 时主要以黏稠液体形式存在，分子量大于 800 时则以蜡状固体存在。PEG 是一类水溶性的聚合物，但随着分子量的增加其水溶性降低，它在食品、药品等和人类健康相关的领域中大量使用，是一类无毒、廉价、不挥发、易生物降解的高分子材料，也是一类用途广泛的绿色溶剂。PEG 及其相关体系常被用于均相和多相催化、材料制备、生物活性物质分离等过程，而且表现出一些特有的性质[2]。

8.3.1 超临界 CO_2/PEG 体系的性质

1. 超临界 CO_2/PEG 的溶解度

表 8-6 列出了低分子量 PEG 在超临界 CO_2 中的溶解度数据，可以看出聚合物

在超临界 CO_2 中的溶解度比较小，分子量较小的聚合物具有较大的溶解度。在相同的温度下，PEG 在 CO_2 中的溶解度随压强的升高而增大。表 8-7 是 PEG 在超临界 CO_2 + PEG1500 体系聚合物相中的溶解度，可以看出，在相同温度下，CO_2 溶解度随压强升高而增大；在相同的压强下，溶解度随着温度的升高而下降。增加聚合物的链长（PEG4000 和 PEG8000）对 CO_2 的溶解度影响不大。

表 8-6　低分子量 PEG 在超临界 CO_2 中的溶解度

温度/℃	压强/MPa	溶解度（质量分数）/%
40	10.0	0.25（PEG400）
40	20.4	1.25（PEG400）
40	15.0	0.10（PEG600）
40	28.4	0.88（PEG600）
40	5.0～22.0	0～1.4
50	140～250	0.2～2.2

表 8-7　PEG 在超临界 CO_2 + PEG1500 体系聚合物相中的浓度

65℃		80℃		100℃	
W_{PEG}/(kg·kg^{-1})	P/MPa	W_{PEG}/(kg·kg^{-1})	P/MPa	W_{PEG}/(kg·kg^{-1})	P/MPa
0.91	4.1	0.92	4.5	0.95	4.1
0.883	5.4	0.857	7.4	0.919	6.1
0.831	7.8	0.813	10.6	0.892	7.9
0.8	11.8	0.785	13.8	0.863	9.8
0.785	15.7	0.735	20.0	0.844	13.0
0.737	20.3	0.74	28.6	0.821	16.2
0.702	24.0			0.794	20.2
0.7	27.1			0.792	24.4
0.713	27.4			0.755	27.0

2. 超临界 CO_2/PEG 体系的黏度和密度

一般 PEG 的黏度和密度会随着 CO_2 溶解度的变化而改变，以 PEG400 为例，随着压强的升高 CO_2 在 PEG 中的溶解度增加，其黏度值也逐渐降低。可以用经验方程（8-5）对黏度和压强之间的关系进行关联[46]。

$$\eta_s = A + B \cdot e^{(-P/C)} \tag{8-5}$$

式中，η_s 为 PEG400 的黏度；P 为 CO_2 的压强；A、B 和 C 为待定常数。结果表明，40.1℃时，A、B 和 C 的拟合值分别为 5.3475、48.7321 和 2.6568；59.74℃时，A、

B和C的拟合值分别为3.5776、16.8351和4.842；74.32℃时，它们的拟合值分别为2.5261、10.3888和6.9881。但是，在高压下黏度和压强不再遵守此方程。不同温度下，CO_2/PEG的密度随压强的变化趋势一致。当温度一定时，在低压区（小于3MPa），密度随压强的升高而增加，达到最大值后密度开始下降，其中40.1℃时密度下降最多，此温度接近CO_2的临界温度值；随着压强继续升高（大于临界压强7.38MPa），密度又开始缓慢增加。其他分子量的PEG/CO_2的黏度和密度随温度和压强的变化趋势与PEG400/CO_2类似。

3. 超临界CO_2/PEG体系的界面张力

PEG/超临界CO_2体系的界面张力也是一个重要的物性参数。它主要与聚合物和CO_2的互溶度有关，压强增加会导致CO_2在PEG中的溶解度增大，从而降低界面张力。当温度恒定且压强低于10MPa时，界面张力随着压强的升高快速降低[47]。例如，70℃压强从0Pa升高到10.0MPa时，PEG6000/CO_2的界面张力从$44.88mN \cdot m^{-1}$降至$18.01mN \cdot m^{-1}$，当压强持续升高至30.00MPa时，界面张力基本保持为$12.09mN \cdot m^{-1}$，在45℃时PEG600相与超临界CO_2相之间的界面张力从10MPa时的$6.9mN \cdot m^{-1}$降至30MPa时的$3.08mN \cdot m^{-1}$，这些差别可用CO_2溶解度的变化来解释。随着压强的升高，气体的密度增加，溶解度也增加，界面张力降低，溶解度和界面张力之间是反比关系。此外，PEG分子量对界面张力的影响较小。

4. 超临界CO_2对PEG熔点的影响

以PEG1500为例，当CO_2的压强从0.1MPa升高至0.2MPa时，PEG的熔点略有增加（约增加1℃）；在0.2～8.7MPa范围内，PEG的熔点则随压强升高而下降，一直到压强为15MPa时熔点不再发生明显的变化。熔点小幅度的升高主要是由于聚合物的结晶导致在CO_2中晶体厚度增加，之后熔点的降低则是由于溶解了CO_2[48]。

5. CO_2在PEG中的扩散系数

在不同分子量的聚合物中CO_2的扩散系数随着压强升高，先增加到一个极大值，此时的压强大约为15MPa，然后随着压强的升高而降低[49]，在60℃和15MPa时，PEG600/CO_2的最大扩散系数为$8.0993 \times 10^{-4} cm^2 \cdot s^{-1}$。聚合物的分子量对扩散系数的影响较小。

6. 超临界CO_2/PEG（微）乳液

超临界CO_2和PEG可以在表面活性剂N-乙基全氟辛基磺酰胺的作用下形成

超临界 CO_2 包 PEG 和 PEG 包超临界 CO_2 的微乳液[50, 51]。例如，选用 PEG800 和 PEG400 作为乳液内相，超临界 CO_2 为连续相，表面活性剂 *N*-乙基全氟辛基磺酰胺在 CO_2 中形成反胶束，然后将 PEG800 增溶至其中形成微乳液，其结构如图 8-7 所示。小角 X 射线散射（SAXS）结果显示，该体系可以形成 30nm 左右的聚集体，为反应体系提供了一个纳米微反应器。此外，还可以 PEG400 作为连续相，超临界 CO_2 作为非极性内核，表面活性剂为聚氧乙烯-聚氧丙烯共聚物（P104，$EO_{27}PO_{61}EO_{27}$），形成 PEG400 包 CO_2 的微乳液，以该乳液体系作为模板成功合成了聚丙烯酰胺。因此，该类体系在化学反应和材料制备中具有重要的应用前景。

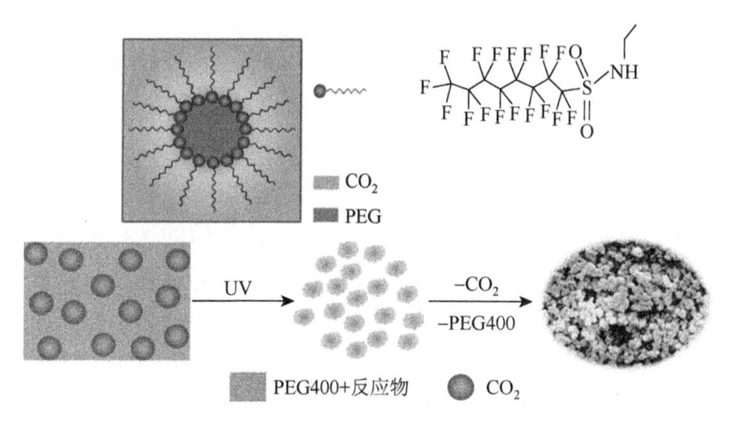

图 8-7　CO_2 包 PEG 微乳液体系和 PEG 包 CO_2 微乳液体系

8.3.2　超临界 CO_2/PEG 体系的应用

PEG 和超临界 CO_2 同属于无毒、廉价的绿色溶剂，这两类绿色溶剂的结合同样会对环境友好反应分离过程的发展带来一些新的机会。本小节将简要讨论超临界 CO_2/PEG 体系几个代表性的应用。

1. 超临界 CO_2/PEG 在反应分离中的应用

化学反应是目前超临界 CO_2/PEG 体系应用较多的一个领域。超临界 CO_2/PEG 溶剂对一些空气敏感的催化剂的应用具有优势，如 CO_2 的加入一般会使 PEG 的熔点降低，反应结束后将 CO_2 释放则会导致 PEG 的熔点升高，此时催化剂会留在固体 PEG 相中，从而避免了与空气的接触。对于超临界 CO_2/PEG 溶剂中进行的亚胺和烯醇化合物的 Mannich 反应以及醇-醛缩合反应[52]，加入的 PEG 起到了表面活性剂的作用。没有加入 PEG 时反应产率只有 10%，加入 PEG 后产率可达到 72%，加入乙腈等其他溶剂产率也只有 35%左右。加入的 PEG 起到了表面活性剂的作用，生成了乳液，从而加速了底物的传输。压强和 PEG 的分子量影响反应产率，在 15MPa，使用 PEG400 产率最高。在室温下，PEG1500 和 PEG900 为固体，加入

高压 CO_2 后，40℃时变为液体，然后在其中进行铑配合物［$RhCl(PPh_3)_3$］催化的苯乙烯加氢制备乙苯的反应，反应完成后产物乙苯可以被超临界 CO_2 萃取，常压释放后可得乙苯，转化率达到 99%，催化剂留在固体 PEG 中，5 次循环后产品收率为 79%，略有降低。

另二类常见的反应是氧化反应。把催化剂（$[Pd_{561}phen_{60}(OAc)_{180}]$，phen = 1, 10-邻二氮杂菲）嵌入到 PEG1000 中，将超临界 CO_2 作为流动相，在 80℃和 14.5MPa 的条件下进行高压醇氧化反应[53]。首轮循环反应时，催化剂大约需要 1～2h 分散在 PEG 中，此时转化率较低，但是选择性达到 99%；200min 后转化率可达到 80%以上，反应完成后产物被超临界 CO_2 萃取，产物中残留少量的 PEG（8mg）和 2.3ppm 的钯催化剂（留在 PEG 中）。从第二轮循环开始，由于不存在催化剂的扩散过程，大约 50min 后转化率即可达到 80%以上，大约 200min 后转化率接近 100%。烯烃的 Wacker 氧化反应也可以在超临界 CO_2/PEG300 体系中进行，如 $PdCl_2$/CuCl 催化的苯乙烯氧化反应，苯乙酮的转化率和收率都比较高，没有溶剂时反应不会发生，在超临界 CO_2/PEG300 中转化率接近 100%，苯乙酮的选择性可达 92%。在该反应体系中，PEG 可以有效负载催化剂，而超临界 CO_2 则使产品快速分离，使催化剂循环使用。

在 CO_2/PEG 体系中进行的另一个氧化反应是芳香醇的氧化反应[54]，该体系不需要加入催化剂，而是用 PEG 氧化降解产物 PEG 自由基来引发醇的氧化反应。PEG/O_2/CO_2 分别作为引发剂、氧化剂和溶剂，压缩 CO_2 不仅提供了一个温和的环境，而且还可以通过调节压强来改进反应的选择性。在实验温度为 100℃、氧气分压 2.5MPa、PEG 分子量为 1000 时，反应 7h 后由苯甲醇可得到 19%苯甲醛、13%苯甲酸和 3%甲酸苄酯；当 CO_2 的压强为 13.5MPa 时，反应 24h 后产物苯甲酸的选择性达到 98%，此外高温有利于向苯甲酸的转化。除此之外，PEG 的链越长，黏度越大，氧气在其中的传输受到影响。当使用 PEG300 时，转化率最高可达到 95%，对苯甲酸的选择性可达到 83%。

另外，脂肪酶催化的 2-苯乙醇和醋酸乙烯酯的酯化反应也可以在超临界 CO_2/PEG1500 中进行，所用的酶为 lipase B，实验温度为 50℃，压强为 15MPa，在 25h 的反应时间内催化剂的活性始终保持恒定，最终的产品用超临界 CO_2 萃取分离[55]。

综上所述，不管在超临界 CO_2/PEG 介质中进行什么类型的反应，大多数情况下 CO_2 的作用都是降低 PEG 的熔点，使 PEG 发生溶胀，催化剂一般留在 PEG 相中，在均相条件下完成反应，然后用超临界 CO_2 使产品分离，实现异相分离的目的。

2. 超临界 CO_2/PEG 作为材料合成的介质

作为一种绿色介质，超临界 CO_2/PEG 在材料制备方面也有重要的应用。例如，

PEG20000/超临界 CO_2 体系可作为模板，直接合成 TiO_2/SiO_2 复合材料[56]。前驱体钛酸四丁酯和硅酸四乙酯可以溶到 CO_2 中，然后用 PEG20000 浸渍，CO_2 作为膨胀剂和载体，反应温度和压强分别为 40℃和 24MPa，反应时间 8h。经过高温（700℃）煅烧，除去 PEG 后即可得到孔状的 TiO_2/SiO_2 复合材料。该材料的孔径为 20nm 左右，表面积为 $301.98m^2 \cdot g^{-1}$。

韩布兴课题组利用超临界 CO_2/PEG 乳液作为模板合成了若干纳米材料[50, 51]。例如，他们利用超临界 CO_2 包 PEG 微乳液作为纳米微反应器，合成了高度分散的金纳米粒子；用 PEG400 作为连续相，超临界 CO_2 作为非极性内核，表面活性剂为 Pluronic 104，在乳液体系中成功合成了聚丙烯酰胺。

8.4　离子液体/水体系的性质及应用

离子液体是近二十年发展起来的一类新型绿色溶剂，本书第四章详细介绍了离子液体的性质和应用，本节主要围绕离子液体 + 水混合体系讨论它们的物理化学性质及其应用。

8.4.1　离子液体/水体系的性质

1. 离子液体/水体系的相平衡性质

根据室温下离子液体和水的互溶情况可以把离子液体分为两类：疏水性离子液体和亲水性离子液体，但这并非绝对意义上的疏水和亲水，温度、烷基链长和阴离子等都会改变离子液体与水的互溶情况。一般情况下，水和离子液体的互溶程度取决于水和离子之间的相互作用，这种相互作用首先和离子的尺寸大小有关，尺寸小的离子更容易和水作用。其次取决于和水作用的表面电荷数量，离子表面所带电荷越多，离子液体和水之间的相互作用越强。离子液体和水的互溶度主要取决于阴离子的特性，阳离子的作用次之。一般情况下，对于常见的咪唑类和吡啶类离子液体，阴离子的疏水性顺序遵循如下规律：Br^-，Cl^-＜$[BF_4]^-$＜$[PF_6]^-$＜$[Tf_2N]^-$＜$[BETI]^-$，阴离子的疏水性越强，离子液体在水中的溶解度就越低。对于阴离子相同的离子液体而言，随着阳离子烷基链长度的增加，其疏水性增强，溶解度降低。本小节只简要介绍常见的几类离子液体-水体系的相平衡，更多的内容可参考相关文献。

以$[C_n mim][BF_4]$为例，当咪唑环上烷基链的碳原子数 n 为 2 和 4 时，离子液体和水可以任意比例互溶；当 n>6 时，离子液体可以和水部分互溶。例如，$[C_6mim][BF_4]$和$[C_8mim][BF_4]$与水都表现出最高临界共溶温度，upper critical solution temperature，UCST，现象，$[C_6mim][BF_4]$ + 水体系的最高临界共溶温度在 60～65℃之间，而

$[C_8mim][BF_4]$ + 水体系的最高临界共溶温度在 67～70℃之间，最高临界共溶温度随着离子液体烷基链的增长而升高，这表明离子液体和水的互溶度减小。

常见的一些离子液体（如$[C_4mim][PF_6]$，$[C_6mim][PF_6]$，$[C_8mim][PF_6]$，$[C_6mim][BF_4]$和$[C_8mim][BF_4]$）与水的液-液平衡数据如表 8-8 所示[57-59]。可以看出，虽然$[BF_4]^-$的亲水性较强，但是$[C_8mim][BF_4]$和$[C_4mim][PF_6]$在水中的溶解度相当；水在离子液体中的溶解度仍然遵循阴离子的疏水性顺序，即水在$[C_8mim][BF_4]$中的溶解度大于在$[C_4mim][PF_6]$中的溶解度。阴离子相同时，阳离子的烷基链越长，它与水的互溶度越低。此外，多数情况下，互溶度随温度的升高而增大。对具有最低临界共溶温度的离子液体 + 水体系，温度对溶解度的影响正好相反。

表 8-8 22℃水与离子液体的互溶度

离子液体	离子液体在水中的溶解度		水在离子液体中的溶解度	
	质量分数/%	摩尔分数	质量分数/%	摩尔分数
$[C_4mim][PF_6]$	2.0±0.3	1.29×10^{-3}	2.3±0.2	0.26
	1.88（$g\cdot100mL^{-1}$）		1.17（$g\cdot100g^{-1}$）	
			0.92（$mol\cdot L^{-1}$）	
	2.4±0.1（303K）		2.67±0.03（303K）	
	3.2±0.2（313K）		3.18±0.02（313K）	
	3.7±0.2（323K）		3.70±0.02（323K）	
$[C_5mim][PF_6]$	1.23（$g\cdot100mL^{-1}$）			
$[C_6mim][PF_6]$	0.75（$g\cdot100mL^{-1}$）		0.8837（$g\cdot100g^{-1}$）	
			0.68（$mol\cdot L^{-1}$）	
$[C_7mim][PF_6]$	0.37（$g\cdot100mL^{-1}$）			
$[C_8mim][PF_6]$	0.7±0.1	3.50×10^{-3}	1.3±0.5	0.20
	0.20（$g\cdot100mL^{-1}$）		0.6666（$g\cdot100g^{-1}$）	
			0.46（$mol\cdot L^{-1}$）	
$[C_9mim][PF_6]$	0.15（$g\cdot100mL^{-1}$）			
$[C_6mim][BF_4]$	6.7±0.1		12.2±0.1	
$[C_8mim][BF_4]$	1.8±0.5	1.17×10^{-3}	10.8±0.5	0.63

含 Tf_2N 阴离子的咪唑离子液体与水的互溶度与其他疏水性离子液体（如$[C_1mim][Tf_2N]$、$[C_2mim][Tf_2N]$、$[C_2C_3mim][Tf_2N]$和$[C_4C_1C_1im][Tf_2N]$）类似[60]，对于单取代的离子液体$[C_1mim][Tf_2N]$和$[C_2mim][Tf_2N]$，虽然阴离子的疏水性很强，但是阳离子的烷基链较短，它们和水的互溶度较大；但是对于双取代的离子液体

$[C_2C_3mim][Tf_2N]$和三取代的离子液体$[C_4C_1C_1mim][Tf_2N]$，它们在水中的溶解度非常小（10^{-3}～10^{-4}，摩尔分数），这和前边提到的含$[BF_4]^-$和$[PF_6]^-$离子液体的水溶解度规律一致。在研究双取代的不同链长离子液体时也得到了类似的结果，即离子液体在水中的溶解度和水在离子液体中的溶解度均随着烷基链的增长而减小。阴离子的疏水性顺序为$[C(CN)_3]^-$＜$[PF_6]^-$＜$[Tf_2N]^-$，阳离子的疏水性顺序为$[C_nmim]^+$＜$[C_nmpy]^+$≤$[C_nmpyr]^+$＜$[C_nmpip]^+$，阳离子相同时烷基链的增长使离子液体的疏水性增强。

除了上述离子液体 + 水二元体系外，也有人发现在疏水性离子液体 + 水体系中加入一些无机盐或者有机溶剂可以影响离子液体的溶解度，如在水中加入乙醇，则可以促进$[C_4mim][PF_6]$在水中的溶解，当加入的乙醇与水的物质的量比为 1∶1 时，$[C_4mim][PF_6]$与水的互溶度增加，其最高临界共溶温度大大降低。而无机盐对离子液体 + 水体系相平衡也有较大影响，无机盐主要通过盐析或盐溶效应来影响溶解度，这些离子对溶解度的影响遵循 Hofmeister 顺序，高电荷密度的离子导致盐析，而低电荷密度的离子导致盐溶，阳离子的盐析效应顺序为 Sr^{2+}＞Ca^{2+}＞Mg^{2+}＞Na^+＞Li^+≈K^+，盐溶效应顺序为 NH_4^+＜H^+＜$(CH_3)_4N^+$；阴离子的盐析效应顺序为 $C_6H_5O_7^{3-}$＞SO_4^{2-}＞CH_3CO^{2-}＞HSO_4^-＞OH^-＞CO_3^{2-}＞SCN^-＞$H_2PO_4^-$＞NO_3^-，阴离子的盐溶效应顺序为 NO_3^-＜OH^-＜SCN^-。

2. 离子液体/水体系的密度和黏度

密度和黏度是离子液体 + 水体系的基础物理性质。Seddon 等[61]发现，在离子液体中加入少量杂质或添加剂会导致物理性质的显著变化。利用方程 $\eta = \eta_s \cdot \exp(-x_{cs}/a)$ 对离子液体 + 水体系的黏度数据进行关联，其中 η_s 为纯离子液体的黏度，x_{cs} 为水的摩尔分数，a 为常数（对$[C_4mim][BF_4]$，$a = 0.23$；对$[C_4mim][PF_6]$，$a = 0.19$）。加入少量水后，离子液体的黏度大大降低，$[C_4mim][BF_4]$的密度则随着水含量的增加而减小；当水的摩尔分数小于 0.5 时，离子液体的密度随水含量的增加而缓慢降低；但是当水含量大于 0.5 时，密度随着水含量的增加快速降低。

离子液体 + 水混合物的黏度性质可用公式（8-6）进行拟合[62]。

$$\eta_{mix} = \frac{A + BT + Cx + Dx^2}{1 + ET + FT^2 + Gx} \tag{8-6}$$

式中，η_{mix} 为离子液体 + 水混合物的黏度（Pa·s）；A、B、C、D、E、F、G 为拟合参数；T 为热力学温度；x 为混合物中水的摩尔分数。用此公式对常见的离子液体 + 水混合物黏度数据的拟合结果与实验值吻合较好。除此之外，有很多研究人员利用不同的模型对不同结构的离子液体 + 水混合物的密度、黏度数据进行了拟合分析，得到了较好的效果。

3. 离子液体/水体系的表面张力

表面张力是离子液体的重要表面性质之一。一般情况下，疏水性离子液体的表面张力比亲水性离子液体的表面张力更易受到水的影响，疏水性离子液体主要通过阳离子的重新定位和水发生溶剂化作用，而这种作用对亲水性离子液体不明显。混合物的表面张力不太容易通过纯组分的表面张力进行预测，两相混合物界面处的浓度和体相浓度不同，如果发生正吸附则使表面张力降低，即在水中加入离子液体后可降低表面张力，当把离子液体加入有机溶剂后则有相反的效果。通常情况下，混合物的表面张力可用经验方程 $\gamma=\gamma_1^* x_1+\gamma_2^* x_2$ 来估算，其中 γ_i^* 是纯物质在相同温度下的表面张力，x_i 是组分的摩尔分数，但是有时候这种估算的误差很大。

当水含量小于 500ppm 时，水的存在对离子液体的表面张力影响不大，但是当水含量大于 500ppm 后，离子液体的表面张力随水含量的增加而增加。如 25℃时，随着水含量的增加，$[C_2mim][BF_4]$ + 水和 $[C_4mim][BF_4]$ + 水体系的表面张力均有一个突降[63]，然后缓慢上升。$[C_2mim][BF_4]$ + 水表面张力的最低点大约在 $x_{IL}=0.2$，$[C_4mim][BF_4]$ + 水表面张力的最低点大约在 $x_{IL}=0.1$。在水含量下降段，表面张力随组成的变化可以用下述方程来拟合。

$$\gamma=\gamma_{IL}-B\cdot x_s \tag{8-7}$$

式中，γ_{IL} 为纯离子液体的表面张力；B 为拟合参数。$[C_2mim][BF_4]$ + 水体系的 B 值为 1.650，$[C_4mim][BF_4]$ + 水体系的 B 值为 0.898，$[C_6mim][BF_4]$ + 水体系的 B 值为 0.706。

除了上述短链离子液体 + 水体系的表面张力外，文献中大量报道的有关离子液体 + 水体系的表面张力，基本上都是关于离子液体在水中聚集的研究。长链的离子液体（一般烷基链长度大于 8）和离子型表面活性剂类似，它们可在水中形成聚集体，通过测定混合物的表面张力可以得到离子液体在水中的临界胶束浓度（critical micelle concentration，CMC）。

4. 离子液体/水体系的电导率和折光率

离子液体是一类离子化合物，因此它与分子溶剂相比有较高的电导率。离子液体的电导率取决于阴、阳离子的迁移率，迁移率受离子尺寸、黏度和离子缔合等因素的影响，离子尺寸越小、黏度越低，迁移率就越高。例如，对于 $[C_nmim][BF_4]$ 系列的离子液体，较长的烷基链会引起较低的电导率。当在纯离子液体中加入水或者其他分子溶剂时，都会引起离子液体电导率明显的变化，其原因多是溶剂的加入引起黏度降低或者更多的离子解离。如 25℃时，$[C_6mim][Tf_2N]$ 离子液体中水的摩尔分数从 1×10^{-5} 升高到 8.98×10^{-3} 时，电导率升高约 40%，$[C_4mim][Tf_2N]$

离子液体也有类似的情况。以 25℃时[Amim]Cl + 水体系为例，在富水区，体系的电导率随着离子液体浓度的增大快速增加，但是在富离子液体区，随着离子液体含量的增加电导率下降，造成这种现象的原因有两个：①离子液体含量大时，黏度增加，离子的迁移变慢；②由于发生聚集，带电粒子数目减少。

以二氰胺根离子液体$[C_2mim][N(CN)_2]$ + 水和 1-乙基-3-甲基咪唑 2-(2-甲氧基乙氧基）硫酸乙酯盐（$[C_2mim][MDEGSO_4]$） + 水体系为例，利用方程（8-8）对不同温度下的电导率数据进行拟合，可以得到较好的结果，

$$\kappa = x_1 \exp[A_1 + A_2T^{0.5} + A_3x_1^{0.5}] + A_4 + A_5T^{0.5} + A_6x_1^{0.5} \tag{8-8}$$

式中，κ 为电导率（$S \cdot m^{-1}$）；x_1 为离子液体的摩尔分数；A_i 为经验常数。

8.4.2　离子液体/水体系的应用

近年来，离子液体的研究和应用领域不断扩大，从最初的有机反应扩展到无机/有机纳米材料合成、萃取分离、电化学、生物技术等领域，而且其新的应用领域还在不断出现，这里仅选择离子液体 + 水体系的几个代表性应用领域说明其重要性。

1. 离子液体/水体系在化学反应中的应用

离子液体 + 水所形成的互不相溶或者部分互溶的两相体系在有机合成、反应分离中得到了广泛的应用。第一类常见的是加氢反应，如在$[C_8mim][BF_4]$ + 水两相介质中进行的 1, 4-二羟基-2-丁炔的加氢反应[64]。在该介质中，反应物进入水相，当氢气加压至 6MPa、温度为 80℃时体系成为单相，反应完毕后冷却至室温，体系分为两相，催化剂在离子液体相，产物在水相，即可实现均相反应、异相分离。另一个例子是在$[C_4mim][PF_6]$ + 水（物质的量比为 3∶2）溶剂中进行的 α-甲基巴豆酸的不对称加氢反应，得到的产物 2-甲基丁酸的转化率为 99%，手性选择性达到 85%。功能化离子液体 + 水体系有时可获得比常规离子液体更好的效果，如以四丁基铵为阳离子，以有机酸作为阴离子（如 L-乳酸、L-酒石酸、丙二酸、琥珀酸、L-苹果酸、丙酮酸、D-葡萄糖醛酸和 D-半乳糖醛酸）的一系列功能化离子液体[65]的水溶液为反应介质，1, 5-环辛二烯的加氢反应结果表明，该体系比咪唑类离子液体效果更好。

氧化反应也可以在离子液体 + 水体系中进行，如醇的氧化反应可以在$[C_4mim]Cl$ + 水介质中进行[66]，氧化试剂为邻碘酰基苯甲酸（*o*-iodoxybenzoic acid，IBX），该试剂选择性较高、条件温和，是一种环境友好的氧化剂，室温下通过简单搅拌即可完成反应，然后用乙酸乙酯萃取产物即可得到羰基产物。与在经典的有机溶剂中进行的反应相比，该方案条件温和，是均相反应，而且氧化剂和离子液体容易回收。$PdCl_2/CuCl$ 催化的不同类型烯烃的 Wacker 催化氧化反应则可在$[C_4mim]$

$[BF_4]$ + 水体系中进行，当离子液体与水的体积比为 2∶1 时得到了最好的收率。此反应条件温和，不需要加入额外的酸作为催化剂，离子液体的阴离子$[BF_4]^-$可发生部分水解产生 HF，起到了催化剂的作用。

Suzuki 反应是一类常见的碳-碳键生成反应，卤代芳烃和芳香基硼酸发生的 Suzuki 偶合反应在$[C_4mim][PF_6]$ + 水溶剂中得到了较高的产率[67]。水的加入促进了离子液体中的 Suzuki 反应，水和离子液体$[C_4mim][PF_6]$的质量比为 1∶3 或者$[C_4mim][BF_4]$与水的质量比为 1∶1 时得到了较高的产率，$[C_4mim][PF_6]$ + 水 + $Pd(OAc)_2$ 反应体系循环 7 次后反应活性只有很小的损失。

另一个典型的反应是 Diels-Alder 反应，在离子液体甲基吡啶三氟甲磺酸盐（[mpy][TfO]）+ 水均相体系中进行了由 MacMillan 亚胺催化的 Diels-Alder 环加成反应[68]，二烯和亲二烯体在 0℃即可反应生成产物，在反应中水不仅起到了共溶剂的作用，而且促进了亚胺离子的水解，提高了产率和选择性，缩短了反应时间。

除了以上提到的典型代表性反应外，能在离子液体/水形成的单相和多相体系中进行的反应已经涵盖了几乎所有的有机化学反应，如生物催化反应、环氧化反应、烯丙基化反应、Beckmann 重排反应、Mannich 反应、Michael 加成反应、醇醛缩合反应等。此外，某些长链离子液体可以在水中形成胶束等自组装结构，也是一类良好的离子液体 + 水反应介质，具有较好的应用前景。

2. 离子液体/水体系在萃取分离中的应用

关于离子液体 + 水不相溶或者部分互溶体系在萃取分离方面的应用，已有不少的综述文章和著作发表。一般情况下，根据被分离物的性质萃取分离可以大致分为：有机物的分离、金属离子的分离、气体的分离、生物大分子的分离等，以下选取几个代表性的例子进行介绍。

直接用于萃取分离的是疏水性离子液体，如$[C_4mim][PF_6]$可以从水中直接萃取苯及其衍生物以及染料百里酚蓝等，水相 pH 值、有机物的浓度、离子液体与水相体积比、温度、离子液体的结构等都会对萃取结果产生影响。一般情况下，有机物在离子液体-水中的分配系数比在传统的辛醇-水中小一个数量级；具有带电基团或具有较强形成氢键能力的有机酸或有机碱的分配系数随 pH 值的变化而变化，当这些有机物以分子状态存在时分配系数最大，有机物的分配系数随着离子液体疏水性的增强而增大[59, 69, 70]。基于分配系数的数据，可用 Abraham 线性自由能方程定量地研究$[C_4mim][PF_6]$的溶剂特性，利用这些特性可以预测溶质在离子液体-水体系间的分配系数[71]。

在离子液体$[C_2mim][Tf_2N]$、$[C_nOHmim][Tf_2N]$（$n = 2, 3, 6, 8$）、$[C_2OC_1mim][Tf_2N]$、$[C_3UC_4mim][Tf_2N]$中加入冠醚（二环己基-18-冠醚-6），可以直接萃取细胞色素 c[72]，

这里，细胞色素 c 主要通过与冠醚形成超分子缔合物，然后被萃取到离子液体相中，离子液体的疏水性和功能基团对蛋白质有较大影响。含有羟基的离子液体/冠醚体系几乎能够定量萃取细胞色素 c，蛋白质在离子液体相中具有不同于水中的结构和功能。

燃料油制品的脱硫是减少 SO_2 排放的一种有效手段，离子液体也可用于脱除燃料油中的主要硫成分硫芴（dibenzothiophene）和 4, 6-二烷基取代硫芴。阴离子对萃取效果影响较大，氯化铝型离子液体的萃取脱硫效果最好，而以$[BF_4]^-$、$[PF_6]^-$、$[CF_3SO_3]^-$等为阴离子的离子液体的萃取脱硫效果较差。

生物活性物质的萃取分离也是离子液体的重要应用之一[59, 73]，这些生物活性物质包括：生物质基有机小分子（如生物碱、黄酮、萜类、萜烯、抗氧化剂、酚类化合物等）、皂苷、类胡萝卜素、维生素、蛋白质、氨基酸、核酸和药物分子等，离子液体主要作为萃取溶剂、助溶剂、助表面活性剂、电解质和添加剂等，所使用的离子液体涵盖了咪唑阳离子、吡啶阳离子、吡咯阳离子、四甲基胍、季铵盐、季鏻盐等，所使用的阴离子从亲水的卤素离子到疏水性强的$[Tf_2N]$等，水相 pH 值、温度、离子液体的结构和生物活性分子的结构等都会对萃取结果产生影响。一般认为疏水作用是萃取过程的主要驱动力，静电作用、氢键作用等也会对萃取过程产生影响。除此之外，还可以根据实际需要选择合适的离子液体，在优化条件下都可以达到高效萃取的目的。

金属离子萃取是离子液体/水体系用于萃取分离的另一个重要领域。一般情况下，用常规离子液体直接萃取金属离子效果欠佳，如用$[C_4mim][PF_6]$萃取水中的金属离子，大多数分配系数都在 0.05 左右。使用两种方法可以提高金属离子的分配系数：①在离子液体中引入能与金属离子配位的基团；②在萃取体系中加入冠醚、杯芳烃等大环分子配体。例如，在离子液体的咪唑环上引入 S 原子，或者引入硫脲基团或脲基团，并用来从水中萃取重金属离子 Hg^{2+}和 Cd^{2+}[74]。其分配系数可以达到 10^2 的数量级。除此之外，还可以在离子液体中加入冠醚等大环分子萃取水溶液中的 Na^+、Cs^+和 Sr^{2+}，冠醚的疏水性和水溶液的组成决定了金属离子的分配系数。例如，对于 Sr^{2+}，加入冠醚后分配系数可达 10^3～10^4 数量级。当水溶液中含有 HCl、柠檬酸钠、$NaNO_3$、HNO_3 时，金属离子的分配系数减小。另外，当在$[C_4mim][PF_6]$中加入 10^{-4}mol 的萃取剂 1-吡啶偶氮基-2-萘酚和 1-噻唑偶氮基-2-萘酚，且 pH 值大于 12 时，Fe^{3+}、Co^{2+}、Cd^{2+}、Ni^{2+}的分配系数均可以达到 1.0 以上。因此，一般离子液体用于金属离子的萃取需要加入一定量的能和金属配位的有机分子，或者通过设计功能化离子液体直接用于金属离子的萃取。

除了冠醚可作为萃取金属离子的络合剂，另一种大环分子-杯芳烃也被用来协同离子液体萃取金属离子。例如，在疏水性离子液体中加入杯芳烃［calix[4]arene-bis （*tert*-octyl benzo-crown-6）］可以萃取水溶液中的 Cs^+。该体系对 Cs^+/Na^+ 和 Cs^+/Sr^{2+} 的选择性非常好，但对 Cs^+/K^+ 的选择性较差。离子液体的烷基链越短，金属离子的分配系数越大，这主要是由于短链离子液体的阳离子具有较强的离子交换能力。利用 1, 3-二己基咪唑硝酸盐作为萃取剂[75]，可以选择性地分离稀土金属和重金属离子。该离子液体室温下与水部分互溶，体系的最高临界共溶温度为 84.1℃，当水中加入约 $6mol·L^{-1}$ $NaNO_3$ 时，Sm^{3+} 几乎 100%被萃取，而此时 Co^{2+} 只有 30%被萃取，因此可以实现两种金属离子的选择性分离。该离子液体也可以用于 La^{3+}/Ni^{2+} 的选择性分离，其中 La^{3+} 被 100%萃取，而 Ni^{2+} 只有 15%被萃取。

稀土金属离子的萃取分离也可以通过设计功能化离子液体来实现[76]。例如，利用疏水性的羧酸功能化离子液体$[(CH_2)_nCOOHmin][Tf_2N]$（$n = 3, 5, 7$）从 $Rb^{3+} + Fe^{3+}$ 混合溶液中选择性萃取了稀土离子 Rb^{3+}，从 $Sm^{3+} + Co^{2+}$ 混合溶液中选择性萃取稀土离子 Sm^{3+}，从 Sc^{2+} + Y + 镧系金属混合物中选择性萃取了 Sc^{2+}，其中 Sm、Sc 和 Rb 的萃取率可达到 99%，通过调控 pH 值选择性分离因子可达到 10^4～10^5。使用盐酸或者草酸可以将离子液体中的金属离子反萃取，反萃率达到 97%。

3. 离子液体/水体系在材料制备中的应用

离子液体 + 水所形成的均相或两相体系在材料制备中也有较多的应用。含硫或二硫官能团与金属离子有较强的相互作用，因此含硫离子液体可以用来合成和稳定金属纳米粒子，如 Au，Pt 和 Pd 纳米粒子，将 $HAuCl_4$，$Na_2Pt(OH)_6$ 或 Na_2PdCl_4 作为前驱体，用 $NaBH_4$ 在离子液体 + 水溶液中将前驱体还原，制备的金属纳米粒子的尺寸随着离子液体含硫基团的增多而降低，因此含硫离子液体对于合成金属纳米粒子具有较好的效果[77]。此外，用腈基、羟基、抗坏血酸等功能化的离子液体也被用来合成金属纳米粒子，粒径均在 4nm 左右。除了以上功能化离子液体外，常规离子液体也常被用来作为溶剂合成金属纳米粒子。

类似于表面活性剂，一些长链的离子液体可在水中形成各种形貌的自组装结构，这些结构可以作为模板用来合成纳米粒子。在离子液体 + 水体系中，可以合成不同形貌的 SiO_2 介孔材料，包括球形、椭球形、棒状和管状等，这些材料可以用作纳米传输器件。例如，利用一系列不同烷基链长的离子液体$[C_{10}mim]Cl$、$[C_{14}mim]Cl$、$[C_{16}mim]Cl$、$[C_{18}mim]Cl$ + 水体系作为模板，可以合成微孔 SiO_2[78]，其孔径为 1.2～1.5nm，壁厚 1.4nm，表面积可达到 $1340m^2·g^{-1}$。$[C_4mim][BF_4]$也可以作为模板，合成蠕虫状的多孔 SiO_2，其孔径为 2.5nm，壁厚为 2.5～3.1nm，表面积为 $801m^2·g^{-1}$。离子液体的阴离子$[BF_4]^-$和 SiO_2 之间的氢键作用以及咪唑环和

硅氧基团之间的 π-π 堆积作用是形成蠕虫状材料的驱动力。功能化的磺酸离子液体 + 水溶剂可以用来合成介孔的 Trogers 功能化聚合物，其孔尺寸为 3～15nm，表面积为 $431m^2 \cdot g^{-1}$，Ir（Ⅱ）络合的 Trogers 功能化聚合物在胺甲基化反应中表现出了优异的催化能力。

离子液体 + 水所形成的微乳液体系在材料合成中也有重要的应用。韩布兴课题组在此方面做了许多出色的工作，如他们在水/TX-100/[C_4mim][PF_6]微乳液中合成了具有孔结构的硅纳米线，其中离子液体对形貌起着重要的作用，前驱体被加入到微乳液后，首先在内核水滴的表面开始水解，离子液体对于硅纳米线的形成起到了导向作用[79]。他们以[C_4mim][PF_6] + 水 + TX100 形成的微乳液作为反应介质，合成了 La-BTC MOFs。SAXS 结果表明，离子液体包水区域为球形液滴，双连续区域为层状结构，而水包离子液体区域为柱状结构，在不同结构的微乳液中所合成的 La-MOFs 具有类似的形貌，说明微乳液的结构起到了模板的作用。最近，他们以可以形成类似于微乳液结构的[C_2mim][BF_4] + [C_{10}mim][NO_3] + 水三元体系为反应介质，合成了层状的多孔金属钌纳米簇，其单个金属粒子的直径约为 1.5nm，所合成的催化剂的结构和该体系的 SAXS 结果显示的液体结构高度一致，他们还研究了该多孔金属钌催化剂对乙酰丙酸加氢反应的催化作用，研究表明，多孔钌催化剂几乎可以定量地催化该反应，其转化率和收率均达到 99%以上，TOF 最高可达 $798h^{-1}$，该体系为合成形貌可控的层状多孔金属纳米粒子提供了一个新的思路[80]。

8.5　双水相体系

双水相体系（aqueous two-phase systems，ATPSs）是 20 世纪 80 年代中后期逐渐发展起来的一种温和的绿色分离体系，在酶和蛋白质等生物活性物质提取上展现出了特有的优势[81]。2003 年，Rogers 等[82]首次将离子液体和双水相结合，大大拓展了经典的双水相体系，在此后的十几年里离子液体双水相体系得到了快速发展，不同结构和功能的离子液体双水相体系被相继报道，并在分离、离子液体回收等领域具有良好的应用前景。

双水相体系是由两种互不相溶的聚合物［如聚乙二醇（PEG）和葡聚糖］或一种聚合物和无机盐［如 PEG 和$(NH_4)_2SO_4$］等的水溶液所组成的两相体系，两相中水都占有很大的比例。因此，与传统的有机溶剂萃取相比，双水相体系为生物活性物质（如蛋白质、酶、核酸和肽等）提供了一种温和的环境，而不易使其失活。因此双水相萃取技术广泛用于生物活性物质的分离和纯化[81]。根据构成双水相体系的组分不同可以把双水相体系分为表 8-9 所示的类型。

表 8-9 双水相体系的组成和分类

类型	组成
聚合物＋聚合物	PEG4000-葡聚糖 P_{VBAm}-P_N UCON-葡聚糖 75000 PEG1000-NaPA8000
聚合物＋盐	PEG1500-PO_4 PEG20000-柠檬酸钠 PEG400-Na_2SO_4 PEG1500-$(NH_4)_2SO_4$ UCON-$(NH_4)_2SO_4$
醇＋盐	乙醇-$(NH_4)_2SO_4$ 2-丙醇-$(NH_4)_2SO_4$ 1-丙醇-$(NH_4)_2SO_4$ 乙醇-PO_4 甲醇-PO_4
表面活性剂双水相	Triton X-100-柠檬酸钠 PEG4000/Triton X-100 Triton X-100-山梨醇
离子液体双水相	$[C_6mim][C_{12}SO_3]$-PEG6000 $[C_nmim]$Br 和$[C_nmim]$Cl-蔗糖或 PO_4 $[C_4mim]$Br-PO_4 $[N_{2,2,2,2}]$Br-柠檬酸钾 $[C_4mim][BF_4]$-NaCl，Na_2SO_4，Na_3PO_4，果糖

注：P_{VBAm}，*N*-聚乙烯己内酰胺-聚甲基丙烯酸丁酯-聚丙烯酰胺；P_N，*N*-异丙基聚丙烯酰胺；UCON，聚氧乙烯-聚氧丙烯共聚物；NaPA，聚丙烯酸钠。

8.5.1 经典的双水相体系

第一种常见的双水相体系是聚合物＋聚合物体系，绝大多数天然的或合成的亲水性聚合物（如 PEG）水溶液，在与一定浓度的第二种亲水性聚合物（如葡聚糖）水溶液混合时会发生相分离，形成互不相溶的两个水相。这种聚合物双水相体系的形成机理大致为：当两个高聚物水溶液混合时，由于高聚物之间的不相容性，即存在分子间的空间位阻，无法相互渗透，不能形成均一相。一般认为只要两种聚合物水溶液的疏水程度有较大的差异，混合时即可发生相分离，疏水程度相差越大，相分离倾向也越大，所需的聚合物浓度也越低。从热力学角度讲，两种聚合物的水溶液混合后是否分相，取决于熵的增加和分子之间的相互作用。当聚合物混合时，由于分子量较大，相互之间的排斥与混合过程的熵增加相比占主导地位。因此，一种聚合物的周围将聚集同种分子而排斥异种分子，当达到平衡时，即形成分别富含不同聚合物的两相。分相后两相中主要是聚合物，由于没有电解质存在，这类体系一般具有较低的离子强度，比较适合分离对离子环境较为敏感的溶质（如对于渗透压敏感的活细胞）。但这类体系的缺点是黏度较大，而且有些聚合物成本较高，限制了它们的大规模应用。

第二种常见的双水相体系是聚合物 + 无机盐体系，一些高聚物水溶液与无机盐水溶液混合时，也会发生相分离，形成双水相体系。一般认为，聚合物-无机盐形成双水相体系的机理是盐析作用引起相分离，也有人认为相分离依赖于聚合物分子中的氧原子与阳离子的缔合能被阳离子的水化所取代的程度，即依赖于聚合物分子的单体长度与阴离子的大小及电荷密度所引起的空间尺度上的冲突程度[81]。无机盐的相分离能力一般遵循 Hofmeister 序列，其中盐的阴离子起着重要的作用，一般情况下 HPO_4^{2-}、PO_4^{3-} 和 SO_4^{2-} 是最有效的无机盐阴离子，它们的成相能力可以用各自的水化自由能来衡量。虽然该类体系与聚合物-聚合物双水相体系相比能够降低成本并减小体系的黏度，但是该体系中引入了较高浓度的磷酸盐或者硫酸盐，后续处理比较麻烦，会对环境产生负面的影响。

第三类常见的双水相体系为表面活性剂双水相体系，如阴、阳离子表面活性剂（如溴化十二烷基三乙胺和十二烷基硫酸钠）的水溶液、表面活性剂水溶液与聚合物水溶液、表面活性剂水溶液与无机盐水溶液在适当条件下混合也能产生两个互不相溶的水相体系。一般认为这类体系是表面活性剂不同组成和结构的胶束平衡共存的结果。由于表面活性剂溶液中的胶束结构具有可调节性，因此可以用来选择性地萃取分离生物大分子，如牛血清白蛋白、胰蛋白酶等。

第四类常见的双水相体系是有机物 + 无机盐体系。例如，乙醇、异丙醇等脂肪醇与无机盐和水以适当比例混合也可以形成双水相体系。形成这一类双水相体系的机理是盐溶液与有机溶剂争夺水分子形成缔合水合物。这一类体系具有较低的黏度、较强的极性、对环境较低的毒性、易重复利用、原料便宜等优点。但是它最大的缺点是容易引起蛋白质和酶的变性失活，生物相容性较差。

8.5.2　离子液体双水相体系

离子液体双水相的形成最早可追溯到 2002 年，当利用[C_4mim]Cl 和 KBF_4 合成离子液体[C_4mim][BF_4]时发现，由于盐析效应，KCl 的存在可以使与水互溶的离子液体[C_4mim][BF_4]和水形成两相，但是当时并未真正提出离子液体双水相这一概念。Rogers 及其合作者[82]于 2003 年首次提出了离子液体双水相体系这一概念。该小组用亲水性离子液体[C_4mim]Cl 和 K_3PO_4 形成双水相，利用浊点法研究了体系的相图，并利用同位素标记法研究了双水相体系上、下相中各组分的浓度。结果表明，随着双结线长度的增加，[C_4mim]Cl 主要富集于上相，PO_4^{3-} 主要富集于下相。随着盐量的增加，[C_4mim]Cl 越来越容易在上相富集，K_3PO_4 则越易在下相富集。他们认为，离子液体双水相体系形成的原因主要是 K_3PO_4 的盐析效应。离子液体和 K_3PO_4 的分相效率主要由盐的水合自由能控制，离子液体双水相的成相机理可以解释为：由于 PO_4^{3-} 的水合作用导致了其周围水分子的电子结构紧缩，这样就增强了体系中水分子之间的氢键网络，因此，要想形成较大的水分子空腔来容纳$[C_4mim]^+$就需要更多的能量。当 PO_4^{3-} 的浓度达到一定程度时，较多的疏水性的离子液体阳离子和较少的水合氯离子就会单独形成一相，这个机理和 PEG-盐体系的成相机理相似。他们还研究了短链醇（如甲醇、丙醇、丁醇和戊醇等）在$[C_4mim]Cl$-K_3PO_4 双水相体系中的分配系数，结果表明，随着双结线长度的增加，醇的分配系数增大，而且长链醇的分配系数大于短链醇，这说明疏水性较强的醇类化合物容易被该体系萃取。该结果也说明，随着双结线的增长，上相的疏水性越来越强，因此可以用来优化离子液体双水相体系以得到较高的分离效率。

由于离子液体结构的可设计性，可以根据需要设计不同的离子液体双水相体系，来满足不同实际过程的需求。因此，离子液体双水相体系近十几年来得到了快速发展，从最初的咪唑离子液体发展到现在的多种功能化离子液体，极大地丰富了双水相体系。离子液体双水相体系兼顾了离子液体和双水相体系的优点，克服了经典双水相体系的部分缺点，与经典的双水相体系相比有以下几个优点：黏度低、分相快、萃取过程不易乳化、性能可调控等。

在早期的离子液体$[C_nmim]Br$或$[C_nmim]Cl$ + 无机盐体系中，无机盐形成双水相体系的能力一般遵循 Hofmeister 序列[83, 84]，该顺序可以用阴离子的水化自由能来解释，如在离子液体$[C_4mim]Br$ 水溶液中无机盐形成双水相体系的能力为：$K_3PO_4 > K_2HPO_4 \approx K_2CO_3 > KOH$。该顺序和阴离子的水化自由能的相对数值基本一致：$[PO_4]^{3-}$（$\Delta G_{hyd} = -2765 kJ\cdot mol^{-1}$）$>$ $[CO_3]^{2-}$（$\Delta G_{hyd} = -1315 kJ\cdot mol^{-1}$）$\approx$ $[HPO_4]^{2-}$（$\Delta G_{hyd} = -1125 kJ\cdot mol^{-1}$）$>$ $[OH]^-$（$\Delta G_{hyd} = -430 kJ\cdot mol^{-1}$），水化能力越强则越容易形成双水相体系，即其盐析作用越强。离子液体的结构对双水相成相能力的影响一般遵循疏水性顺序，疏水性越强则成相能力越强，如相同阳离子而不同阴离子的离子液体形成双水相体系的难易程度为：$[BF_4]^- > Br^- > [NO_3]^- > Cl^- > [HPO_4]^{2-} > [SO_4]^{2-}$；疏水性较强的$[BF_4]^-$容易形成双水相体系，亲水性较强的$[H_2PO_4]^-$则比较困难；降低离子液体阳离子头基的极性和增加碳链的长度都有利于双水相体系的形成，但效果比阴离子弱。除此之外，离子液体在水中形成的自组装结构也会影响双水相体系的形成，如一些长链的离子液体在水中易形成自组装体，也会降低其形成双水相体系的能力。对于胆碱类离子液体、氨基酸类离子液体等功能化离子液体双水相体系，也有类似的规律。

离子液体除了和无机盐形成双水相体系之外，也可以和 PEG 等聚合物形成双水相体系[85]。以 PEG1000、PEG2000、PEG3400 和 PEG4000 为例，离子液体阴离子的成相能力顺序为：$[C_4mim][CH_3CO_2] \approx [C_4mim][CH_3SO_3] > [C_4mim]Cl > [C_4mim]Br > [C_4mim][CF_3SO_3]$；$[C_2mim][(CH_3)_2PO_4] > [C_2mim][CH_3CO_2] > [C_2mim][CH_3SO_3] > [C_2mim][HSO_4] > [C_2mim]Cl$，此顺序和它们的盐析能力一致。阳离子的影响趋势为：$[P_{4444}]Cl > [C_4mpip]Cl \approx [C_4mpyrr]Cl > [C_4mpy]Cl \approx [C_4mim]Cl$，此顺序与离子液体的疏水性顺序一致，疏水性越强则成相能力越强，越易形

成双水相体系。阳离子同为咪唑结构时，不同取代基的影响顺序为：[C_2mim]Cl≈[C_8mim]Cl>[C_4mim]Cl≈[C_6mim]Cl≈[C_1mim]Cl>[mim]Cl>[im]Cl，与它们的疏水性顺序也基本一致。当咪唑环上同为双取代时，则顺序为：[HOC_2mim]Cl>[C_2mim]Cl≈[amim]Cl>[C_4mim]Cl，—OH 和烯丙基则会增强成相能力。聚合物的成相能力顺序为：PEG4000>PEG3400>PEG2000>PEG1000，和聚合物的疏水性顺序一致，含有胆碱阳离子的羧酸盐离子液体也可以和 PEG400 及 PPG400 形成双水相体系，成相规律按照如下阴离子顺序减弱：柠檬酸>草酸>乙醇酸>丙酸≈乳酸≈乙酸>甲酸>丁酸，这个顺序和阴离子的电荷及水化能相关。由于离子液体种类繁多、功能各异，此后有更多的基于聚合物＋离子液体的双水相体系被报道，但其成相特点和以上规律一致。

8.5.3　双水相体系的应用

经典的 PEG 双水相体系被广泛应用于萃取领域，其萃取条件温和，特别适合生物活性物质（如蛋白质、酶等）的萃取分离，相关的文献报道较多，一些过程已经实现了工业化，是一种相对成熟的绿色萃取技术。此外，作为有机反应的介质，PEG 双水相体系已在烯烃环氧化反应、多酸氧化反应、酶反应、烯烃催化氧化二醇等有机反应中得到应用，其主要优点是：①相分离促使反应物和产物分离；②富含 PEG 的上相的性质类似于有机溶剂，可作为反应介质；③PEG 和无机盐可以作为相转移催化剂和金属催化剂。

近年来，离子液体双水相体系得到了快速发展，目前已成功应用于氨基酸、蛋白质、DNA、睾酮、生物碱、药物分子、染料、金属离子等的萃取分离。该类研究还处于实验室基础研究阶段，如何降低离子液体的成本，从富离子液体相中回收萃取物，实现离子液体的循环利用是下一步研究工作的重点。

8.6　其他混合溶剂体系

前文主要介绍了常见的几类代表性的混合绿色溶剂体系的物理化学性质及其在化学反应、萃取分离、材料制备等领域的应用，这些混合体系在使用过程中可以弥补各自的缺点，并在一定的反应分离体系中展现出优异的特性。除了这些常见的体系外，还有一些混合体系也作为绿色溶剂被广泛使用。因此，本节将主要介绍其他几类混合绿色溶剂体系。

8.6.1　全氟溶剂及氟两相体系

全氟溶剂（或氟溶剂）有时也称全氟碳，是指一些烷烃、醚和胺等有机化合物碳原子上的氢原子全部被氟原子取代的一类溶剂[2]。和传统的有机溶剂相比，这类溶剂的密度较高、无色、无毒，具有高度的热稳定性、低折射率、低表面张力和低介电常数等。常见的气体如氧气、氢气、氮气和二氧化碳等在全氟溶剂中都具有较好的溶解性。以直链的全氟烷烃为例，它的碳骨架周围布满了氟原子，氟原子的范德华半径比氢原子稍大，但是比其他的原子小，能够把碳链骨架严密包围，这种屏障作用使得其他原子很难楔入。由于 C—F 键能量较高，因此氟溶剂表现为化学惰性。常见的氟溶剂列于表 8-10。

表 8-10 代表性氟溶剂及其物理性质[2]

溶剂	分子式	沸点/℃	熔点/℃	密度/(g·cm^{-3})
全氟辛烷	C_8F_{18}	103～105	—	1.74
全氟己烷	C_6F_{14}	57.1	−87.1	1.68
全氟甲基环己烷	$C_6F_{11}CF_3$	75.1	−44.7	1.79
全氟萘烷	$C_{10}F_{18}$	142	−10	1.95
全氟三丁基胺	$C_{12}F_{27}N$	178～180	−50	1.90
α, α, α-三氟甲苯	$CF_3C_6H_5$	102	−29	1.19
全氟聚醚	$CF_3[(OCF(CF_3)CF_2)_n(OCF_2)_m]OCF_3$（分子量：410）	70	<−110	1.7～1.8
全氟聚醚	$CF_3[(OCF(CF_3)CF_2)_n(OCF_2)_m]OCF_3$（分子量：580）	110	<−110	1.7～1.8

在室温附近，氟溶剂与水和一般的有机溶剂（如甲苯、四氢呋喃、丙酮、乙醇等）几乎都不互溶，可以形成两相体系，但在较高温度下可以互溶成为单相。基于此，Horvath 提出了氟两相体系（fluorous biphase system，FBS）的概念，并将此概念引入到催化反应体系[86]。高温时体系变为均相，反应物和催化剂进行均相催化反应，反应完成后降低温度体系分成两相，催化剂一般留在氟溶剂相，从而实现均相反应、异相分离的目的。因此，氟两相体系一提出就引起了重视，并在有机合成中得到了应用。常见的有机化学反应如加氢反应、氢甲酰化反应、氧化反应、Diels-Alder 反应、酸碱催化反应等都可以在氟两相体系中进行。除此之外，氟溶剂还可以和超临界 CO_2 结合作为混合溶剂，进行氢甲酰化反应等，并在反应分离中展现出了优异的性能。除了在有机合成中的应用外，氟溶剂及相关体系在萃取分离、材料制备等领域也有应用，限于篇幅，不再一一述及。

8.6.2 聚合物 + 水体系

一些低分子量的聚合物如聚乙二醇（PEG）和聚丙二醇（PPG）等具有较低

的玻璃态转化温度，如 PEG 分子量小于 600 时为液体，分子量大于 800 时为蜡状固体，是一类无毒、廉价、不挥发、易生物降解的高分子溶剂，常被用于均相和多相催化、材料制备、生物活性物质分离等[2]。

PEG 水溶液的极性可用染料探针法测定，当把 PEG 加入到水中后，随着 PEG 含量增加，溶剂的极性降低，它的极性和短链醇（如甲醇、丙醇）相近。PEG 和 PPG 都属于水溶性的聚合物，但是溶解度随着分子量的增加而降低，由于 PPG 单体比 PEG 多一个甲基，因此相同分子量时它的亲水性要比 PEG 弱。以 PEG 为例，低分子量的 PEG 在室温下和水能以任意比例互溶，而 20℃时 PEG2000 在水中的溶解度只有 60%。通过改变温度可以使 PEG + 水体系发生相分离，相分离后体系分为富水相和富 PEG 相，这种分相行为取决于聚合物分子和水分子之间的氢键作用。除了温度外，加入无机盐（如 $NaHSO_4$，K_3PO_4 等）或者一些水溶性聚合物（如葡聚糖）也可以导致 PEG 和水分相，形成双水相体系。PEG 和 PPG 也可以溶于一些有机溶剂，如甲苯、二氯甲烷等，不溶于脂肪烃。

PEG 和 PPG 水溶液在萃取分离领域有着重要的应用，如微波辅助法从中草药中萃取生物活性物质（黄酮、香豆素等），萃取率接近 100%，低分子量的 PEG（如 PEG200）萃取效率最高。PPG240 被用来从橙皮中萃取右旋柠檬烯，其萃取效果优于 PEG 和一些油类溶剂，其原因是 PEG 的亲水性强，因此疏水性弱于 PPG。

低分子量 PEG 和 PPG 水溶液的另一个主要的应用领域则是化学反应。例如，氯代叔丁烷在 PEG300 + 水中的水解速率常数比在普通有机溶剂（如甲醇、乙醇、丙酮等）中大 1～3 倍。PEG + 水和 PPG + 水体系可以作为许多反应的介质，如 S_N1/S_N2 反应、Diels-Alder 反应、Suzuki-Miyaura 反应、Michael 加成反应、Heck 和 Stille 反应、C—C 键偶合反应、Mannich 反应等，且表现出了独特的优势，如 2, 3-二甲基-1, 3-丁二烯与亚硝基苯在 PEG300 + 水体系中的反应速率是在二氯甲烷中的 3.3 倍，是在乙醇中的 2.5 倍。Diels-Alder 反应的过渡态在 PEG 水溶液中的稳定性要好于传统的溶剂，而且具有较低的活化能。在 PEG + 水反应介质中室温反应 8～15min，氯化钯催化的对溴苯甲醚与苯硼酸之间的 Suzuki-Miyaura 交叉偶联反应即可达到 83%～99%的收率，催化剂可以循环使用。

8.6.3 PEG + 离子液体体系

离子液体和 PEG 两类绿色溶剂的结合也会产生一些特殊的性质。例如，离子液体$[C_4mim][PF_6]$ + PEG（分子量分别为 200、400、600 和 1500）混合体系的极性和氢键供体的酸性都高于纯离子液体$[C_4mim][PF_6]$和纯 PEG，咪唑阳离子的 2 位 H 和 PEG 的—OH 之间存在氢键作用，而阴离子上的 F 原子也可以和—OH 形成氢键。

离子液体[C_2mim]Cl、[C_4mim]Cl 与不同分子量的 PEG 的互溶特性表明，[C_2mim]Cl 和 PEG1000 可以互溶，分子量大于 1500 后则形成部分互溶两相体系；而[C_4mim]Cl 可以和 PEG1000、PEG1500 完全互溶，分子量大于 2000 后形成部分互溶两相体系。离子液体和 PEG 的互溶度随着温度的升高而增加，表 8-11 列出了 60～140℃两相部分互溶体系的相组成。对于给定的离子液体，PEG 的分子量越大，疏水性越强，则互溶度越低；对于给定的 PEG，离子液体的烷基链越长，疏水性越强，则互溶度越大。该体系已用于纤维素和木质素的溶解。

表 8-11　60～140℃离子液体 + PEG 两相部分互溶体系的相组成（质量分数）

离子液体 + PEG	w_{IL}（PEG 相）	w_{IL}（离子液体相）
[C_2mim]Cl + PEG1500	0.17～0.27	0.88～0.97
[C_2mim]Cl + PEG2000	0.08～0.14	0.94～0.99
[C_2mim]Cl + PEG3400	0.02～0.06	0.95～0.98
[C_4mim]Cl + PEG2000	0.32～0.38	0.86～0.93
[C4mim]Cl + PEG3400	0.09～0.16	0.83～0.99

离子液体和 PEG 都具有较低的挥发性，它们的物理化学性质很容易进行调控，有理由相信它们所形成的混合体系在材料制备、反应分离过程中将会展现出更多的优势。

综上所述，本章主要讨论了代表性的几类绿色溶剂（超临界 CO_2、水、离子液体、低分子量聚合物、全氟溶剂等）所组成的二元或者三元混合体系的物理化学性质及其在化学反应、萃取分离、材料制备等领域的应用，这些混合体系在使用过程中可以弥补各单一溶剂的缺点，并展现出了优异的特性，是具有广泛应用前景的绿色溶剂。

参考文献

[1] Anastas P T，Waner J C. 绿色化学理论与应用. 李朝军，王东，译. 北京：科学出版社，2002.

[2] Kerton F，Marriott R. Alternative Solvents for Green Chemistry. 2nd ed. Cambridge：Royal Society of Chemistry，2013.

[3] Munshi P，Bhaduri S. Supercritical CO_2：a twenty first century solvent for the chemical industry. Current Science，2009，97：63-72.

[4] Peng C，Crawshaw J P，Maitland G C，et al. The pH of CO_2-saturated water at temperatures between 308 K and 423 K at pressures up to 15 MPa. J Supercritical Fluids，2013，82：129-137.

[5] Spycher N，Pruess K，Ennis-King J. CO_2-H_2O mixtures in the geological sequestration of CO_2. I. Assessment and calculation of mutual solubilities from 12 to 100℃ and up to 600 bar. Geochim Cosmochim Acta，2003，67：3015-3031.

[6] McBride-Wright M，Maitland G C，Trusler J P M. Viscosity and density of aqueous solutions of carbon dioxide at

temperatures from（274 to 449）K and at Pressures up to 100 MPa. J Chem Eng Data，2015，60：171-180.

[7] Pigaleva M A，Elmanovich I V，Kononevich Y N，et al. A biphase H_2O/CO_2 system as a versatile reaction medium for organic synthesis. RSC Adv，2015，5：103573-103608.

[8] 韩布兴. 超临界流体科学与技术. 北京：中国石化出版社，2005.

[9] McCarthy M，Stemmerb H，Leitner W. Catalysis in inverted supercritical CO_2/aqueous biphasic media. Green Chemistry，2002，4：501-504.

[10] Burgemeister K，Franciò G，Hugl H，et al. Enantioselective hydrogenation of polar substrates in inverted supercritical CO_2/aqueous biphasic media. Chem Commun，2005，6026-6028.

[11] Chatterjee M，Ishizaka T，Kawanami H. Hydrogenation of 5-hydroxymethylfurfural in supercritical carbon dioxide-water：a tunable approach to dimethylfuran selectivity. Green Chem，2014，16：1543-1551.

[12] Liu F，Audemar M，De Oliveira Vigier K，et al. Palladium/carbon dioxide cooperative catalysis for the production of diketone derivatives from carbohydrates. ChemSusChem，2014，7：2089-2093.

[13] Miao C，He L，Wang J，et al. Self-Neutralizing *in situ* acidic CO_2/H_2O system for aerobic oxidation of alcohols catalyzed by TEMPO functionalized imidazolium Salt/$NaNO_2$. J Org Chem，2010，75：257-260.

[14] Hâncu D，Beckman E J. Generation of hydrogen peroxide directly from H_2 and O_2 using CO_2 as the solvent. Green Chemistry，2001，3：80-86.

[15] Jacobson G B，Lee C T，Johnston K P，et al. Enhanced catalyst reactivity and separations using water/carbon dioxide emulsions. J Am Chem Soc，1999，121：11902-11903.

[16] Jason L. Supercritical Fluid Extraction Technology，Applications and Limitations. New York：Nova Science Publishers，2015.

[17] 夏伦祝，汪永忠，高家荣. 超临界萃取与药学研究. 北京：化学工业出版社，2017.

[18] Butler R，Davies C M，Cooper A I. Emulsion templating using high internal phase supercritical fluid emulsions. Adv Mater，2001，13：1459-1463.

[19] Aymonier C，Loppinet-Serani A，Reverón H. Review of supercritical fluids in inorganic materials science. J Supercritical Fluids，2006，38：242-251.

[20] Gao H，Xue C，Hu G，et al. Production of graphene quantum dots by ultrasound-assisted exfoliation in supercritical CO_2/H_2O medium. Ultrasonics Sonochemistry，2017，37：120-127.

[21] Adamsky F A，Beckman E J. Inverse emulsion polymerization of acrylamide in supercritical carbon dioxide. Macromolecules，1994，27：312-314.

[22] Hadzir N H N，Dong S，Kuchel R P，et al. Mechanistic aspects of aqueous heterogeneous radical polymerization of styrene under compressed CO_2. Macromolecular Chemistry Physics，2017，218：1700128-1700138.

[23] Blanchard L A，Hancu D，Beckman E J，et al. Green processing using ionic liquids and CO_2. Nature，1999，399：28-29.

[24] Baghban A，Mohammadi A H，Taleghani M S. Rigorous modeling of CO_2 equilibrium absorption in ionic liquids. International Journal of Greenhouse Gas Control，2017，58：19-41.

[25] Lei Z，Dai C，Chen B. Gas solubility in ionic liquids. Chem Rev，2014，114：1289-1326.

[26] Ahosseini A，Ortega E，Sensenich B，et al. Viscosity of *n*-alkyl-3-methyl-imidazolium bis(trifluoromethylsulfonyl) amide ionic liquids saturated with compressed CO_2. Fluid Phase Equilibria，2009，286：72-78.

[27] Scurto A M，Newton E，Weikel R R，et al. Melting point depression of ionic liquids with CO_2：phase equilibria. Ind Eng Chem Res，2008，47：493-501.

[28] Li J，Zhang J，Han B，et al. Compressed CO_2-enhanced solubilization of 1-butyl-3-methylimidazolium

tetrafluoroborate in reverse micelles of Triton X-100. J Chem Phys，2004，121：7408-7412.

[29] Liu J, Cheng S, Zhang J, et al. Reverse micelles in carbon dioxide with ionic-liquid domains. Angew Chem Int Ed，2007，46：3313-3315.

[30] Zhang J，Han B，Li J，et al. Carbon dioxide in ionic liquid microemulsions. Angew Chem Int Ed，2011，50：9911-9915.

[31] Jutz F，Andanson J，Baiker A. Ionic liquids and dense carbon dioxide：a beneficial biphasic system for catalysis. Chem Rev，2011，111：322-353.

[32] Dzyuba S V，Bartsch R A. Recent advances in applications of room-temperature ionic liquid/supercritical CO_2 systems. Angew Chem Int Ed，2003，42：148-150.

[33] Liu F，Abrams M B，Baker R T，et al. Phase-separable catalysis using room temperature ionic liquids and supercritical carbon dioxide. Chem Commun，2001，5（5）：433-434.

[34] Hintermair U，Zhao G，Santini C C，et al. Supported ionic liquid phase catalysis with supercritical flow. Chem Commun，2007，37（14）：1462-1464.

[35] Bogel-Łukasik E，Nosol K，Silva D，et al. Catalytic hydrogenation for a biomass-derived dicarboxylic acid valorization with an ionic liquid and CO_2 towards a perspective host guest building block molecule. J Supercritical Fluids. 2018，133：542-547.

[36] Yoon B, Yen C H, Mekki S, et al. Effect of water on the heck reactions catalyzed by recyclable palladium chloride in ionic liquids coupled with supercritical CO_2 extraction. Ind Eng Chem Res，2006，45：4433-4435.

[37] Ballivet-Tkatchenko D, Picquet M, Solinas M, et al. Acrylate dimerisation under ionic liquid-supercritical carbon dioxide conditions. Green Chem，2003，5：232-235.

[38] Wang J Q，Yue X D，Cai F，et al. Solventless synthesis of cyclic carbonates from carbon dioxide and epoxides catalyzed by silica-supported ionic liquids under supercritical conditions. Catal Commun，2007，8：167-172.

[39] Lozano P. Enzymes in neoteric solvents：from one-phase to multiphase systems. Green Chem, 2010, 12：555-569.

[40] Scurto A M, Aki S N V K, Brennecke J F. CO_2 as a separation switch for ionic liquid/organic mixtures. J Am Chem Soc，2002，124：10276-10277.

[41] Mekki S，Wai C M，Billard I，et al. Extraction of lanthanides from aqueous solution by using room-temperature ionic liquid and supercritical carbon dioxide in conjunction. Chem Eur J，2006，12：1760-1766.

[42] Ivanova M，Kareth S，Petermann M. Supercritical carbon dioxide and imidazolium based ionic liquids applied during the sol-gel process as suitable candidates for the replacement of classical organic solvents. J Supercritical Fluids. 2018，132：78-82.

[43] Zhao Y，Zhang J，Han B，et al. Metal-organic framework nanospheres with well-ordered mesopores synthesized in an ionic liquid/CO_2/surfactant system. Angew Chem Int Ed，2011，50：636-639.

[44] Peng L，Zhang J，Li J，et al. Macro-and mesoporous polymers synthesized by a CO_2-in-ionic liquid emulsion-templating route. Angew Chem Int Ed，2013，52：1792-1795.

[45] Yu H，Xu D，Xu Q. Dual template effect of supercritical CO_2 in ionic liquid to fabricate a highly mesoporous cobalt metal-organic framework. Chem Commun，2015，51：13197-13200.

[46] Gourgouillon D，Avelino H M NT，Fareleira J M N A，et al. Simultaneous viscosity and density measurement of supercritical CO_2-saturated PEG 400. J Supercritical Fluids，1998，13：177-185.

[47] Kravanj G，Hrnčič M K，Škerget M，et al. Interfacial tension and gas solubility of molten polymer polyethyleneglycol in contact with supercritical carbon dioxide and argon. J Supercritical Fluids, 2016, 108：45-55.

[48] Pasquali I，Comi L，Pucciarelli F，et al. Swelling，melting point reduction and solubility of PEG 1500 in

supercritical CO_2. International Journal of Pharmaceutics，2008，356：76-81.

[49] Kegl T，Kravanja G，Knez Z，et al. Effect of addition of supercritical CO_2 on transfer and thermodynamicproperties of biodegradable polymers PEG 600 and Brij52. J Supercritical Fluids，2017，122：10-17.

[50] Xue Z，Zhang J，Peng L，et al. Nanosized poly（ethylene glycol）domains within reverse micelles formed in CO_2. Angew Chem Int Ed，2012，51：12325-12329.

[51] Xue Z，Chang W，Cheng Y，et al. CO_2-in-PEG emulsion-templating synthesis of poly（acrylamide）with controllable porosity and their use as efficient catalyst supports. RSC Adv，2016，6：58182-58187.

[52] Komoto I，Kobayashi S. Lewis acid catalysis in a supercritical carbon dioxide（$scCO_2$）-poly（ethylene glycol）derivatives（PEGs）system：remarkable effect of PEGS as additives on reactivity of Ln（OTf）3-catalyzed Mannich and aldol reactions in $scCO_2$. Chem Commun，2001，1842-1843.

[53] Hou Z，Theyssen N，Brinkmann A，et al. Biphasic aerobic oxidation of alcohols catalyzed by poly（ethylene glycol）-stabilized palladium nanoparticles in supercritical carbon dioxide. Angew Chem Ind Ed，2005，44：1346-1349.

[54] Wang J，He L，Miao C. Polyethylene glycol radical-initiated oxidation of benzylic alcohols in compressed carbon dioxide. Green Chem，2009，11：1013-1017.

[55] Reetz M T，Wiesenhofer W. Liquid poly（ethylene glycol）and supercritical carbon dioxide as a biphasic solvent system for lipase-catalyzed esterification. Chem Commun，2004，23（23）：2750-2751.

[56] Jiao J，Xu Q，Li L. Porous TiO_2/SiO_2 composite prepared using PEG as template direction reagent with assistance of supercritical CO_2. J Colloid Interface Science，2007，316：596-603.

[57] Anthony J L，Maginn E J，Brennecke J F. Solution thermodynamics of imidazolium-based ionic liquids and water. J Phys Chem B，2001，105：10942-10949.

[58] Chun S，Dzyuba S V，Bartsch R A. Influence of structural variation in room-temperature ionic liquids on the selectivity and efficiency of competitive alkali metal salt extraction by a crown ether. Anal Chem，2001，73：3737-3741.

[59] Wang J，Pei Y，Zhao Y，et al. Recovery of amino acids by imidazolium based ionic liquids from aqueous media. Green Chem，2005，7：196-202.

[60] Martins M A R，Neves C M S S，Kurnia K A，et al. Analysis of the isomerism effect on the mutual solubilities of bis（trifluoromethylsulfonyl）imide-based ionic liquids with water. Fluid Phase Equilibria，2014，381：28-35.

[61] Seddon K R，Stark A，Torres M. Influence of chloride，water，and organic solvents on the physical properties of ionic liquids. Pure and Applied Chemistry，2000，72：2275-2287.

[62] Haghbakhsh R，Raeissi S. Two simple correlations to predict viscosities of pure and aqueous solutions of ionic liquids. J Molecular Liquids，2015，211：948-956.

[63] Rilo E，Pico J，García-Garabal S，et al. Density and surface tension in binary mixtures of $C_nMIM\text{-}BF_4$ ionic liquids with water and ethanol. Fluid Phase Equilibria，2009，285：83-89.

[64] Dyson P J，Ellis D J，Welton T. A temperature-controlled reversible ionic liquid-water two phase-single phase protocol for hydrogenation catalysis. Can J Chem，2001，79：705-708.

[65] Ferlin N，Courty M，Gatard S，et al. Biomass derived ionic liquids：synthesis from natural organic acids，characterization，toxicity，biodegradation and use as solvents for catalytic hydrogenation processes. Tetrahedron，2013，69：6150-6161.

[66] Liu Z，Chen Z，Zheng Q. Mild oxidation of alcohols with *o*-iodoxybenzoic acid（IBX）in ionic liquid 1-butyl-3-methyl-imidazolium chloride and water. Org Lett，2003，5：3321-3323.

[67] Xin B，Zhang Y，Liu L，et al. Water-promoted suzuki reaction in room temperature ionic liquids. Synlett，2005，3083-3086.

[68] Nino A D，Bortolini O，Maiuolo L，et al. A sustainable procedure for highly enantioselective organocatalyzed Diels-Alder cycloadditions in homogeneous ionic liquid/water phase. Tetrahedron Lett，2011，52：1415-1417.

[69] Fan J，Fan Y，Pei Y，et al. Solvent extraction of selected endocrine-disrupting phenols using ionic liquids. Sep Purif Technol，2008，61：324-331.

[70] Pei Y，Wang J，Xuan X，et al. Factors affecting ionic liquids based removal of anionic dyes from water. Environ Sci Technol，2007，41：5090-5095.

[71] Carda-Broch S，Berthod A，Armstrong D W. Solvent properties of the 1-butyl-3-methylimidazolium hexafluorophosphate ionic liquid. Anal Bioanal Chem，2003，375：191-199.

[72] Shimojo K，Kamiya N，Tani F，et al. Extractive solubilization，structural change，and functional conversion of cytochrome c in ionic liquids via crown ether complexation. Anal Chem，2006，78：7735-7742.

[73] Ventura S P M，Fa E S，Quental M V，et al. Ionic-liquid-mediated extraction and separation processes for bioactive compounds：past，present，and future trends. Chem Rev，2017，117：6984-7052.

[74] Visser A E，Swatloski R P，Rogers R D. Task-specific ionic liquids incorporating novel cations for the coordination and extraction of Hg^{2+} and Cd^{2+}：synthesis，characterization，and extraction studies. Environ Sci Technol，2002，36：2523-2529.

[75] Depuydt D，Van den Bossche A，Dehaen W，et al. Metal extraction with a short-chain imidazolium nitrate ionic liquid. Chem Commun，2017，53：5271-5274.

[76] Chen Y，Wang H，Pei Y，et al. Selective separation of scandium（III）from rare earth metals by carboxyl-functionalized ionic liquids. Sep Purif Technol，2017，178：261-268.

[77] Kim K S，Demberelnyamba D，Lee H. Size-selective synthesis of gold and platinum nanoparticles using novel thiol-functionalized ionic liquids. Langmuir，2004，20：556-560.

[78] Zhou Y，Antonietti M. Preparation of highly ordered monolithic super-microporous lamellar silica with a room-temperature ionic liquid as template via the nanocasting technique. Adv Mater，2003，15：1452-1455.

[79] Li Z H，Zhang J L，Du J M，et al. Preparation of silica microrods with nano-sized pores in ionic liquid microemulsions. Colloids Surf A Physicochem Eng Asp，2006，286：117-120.

[80] Kang X，Sun X，Ma X，et al. Synthesis of hierarchical porous metals using ionic-liquid-based media as solvent and template. Angew Chem Intd，2017，56：12683-12686.

[81] Hatti-Kaul R. Aqueous Two-phase Systems：Methods and Protocols. New Jersey：Human Press，2000.

[82] Gutowski K E，Broker G A，Willauer H D，et al. Controlling the aqueous miscibility of ionic liquids：aqueous biphasic systems of water-miscible ionic liquids and water-structuring salts for recycle，metathesis，and separations. J Am Chem Soc，2003，125：6632-6633.

[83] Freire M G，Cláudio A F M，Araújo J M M，et al. Aqueous biphasic systems：a boost brought about by using ionic liquids. Chem Soc Rev，2012，41：4966-4995.

[84] Li Z，Pei Y，Wang H，et al. Ionic liquid-based aqueous two-phase systems and their applications in green separation processes. Trends in Analytical Chemistry，2010，29：1336-1346.

[85] Li Z，Liu X，Pei Y，et al. Design of environmentally friendly ionic liquid aqueous two-phase systems for the efficient and high activity extraction of proteins. Green Chem，2012，14：2941-2950.

[86] Horvàth I T，Ràbai J. Facile catalyst separation without water：fluorous biphase hydroformylation of olefins. Science，1994，266：72-75.

第9章

展 望

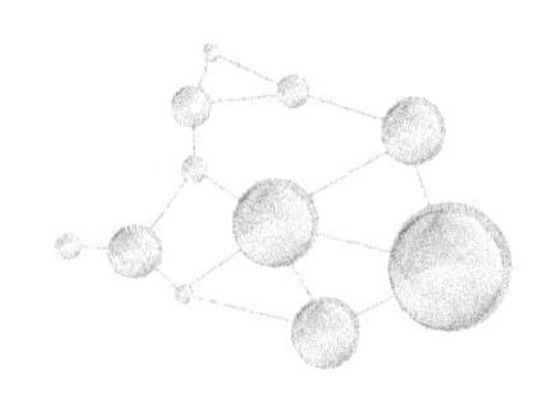

溶剂几乎是化学化工过程不可缺少的组成部分，使用绿色溶剂是从源头上解决环境污染、气候变暖的重要途径之一。本书在介绍绿色溶剂和溶剂绿色度概念的基础上，系统阐述了水、超临界流体、离子液体、低共熔溶剂、生物质基绿色溶剂等典型绿色溶剂的结构、物理化学性质以及在化学、化工、环境等领域中的应用。总体上讲，每一种绿色溶剂都有各自的结构特点，并表现出特有的物理化学性质和应用价值。

水是地球上储量最丰富的绿色液体，虽然它的化学组成非常简单，但表现出许多独特的物理化学性质，因而被广泛用于合成化学、分离纯化、生物化学、纳米科技等领域，并用来解释自然界中发生的物理化学现象。一般认为，水具有的独特的物理化学性质起因于由氢键构成的水的特殊结构。目前，关于水的研究仍然存在着许多挑战性的科学问题。例如，虽然许多实验和理论计算方法已被用来研究水的微观结构，但是水的微观结构与它的某些特异行为之间的关系尚未明确。在庆祝 *Science* 期刊创刊 125 周年之际，该刊杂志社公布了 2030 年之前 125 个最具挑战性的前沿科学问题，其中第 46 个就是水的结构问题，看来这仍然是未来工作的重点和难点。此外，近年来水已被作为二次电池和超级电容器电解质的清洁溶剂，水作为绿色经济的氢源也成为人们研究的热点。电解水制氢最具大规模应用的前景，但电能消耗量大，成本较高。利用太阳能光催化分解水制氢是获取氢能的最优选择，但光催化剂的活性、寿命、效率较低。随着太阳能电池制造成本的降低和光电转换效率的提升，实现光-电催化分解水有望成为科学研究的主流趋势。可以预期，随着人们绿色化学理念的不断强化，水的重要性将会日益凸显。

与常用的有机溶剂相比，超临界流体价廉易得、安全无毒，是一类除水之外发展较早的绿色溶剂。超临界流体具有许多独特的物理化学性质，它兼具气体和液体的双重特性，密度接近于液体，黏度和扩散系数又接近于气体，通过改变温度和压力可以对其物理化学性质进行连续调节，实现高效反应和分离。经过多年的发展，超临界流体已在萃取分离、化学反应、纳米材料制备、生物技术、环境污染控制、人体代谢物处理、生物质能源、食品/香料、生物医药、超临界印染等诸多领域得到广泛应用，许多技术已经实现产业化。但是，目前人们对于超临界流体的结构-性质的关系尚缺乏系统、透彻的认识。与传统分离技术和化学反应相比，超临界流体的萃取热力学、超临界流体中的传质理论及化学反应机理的研究还需要进一步加强，有关实验和理论的积累与实际的需要还有较大的差距。因此，通过多种手段（包括实验、理论和计算）深入研究超临界流体体系的微观结构和其中的相互作用，建立相关的理论模型，阐述其在反应/分离过程中的作用机制，具有重要的意义。

离子液体是近二十年发展起来的一类绿色溶剂。这类溶剂是由阴、阳离子组成的液体盐，不挥发、不燃烧，结构和性质可以设计。因此，使用离子液体作为溶剂，可以避免对大气的污染，并有效缓解全球气候变暖问题。此外，离子液体已在化学反应、萃取分离、材料制备、电化学、催化、生物质溶解与转化、温室气体的捕集与分离等领域展现了广阔的应用前景。从目前的研究现状来看，尽管已有离子液体工业化应用的实例，但离子液体的研究仍处于实验探索阶段，有许多问题有待解决。其中，如何深入、系统地认识离子液体的结构-性质关系，并在此基础上实现低黏度、高电导、宽电化学窗口、溶解性能好、可生物降解离子液体的理性设计仍是下一步研究的重点和难点。考虑到未来离子液体的工业应用需要大量相关的物理、化学、生物、环境等方面的基础数据作支撑，离子液体的物理化学性质、生物毒性、环境/生态效应等方面的系统研究亟待加强。此外，离子液体（特别是功能化离子液体）的制备成本较高，而且常在制备过程中使用挥发性有机溶剂，因此设计合成原料来源广泛、成本低、可循环、合成方法简单、制造过程环境友好、适用于大规模生产的离子液体也是离子液体研发的一个重要方向。

低共熔溶剂是近年来发展起来的一类绿色溶剂。这类溶剂具有原料廉价易得、制备方法简便、原子效率高、蒸气压低、生物相容性强等鲜明的绿色化学特征和优异的物理化学性质，被广泛应用于化学反应、萃取分离、电化学及功能材料制备等诸多领域。实际上，低共熔溶剂是在离子液体的研究过程中发展起来的，与离子液体优势互补，具有广阔的应用前景。由于低共熔溶剂的发展历史较短，还有许多基本的问题需要研究。目前大部分低共熔溶剂的氢键受体局限于氯化胆碱、季铵盐和季鏻盐，氢键供体的种类仅也仅限于醇类、羧酸、酰胺化合物。因此，有效拓展氢键受体和氢键供体的种类，设计开发新型的低共熔溶剂，是下一步研究工作的重点。由于特定的氢键结构，低共熔溶剂很难直接应用于含水体系，设计开发对水稳定的低共熔溶剂也具有挑战性。同时，低共熔溶剂的物性数据、构-效关系、它们与溶质的相互作用机制等均有待系统研究。此外，积极拓展低共熔溶剂在光学、电学、储氢、生物催化等领域中的应用也具有重要意义。

生物质基绿色溶剂是由可再生资源得到的一类绿色溶剂。这类溶剂来源广泛，具有碳足迹轻、价格低廉、生物相容性好、原料可再生等优点，并在催化、分离等领域表现出良好的选择性、稳定性和可循环性。但是，生物质基绿色溶剂主要来源于生物柴油、碳水化合物、动植物油等，这在一定程度上会争夺人类食品。所以，开发更多、更廉价的非粮食原料是生物质基溶剂面临的重要问题。在这一方面，木质纤维素（如树枝、秸秆、微藻等）可能是一个很好的选择。但是，如何解决其中的关键科学和技术问题，降低生产成本是一项极具挑战的任务。此外，开发更多条件温和的合成路线，进一步拓展生物质基溶剂的种类及其在生物、化工、医药、卫生等领域中的应用也是非常重要的。

其他绿色溶剂，如聚乙二醇类、聚丙二醇类、醚类、酯类、全氟化碳类、硅氧烷类、亚砜类和萜类化合物等，均具有独特的性质，在不同领域表现出独特的应用价值。它们不仅可以替代传统的挥发性有机溶剂，为化学反应提供适宜的分子环境，提高反应的选择性和转化率，而且还能作为绿色溶剂用于高效的分离萃取等过程。发展这些溶剂在药物、新能源、精细食品加工等绿色过程中的应用将是今后的努力方向。

实际上，每一种绿色溶剂都有各自的优势和缺点，由两种或两种以上的绿色溶剂构成的混合溶剂体系，往往可以优势互补，扬长避短，在催化反应、萃取分离、材料制备等过程中表现出优异的特性，为新型绿色溶剂的发展提供了新的思路。但是，目前人们对绿色混合溶剂体系的物理化学性质研究甚少，对混合溶剂在绿色过程中的作用机制和构效关系更没有系统的认识，这些都是今后需要深入研究的重要问题。

综上所述，使用水、超临界流体、离子液体、低共熔溶剂、生物质基绿色溶剂等绿色溶剂，可以替代传统的挥发性有机溶剂，为反应及分离过程提供新的分子环境，改善选择性和转化率，提高过程的绿色化程度。未来如何进一步创新发展绿色溶剂，笔者认为需要重点关注以下几个方面。

（1）溶剂的挥发性问题

传统溶剂通常是挥发性有机化合物（VOC），全球每年大约有2000万t的VOC被释放进大气层，造成严重的空气污染、全球气候变暖与人类健康受损等问题。为应对这种挑战，改善环境尤其是大气质量，各国政府不得不严格控制的排放。鉴于此，在化学工业过程中尽可能减少 VOC 的使用量，同时尽可能多地使用绿色溶剂是非常重要的。选择非挥发性溶剂仍然是未来绿色溶剂研究和开发的重要原则。

（2）溶剂的毒性问题

除了大气污染以外，其他的环境污染如水污染、土壤污染等也与人类生活、健康等息息相关。例如，水污染影响居民饮水，土壤污染导致粮食污染。部分污染物在生物、微生物、非生物的作用下，可转化为无害物质，但仍然有相当一部分不易转化，残留在水体及作物体内，严重影响人们的身体健康。因此，绿色溶剂发展的另一个重要原则就是要求溶剂本身要低毒甚至无毒性。只有这样，才能有效减少这些溶剂在使用过程中所带来的环境风险，从源头上防止污染。此外，生物可降解性也是绿色溶剂发展中值得重点关注的一个问题。

（3）溶剂的安全性问题

溶剂的安全性问题不仅是重大的经济问题、社会问题，更是重大的民生问题。传统的有机溶剂大多易燃、易爆，直接威胁操作人员的生命、健康以及财产安全，具有极大的安全隐患。绿色溶剂应该不易燃、不易爆，在使用过程中具有良好的热稳定性和化学稳定性。这既是对绿色溶剂安全性的要求，也是未来绿色溶剂发展应遵循的又一重要原则。

（4）绿色溶剂的相对性问题

绿色溶剂的研发及应用符合当今社会可持续发展的主题，是人类在实现从源头上防止污染的目标上迈出的一大步。但是，在实际的化学化工过程中，万能的绿色溶剂是不存在的，溶剂是否“绿色”，还与所涉及的具体过程密切相关。例如，水是公认的绿色溶剂，但是在某些反应过程中，如果水作为溶剂时反应的原子利用率低，即目标产物的产率低，水就不是绿色溶剂。因此，在实际应用过程中，要根据具体情况，选择合适的溶剂，以提高整个过程的绿色度。

我们相信，只要遵循“绿色发展”的理念，不断解决发展中的关键科学和技术问题，就能够不断创新绿色溶剂，拓展绿色溶剂的应用领域，逐步实现从源头上防止污染的目标，人类家园的蓝天、白云、绿水、青山将不再遥远。同时，绿色溶剂的发展对于促进我国的工业转型升级、实现“中国制造 2025”也具有重要的现实意义。